Fabian Bein

YouTubes audiovisuelle Kultur in Zeiten von YouTube Premium und den YouTube Originals

Fabian Bein

YouTubes audiovisuelle Kultur in Zeiten von YouTube Premium und den YouTube Originals

‚Broadcast Yourself' und ‚We Broadcast'

DE GRUYTER

Zugl. Dissertation, Freie Univ. Berlin, 2022 – D 188

ISBN 978-3-11-114571-6
e-ISBN (PDF) 978-3-11-114585-3
e-ISBN (EPUB) 978-3-11-114586-0

Library of Congress Control Number: 2023932797

Bibliografische Information der Deutschen Nationalbibliothek
Die Deutsche Nationalbibliothek verzeichnet diese Publikation in der Deutschen Nationalbibliografie; detaillierte bibliografische Daten sind im Internet über http://dnb.dnb.de abrufbar.

Satz: Integra Software Services Pvt. Ltd.
Druck und Bindung: CPI books GmbH, Leck

www.degruyter.com

Vorwort

Die vorliegende Studie ist im Jahr 2022 vom Fachbereich für Philosophie und Geisteswissenschaften der Freien Universität Berlin als Dissertation angenommen worden. Aufgrund der Corona-Pandemie waren die Umstände der Promotion außergewöhnlich. Die sonst so selbstverständlichen Besuche in Bibliotheken, Face-to-face-Präsentationen in Kolloquien und persönlichen Besprechungen mit den Betreuern der Arbeit mussten pandemiebedingt durch Heimrecherchen am PC und Videomeetings ersetzt werden. In gewisser Weise spiegelte dies auch Aspekte meiner Studie, insofern sie sich mit medialen Verlagerungsprozessen vom analogen in den digitalen Raum auseinandersetzt.

Mein besonderer Dank gilt meinem Doktorvater Prof. Dr. Thomas Morsch. Seine Betreuung war in vielerlei Hinsicht sehr förderlich. Während der gesamten Bearbeitungszeit hat er mir große kreative Freiräume gelassen und war stets offen für neue Gedankenansätze und interessiert an meinen thematischen Vorstößen. Gleichzeitig hat er Probleme frühzeitig erkannt und ausführlich mit mir besprochen. Diese intellektuelle Auseinandersetzung hat mich immer gefördert und ist dem Projekt sehr zugutegekommen.

Ich danke ferner Herrn Prof. Dr. Jan-Hendrik Bakels für die Übernahme des Zweitgutachtens und seine hilfreichen Anmerkungen und konstruktive Kritik.

Auch dem Verlag Walter de Gruyter bin ich zu Dank verpflichtet, namentlich Frau Dr. Aspioti für die gute Betreuung der Drucklegung.

Meinen Eltern danke ich sehr für ihre vielfältige Unterstützung, die mir große Freiräume ermöglichte.

Auch danke ich meinen guten Freunden Richard, Mischa, Kathi und Arber für viele persönliche Gespräche und eine gute kreative Ablenkung.

Schließlich möchte ich meiner Freundin Duviz dafür danken, dass sie immer für mich da war. Auch an Tagen, an denen sie selbst großen Belastungen ausgesetzt war, hatte sie stets ein offenes Ohr für mich und es gelang ihr, mich zu animieren und zu motivieren. Gracias por todo, te quiero mucho, amor!

Fabian Bein, Berlin im Dezember 2022

https://doi.org/10.1515/9783111145853-202

Inhaltsverzeichnis

1 Einleitung

Im Jahr 2020 feierte die Internetplattform YouTube ihr 15-jähriges Bestehen. Die Gründung von YouTube im Jahr 2005 begünstigte zahlreiche Paradigmenwechsel in Bezug auf den Medienkonsum und das Mediennutzungsverhalten. Durch YouTube wurden Zugänge zu Unterhaltungs- und Informationsbeschaffung erweitert, die Etablierung neuer Berufsfelder wurde angeregt und medien-, kultur- und sozialwissenschaftliche Denkrichtungen wurden signifikant beeinflusst.

YouTubes Potenzial als Auslöser einer medialen Revolution gegen die traditionelle Unterhaltungsindustrie und gegen klassische Informationsdienste wurde nicht nur von dem US-amerikanischen Großkonzern Google rasch erkannt.[1] Auch der analoge Unterhaltungssektor war schnell darum bemüht, die Vorteile digitaler Spreadability[2] durch YouTube effektiv zu nutzen.[3] Wie Burgess und Green in ihrer ausführlichen Analyse zu Formaten auf YouTube hervorheben, wird die Plattform seit ihren Anfängen durch Inhalte geprägt, die sowohl von traditionellen Medienkonzernen als auch von individuellen Akteuren bereitgestellt werden.[4] Die Onlineschaltung von YouTube kündigte demnach nicht nur für Konzerne, sondern vor allem für individuelle Nutzer drastische Veränderungen im Hinblick auf kreative Ausdrucksmöglichkeiten in ‚digitalen Erlebnisräumen' an.[5] Gerade Einzelpersonen, die durch YouTube dazu befähigt werden, ihre kreativen Inhalte kostenlos und weltweit zu veröffentlichen, stehen in der wissenschaftlichen YouTube-Rezeption im Vordergrund.

---

1 Google kaufte YouTube im Jahr 2006 für ca. 1,65 Milliarden Dollar. Vgl. Snickars, Pelle/Vonderau, Patrick: Introduction, in: Snickars, Pelle/Vonderau, Patrick (Hg.): The YouTube Reader, Stockholm 2009, S. 9–21, S. 9.

2 Zum Begriff der ‚Spreadability' vgl. Jenkins, Henry/Ford, Sam/Green, Joshua: Spreadable Media. Creating Value and Meaning in a Networked Culture, New York 2013.

3 Die Tendenzen hierfür werden ersichtlich, wenn man einen Blick auf die Erstellung einiger YouTube-Kanäle großer US-amerikanischer Medienkonzerne wirft: Die YouTube-Kanäle von *ABC, AMC, CBS, HBO, Sony Pictures* und vielen anderen traditionellen Medienproduzenten wurden allesamt im Jahr 2006 – und damit nur ein Jahr nach der Gründung von YouTube – erstellt. S. https://www.youtube.com/user/ABCNetwork/about (zuletzt abgerufen am 01.11.2022). S. auch https://www.youtube.com/user/amc/about (zuletzt abgerufen am 01.11.2022). Der AMC-Kanal ist bereits im Jahr 2005 gegründet worden. S. auch https://www.youtube.com/user/CBS/about (zuletzt abgerufen am 01.11.2022). S. auch https://www.youtube.com/user/HBO/about (zuletzt abgerufen am 01.11.2022). S. auch https://www.youtube.com/user/SonyPictures/about (zuletzt abgerufen am 01.11.2022).

4 Vgl. Burgess, Jean/Green, Joshua: YouTube. Online Video and Participatory Culture, Cambridge 2009.

5 Der Begriff wurde durch Lucke geprägt. Vgl. Lucke, Renate: Digitale Erlebnisräume. Der Fall Sarrazin auf YouTube und Vimeo (zugl. Univ. Diss. Bayreuth), Göttingen 2017.

https://doi.org/10.1515/9783111145853-001

Die Inbetriebnahme von YouTube und die Aktivitäten von Videomachern ohne institutionelle Hintergründe eröffneten neue (medien-)wissenschaftliche Denkansätze, durch die Sozialdynamiken im Internet und typologisch-generische Innovationen im Bereich der audiovisuellen Medienkultur erläutert werden konnten und können.

YouTube beeinflusst Industrien, Wissenschaft und individuelle Personen enorm, was sich in kommerziell ausgerichteten Umstrukturierungsmaßnahmen, in alltäglichen Lebensveränderungen oder in wissenschaftlichen Diskursen manifestiert. Die anhaltenden Auswirkungen, die die Plattform YouTube auf die genannten Bereiche hat, sind als dynamisch und prozesshaft zu beschreiben, da YouTube seit seiner Gründung darum bemüht ist, innovative Konzepte zur Qualitätssicherung seiner angebotenen Inhalte bereitzustellen und inhaltliche und funktionale Neuerungen einzuführen, die seine Hegemonialstellung im Bereich der Onlinevideoplattformen[6] konsolidieren sollen.

Seit dem Hochladen des ersten YouTube-Videos Me at the Zoo[7] hat YouTube viele dieser Neuerungen hervorgebracht, die man beispielsweise mit Blick auf Interfaceanpassungen,[8] in Bezug auf die Entfaltung von Wertschöpfungsmöglichkeiten für Partizipierende[9] oder im Bereich der Algorithmusoptimierung für Sehempfehlungen[10] beobachten kann. Eines der Hauptargumente von YouTube ist, dass es durch stetige Erneuerungen auf der Plattform ermöglicht werde, sich der Welt besser und erfolgreicher präsentieren zu können: ‚Broadcast Yourself' – auf die bestmögliche Art und Weise. Was der Slogan ‚Broadcast

---

6 Es ist anzumerken, dass YouTube nicht nur im Bereich der Onlinevideoplattformen marktführend ist. Vielmehr ist YouTube – nach der Startseite der Suchmaschine seines Mutterkonzerns – die meist besuchte Internetplattform der Welt.

7 Me at the Zoo, https://www.youtube.com/results?search_query=me+at+the+zoo (zuletzt abgerufen am 01.11.2022).

8 YouTube hat stets Veränderungen in Bezug auf Layout und Usability vorgenommen. Hillrichs zeigt in seiner Dissertation einige Interfaceanordnungen in Form von Abbildungen auf. Vgl. Hillrichs, Rainer: Poetics of Early YouTube: Production, Performance, Success (zugl. Bonn Univ. Diss), Bonn 2016. Zum Begriff der Usability vgl. Preece, Jenny: Sociability and Usability in Online Communities: Determining and Measuring Success, in: Behavior and Information Technology Journal, 20/5 (2001), S. 347–356.

9 Primär werden diese durch Werbeschaltungen vor, nach und zwischen Videos ermöglicht. Auf Wertschöpfungsmöglichkeiten anderer Art wird noch differenziert eingegangen, wenn die Industrie hinter YouTube thematisiert wird.

10 Damit ist gemeint, dass YouTube Nutzerprofile erstellt und auf der Grundlage von erhobenen Daten über das Sehverhalten von Zuschauern Empfehlungen für weitere Inhalte ausspricht. Zuschauer erhalten dadurch Anzeigen bestimmter Videos auf YouTube, ohne dass eine Suche nach den jeweiligen Videos erfolgt ist. Bei den angezeigten Inhalten handelt es sich oftmals um Clips, denen eine thematische Nähe zu Formaten inhärent ist, die sich Nutzer in der Vergangenheit angesehen haben.

Yourself' zusammenfasst, der seit der Inbetriebnahme von YouTube mit der Plattform assoziiert wird, stellt das Fundament für YouTubes Erfolg dar. Das ‚You', das im Jahr 2006 vom Nachrichtenmagazin *Time* zur Person des Jahres ernannt wurde,[11] gilt als YouTubes Hauptantrieb und ideologische Basis.

Fast zehn Jahre nach der Kür durch *Time* betritt YouTube ein Terrain, das sich von seiner ideologischen Basis distanziert. Im Jahr 2015 stellte YouTube seinen Premium-Dienst ‚YouTube Red'[12] vor, der später in ‚YouTube Premium' umbenannt wurde.[13] YouTube Premium ist ein kostenpflichtiges Abonnement, das über YouTubes Hauptseite genutzt wird und das es Nutzern gestattet, unbegrenzten Zugriff auf ‚YouTube Music' zu erhalten. Darüber hinaus werden Hintergrundwiedergaben auf mobilen Geräten ermöglicht und Werbeschaltungen vor, nach und zwischen Videos werden nicht länger angezeigt. Außerdem wird Nutzern die Möglichkeit geboten, Inhalte herunterzuladen und offline anzusehen.[14] Vor allem aber erhalten Nutzer durch das Abonnement Zugriff auf die ‚YouTube Originals'.[15] Dabei handelt es sich um Filme und Serien, die von YouTube selbst (teil-)produziert werden. Auf den ersten Blick mag die Einführung der Premiumsparte im Jahr 2015 wenig wegweisend erscheinen, tatsächlich wird in meiner Studie aber davon ausgegangen, dass die Initiierung des Premium-Inhaltsangebots zu einer nachhaltigen Veränderung der Medienkultur und Medienlogik von YouTube beiträgt, wodurch das Grundkonzept und der Slogan ‚Broadcast Yourself' vor Herausforderungen stehen.

‚Broadcast Yourself' darf mit Blick auf seine Bedeutungstiefe nicht unterschätzt werden. Es wäre verfehlt zu denken, dass in dem Slogan lediglich die technologische Möglichkeit zur Inszenierung der eigenen Person in Form von Kurzvideos im Internet angelegt wäre. In ‚Broadcast Yourself' manifestiert sich vielmehr ein Parti-

---

11 Vgl. Waxman, Olivia: It's Been 10 Years Since You Were Named TIME's Person of the Year, in: TIME, (2016), abrufbar unter: https://time.com/4586842/person-of-the-year-2006–2016/ (zuletzt abgerufen am 01.11.2022).

12 Vgl. Popper, Ben: Red Dawn. An Inside Look at YouTube's New Ad-Free Subscription Service, in: The Verge, (2015), abrufbar unter: https://www.theverge.com/2015/10/21/9566973/youtube-red-ad-free-offline-paid-subscription-service (zuletzt abgerufen am 01.11.2022).

13 Vgl. Keating, Lauren: Here's the Reason Behind the YouTube Red Name, in: Tech Times, (2015), abrufbar unter: https://www.techtimes.com/articles/98589/20151022/here-s-reason-behind-youtube-red-name.htm (zuletzt abgerufen am 01.11.2022). Keating geht in dem Artikel auf die Problematik der Namensgebung ‚YouTube Red' ein, da der Name Ähnlichkeiten zu der Internetpornoseite ‚RedTube' aufweise. Es bleibt letztlich aber spekulativ, ob der Grund für die Umbenennung in ‚YouTube Premium' deswegen erfolgte.

14 S. https://www.youtube.com/premium (zuletzt abgerufen am 01.11.2022).

15 Im Folgenden werden YouTubes Eigenproduktionen teilweise nur als ‚Originals' bezeichnet. Sollten Originals von anderen Streaming-Anbietern gemeint sein, wird dies stets vorab kenntlich gemacht.

zipationsversprechen,[16] das besagt, individuellen Akteuren ohne institutionelle Hintergründe („Grassroots“)[17] werde eine potenziell machtvolle Stimme verliehen, durch die sie die Möglichkeit erhielten, Prozesse im Bereich der Politik, Gesellschaft und Unterhaltung aktiv mitzugestalten. In dieser Arbeit wird analysiert, wie durch die Etablierung eines kostenpflichtigen Abonnements und Eigenproduktionen ein neues Selbstverständnis der Plattform YouTube erkennbar wird, das sich nicht länger ausschließlich durch eine passive Distributor-Rolle, sondern auch durch eine aktive Rolle als Medienproduzent konstituiert. Die zentrale Forschungsfrage lautet: Wie wirken sich YouTube Premium und die YouTube Originals auf YouTubes audiovisuelle Kultur aus?

1.1 Thesen

Zunächst wird davon ausgegangen, dass YouTube durch die Etablierung von YouTube Premium und den Originals darum bemüht ist, einen inhaltlichen und funktionalen Kurswechsel zu initiieren, der interessanterweise YouTubes originärem Selbstverständnis als Förderer von Demokratisierungsprozessen und egalitärer Meinungsrelevanz[18] diametral entgegengesetzt ist. YouTube selbst nimmt dabei die größtmögliche Rolle ein, da der Konzern nicht länger nur als Distributions-

16 Lundemo beispielsweise spricht von einem ‚partizipatorischen Imperativ‘. Vgl. Lundemo, Trond: In the Kingdom of Shadows: Cinematic Movement and Its Digital Ghost, in: Snickars, Pelle/Vonderau, Patrick (Hg.): The YouTube Reader, Stockholm 2009, S. 314–329, S. 328.

17 Zum Begriff vgl. Jenkins, Henry: Convergence Culture. Where Old and New Media Collide, New York 2008 (1. Auflage 2006).

18 Ich benutze diesen Begriff, um damit auf die Frage nach sozialer Gerechtigkeit *innerhalb* virtueller Räume einzugehen. Während mit ‚Demokratisierungsprozessen‘ an dieser Stelle allgemeine Machtverschiebungen in der Medienlandschaft gemeint sind, benutze ich ‚egalitäre Meinungsrelevanz‘ speziell im Hinblick auf Sozialdynamiken in digitalen Räumen und insbesondere vor dem Hintergrund des Phänomens der Community-Bildung auf (sozialen) Onlineplattformen. Dabei stellt sich die Frage, welchen Stellenwert die Meinung des Einzelnen einnimmt, vor allem dann, wenn die Community stark durch ‚Community-Leader‘ oder ‚Influencer‘ geprägt wird. Bei Influencern handelt es sich um Internetpersönlichkeiten, die viele Abonnenten auf diversen Medienplattformen haben. Sie schließen Verträge mit Firmen ab und bewerben Produkte, die sie ihrer Fangemeinde in Texten und Videos vorstellen. Influencer hegen kommerzielle Interessen und sind somit von gewöhnlichen Partizipierenden auf Onlineplattformen zu unterscheiden. Zu den Begriffen und Berufspraktiken und Influencern vgl. beispielsweise Jaakonmäki, Roope/Müller, Oliver, et al.: The Impact of Content, Context, and Creator on User Engagement in Social Media Marketing, in: HICSS, 50 (2017), S. 1152–1160. Vgl. auch Bladow, Laura: Worth the Click: Why Greater FTC Enforcement Is Needed to Curtail Deceptive Practices in Influencer Marketing, in: William & Mary Law Review, 59/3 (2018), S. 1124–1164, S. 1124. Vgl. auch Leitner, Sab-

plattform *für* Inhalte, sondern vielmehr als aktiver Produzent *von* Inhalten in Erscheinung tritt. Neben ‚Broadcast Yourself' hält unausgesprochen nun auch ‚We Broadcast' als Funktionsprinzip auf der Plattform Einzug. Durch ‚We Broadcast' wird das Terrain der Film- und Serienproduktion betreten, womit Top-Down-Strukturen[19] auf YouTube gestärkt werden. Die Besonderheit bei diesen Top-Down-Strukturen ist, dass sie – im Unterschied zu anderen professionellen Konzernmedien auf YouTube – kaum Beachtung seitens der Wissenschaft erfahren. Insbesondere eine film- und medienwissenschaftliche Aufarbeitung von YouTube als aktivem Mitgestalter von Partizipationsprozessen[20] ist bislang nicht in dem hier angestrebten Ausmaß erfolgt.[21]

Sodann ist herauszustellen, dass durch YouTubes inhaltliche Erweiterungen eine neue Filmästhetik auf YouTube in Erscheinung tritt, die sich von vormals gängigen ästhetischen Leitmotiven auf YouTube unterscheidet. Es zeigt sich, dass mit den YouTube Originals fiktionale Produktionen auf YouTube gestärkt werden. Was mit Blick auf andere Streaming-Anbieter wenig auffällig erscheint, kann im Fall von YouTube als essentielle audiovisuelle Kulturerweiterung begriffen werden, da fiktionale Inhalte seit YouTubes Anfängen nur eine marginale Bedeutung auf der Plattform für sich beanspruchen konnten und können.[22] Durch die Produktion von fiktionalen Filmen und Serien, die oftmals vom Continuity System[23] geprägt sind, manifestiert sich YouTubes Interesse an einer partiellen Neuausrichtung, durch die Inhalte, die traditionell mit Hollywood, dem Broadcastsystem oder anderen Top-Down-Institutionen assoziiert werden, nun einen Platz auf YouTube erhalten.

---

rina: Product-Placement auf YouTube. Auswirkungen auf das Kaufverhalten von Jugendlichen (zugl. Offenburg Masterarbeit), Offenburg 2016.

19 Zum Begriff vgl. Jenkins, Convergence Culture.

20 Der Begriff ‚Partizipation' wird hier unter Rückgriff auf die Arbeiten von Henry Jenkins verwendet. Wenngleich Jenkins den Begriff bereits in den 1990er Jahren in *Textual Poachers* benutzt, wird er hauptsächlich mit seinem – 2006 erschienenen – Hauptwerk *Convergence Culture* in Verbindung gebracht. Vgl. Jenkins, Henry: Textual Poachers. Television Fans & Participatory Culture, New York 1992. Vgl. auch Jenkins, Convergence Culture. Unter dem Begriff versteht Jenkins, vereinfacht gesagt, dass Mediennutzer nicht länger als passive Konsumenten zu bezeichnen seien, sondern dass technologischer Fortschritt ihnen Möglichkeiten biete, das starre Schema von ‚Produzent und Konsument' aufzubrechen und selbst zum Medienproduzenten zu werden. Im vierten Kapitel erfolgt eine ausführliche Auseinandersetzung mit Jenkins' medienwissenschaftlichen Beiträgen.

21 Bei der Wiedergabe des Forschungsstands zu YouTube Premium und den Originals wird auf die wissenschaftliche Rezeption von YouTubes Rolle als Medienproduzent eingegangen.

22 Vgl. Burgess, Participatory Culture.

23 Zum Begriff vgl. Elsaesser, Thomas/Hagener, Malte: Filmtheorie zur Einführung, Hamburg 2011, S. 114ff.

Drittens wird neben kreativen Entscheidungen auch die ökonomische Dimension von YouTubes Vorstoß zu thematisieren sein: Durch die von YouTube selbst ausgehende Produktionsinitiative soll die professionelle Inhaltsgestaltung auf der Plattform gestärkt werden, wodurch intendiert wird, YouTube als Konkurrenzplattform zu anderen Streaming-Anbietern[24] zu erweitern. Diese Konkurrenzabsicht wird als symptomatische Erscheinung in der gegenwärtigen Medienlandschaft verstanden, in der Onlineplattformen durch stetige Anpassungen ihrer Angebote darum bemüht sind, eine Art ‚Superplattform' bereitzustellen, die Inhalte und Funktionen anderer Plattformen zu absorbieren versucht, wodurch eine Nutzerabwanderung auf Konkurrenzplattformen unterbunden werden soll. YouTube ist neben Facebook, Instagram oder TikTok nur eine von vielen Plattformen, die allesamt durch stetige Anpassungen ihrer Angebote um eine größtmögliche Anzahl an Nutzern kämpfen und parallel zu medialen Appropriationen darum bemüht sind, Erkennungs- und Alleinstellungsmerkmale ihrer Plattform und Inhalte zu kreieren.

Viertens wird davon ausgegangen, dass durch das Perpetuieren von Themen in YouTubes Eigenproduktionen, die sich bereits vor der Premium-Ära auf YouTube als beliebt erwiesen haben, beabsichtigt wird, die Sehgewohnheiten eines jungen Publikums, das vielfach komprimierte Inhalte konsumiert, nicht zu verletzen und somit die unter 30-jährige Hauptzielgruppe zu konsolidieren. Die Untersuchung von thematischen Trends in den Originals ist für diese Arbeit von signifikanter Bedeutung, da anzunehmen ist, dass YouTube durch die auffällige Inszenierung von Themen-Motiven im Bereich der Digital- und Jugendkultur nicht nur sein junges Publikum stärker an die Plattform binden möchte, sondern auch darum bemüht ist, ein Erkennungsmerkmal seiner Produktionsreihe zu kreieren. YouTube als Medienproduzent inszeniert sich aktiv als Konzern aus dem nordkalifornischen Silicon Valley, der sich mit seinen Inhalten bewusst von häufig umgesetzten Themen und Inhaltsverläufen aus dem südkalifornischen Hollywood absetzen möchte.

Schließlich attestiere ich YouTube in diesem Zusammenhang, seine Eigenproduktionen als Vermittlungsgrundlage von Konzerninteressen respektive als Profilierungsmöglichkeit seiner Außenwahrnehmung zu nutzen. Diese These ist von entscheidender Bedeutung, da YouTube als passive Distributionsplattform nur bedingt in der Lage ist, seine Außenwahrnehmung zu beeinflussen. Aufgrund der Abermillionen Nutzer der Plattform liegt ein großes Spektrum an Themen, Inhalten und Ansichten vor. Gerade gesellschaftspolitische Haltungen divergieren hierbei mitunter, sodass YouTube im Bereich der Fremdproduktionen keine einheitliche

24 Hierbei ist primär an die Streaming-Dienste Netflix und Amazon Prime zu denken. Wenngleich diese beiden nicht die einzigen relevanten Streaming-Dienste sind, gelten gerade sie in den ausgehenden 2010er Jahren als besonders erfolgreich.

Außenwahrnehmung zu erkennen gibt. Als aktiver Produzent hingegen kann YouTube durch die Themenwahl in seinen Filmen und Serien demonstrieren, welche (politischen) Ansichten und Interessen der Konzern vertritt respektive vorgibt zu vertreten. Neben öffentlichen Konzern-Statements in Schriftform fügt YouTube durch seine Eigenproduktionen eine audiovisuelle Kommunikationsvariante ein, durch die das Image der Plattform nachhaltig beeinflusst werden kann.

1.2 Arbeitsschritte und Arbeitsziele

Zunächst sollen der Premiumdienst von YouTube historisch eingeordnet und die Funktionen von YouTube Premium beschrieben werden. In diesem ersten Schritt ist das deklarierte Arbeitsziel, die in der medienwissenschaftlichen Rezeption bislang kaum beachtete Premiumsparte auf YouTube basal zu skizzieren, um so die Grundlage für spätere Analysen zu bilden. Diese deskriptive Annäherung an das Sujet ist notwendig, da auf diesem speziellen Gebiet weder Vorwissen zu der Plattformerweiterung selbst noch zu seinen Inhalten vorausgesetzt werden kann. Darüber hinaus wird in diesem Arbeitsschritt auf journalistische Beiträge und Interviews mit Funktionären[25] von YouTube zurückgegriffen, um Absichten für Entwicklungsstrategien zu YouTube Premium und den Originals greifbar zu machen. Zudem erfolgt eine Gegenstandserläuterung der YouTube Originals und eine holistische Erfassung aller fiktionalen Eigenproduktionen, die in den filmanalytischen Kapiteln im Fokus der Untersuchung stehen.

Nach der Beschreibung von YouTube Premium und den YouTube Originals werden das Phänomen der Webserie auf YouTube und der Forschungstand zu dieser spezifischen Form der Serialität angegangen, um eine bessere kontextuelle Verortung des hier zu analysierenden Seriengegenstands zu gewährleisten und um aktuelle Sichtweisen auf – diesen seriellen Formaten inhärente – mediale Eigenschaften aufmerksam zu machen. Vor allem aber ist es von Interesse, die YouTube Originals im Kontext der Webserien-Forschung zu betrachten, weil sich Webserien (auf YouTube) oftmals durch Fiktionalität auszeichnen. Fiktive Inhalte stellen eine Seltenheit auf YouTube dar, die durch die YouTube Originals hingegen prominent gefördert werden. Anschließend rückt die Zusammensetzung von Akteuren aus

25 Dabei ist selbstverständlich darauf zu achten, dass Aussagen von Funktionären oder Schauspielern nicht unreflektiert wiedergegeben werden, sondern stets unter Berücksichtigung von potenziellen Eigeninteressen (Werbung etc.) zu betrachten sind.

verschiedenen Bereichen der Unterhaltungsindustrie in den YouTube Originals in den Vordergrund.[26] Auffällig an den Originals ist, dass sie sich sowohl durch das Auftreten von bekannten Schauspielern als auch durch Auftritte von YouTube Stars, die auf der Plattform selbst zu Berühmtheit gelang(t)en, auszeichnen. Diese Struktur an Akteuren soll im Kontext der medienwissenschaftlichen Forschung zu Webserien als Besonderheit hervorgehoben werden, da die Hybridität der institutionellen Hintergründe der – in den Originals auftretenden – Künstler eine neuartige Konvergenzerscheinung im Bereich der Online-Medienproduktion darstellt.

Auf Ausführungen zum Innovationsanspruch der Originals unter Berücksichtigung der medienwissenschaftlichen Webserien-Rezeption folgt eine Auseinandersetzung mit aktuellen Perspektiven auf Fankultur, Amateurkreativität und vor allem den – stetig expandierenden – Spannungsfeldern zwischen Hobby und Arbeit, freier Meinung und Werbung sowie Verbundenheit und Ergebenheit innerhalb von Communities auf YouTube.[27] Darüber hinaus erfolgt eine Aufarbeitung jüngerer wissenschaftlicher Beiträge[28] zur Kommerzialisierung auf YouTube, durch

---

26 Damit ist gemeint, dass in den Originals oftmals eine Zusammenkunft von Akteuren aus der traditionellen Unterhaltungsindustrie (Hollywood) und der ‚neuen' Unterhaltungsindustrie (Silicon Valley) stattfindet. Das ist vor allem vor dem Hintergrund von Craigs und Cunnighams Thesen zu ‚Social Media Entertainment', das sie als ‚Intersektion von Hollywood und dem Silicon Valley' auffassen, interessant, zumal zu prüfen sein wird, inwiefern sich die hier behandelten Produktionen in ebendiese von ihnen bezeichnete Unterhaltungskategorie eingliedern lassen. Vgl. Craig, David/Cunningham, Stuart: Social Media Entertainment. The New Intersection of Hollywood and Silicon Valley, New York 2019.

27 Mit den hier aufgezählten Begriffspaaren sind hauptsächlich Aktivitäten von Videomachern, teilweise aber auch Handlungen von Zuschauern gemeint. Das Spannungsfeld zwischen Hobby und bezahlter Arbeit bezieht sich auf Möglichkeiten zur Kommerzialisierung von Inhalten und betrifft somit Videomacher. Die Pole ‚freie Meinung' und ‚Werbung' betreffen ebenfalls ausschließlich Videomacher: Damit soll zum Ausdruck gebracht werden, dass Produktempfehlungen in Videos sowohl aufgrund von persönlicher Überzeugung als auch wegen Werbeverträgen ausgesprochen werden können. Das dritte Begriffspaar integriert auch diejenigen, die selbst keine Videos hochladen, die sich aber als Mitglied einer Community betrachten: Es stellt sich die Frage, inwiefern man von einer Zugehörigkeit zu einer Online-Gruppe sprechen kann, in der ein egalitäres Entfaltungspotenzial vorliegt. Durch den Ausdruck ‚Ergebenheit' soll die Frage thematisiert werden, inwieweit die sog. Communities als hierarchisch strukturierte Handlungsräume zu begreifen sind und wie stark diese virtuellen Handlungsräume von Star-Kulten beeinflusst werden.

28 Damit ist ein Zeitraum ab den 2010er Jahren gemeint. In den Anfängen von YouTube gibt es nur vereinzelt Publikationen, die sich mit Monetarisierung auf YouTube auseinandersetzen. Beispielsweise beschäftigen sich das Kapitel *Industry* (S. 358–456) sowie der Aufsatz von Burgess und Green (vgl. Burgess, Jean/Green, Joshua: The Entrepreneurial Vlogger: Participatory Culture Beyond the Professional-Amateur Divide, in: Snickars, Pelle/Vonderau, Patrick (Hg.): The YouTube Reader, Stockholm 2009, S. 89–107) in der 2009 erschienenen Publikation *The YouTube Re-*

die Begriffe wie ‚Demokratisierung' und ‚Community' kritisch geprüft werden.[29] Ziel dieser Aufarbeitung ist, einen Eindruck von Produktionsbedingungen und -möglichkeiten auf YouTube zu Beginn der 2020er Jahre zu erhalten, durch die die Kommerzialisierung auf und die Industrie hinter YouTube sichtbar gemacht wird. Diese Ausführungen sind in Bezug auf aktuelle Perspektiven auf Partizipationskultur im Speziellen und auf YouTubes audiovisuelle Kultur im Allgemeinen essentiell, da der ursprünglichen – hauptsächlich non-kommerziellen – Konzeption von Partizipationskultur teilweise widersprochen wird. Damit die Distanz zwischen der originären Vorstellung von Partizipationskultur nach Jenkins und der Produktionsrealität auf YouTube verdeutlicht werden kann, erfolgt eine Zusammenfassung von Jenkins' Konzeption des Partizipationsbegriffs unter Berücksichtigung von Kritik an Jenkins' Forschung.[30] Eine differenzierte Einschätzung zur Professionalisierung auf YouTube, die nicht erst mit der Gründung von YouTube Premium und den Originals beginnt, ist entscheidend, weil Professionalisierung in Verbindung zu der – als These formulierten – audiovisuellen Kulturerweiterung auf YouTube steht. Es soll verdeutlicht werden, dass ein Star-System und die Elitisierung von Inhalten bereits *vor* der Premium-Ära prominent auf YouTube etabliert war und dass YouTube Premium und die YouTube Originals bereits bestehende Tendenzen auf eine – für YouTube – neue Art verstärken.

Auf die historische Kontextualisierung von YouTube Premium, die theoretische Annäherung an Formen und Merkmale von Webserien sowie eine aktualisierte Darstellung von Perspektiven auf modernes YouTubing unter besonderer Berücksichtigung kommerzieller Möglichkeiten und ihrem Verhältnis zu Konzepten der Partizipationskultur folgt der (film-)analytische Teil der Studie. Wird es in den bislang beschriebenen Arbeitsschritten um die Eröffnung eines Grundverständnisses für YouTube Premium, die YouTube Originals und vor allem um den aktuellen medialen Rahmen gehen, in

---

ader mit diesem Phänomen. Allerdings können diese Beiträge nicht auf jüngere Entwicklungen auf YouTube eingehen und sind daher für eine Zustandsbeschreibung für das YouTube der späten der 2010er Jahre wenig geeignet.

29 Diese kritische Auseinandersetzung besteht vor allem darin, Vorstellungen egalitärer Online-Räume zu hinterfragen und hierarchische Strukturen innerhalb von YouTube-Communities herauszustellen. Diejenigen, die an der Spitze einer jeweiligen Hierarchie zu verorten sind, können nicht als gleichwertige Mitglieder dieser sog. Gemeinschaft gehandelt werden, da sie – so die weitere Argumentation – im Unterschied zu dem Großteil ihrer Gefolgschaft mehrheitlich nicht nur einem Hobby, sondern einer bezahlten Arbeit nachgehen.

30 Kritische Positionen an Jenkins' Theorie sollen primär deshalb integriert werden, um ein möglichst umfassendes wissenschaftliches Meinungsspektrum in Bezug auf Fragen zur Realtauglichkeit von Jenkins' Konzeption von Partizipationskultur abbilden zu können. Jenkins wird deshalb so prominent erwähnt, weil er durch zahlreiche wissenschaftliche Beiträge zu Partizipationskultur als Teilinitiator der Forschung auf diesem Gebiet angesehen wird.

dem beide in Erscheinung treten, besteht in den Analysekapiteln das Ziel, die hier postulierte audiovisuelle Kulturerweiterung auf YouTube und ihre Auswirkungen auf Partizipationsprozesse anhand von bislang in der Medienwissenschaft nur marginal untersuchtem Material aufzuzeigen. Insgesamt werden vier verschiedene Analysen durchgeführt: Eine Interface- und Metadatenanalyse[31] von YouTube Premium verfolgt das Ziel, YouTubes Konkurrenzabsichten im Bereich des Streamings offenzulegen, wodurch die Hypothese zu YouTubes Vorhaben eines inhaltspolitischen Kurswechsels, bei dem der Slogan ‚Broadcast Yourself' durch ‚We Broadcast' ein Pendant auf YouTube erhält, untermauert werden soll. Während die Konkurrenzabsichten zu Streaming-Diensten wie Netflix oder Amazon primär durch visuelle Anordnungen in der Interfaceanalyse erläutert werden, soll die Distanzierung von bisherigen Nutzungsweisen – und die damit verbundene Abschwächung von Potenzialen für gelungene Partizipationskultur auf YouTube – anhand der Metadatenanalyse demonstriert werden.[32]

Auf diesen sich mit YouTube Premium als Plattformerweiterung auseinandersetzenden analytischen Teil folgt ein zweiter Analyseblock, der sich wiederum aus zwei Analysen zusammensetzt, bei dem diesmal die YouTube Originals den zentralen Untersuchungsgegenstand darstellen. Diese Strukturierung ist der Tatsache geschuldet, dass YouTube Premium und die YouTube Originals voneinander abzugrenzen sind. Wenngleich die Originals aus der Premiumsparte hervorgehen, haben sie als audiovisuelle Artefakte einen Eigenwert, auf den separat einzugehen ist. Darüber hinaus muss man miteinbeziehen, dass ihre Bindung an YouTube Premium seit 2020 abgeschwächt wurde, was YouTube seinen Premium-Nutzern in einer E-Mail im Jahr 2019 mitteilte (Abbildung 1).[33]

Die Analyse der YouTube Originals wird in eine Form- und Inhaltsanalyse unterteilt. Ziel dieser Distinktion ist es, den Originals auf mehr als einer Ebene zu begegnen und durch eine multiperspektivisch angelegte filmanalytische Aufarbeitung dieses Gegenstands zu erörtern, wie strukturelle Plattformveränderungen anhand des Materials, das selbst als Teil dieses Veränderungsprozesses zu begrei-

31 Im Unterkapitel ‚Herausforderungen und Methoden' erfolgt eine ausführliche Erläuterung zur Art der Analyse.

32 An dieser Stelle verfolgt die Arbeit eine ähnliche analytische Vorgehensweise, wie sie in Rath-Wiggins' Dissertation über YouTube erkennbar wird. Vgl. Rath-Wiggins, Linda: Wahlspots im Social Web. Eine medienwissenschaftliche Analyse der visuellen Wahlkampfkommunikation auf YouTube während der Bundestagswahl 2009 (zugl. Bonn Univ. Diss), Bonn 2017, S. 150ff. Wenngleich Rath-Wiggins hierbei einen stärkeren Fokus auf eine inhaltliche Auseinandersetzung mit Kommentaren von Nutzern legt, als es hier der Fall sein wird, kann diese Art der Analyse – wie Rath-Wiggins erfolgreich aufzeigt – wichtige Hinweise zu Rahmenbedingungen von Partizipationsmöglichkeiten auf YouTube liefern.

33 Diese Abschwächung wird im Verlauf der Studie konkret erläutert.

YouTube Premium

Hallo Fabian ,

wir möchten dir heute ein Update für den zukünftigen Zugriff auf YouTube Originals geben. An den anderen Vorteilen für dich als Premium-Mitglied ändert sich nichts.

YouTube Originals künftig vor allem anderen anschauen

Als YouTube Premium-Mitglied kannst du dir YouTube Originals-Filme, -Serienstaffeln und -Livestreams ansehen - direkt bei der Premiere und natürlich ohne Werbeanzeigen.

Nichtmitglieder werden neue YouTube-Originalserien, -Filme und -Live-Veranstaltungen, die nach dem 24. September 2019 veröffentlicht werden, jedoch mit Anzeigen genießen können. Bei Serien hast du mit der Premium-Mitgliedschaft sofort Zugriff auf alle Folgen einer neuen Staffel; für nicht Premium-Mitglieder werden die einzelnen Folgen erst nach und nach veröffentlicht. Außerdem stehen in den meisten Fällen Bonusmaterial und Director's Cut-Versionen zu YouTube Originals-Filmen und -Live-Veranstaltungen exklusiv für Mitglieder zur Verfügung. Weitere Informationen zu diesen Neuenungen findest du hier.

Zusätzlich zum neuen Vorabzugriff auf YouTube Originals profitierst du natürlich weiterhin von allen Premium-Vorteilen, die du schon kennst. Als Premium-Mitglied kannst du YouTube-Videos ganz ohne Werbeanzeigen im Hintergrund abspielen, auf dein Smartphone herunterladen und offline ansehen. Wie gewohnt kannst du als Premium-Mitglied bei YouTube und über die YouTube Music App (Android / iOS) Musik offline, im Hintergrund und bei abgeschaltetem Bildschirm ganz ohne Werbeanzeigen hören.

Bei Fragen kannst du dich jederzeit an den YouTube-Support wenden.

Viele Grüße
Dein YouTube-Team

Abbildung 1: E-Mail von YouTube.

fen ist, sichtbar werden. Sowohl die Form- als auch die Inhaltsanalyse setzen sich ausschließlich mit fiktionalen YouTube Originals auseinander.[34]

Das Hauptziel für die formale Analyse der Originals besteht in der Aufarbeitung gängiger audiovisueller Muster und wiederkehrender filmstilistischer Mo-

34 Die Gründe hierfür werden im zweiten Kapitel thematisiert.

tive in den Eigenproduktionen.[35] Es wird versucht aufzuzeigen, dass man von einer neuen Filmästhetik auf YouTube sprechen kann, die sich drastisch von einer klassischen[36] Internetvideoästhetik differenziert. Durch die Einführung neuer Videostandards tritt eine sichtbare Separierung zwischen Videomachern auf der Plattform in Erscheinung, da die formale Ausgestaltung der Originals neue Standards in Bezug auf Arbeitskräfte, Arbeitsteilung, Budgetnotwendigkeit, postproduktionellen Aufwand etc. setzt, denen Amateurvideoproduzenten nicht ohne Weiteres nachkommen können: Es wird gezeigt, wie durch YouTubes aktive Einflussnahme neben ‚Broadcast Yourself' nun auch ‚We Broadcast' als Medienlogik auf der Plattform auftritt. Dieser imaginäre Slogan steht hierbei für Einflüsse des klassischen Kinos sowie der Ästhetik gegenwärtiger Mainstreamfilme und -serien, die mit den Originals auf YouTube Einzug halten.

Die Inhaltsanalyse der Originals macht deutlich, wie der hier proklamierte inhaltspolitische Kurswechsel konkret formuliert wird respektive wie durch prominent in Erscheinung tretende Inhaltsparadigmen intendiert wird, den Originals eine Eigenidentität zu verleihen, durch die sie von audiovisuellen Produkten anderer Plattformen, Studios oder Produktionsfirmen abgegrenzt werden können. Dabei sind wiederkehrende Themen-Motive für die Analyse vor allem von Interesse, um YouTubes Profilierungsabsichten als Konzern mit einem nativen Verständnis für Chancen und Risiken der Digitalisierung herauszustellen und um YouTubes Selbstbild als linksliberaler Alliierter von strukturell unterdrückten Personengruppen zu erörtern.

1.3 Herausforderungen und Methoden

Im Folgenden werden die im vorherigen Unterkapitel angesprochenen Analysemethoden erläutert. Während die geschilderten Arbeitsschritte für das zweite, dritte und vierte Kapitel entweder deskriptiv erschlossen werden oder sich hauptsächlich durch Zusammenfassungen vorliegender wissenschaftlicher Publikationen konstituieren und daher keiner Erklärung bezüglich ihrer Umsetzung bedürfen, erfordern die analytischen Kapitel aufgrund der nicht selbsterklärenden Bezeichnungen der Analysen nähere Erläuterungen.

---

35 Hillrichs hat in seiner Dissertation zu YouTube eine ähnliche Art der Analyse für die Eruierung von Poetiken in YouTube-Videos durchgeführt. Vgl. Hillrichs, Early YouTube, S. 49ff. Auch in dieser Arbeit wird anhand einer Formanalyse versucht, spezifische Eigenschaften einer bestimmten Gruppe von audiovisuellen Artefakten zu subsumieren und dominant in Erscheinung tretende Muster zu sammeln.

36 Vor der Analyse wird erläutert, was als ‚klassisches YouTubing' verstanden wird.

1.3.1 Epistemologische Problemstellungen

Eine große Herausforderung stellt der ephemere Charakter des zu analysierenden Materials dar. Wenngleich alle bereits angeführten Arbeiten – und insbesondere Dissertationen – zu YouTube, in denen konkrete Analysen einzelner Videos auftreten, schon mit diesem wissenschaftstheoretischen Dilemma konfrontiert waren, muss es doch immer wieder angesprochen werden. „The cultural all-inclusiveness of the internet, the millions of videos of YouTube [...] result in this phantom of inaccessible information on YouTube. YouTube is the kingdom of shadows, where the ghostly dwell."[37] YouTubes Inhalte als ‚Digital Ghosts'[38] sind für die Medienwissenschaft ein Problem, da wissenschaftliche Aussagen über menschliche Artefakte an deren zumindest mittelfristig gesicherte Existenz gebunden sind. Eben diese Grundlage wird in Bezug auf Analysen zu YouTube-Videos durch die unzuverlässige Verfügbarkeit von Videos nicht gewährleistet.[39] Diese Problematik lässt sich schlichtweg nicht eskamotieren, allerdings dürfen die Film- und Medienwissenschaft nicht vor dieser Herausforderung zurückschrecken, da sie sonst signifikante, gesellschaftsprägende Phänomene und Prozesse gänzlich ausblenden müssten und mögliche Erkenntnisgewinne auf diesem speziellen Gebiet von vornherein ausgeschlossen wären.

Daher gilt es, eine bestmögliche Zwischenlösung zu finden, durch die dauerhaft verfügbares Material bereitgestellt werden kann und die die ephemeren Artefakte, die die gegenwärtige Popkultur so massiv beeinflussen, berücksichtigt. In anderen Dissertationen zu YouTube wurde versucht, diesem Problem mit der Transkription von Inhalten,[40] der Integrierung von Standbildern[41] oder der Erstellung

---

37 Lundemo, Digital Ghost, S. 328.

38 Der Begriff tritt im Titel des Aufsatzes in Erscheinung. Vgl. Lundemo, Digital Ghost.

39 Vgl. Prelinger, Rick: The Appearance of Archives, in: Snickars, Pelle/Vonderau, Patrick (Hg.): The YouTube Reader, Stockholm 2009, S. 268–274. Vgl. auch Snickars, Pelle: The Archival Cloud, in: Snickars, Pelle/Vonderau, Patrick (Hg.): The YouTube Reader, Stockholm 2009, S. 292–313. Vgl. auch Schröter, Jens: On the Logic of the Digital Archive, in: Snickars, Pelle/Vonderau, Patrick (Hg.): The YouTube Reader, Stockholm 2009, S. 330–346. Diese Aufsätze stammen – wie noch weitere – aus dem Kapitel *Storage* des *YouTube Readers*, das sich dezidiert mit YouTube als Speichermedium auseinandersetzt. Prelinger, Snickars und Schröter zeigen jeweils auf, welches Potenzial und welche Schwächen sich in Bezug auf YouTube als Archiv ergeben. Vor allem problematisch sei die Tatsache, dass Videos jederzeit gelöscht und die Artefakte nach der Löschung nicht mehr gesichtet werden könnten.

40 Vgl. Frobenius, Maximiliane: The Pragmatics of Monologue: Interaction in Video Blogs, (zugl. Saarbrücken, Univ. Diss.), Saarbrücken 2014. Vgl. auch Quakernack, Stefanie: (Re-)framing *Testimonio* on YouTube: Multimodal Performances of Dispossession in Digital Narratives of Undocumented Youth, (zugl. Bielefeld, Univ. Diss.), Bielefeld 2016.

41 Vgl. Hillrichs, Early YouTube. Vgl. auch Lucke, Erlebnisräume.

eigener Diagramme zu Daten und Metadaten[42] zu begegnen, da so der flüchtige Charakter der Inhalte in der jeweiligen Publikation zumindest partiell aufgehoben wird.[43] Ich orientiere mich teilweise an diesen Strategien, indem auf Standbilder zur Erläuterung bestimmter formalästhetischer Aspekte sowie zur Illustrierung handlungsbezogener Elemente zurückgegriffen wird. Allerdings werden weder Dialogtranskriptionen noch Filmprotokolle erstellt, da die hier vorgenommene Betrachtung von Film- und Serienmaterial nicht mikroanalytisch erfolgt, sondern auf einer Makroebene ein breites Spektrum an Originals-Projekten umfassen wird.[44]

Dem Problem der Flüchtigkeit des Materials wirkt in dieser Studie die Tatsache entgegen, dass sich die Originals von gewöhnlichen YouTube-Videos unterscheiden: Hier wirkt sich der Aspekt der zunehmenden Professionalisierung auf YouTube positiv auf die wissenschaftliche Nachprüfbarkeit aus, da viele der zu behandelnden Filme und Serien – wie auch Produktionen von Amazon und Netflix – an Filmwettbewerben und Preisverleihungen teilnehmen und auf diese Weise durch ihre Teilnahme an solchen Wettbewerben und durch Filmarchive konserviert werden. Das bedeutet allerdings nicht, dass sie leicht zugänglich sind, zumindest aber sind sie mehrheitlich kein ‚Digital Ghost', der binnen Kurzem verschwinden kann, ohne jegliche Spuren zu hinterlassen.

1.3.2 Analysemethoden und technisches Vorgehen

Die Interfaceanalyse setzt sich mit einem – aus wissenschaftlicher Sicht recht neuen – Phänomen der Bildanalyse auseinander. Es gibt bereits Analysen zur Interfacestruktur auf YouTube, anhand derer ersichtlich wird, welche Erkenntnisgewinne außerhalb der Analyse von Bewegtbildern und der Auswertung von Daten und Metadaten auf Onlineplattformen möglich sind.[45] Da die Analyse der Interfacestruktur der Startseite der YouTube Originals dazu dienen soll, YouTubes Konkurrenzabsichten im Bereich des Streamings zu veranschaulichen, ist es zu-

42 Vgl. Rath-Wiggins, Wahlkampfkommunikation.

43 Ein holistisches Lösungskonzept stellt das – wie auch die besprochenen Verfasser selbst reflektieren – selbstverständlich nicht dar, zumal der Urtext, gerade wenn es sich dabei um Videos handelt, nicht konserviert werden kann. Zumindest werden so jedoch Teileigenschaften und -merkmale des Urtextes übertragen, die die jeweilige Argumentation anschaulich und plausibel machen.

44 Dementsprechend verzichte ich ebenfalls auf einen Kanon von Serien und Filmen, der in einigen der bereits angeführten Arbeiten erstellt wurde.

45 Vgl. Distelmeyer, Jan: Machtzeichen. Anordnungen des Computers, Berlin 2017.

nächst notwendig, auch eine Konkurrenzplattform in die Analyse zu integrieren. Die Interfaceanalyse versteht sich als Vergleichsanalyse, die formal greifbare Anordnungen auf YouTube und Netflix gegenüberstellt, um so Parallelen zwischen den beiden Seiten herauszustellen.[46] Über die Ebene der formalen Struktur hinaus wird angestrebt, eine ikonographisch-ikonologische Betrachtung zur Ermittlung von kulturellen Symptomen innerhalb des hermetischen[47] virtuellen Raums der Startseite der YouTube Originals durchzuführen.

Dabei ist diese Betrachtung nicht im Sinne Warburgs und Panofskys[48] aufzufassen.[49] Vielmehr wird das ‚eikón' (Bild) als digital codiertes respektive *geschriebenes* (‚gráphein') Bild verstanden, dem auch außerhalb eines Kunstkontextes eine kulturelle Bedeutungstiefe zuzuschreiben ist, da es eine Manifestation der popkulturellen Trends seiner Zeit darstellt.

Die Metadatenanalyse versteht sich als Analyse von Angeboten, Kosten sowie Veröffentlichungsdaten und -zyklen von Inhalten, die durch die Einführung von YouTube Premium auf YouTube Einzug halten. Dabei wird vor allem die ‚Paywall', die durch YouTube Premium ins Spiel kam, im Fokus der Analyse stehen, da sich

---

46 Es ist freilich bekannt, dass Netflix nicht die einzige Konkurrenzplattform ist. Oben sind bereits andere Konkurrenten benannt worden. Da es der Analyse jedoch weniger darum geht, danach zu fragen, wie vielen anderen Plattformen der Konkurrenzkampf erklärt wird, sondern vielmehr, dass seitens YouTube ein allgemeines Bestreben nach Expansion auf dem Streaming-Markt besteht, wird lediglich ein Vergleich zwischen YouTube und Netflix – das in den ausgehenden 2010er Jahren eine der bedeutendsten Streaming-Plattformen darstellt – durchgeführt.

47 Der Raum wird deshalb als hermetisch bezeichnet, weil in ihm keine Partizipation in Form des Hochladens eigener Inhalte möglich ist und er dadurch im übertragenen Sinne undurchdringbar ist. Durch die Tatsache, dass die abrufbaren Inhalte auch nicht geteilt werden, d.h. auch nicht nach außen weitergeleitet werden können (Ausbleiben von Spreadability, vgl. Jenkins, Spreadable Media), wird diese Undurchdringbarkeit verstärkt.

48 Vgl. Gombrich, Ernst: Aby Warburg. Eine intellektuelle Biografie, Frankfurt 1981. Vgl. auch Brassat, Wolfgang/Kohle, Hubertus: Der kulturwissenschaftlich-ikonologische Ansatz, in: Brassat, Wolfgang/Kohle, Hubertus (Hg.): Methoden-Reader Kunstgeschichte. Texte zur Methodik und Geschichte der Kunstwissenschaft, Köln 2009, S. 41–43. Zu Panofskys ikonologischem Ansatz vgl. Panofsky, Erwin: Sinn und Deutung in der bildenden Kunst, Köln 1975. Vgl. auch Heidt, Renate: Erwin Panofsky. Kunsttheorie und Einzelwerk, Köln/Wien 1977.

49 Das ergibt sich schon aus der Tatsache, dass es sich bei Interfaces nicht um Kunstwerke, sondern Anordnungen mit konkreten Funktionen handelt. Darüber hinaus sind die genannten Ansätze primär um die inhaltliche Deutung von Kunstwerken bemüht und messen der Form, die hier von signifikantem Wert ist, nur wenig Bedeutung bei. Vgl. Brassat, Wolfgang/Kohle, Hubertus: Der geistesgeschichtlich-ikonologische Ansatz, in: Brassat, Wolfgang/Kohle, Hubertus (Hg.): Methoden-Reader Kunstgeschichte. Texte zur Methodik und Geschichte der Kunstwissenschaft, Köln 2009, S. 62–64.

durch sie eine nachhaltige Änderung von Funktionsprinzipien auf YouTube einstellt. Von der Prämisse ausgehend, dass ein frei zugänglicher Online-Raum für die Entfaltung einer egalitären Kultur auf YouTube essenziell ist, wird vor allem mit Blick auf die – durch die Paywall bedingte – Separierung von Nutzergruppen erörtert, wie eine Abschwächung von Partizipationspotenzialen auf YouTube generiert wird. Dabei verfolgt die Analyse einen induktiven Zugang, indem sie empirisch fassbare Metadaten zu YouTube Premium auswertet, um daraufhin zu allgemeineren Erkenntnissen zu den durch die Premiumsparte in Kraft tretenden Konsequenzen für Partizipationskultur auf YouTube zu gelangen. Darüber hinaus stellt das, was Rath-Wiggins als ‚akteursbezogene Informationen' und ‚computervermittelte Anschlusskommunikation'[50] bezeichnet, einen weiteren signifikanten Analyseaspekt dar: Hierbei erfolgt keine qualitative Kommentar-Analyse, sondern eine Erörterung der Metadaten ‚Aufrufe', ‚Likes' und ‚Abonnenten', die jeweils einzelnen Projekten zugeordnet werden können. Dabei fokussiert sich dieser Teil der Analyse auf Projekte, bei denen YouTube die angesprochenen Metadaten – die üblicherweise einsehbar sind – verbirgt. Die analytische Auseinandersetzung mit dieser intransparenten Gestaltungsweise, die durch die Kontextualisierung wichtiger Metadaten offengelegt wird, soll abermals Rückschlüsse auf veränderte Distributionsmechanismen, die hier als Teil eines strukturellen Wandels auf YouTube verstanden werden, erlauben.[51]

Die Formanalyse der Originals erörtert projektübergreifende Tendenzen für wiederkehrende filmische Gestaltungsmittel und versteht sich als filmwissenschaftliche Analyse zu formalen Prinzipien und Leitmotiven, die Aufschlüsse über die ästhetische Innovation der Originals auf YouTube geben soll. Die Hervorhebung des Formbegriffs führt unweigerlich zu der Frage nach der Definition der filmischen Form und der Problematik ihrer Formulierung. Was als filmische Form gilt, wird durchaus unterschiedlich gesehen, weshalb hier eine pragmatische Annäherung an die Problematik des Formbegriffs sinnvoll erscheint.

Eine formale Untersuchung der Originals bezeichnet hier eine Analyse wiederkehrender Motive in Bezug auf Montage und Mise en Scène.[52] In diesen Analy-

50 Vgl. Rath-Wiggins, Wahlkampfkommunikation, S. 150. Rath-Wiggins bezieht sich hierbei auch auf Eble. Vgl. Eble, Michael: Medienmarken im Social Web. Wettbewerbsstrategien und Leistungsindikatoren von Online-Medien aus medienökonomischer Perspektive, Münster 2013. Damit sind YouTube-Kanäle und Daten in Form von Kommentaren sowie Metadaten in Form von Likes, der Anzahl an Kommentaren und Abonnentenzahlen gemeint.

51 In diesem Fall artikuliert sich dieser Wandel sowohl durch eine erneute Abkehr von der Paywall im Jahr 2019 als auch durch die Adaption von Funktionsprinzipien anderer Streaming-Anbieter, die ebenfalls um Geheimhaltung dieser Metadaten bemüht sind.

52 Die nicht selbsterklärenden Begrifflichkeiten werden vor der Analyse kurz erläutert.

sekategorien drückt sich freilich nicht die Gesamtheit und Komplexität einer filmischen Form aus. Die Auswahl dieser Kategorien erfolgt primär deshalb, weil durch sie die Differenz zwischen Ausdrucksformen der Originals und traditionellen YouTube-Formaten in besonderem Maße verdeutlicht werden kann.[53] Diese Analyse steht der formalistischen Schule der Filmwissenschaft aufgrund der Analysekategorien nahe. Sie versucht aber weder eisensteinsche Montagetheorien[54] zu bemühen, noch verschreibe ich mich neoformalistisch-kognitivistischen Denkansätzen[55] oder führe deren wissenschaftliche Grabenkämpfe[56] fort. In diesem Zusammenhang ist ferner anzumerken, dass Neoformalismus hier auch nicht als Methode missverstanden wird.[57] Die umfassenden Arbeiten von Bordwell und Thompson sind hier vor allem dann von Interesse, wenn traditionelle formale Gestaltungsmittel, die oftmals mit dem Hollywoodkino assoziiert werden, in den Vordergrund rücken.[58]

Die Inhaltsanalyse der Originals konstituiert sich durch eine Betrachtung exemplarischer Themen und Handlungsverläufe verschiedener Originals. Diese qualitative Analyse erörtert dominant in Erscheinung tretende Muster und wiederkehrende Motive, wobei die Themen Jugendkultur, Digitalkultur und die Darstellung von strukturell unterdrückten Personengruppen prioritär analysiert

---

53 Jump Cuts, Handkameraeinsätze oder statische Kameraaufnahmen, natürliches Licht oder Schreibtischlampen sowie das eigene Haus als Schauplatz sind hierbei nur einige der prominenten Assoziationen zu Gestaltungsweisen von traditionellen YouTube-Videos, die – wie die Analyse zeigen wird – in den Originals mehrheitlich nicht mehr in Erscheinung treten.

54 Vgl. Diederichs, Helmut/Lenz, Felix (Hg.): Jenseits der Einstellung. Schriften zur Filmtheorie, Frankfurt 2006.

55 Vgl. Hartmann, Britta/Wulff, Hans J.: Neoformalismus, Kognitivismus, Historische Poetik des Kinos, in: Felix, Jürgen (Hg.): Moderne Film Theorie, Mainz 2007, S. 191–216.

56 Zu heftiger Kritik und Gegenkritik vgl. Hartmann, Neoformalismus, S. 192. Vgl. auch Ray, Robert B.: How a Film Theory Got Lost and Other Mysteries in Cultural Studies, Bloomington 2001.

57 Hartmann und Wulff weisen darauf hin, dass dies in Filmanalysen mitunter geschehe und sprechen überspitzt vom Gebrauch eines *Rezeptbuchs*. Vgl. Hartmann, Neoformalismus, S. 196.

58 Dabei ist vor allem *The Classical Hollywood Cinema* interessant. Vgl. Bordwell, David/Staiger, Janet/Thompson, Kristin: The Classical Hollywood Cinema. Film Style and Mode of Production to 1960, New York 1985. Bereits Hillrichs (vgl. Hillrichs, Early YouTube, S. 48ff.) und Lucke (vgl. Lucke, Erlebnisräume, S. 39.) greifen in ihren Dissertationen Bordwells, Thompsons und Staigers Publikationen auf, um eine analytische Rahmung für die von ihnen jeweils vorgenommene Betrachtung von YouTube-Videos zu gewährleisten. Während die anderen Arbeiten hauptsächlich auf *Film Art* Bezug nehmen (vgl. Bordwell, David/Thompson, Kristin: Film Art. An Introduction, Reading/Boston 1979), wird hier *The Classical Hollywood Cinema* mindestens gleichwertig beachtet, weil ein wichtiges Argument der Arbeit ist, dass die Originals auf formaler Ebene einem klassischen Hollywoodstil nacheifern.

werden. Die Inhaltsverläufe und Themen-Motive werden in Verbindung mit Publikationen zu Jugendkultur und gesellschaftspolitischen Theorien sowie im Kontext gegenwärtiger Bewegungen wie ‚Black Lives Matter' oder ‚Me Too' betrachtet. Die technische Herangehensweise sieht vor, anhand mehrerer Originals-Projekte thematische Strömungen herauszuarbeiten. Dabei ist es wichtig, viele Projekte in die Arbeit zu integrieren, um auf dieser Basis Trends ausmachen zu können. Aufgrund der Fülle an Beispielen werden einzelne Projekte nicht auf Mikroebene – und ohne Dialogtranskriptionen – analysiert. Timecodes werden nach direkten Zitaten verwendet, die für das Verständnis essentieller Kernaspekte inhaltlicher Grundausrichtungen relevant sind. In ausgewählten Fällen geben auch Standbilder Aufschluss über visuell greifbare intradiegetische Elemente.[59]

1.4 Forschungsstand zu YouTube Premium und zu den YouTube Originals

Überall dort, wo es geboten und wissenschaftlich notwendig ist, wird an Ort und Stelle auf diverse Teilaspekte der Forschung zu unterschiedlichen Phänomenen auf YouTube eingegangen. Beispielsweise wird im dritten Kapitel der Forschungsstand zu Webserien auf YouTube referiert. Im vierten Kapitel stehen wissenschaftliche Arbeiten zur Kommerzialisierung auf YouTube im Vordergrund und es erfolgen Erläuterungen zu verschiedenen medien- und kommunikationswissenschaftlichen Positionen in Bezug auf Partizipationskultur. Im nun folgenden Abschnitt werden ausschließlich Publikationen zu YouTube Premium und den Originals beachtet.

Frühbrodt und Floren sehen in ihrer aufschlussreichen Studie[60] zu Formaten und Arbeitsweisen auf YouTube die Eröffnung von YouTube Premium als relevanten Schritt zur Entwicklung der Plattform an.[61] Für sie existieren fünf Entwicklungsphasen von YouTube, wobei die fünfte – und damit jüngste Entwicklungsstufe – die Etablierung von YouTube Premium darstellt. Sie konstatie-

59 Sofern es dabei um Gegenstände – beispielsweise in Form von technischen Geräten geht – ist es streng genommen die Aufgabe der Analyse der Mise en Scène, diese Gegenstände in ihrem kulturellen Kontext zu begreifen. Da jedoch ein Teil der Argumentation ist, dass bestimmte Inhaltsverläufe erst durch einzelne Requisiten entfaltet werden können, werden sie mitunter auch dem Gegenstandsbereich der Inhaltsanalyse zugeordnet.

60 Vgl. Frühbrodt, Lutz/Floren, Annette: Unboxing YouTube. Im Netzwerk der Profis und Profiteure, Frankfurt am Main 2019.

61 Vgl. Frühbrodt, Netzwerk der Profis, S. 17.

ren, dass sich diese Phase noch in der Entwicklung befinde, die ihrer Einschätzung nach noch mehrere Jahre andauern werde.[62]

YouTube Premium schreiben sie eine wichtige Funktion zu: „Bei der Nutzung von Videoportalen, in erster Linie YouTube, ermittelte die ARD/ZDF-Online-Studie [...] erstmals einen leichten Rückgang [...] YouTube hat auf diese Entwicklungen reagiert. Die Antworten lauten *YouTube Music* und *YouTube Premium.*“[63] YouTube Premium sei als Reaktion auf die in der Medienlandschaft immer einflussreicher werdenden Streaming-Anbieter zu begreifen: „Seit einigen Jahren versuchen jedoch Streamingdienste wie Netflix im Bewegtbild-Bereich und Spotify im Audio-Sektor, YouTube seine Vormachtstellung streitig zu machen. YouTube hat mit einer Reihe eigener Dienste reagiert und kann sich vorerst behaupten.“[64] Interessant ist hierbei die Tatsache, dass Frühbrodt und Floren davon ausgehen, dass YouTube die Premiumsparte und die Originals als protektive respektive *defensive* Maßnahme eingeführt hat, während sich die in dieser Arbeit vorgenommene Argumentation eher dadurch auszeichnet, dass YouTubes Erweiterungen im Rahmen einer *offensiven* Expansionsstrategie stattfinden.

De Aguilera-Moyano et al.[65] gehen ebenfalls auf diese Thematik ein, sie positionieren sich diesbezüglich aber nicht eindeutig: „[...] a determined investment for the own production in the so-called YouTube Originals, following the steps of Netflix, Hulu or Amazon.“[66] Sie heben in ihrem Artikel lediglich hervor, dass YouTube anderen Streaming-Anbietern mit YouTube Premium folge, lassen die Gründe dafür jedoch weitgehend offen. Unabhängig von der Motivation, die man YouTube zuschreiben mag, ist hervorzuheben, dass Frühbrodt und Floren zu den wenigen Autoren zählen, die YouTube Premium und den Originals eine signifikante Bedeutung für Prozesse auf der Plattform zuweisen.

Aufschlussreich ist, den Titel des Aufsatzes von De Aguilera-Moyano et al. zu veränderten Dynamiken auf YouTube näher zu betrachten. *Between Broadcast Yourself and Broadcast Whatever* erinnert an die hier vorgeschlagene Opposition bestehend aus ‚Broadcast Yourself‘ und ‚We Broadcast‘. In dem Aufsatz untersuchen die Autoren strukturelle Veränderungen auf YouTube, die bis in die Anfänge

62 Vgl. Frühbrodt, Netzwerk der Profis, S. 17.

63 Frühbrodt, Netzwerk der Profis, S. 24.

64 Frühbrodt, Netzwerk der Profis, S. 24.

65 Vgl. De Aguilera-Moyano, Miguel/Castro Higueras, Antonio/Pérez-Rufí, José-Patricio: Between Broadcast Yourself and Broadcast Whatever: YouTube's Homepage as a Synthesis of Its Business Strategy, in: El profesional de la informacion, 28/2 (2018), S. 1–13, abrufbar online unter: http://www.elprofesionaldelainformacion.com/contenidos/2019/mar/15.pdf (zuletzt abgerufen am 01.11.2022).

66 De Aguilera-Moyano, Broadcast Whatever, S. 4f.

der Plattform zurückreichen. Dabei stehen auch für sie veränderte Sichtweisen auf originäre Konzepte von Partizipationskultur im Zuge zunehmender Kommerzialisierung auf der Plattform im Vordergrund: „It has ceased to be a website for sharing video and is instead a platform for the creation and dissemination of content with a goal of economic profitability [...] creators are now understood as brands (brand culture) with multiplatform production strategies [...]".[67] Weiter führen sie aus: „The YouTube ecosystem changed again in 2018 with the conversion of YouTube Red into YouTube Premium [...] YouTube is thus betting on multiple simultaneous business models with different services and content that aim to be additional. In any case, it moves away from its foundational claim of a participatory culture."[68] Hier spielt vor allem der letzte Satz eine wichtige Rolle, da durch ihn ersichtlich wird, dass auch De Aguilera-Moyano et al. davon ausgehen, dass sich YouTube durch seine jüngsten Umstrukturierungsmaßnahmen von einem ursprünglichen Partizipationsversprechen distanziert.

Wenn in Publikationen zu YouTube auf die Premiumsparte und ihre Angebote eingegangen wird, beschränken sich die Beiträge meist auf Erwähnungen, die darauf abzielen, neue Wege der Kommerzialisierung auf YouTube zu beschreiben. Dabei finden diese Beobachtungen oftmals oberflächlich und ohne Bezug zu konkreten Inhaltsangeboten statt. Cunningham, Craig und Silver führen beispielsweise in einem Aufsatz aus, welche neuen Arten der Wertschöpfung durch YouTube Premium eröffnet würden und welchem Business-Modell die Integrierung von YouTube Premium folge.[69] Kuyucu untersucht,[70] auf welche Weise YouTube durch Erweiterungen – wie die Etablierung der Premiumsparte – traditionellen Fernsehsendern und Streaming-Anbietern den Konkurrenzkampf erkläre und wie YouTube im Zuge dessen selbst einen Wandel durchlaufe: „[...] YouTube Red was announced which was a significant development."[71]

---

67 De Aguilera-Moyano, Broadcast Whatever, S. 4f. Sie beziehen an dieser Stelle auch Überlegungen von Holland mit ein. Vgl. Holland, Margaret: How YouTube Developed Into a Successful Platform for User-Generated Content, in: Elon journal of undergraduate research in communications, 7/1 (2016), S. 52–99.

68 De Aguilera-Moyano, Broadcast Whatever, S. 5. Sie gehen bei dieser Ausführung auf einen Aufsatz von Lobato ein. Vgl. Lobato, Ramón: The Cultural Logic of Digital Intermediaries: YouTube Multichannel Networks, in: Convergence, 22/4 (2016), S. 348–360.

69 Vgl. Craig, David/Cunningham, Stuart/Silver, Jon: YouTube, Multichannel Networks and the Accelerated Evolution of the New Screen Ecology, in: Convergence, 22/4 (2016), S. 376–391. Die Autoren sprechen von YouTube *Red* und nicht YouTube *Premium*, weil die Umbenennung zum Erscheinungsdatum des Aufsatzes noch nicht erfolgte.

70 Vgl. Kuyucu, Mihalis: The Transformation of Traditional TV to YouTube With Social Media and Its Reflections in Turkey, in: Archives of Business Research, 7/1 (2019), S. 190–202.

71 Kuyucu, Traditional TV to YouTube, S. 198.

Erickson geht in ihrem Aufsatz[72] auf die Originals im Allgemeinen und den YouTuber und Originals-Darsteller Felix Kjellberg im Speziellen ein. Jedoch wird das Projekt, in dem er als Protagonist mitwirkt, nur rudimentär besprochen. Erickson versucht – wie auch viele andere – aufzuzeigen, dass sich eine Transformation auf YouTube ereigne. Diese Form der Auseinandersetzung mit YouTube Premium und den Originals ist symptomatisch für den Umgang mit diesem Gegenstandsbereich. Es steht außer Frage, dass Arbeiten wie die genannten wichtige Hinweise für diese Studie bereitstellen und dass ein basaler Zugang zu diesen Phänomenen einen signifikanten ersten Schritt zur wissenschaftlichen Erfassung von YouTubes audiovisueller Kulturveränderung darstellt. Gleichwohl wird hier davon ausgegangen, dass nur detaillierte Analysen dazu beitragen können, die Umstrukturierungsmaßnahmen von YouTube tiefgehend zu erfassen, und dass nur durch eine ausführliche Erläuterung der Änderungen auf YouTube, die mit YouTube Premium und den Eigenproduktionen in Kraft treten, erklärt werden kann, wie sich der von den genannten Autoren formulierte Wandel auf YouTube auf formaler und inhaltlicher Ebene konkret manifestiert.

Es ist interessant, dass Craig und Cunningham ihre Publikation, die sich mit einer neuartigen Definition von Akteuren auf YouTube auseinandersetzt, mit einem Beispiel einer YouTube Originals-Produktion einleiten.[73] Die YouTuberin Gigi Gorgeous, die sie als Beispiel anführen, stellt für sie den Prototypen des ‚Social-Media-Entertainers' dar, der als Ausdruck eines ‚Zwischenraums' von Hollywood und dem Silicon Valley verstanden wird. Sie zählt – wie auch zahlreiche andere YouTube-Stars – zu der Elite der Plattform, die ihre Arbeit auf YouTube durch das Mitwirken an einer Originals-Produktion erweitert. YouTube Premium und die YouTube Originals werden – anders als in anderen wissenschaftlichen Arbeiten – in *Social Media Entertainment* nicht nur rudimentär skizziert, sondern stellen ein relevantes Argument für veränderte Produktionsmechanismen auf YouTube gegen Ende der 2010er Jahre dar. Neben basalen Beschreibungen der Funktionsweise[74] von YouTube Premium beziehen Craig und Cunningham die Originals in die Arbeit von YouTubern mit ein und sehen durch sie neue Möglichkeiten für komplexere Erzählweisen in YouTube-Videos: „[...] chance to engage in more sophisticated storytelling."[75] Wenngleich sie keine Analyse zu den einzelnen Produktionen durchführen, ist die Betonung des Einflusses von Hollywood auf

72 Vgl. Erickson, Mary P.: Old Strategies in the New Paradigm: Web Series and Corporate Control, in: Nichols, Randy/Martinez, Gabriela (Hg.): Political Economy of Media Industries: Global Transformations and Challenges, London 2019, S. 110–126.

73 Vgl. Craig, Social Media Entertainment, S. 1f.

74 Vgl. Craig, Social Media Entertainment, S. 59ff.

75 Craig, Social Media Entertainment, S. 61.

das YouTubing als wichtige Ergänzung des Forschungsstands zu YouTube zu betrachten. Craigs und Cunninghams Ausführungen zur ‚intersection' – also der Überschneidung – von Hollywood und dem Silicon Valley sind deshalb von hoher Relevanz, weil die Originals in dieser Arbeit als Kulturartefakte begriffen werden, die einerseits eine stilistische Nähe zu Hollywood aufweisen, die aber andererseits aufgrund ihrer thematischen Leitmotive eine Affinität zum Silicon Valleys zu erkennen geben. Der Zwischenraum, in dem mediale Eigenschaften aus Nord- und Südkalifornien[76] oszillieren und in dem die Originals situiert sind, wird in *Social Media Entertainment* präzise von Craig und Cunningham benannt, weshalb diese Publikation besonders hervorzuheben ist.

Ebenfalls interessant ist Burgess' und Greens Entschluss, neun Jahre nach der Erscheinung von *YouTube. Online Video and Participatory Culture*[77] eine zweite, aktualisierte Fassung dieser Publikation herauszugeben.[78] Sie beschreiben im Vorwort, dass die Plattform eine starke Veränderung durchlaufen habe und dass sie deshalb eine Aktualisierung ihrer Publikation für notwendig befinden.[79] Gleichermaßen gehen sie im Vorwort darauf ein, dass sich ihre grundlegende Haltung zu Partizipationskultur auf YouTube nicht verändert habe: „We also said that YouTube was a site of participatory culture – and, as we emphasize even more strongly in this edition, participatory culture is YouTube's core business."[80] Damit steht Burgess' und Greens Ansatz der von De Aguilera-Moyano et al. vorgenommenen These zur abnehmenden Partizipationskultur entgegen, auch wenn in diesem Kontext hervorzuheben ist, dass auch Burgess und Green unmittelbar nach der zitierten Textpassage Einschränkungen an ihrer Einschätzung vornehmen: „However, it is also true that the culture of YouTube [...] has co-evolved with its growth in scale and commercial maturity. It is our task to [...] interrogate the emergent politics and contradictions of commercially mediated participatory cultures that the story of YouTube represents so clearly."[81] Burgess' und Greens Publikation ist hier hervorzuheben, weil sie einerseits in ihrer zweiten Edition auf YouTube Premium eingehen, andererseits aber weiterhin an der Idee von Partizi-

76 Craig und Cunningham gehen in *Social Media Entertainment* von einer großen Opposition bestehend aus *NoCal* (Northern California, d.i. Silicon Valley) und *SoCal* (Southern California, d.i. Hollywood) aus. Mit diesen zwei Polen werden vor allem unterschiedliche medienhistorische Traditionen, Vertriebswege und Geschäftsmodelle, aber auch inhaltliche und ästhetische Eigenarten aufgezeigt.

77 Vgl. Burgess, Participatory Culture.

78 Vgl. Burgess, Jean/Green, Joshua: YouTube. Online Video and Participatory Culture, Cambridge 2018.

79 Vgl. Burgess, Participatory Culture (2018), S. I.

80 Burgess, Participatory Culture (2018), S. I.

81 Burgess, Participatory Culture (2018), S. If.

pationskultur als ‚core business' von YouTube festhalten. Anhand des Beispiels zu Burgess' und Greens Annahmen wird ersichtlich, dass auch gegen Ende der 2010er Jahre keine wissenschaftliche Einigkeit in Bezug auf Fragen zum Stand der Partizipationskultur auf YouTube existiert und dass die Auswirkungen von YouTubes inhaltlichen Neuerungen durchaus unterschiedlich bewertet werden.

Wenngleich die oben skizzierten Aufsätze und Monographien nicht die einzigen sind, die – mehr oder weniger detailliert – auf YouTube Premium und die Originals eingehen, werden an dieser Stelle keine weiteren Arbeiten vorgestellt, da sich die dortigen Erkenntnisse nur unwesentlich von den bereits erwähnten Publikationen unterscheiden. Es sollte indes deutlich geworden sein, dass YouTube Premium und die Originals in den späten 2010er Jahren – wobei vor allem im Jahr 2019 wichtige Publikationen erschienen – vereinzelt Beachtung finden und dass ihnen mitunter eine wichtige Funktion in Bezug auf strukturelle Veränderungen auf YouTube zugeschrieben wird. Gleichwohl zeigen die Beiträge ebenfalls, dass eine detaillierte Analyse zu einzelnen Projekten bislang nicht erfolgt ist. Daran anknüpfend lässt sich festhalten, dass Erwähnungen von YouTube Premium und den Originals stets verknappt erfolgen und oftmals als substituierbares Beispiel für einen inhaltspolitischen Wandel auf YouTube angeführt werden. Dementsprechend unzureichend sind die Erkenntnisgewinne zur Ästhetik und Formsprache der YouTube Originals, auf die noch seltener Bezug genommen wird als auf YouTube Premium. Insgesamt ist festzuhalten, dass es nur sehr wenige Forschungsbeträge gibt, die sich hinreichend mit YouTube Premium und den YouTube Originals auseinandersetzen. Das Ausblenden der Details respektive des Fundaments für eine partielle Neuausrichtung der Plattform kann dazu führen, dass zukünftige Prozesse auf YouTube nicht mehr präzise erfasst und interpretiert werden können.

Analysen zu YouTube Premium und zu den YouTube Originals sind also aufgrund der geringen wissenschaftlichen Beachtung auf der einen Seite und wegen ihrer potenziell wichtigen Zäsur in YouTubes Geschichte auf der anderen Seite ein Forschungsdesiderat, das ich mit meiner Studie, die ich als Grundlagenarbeit verstehen möchte, aufgreife.

2 Gegenstandserläuterung zu YouTube Premium und zu den YouTube Originals

In diesem Kapitel geht es um die Geschichte von YouTube Premium und den YouTube Originals im Kontext von Vorläufern und Testversionen ähnlicher Plattformerweiterungen. Daraufhin werden spezifische Merkmale von YouTube Premium beschrieben sowie Nutzungsbedingungen und -änderungen auf YouTube erklärt werden, die mit YouTube Premium in Kraft treten. Anschließend werden die Originals, die erstmals im Zusammenhang mit Vorgängern von YouTube Premium auf YouTube in Erscheinung traten, mit Blick auf ihre Entstehungsbedingungen thematisiert. Darüber hinaus wird im Zuge einer voranalytischen Beschreibung festgehalten, welche Gattungen und Genres in der Produktionsreihe der YouTube Originals besonders häufig auftreten. Eine tabellarische Übersicht über alle fiktionalen Produktionen fungiert hierbei als Verweisgrundlage für allgemeine Aussagen über die Originals.

2.1 Historische Einordnung von YouTube Premium

YouTube Premium besteht in der Form, in der es zu Beginn der 2020er Jahre auf YouTube in Erscheinung tritt, erst seit dem Jahr 2018.[1] Vorher existierten bereits Vorläuferversionen, die mitunter mit YouTube Premium verwechselt werden. Zum Verständnis von YouTubes Plattformstrategien ist es wichtig, Klarheit über alle Dienste und Angebote zu schaffen. Mit dem folgenden Überblick wird beabsichtigt, die Dienste ‚YouTube Music Key Beta', ‚YouTube Music Key', ‚YouTube Music', ‚YouTube Music Premium', ‚Google Play Music', ‚YouTube Red', ‚YouTube TV', ‚YouTube Filme und Shows' und ‚YouTube Premium' voneinander zu unterscheiden und gleichzeitig ihre historischen Verbindungslinien aufzuzeigen.

Die Idee, ein kostenpflichtiges Streaming-Angebot auf YouTube zu etablieren, entstand nicht erst mit der Inbetriebnahme von YouTube Premium. Im Jahr 2013 kam es zu ersten Bemühungen, kostenpflichtige Kanäle auf YouTube zu installieren.[2] YouTube konnte damals nicht reüssieren, da 2013 noch kein ausgereiftes Konzept für einen Bezahldienst auf YouTube vorlag und darüber hinaus wenig Geld in

1 Vgl. De Aguilera-Moyano, Broadcast Whatever, S. 4. Vgl. auch Evangelista, Benny: YouTube Red Is Dead: Google Renames and Raises Prices on Streaming Services, in: San Francisco Chronicle, (2018), abrufbar unter: https://www.sfchronicle.com/business/article/YouTube-Red-is-dead-Google-renames-and-hikes-12922393.php (zuletzt abgerufen am 01.11.2022).

2 Vgl. Popper, Red Dawn. Vgl. auch De Aguilera-Moyano, Broadcast Whatever, S. 4.

https://doi.org/10.1515/9783111145853-002

Werbung für diese neue Art des Videokonsums auf YouTube investiert wurde. Im Jahr 2014 berichteten mehrere Medien von YouTubes Plattformerweiterung in Form eines kostenpflichtigen Musik-Streaming-Services, der ‚YouTube Music Key' genannt wurde.[3] Dieser Erweiterung ging eine Beta-Version voraus, die nur von ausgewählten Nutzern getestet werden konnte.[4] Diese zum Test eingeladenen Nutzer erhielten die Möglichkeit, ein Abonnement für 7,99$ pro Monat abzuschließen. Nach der Beta-Phase betrug die monatliche Abonnement-Gebühr 9,99$.[5] YouTube Music Key beschränkte sich ausschließlich auf Musik und Musikvideos auf YouTube. Nutzer der Plattform konnten Musik bereits vor der Etablierung von Music Key auf YouTube konsumieren. Die Innovation und das Verkaufsargument bestanden darin, dass Nutzern mit Abonnement keine Werbeanzeigen mehr präsentiert und Hintergrundwiedergaben auf mobilen Geräten ermöglicht wurden.[6] Eine weitere relevante Neuerung bestand in der Option des Downloads von Musik auf mobilen Geräten, der Offline-Wiedergaben ermöglichte.[7]

Unabhängig davon hatte YouTubes Mutterkonzern Google bereits im Jahr 2011 den Musik-Streaming-Service ‚Google Play Music' eingeführt, der bis zur Einführung von YouTube Music Key keinerlei Schnittmengen mit YouTubes Plattformerweiterung aufwies. Die Verbindung zwischen den beiden Diensten ergab sich damals dadurch, dass Abonnements von YouTube Music Key auch die Nutzung von Google Play Music ermöglichten.[8] Google Play Music sollte für mehrere Jahre Bestand haben, bis der Dienst im Jahr 2020 in ‚YouTube Music' überging.

---

3 Vgl. Spangler, Todd: YouTube Launches ‚Music Key' Subscription Service With More Than 30 Million Songs, in: Variety, (2014), abrufbar unter: https://variety.com/2014/digital/news/youtube-launches-music-key-subscription-service-with-more-than-30-million-songs-1201354498/ (zuletzt abgerufen am 01.11.2022).

4 Vgl. Newton, Casey: YouTube Announces Plans for a Subscription Music Service, in: The Verge, (2014), abrufbar unter: https://www.theverge.com/2014/11/12/7201969/youtube-music-key-new-subscription-service (zuletzt abgerufen am 01.11.2022).

5 Dabei ist anzumerken, dass YouTube Music Key und seine Beta-Version hauptsächlich in den USA genutzt wurden. Zwar wurde der Dienst Artikeln zufolge auch international angeboten, allerdings war die Anzahl der Länder, in denen man YouTube Music Key erwerben konnte, zunächst sehr begrenzt und ist daher nicht mit der heutigen Reichweite von YouTube Premium zu vergleichen. Vgl. Spangler, Music Key.

6 Vgl. Popper, Red Dawn. Vgl. auch Mitroff, Sarah/Martin, Taylor: Everything You Need To Know About YouTube Red, in: CNET, (2017), abrufbar unter: https://www.cnet.com/how-to/youtube-red-details/ (zuletzt abgerufen am 01.11.2022).

7 Vgl. Newton, Music Service. Dabei können Nutzer – bis heute – nicht auf die Dateien selbst zugreifen. Die Videos lassen sich speichern und können daraufhin in einer YouTube-App angesehen werden. Eine Weitergabe auf andere Geräte oder eine sonstige Art der Vervielfältigung ist ausgeschlossen.

8 Vgl. Spangler, ‚Music Key'. Vgl. auch Newton, Music Service.

YouTube Music Key – das wiederum von YouTube Music zu unterscheiden ist – wurde jedoch binnen eines Jahres grundlegend verändert und in ‚YouTube Red' integriert.

2.1.1 Die YouTube Red-Ära

YouTube Red wurde im Jahr 2015 eingeführt und kann als wichtiger Schritt zu einer partiellen Umstrukturierung der Plattform angesehen werden.[9] YouTube Red war ebenfalls ein kostenpflichtiges Abonnement, das Nutzern die gleichen Vorteile wie YouTube Music Key – inklusive der Nutzung von Google Play Music – gewährte.[10] Im Unterschied zu Music Key war YouTube Red nicht nur auf Musik zugeschnitten, sondern sollte für annähernd jedes Video auf der Plattform gelten.[11] Gerade in der Anfangszeit von YouTube Red stellte der Aspekt der Werbefreiheit für die ebenfalls im Jahr 2015 eingerichteten Sparten ‚YouTube Kids' und ‚YouTube Gaming'[12] eine interessante Option für einige Nutzer dar, zumal sich viele Eltern wegen des Einflusses besorgt zeigten, den Werbeanzeigen auf YouTube auf ihre Kinder hätten. Gerade durch die Sparte ‚YouTube Kids', über die ausschließlich Inhalte, die für Kinder geeignet sind, abgerufen werden können, avancierte eine Mitgliedschaft von YouTube Red zu einem attraktiven Verkaufsangebot. Die monatlichen Kosten für YouTube Red lagen zwischen 9,99$ und 14,99$.[13]

Im Jahr 2007 wurde es Videomachern ermöglicht, am Partnerprogramm auf YouTube teilzunehmen, wodurch YouTuber Beteiligungen am Gewinn von Werbeschaltungen vor, nach und zwischen ihren Videos erhielten.[14] Mit YouTube Red wurde im Jahr 2015 ein alternatives Kommerzialisierungsprogramm vorgestellt,

---

9 Vgl. Cunningham, New Screen Ecology. Vgl. auch Popper, Red Dawn.

10 Vgl. Dougherty, Conor/Steel, Emily: YouTube Introduces YouTube Red, a Subscription Service, in: New York Times, (2015), abrufbar unter: https://www.nytimes.com/2015/10/22/technology/youtube-introduces-youtube-red-a-subscription-service.html (zuletzt abgerufen am 01.11.2022). Vgl. auch Spangler, Todd: YouTube Red Unveiled: Ad-Free Streaming Service Priced Same As Netflix, in: Variety, (2015), abrufbar unter: https://variety.com/2015/digital/news/youtube-red-launches-ad-free-svod-netflix-1201623219/ (zuletzt abgerufen am 01.11.2022).

11 Vgl. Popper, Red Dawn.

12 Vgl. Kuyucu, Traditional TV to YouTube, S. 198.

13 Vgl. Scott, Marc: YouTube Red Is Here, and It Breaks the Video-on-Demand Mould, in: The Conversation, (2016), abrufbar unter: http://theconversation.com/youtube-red-is-here-and-it-breaks-the-video-on-demand-mould-59656 (zuletzt abgerufen am 01.11.2022). Die Kosten variieren je nach Zeitpunkt der Buchung und dem Betriebssystem.

14 Vgl. Hillrichs, Early YouTube, S. 65.

das dem Modell der Werbeschaltung diametral gegenübersteht, da der Hauptanreiz für das Abschließen eines Abonnements darin besteht, keine Werbung mehr angezeigt zu bekommen. Daraus ergibt sich, dass YouTube sowohl in Vertragsverhandlungen mit großen Medienkonzernen wie beispielsweise Musiklabeln oder Filmstudios treten als auch mit institutionslosen Videoproduzenten darüber verhandeln muss(te), wie neue Modelle der Wertschöpfung – abseits der Einnahmen durch Werbeschaltungen – gefunden werden können. Dies wirft aber auch die Frage auf, wie YouTube denjenigen Videomachern begegnet, die sich weigern, einer solchen Modellumstellung zuzustimmen. Vor der YouTube Red-Ära stand es Videoproduzenten auf YouTube frei, am Partnerprogramm teilzunehmen und Werbung zu schalten. Da YouTube Red jedoch allumfassend[15] gelten soll, ergibt sich die Problematik, dass eine Zustimmung obligatorisch ist. Laut Medienberichten hatte YouTube diesbezüglich eine klare Strategie: Wer am Partnerprogramm teilnimmt und den neuen Bedingungen nicht zustimmt, muss befürchten, dass alle Inhalte blockiert werden.[16] Craig und Cunningham kommentieren diesbezüglich: „Most worryingly, to support the claim to enable access to up to 95% of existing platform content, YouTube has flexed its muscles with its creators in a very traditional corporate fashion."[17] Tatsächlich ist dieser von ihnen – und auch von Journalisten – hervorgebrachte Gedanke, dass YouTube mit seinen Videomachern wie mit Angestellten innerhalb eines Unternehmens umgeht, für diese Studie von besonderem Interesse, weil dadurch aufgezeigt wird, welche strukturellen Grundbedingungen auf YouTube vorherrschen. Diese Grundbedingungen sind im weiteren Verlauf der Studie dann von Interesse, wenn man das Demokratisierungsversprechen in ‚Broadcast Yourself' kritisch hinterfragt.[18]

Im Jahr 2015 erschuf YouTube außerdem eine Sparte mit dem Namen ‚YouTube Filme und Shows', die unabhängig von YouTube Red auf der Plattform existiert: „The YouTube Movies and YouTube TV Show products, integrated into the YouTube portal since 2015, would correspond to a TVOD business model (transactional video on demand, limited-time rental, or permanent purchase with micro-

15 Die Prozentzahlen schwanken zwischen 95 und 99% aller Inhalte auf der Plattform.

16 Vgl. Popper, Red Dawn. Vgl. auch Popper, Ben: YouTube Will Block Videos From Artists Who Don't Sign Up for Its Paid Streaming Service, in: The Verge, (2014), abrufbar unter: https://www.theverge.com/2014/6/17/5817408/youtube-reportedly-block-videos-indie-artists (zuletzt abgerufen am 01.11.2022). Vgl. auch Constine, Josh: YouTube Will Completely Remove Videos of Creators Who Don't Sign Its Red Subscription Deal, in: Tech Crunch, (2015), abrufbar unter: https://techcrunch.com/2015/10/21/an-offer-creators-cant-refuse/ (zuletzt abgerufen am 01.11.2022).

17 Craig, Social Media Entertainment, S. 61.

18 Nach der historischen Aufarbeitung wird im Zusammenhang mit der Schilderung von YouTube Premiums Funktionsweise ausführlicher auf den Aspekt der Hierarchisierung auf YouTube sowie auf Potenziale zur Monetarisierung in der Red-Ära eingegangen.

payments).“[19] Ein Abonnement von YouTube Red beeinflusst nicht die Kosten, die für den Kauf oder das Leihen von Inhalten aus ‚YouTube Filme und Shows‘ anfallen. Die Serien und Filme, die man über ‚YouTube Filme und Shows‘ beziehen kann, sind mehrheitlich[20] keine YouTube Originals, sondern meist bekannte Hollywood-Blockbuster, die man auch auf anderen Plattformen wie Amazon kaufen oder leihen kann. Zum größten Teil handelt es sich bei den Angeboten um Hollywoodfilme, für deren Verleih YouTube in Verhandlungen mit den jeweiligen Rechteinhabern tritt, um sie daraufhin auf YouTube kostenpflichtig anbieten zu können.[21]

Nachdem YouTube Music Key im Jahr 2015 in YouTube Red integriert[22] und als alleinstehende App fortan ‚YouTube Music‘ genannt wurde,[23] plante YouTube weitere Schritte zum Ausbau des Abonnements. Anfang 2016 begann der Konzern, Filme und Serien aus eigener Produktion[24] hinter der Paywall von YouTube Red zu veröffentlichen.[25] Diese Filme und Serien firmieren unter dem Namen ‚YouTube Originals‘. Bereits die ersten Projekte aus dem Jahr 2016 zeigen, dass YouTube Kooperationen mit YouTube-Stars anstrebte.[26] YouTube Red expandierte –

19 De Aguilera-Moyano, Broadcast Whatever, S. 4.

20 Einige YouTube Originals lassen sich auch über die Sparte YouTube Filme und Shows leihen oder kaufen.

21 Die Integration von Fremdinhalten aus Hollywood wird im weiteren Verlauf der Arbeit noch eine wichtige Rolle spielen. An dieser Stelle wird auf diese Sparte jedoch nicht weiter Bezug genommen, da es primär um die Entstehungsbedingungen von YouTube Premium geht, das – wie bereits erwähnt wurde – in keiner Verbindung zu ‚YouTube Filme und Shows‘ steht.

22 Vgl. Craig, Social Media Entertainment, S. 61.

23 Vgl. Mitroff, YouTube Red. Vgl. auch Frühbrodt, Netzwerk der Profis, S. 24.

24 Die YouTube Originals werden mitunter als ‚Eigenproduktionen‘ bezeichnet, was streng genommen nicht immer eine zutreffende Bezeichnung ist, da YouTube zwar hinter der Produktion und vor allem hinter der Distribution der Originals steht, allerdings sind auch zahlreiche andere Produktionsfirmen an der Erstellung der Originals beteiligt. In seltenen Fällen kommt es auch zu Produktionen, für die sich YouTube die exklusiven Ausstrahlungsrechte sicherte, ohne den Film oder die Serie selbst in Auftrag gegeben zu haben. Diese Produktionen bezeichnet YouTube interessanterweise dennoch als ‚Original‘, sodass sie auch hier unter diesem Label geführt werden. Der Begriff ‚Eigenproduktion‘ wird aus praktischen Gründen verwendet, um alle Produktionen zu bezeichnen, die YouTube selbst als ‚Original‘ deklariert.

25 Vgl. Craig, Social Media Entertainment. Vgl. auch Greenberg, Julia: With Its New Original Series, YouTube Asks: ‚What Netflix?‘, in: Wired, (2016), abrufbar unter: http://www.wired.com/2016/02/youtube-red-originals-netflix/ (zuletzt abgerufen am 01.11.2022). Vgl. auch Scott,YouTube Red. Vgl. auch Statt, Nick: YouTube Red Buys Its First Big TV Series, in: The Verge, (2016), abrufbar unter: https://www.theverge.com/2016/6/23/12020774/youtube-red-google-original-tv-series-step-up-lionsgate (zuletzt abgerufen am 01.11.2022).

26 S. Scare PewDiePie, YouTube Premium, USA 2016. In dieser frühen Originals-Produktion spielt der YouTuber Felix Kjellberg die Hauptrolle. Vgl. hierzu auch Statt, YouTube Red.

anders als Music Key – binnen kurzer Zeit in zahlreiche nicht englischsprachige Länder und konsolidierte seinen internationalen Einfluss, indem auch Originals-Produktionen außerhalb der USA realisiert wurden.[27] Der Sonderstatus, den die Originals zu dieser Zeit einnahmen, bestand darin, dass sie das erste YouTube-native Inhaltsangebot darstellten, das durch die Paywall von sonstigen Inhalten separiert wurde. Bei Originals-Serien war lediglich die Pilotfolge einer Serie offen zugänglich und fungierte als Anreiz, sich daraufhin alle weiteren kostenpflichtigen Episoden ebenfalls anzusehen und dafür ein YouTube Premium-Abonnement abzuschließen.[28]

Im Jahr 2017 gab es keine nennenswerten Veränderungen in Bezug auf YouTube Red, allerdings stellten Wissenschaftler und Journalisten zunehmend die Frage, inwieweit das Konzept der Paywall künftig weiterhin Bestand haben würde.[29] Fragen zur Rentabilität und Akzeptanz des Abonnements auf YouTube entstanden nicht zuletzt deshalb, weil YouTube – wie auch andere Streaming-Konzerne – keine Transparenz-Politik anstrebte beziehungsweise Zahlen zu Abonnement-Abschlüssen nur unregelmäßig aktualisierte und einsehbare Aufrufe von Originals-Projekten oftmals deaktivierte.[30] Im Jahr 2017 wurde ‚YouTube TV' auf YouTube eingeführt, durch das auch eine direkte Konkurrenzerklärung an das Fernsehen sichtbar wird: „In 2017 YouTube TV starts its operations as Linear OTT (subscription to linear television channels through the internet for a base price of $40 per month), beginning with just the US market, in direct competition with

---

27 Vgl. Craig, Social Media Entertainment, S. 248. Für Beispiele internationaler Projekte s. BULLSPRIT, YouTube Premium, Deutschland 2018. S. auch LES EMMERDEURS, YouTube Premium, Frankreich 2018. S. auch: TOP MANAGEMENT, YouTube Premium, Südkorea 2018.

28 S. COBRA KAI, YouTube Premium, USA 2018. Die Pilotfolge der Serie gilt mit über 85 Millionen Aufrufen als besonders beliebte Originals-Serie. S. *Verwahrlostes As*, https://www.youtube.com/watch?v=_rB36UGoP4Y&list=PLxm-8AYWEDelTYpYi2zulMEw-0T-M5IH&index=1 (zuletzt abgerufen am 01.11.2022). Die nächste Folge enthält keine Angabe über Zuschauerzahlen und liegt hinter der Paywall.

29 Vgl. Elder, Robert: Where YouTube Red Stands After a Year, in: Business Insider, (2017), abrufbar unter: https://www.businessinsider.com/heres-where-youtube-red-stands-after-one-year-2017-1?r=DE&IR=T (zuletzt abgerufen am 01.11.2022). Craig und Cunningham, die für *Social Media Entertainment* viele Interviews mit YouTubern durchführten, schreiben von gemischten Reaktionen seitens der Videomacher. Vgl. Craig, Social Media Entertainment, S. 60 f. Vgl. auch Cunningham, Multichannel Networks.

30 Beispielsweise lässt sich einsehen, dass die Pilotfolge von ME AND MY GRANDMA (s. ME AND MY GRANDMA, YouTube Premium, USA 2017) über 390 Millionen Aufrufe aufweist (abrufbar unter: https://www.youtube.com/watch?v=SHip2-g_8Gk, zuletzt abgerufen am 01.11.2022). Diese Information wird für die zweite Episode, die hinter der Paywall liegt und nur mit einem Premium-Abonnement angesehen werden kann, jedoch nicht bereitgestellt. Aufgrund dieser Intransparenz stellten sich bereits 2017 vermehrt Fragen zum Status und zur Beliebtheit von YouTube Red.

cable television."[31] Interessant ist dabei, dass die entsprechenden Sender nun über YouTube selbst bezogen werden können.[32] Dieses – nur in den USA verfügbare – Angebot stand jedoch in keiner Beziehung zu YouTube Red und weist auch bis dato keine Verbindung zu YouTube Premium auf.

2.1.2 Die YouTube Premium-Ära

Im Jahr 2018 fand schließlich eine Restrukturierung von YouTube Red statt, die sich zunächst in der Umbenennung der Plattformerweiterung ausdrückte: Aus YouTube Red wurde YouTube Premium.[33] YouTube Premium kostet derzeit 11,99$ (in Deutschland 11,99€) und weist damit einen ähnlichen Preis wie YouTube Red auf.[34] Parallel zur Veröffentlichung von YouTube Premium wurde die bereits bestehende Erweiterung YouTube Music umstrukturiert[35] und in eine kostenlose und kostenpflichtige Version unterteilt.[36] Die kostenpflichtige Version von YouTube Music trägt den Namen ‚YouTube Music Premium'. Ein Abonnement von YouTube Music Premium kostet 9,99$ pro Monat und ist damit zwei Dollar preiswerter als ein Abonnement von YouTube Premium. Ein Abonnement von YouTube Music Premium beinhaltet die bereits vorher durch YouTube Red garantierte Werbefreiheit von Musikinhalten sowie die Möglichkeit zur Hintergrundwiedergabe und zum Download von Musiktiteln. Frühbrodt und Floren differenzieren YouTube Music und YouTube Premium wie folgt: „Music vereint sämtliche auf YouTube geladenen Musikangebote auf einer Plattform, die über eine App angesteuert werden kann. [...] Premium beinhaltet die Music-App, vollständige Werbefreiheit sowie Zugriff auf alle von YouTube selbst produzierten Serien und Filme."[37]

Anders formuliert: YouTube Music Premium ist in YouTube Premium enthalten. Durch YouTube Premium werden die Vorteile aus YouTube Music Premium auf alle Inhalte auf YouTube ausgeweitet. Es bleibt spekulativ, weshalb YouTube seinen

---

31 De Aguilera-Moyano, Broadcast Whatever, S. 4.

32 Vgl. Kuyucu, TV to YouTube, S. 199.

33 Vgl. De Aguilera-Moyano, Broadcast Whatever, S. 4 f. Vgl. auch Evangelista, Red Is Dead. Vgl. auch Deahl, Dani: YouTube Music and YouTube Premium Officially Launch in US, Canada, UK and Other Countries, in: The Verge, (2018), abrufbar unter: https://www.theverge.com/2018/6/18/17475122/youtube-music-premium-launch-us-canada-uk (zuletzt abgerufen am 01.11.2022).

34 Sonderangebote von YouTube Red waren zwei Dollar günstiger.

35 Dabei ist primär an algorithmische Optimierungen zu denken.

36 Vgl. Frühbrodt, Netzwerk der Profis, S. 24. Vgl. auch Savov, Vlad: YouTube Announces YouTube Music and YouTube Premium, in: The Verge, (2018), abrufbar unter: https://www.theverge.com/2018/5/17/17364056/youtube-music-premium-google-launch (zuletzt abgerufen am 01.11.2022).

37 Frühbrodt, Netzwerk der Profis, S. 24.

Music Premium-Dienst gesondert anbietet, da die preisliche Differenz zwischen den beiden Premium-Angeboten gering ausfällt und YouTube Premium deutlich mehr zu bieten hat. Frühbrodt und Floren sehen YouTubes Handlungen aus einer defensiven Haltung heraus begründet: „YouTube sieht sich ganz offenbar zu einer Reaktion gezwungen, denn Spotify, Deezer und andere Musik-Streamingdienste kommen inzwischen weltweit auf einen Marktanteil von 48% [...].“[38] Es ist auffallend, dass Spotify, Deezer und auch Apple Music für ihre Premium-Angebote jeweils 9,99€, beziehungsweise 9,99$ pro Monat erheben.[39] Es zeigt sich also, dass YouTube versucht, durch die exakt gleichen Kosten für sein Musikangebot mit eben diesen Anbietern zu konkurrieren. Ferner wird die Absicht erkennbar, das für 11,99€/$ erhältliche YouTube Premium separat zu vermarkten. Ein möglicher Grund für diese Separierung kann in einer präzisieren Adressierung unterschiedlicher Nutzerinteressen liegen; detaillierte Aussagen zu solchen Strategien sind jedoch spekulativ.

Gegen Ende des Jahres 2018 erschienen vereinzelt Berichte über eine Kehrtwende in Bezug auf das kostenpflichtige Streaming der YouTube Originals.[40] War der Zugang zu den Originals vorher nur durch ein Abonnement von YouTube Red/Premium möglich, sollten alle ab 2020 erscheinende Originals-Projekte auch für Nutzer, die kein Premium-Abonnement abgeschlossen haben, abrufbar sein.[41] Die Nutzer, die keine Premium-Abonnenten sind, bekommen jedoch Werbung angezeigt und haben nicht die Vorteile der Hintergrundwiedergabe und des Downloads auf mobilen Geräten. Außerdem bleiben die Originals, die vor diesem Beschluss veröffentlicht wurden, weiterhin hinter der Paywall. Dieser Schritt stellt einen entscheidenden Einschnitt in der Premium-Ära dar, zumal die Abschaffung von Exklusiv-Angeboten und die Abschwächung der Paywall darauf hindeuten, dass die Konzeption und Vision von YouTube als Abonnementdienst nicht von einer breiten Masse an Nutzern angenommen wurde. Die Berichte und Ankündigungen von YouTube bewahrheiteten sich und Originals-Projekte wie THE AGE OF A.I.[42] oder JUSTIN BIEBER: SEASONS,[43] die zum Ende des Jahres 2019 oder

---

38 Frühbrodt, Netzwerk der Profis, S. 24.

39 Alle hier genannten Zahlen galten bis zum Februar 2022. Es ist selbstverständlich möglich, dass sich die Gebühren mit der Zeit verändern.

40 Vgl. Alexander, Julia: YouTube Premium Is Changing Because It Has To, in: The Verge, (2018), abrufbar unter: https://www.theverge.com/2018/11/29/18116154/youtube-premium-free-ads-subscription-red (zuletzt abgerufen am 01.11.2022).

41 S. E-Mail von YouTube, Abbildung 1 (s. S. 11). Vgl. Keane, Sean: YouTube Making Future Exclusive Content Free With Ads From 2020, in: CNET, (2018), abrufbar unter: https://www.cnet.com/news/youtube-reportedly-making-future-exclusive-content-free-with-ads-from-2020/ (zuletzt abgerufen am 01.11.2022).

42 THE AGE OF A.I., YouTube Premium, USA 2019.

43 JUSTIN BIEBER: SEASONS, YouTube Premium, USA 2020.

Anfang 2020 veröffentlicht wurden, konnten und können auch ohne Abonnement von YouTube Premium angesehen werden. Im Verlauf des Jahres 2019 führte YouTube seine internationalen Expansionsbemühungen fort, sodass YouTube Premium mittlerweile in 63 Ländern verfügbar ist.[44] Zu Beginn des Jahres 2020 teilte der CEO von Google, Sundar Pichai, während eines Quartalsberichts mit, dass YouTube Premium und YouTube Music Premium inzwischen von mehr als 20 Millionen Menschen abonniert würden.[45] Wie viele YouTube Premium-Abonnenten es isoliert betrachtet gibt, bleibt weiterhin unklar.

Dieser historische Überblick zeigt, dass YouTube innerhalb weniger Jahre zahlreiche Umstrukturierungen in Bezug auf sein Inhaltsangebot vorgenommen hat. Dabei fällt vor allem auf, dass YouTubes Plattformneuerungen zunächst mit dem Musik-Streaming und der allgemeinen Konkurrenzfähigkeit auf dem Musikmarkt in Verbindung zu bringen sind, während die Produktion professioneller Filme und Serien erst später begann. Professionelle Musikvideos und musikalische Beiträge von Künstlern aus der traditionellen Musikindustrie stellen bereits seit der Anfangszeit von YouTube einen signifikanten Teil der beliebtesten Inhalte auf der Plattform dar.[46] Daher überrascht es nicht, dass erste Versuche zur Integration von Abonnement-Diensten zuerst im Bereich des Musik-Streamings angeboten wurden. Zwar stellen auch Film- und Serieninhalte aus professionellen Produktionen seit YouTubes frühester Phase eine beliebte Videokategorie dar, im Unterschied zu Liedern und Musikvideos werden Filme und Serien aber selten in voller Länge auf YouTube veröffentlicht, da sie in den meisten Fällen gesperrt werden und die Hochladenden mit Abmahnungen rechnen müssen. Daraus resultiert, dass keine derartige Verbindung zwischen YouTube und der traditionellen Filmindustrie besteht, wie es zwischen YouTube und der Musikindustrie der Fall ist. Die Affinität zwischen der Musikindustrie und YouTube führt sich gewissermaßen bis in die Premium-Ära fort, da die Musikinhalte, die in YouTube Music bevorzugt angezeigt werden, oftmals keine YouTube-nativen Inhalte sind und dennoch prominent in Erscheinung treten. Parallel dazu ist auffällig, dass die Integration von Hollywood und dem amerikanischen Kabelfernsehen auf YouTube

---

44 Vgl. King, Ashley: YouTube Premium and YouTube Music Add 13 More Countries to Reach 63 Total – But Adoption Remains Weak, in: Digital Music News, (2019), abrufbar unter: https://www.digitalmusicnews.com/2019/07/18/youtube-premium-music-countries/ (zuletzt abgerufen am 01.11.2022).

45 Vgl. Singleton, Micah: YouTube Premium and Music Now Have More Than 20 M Subscribers, in: billboard, (2020), abrufbar unter: https://www.billboard.com/articles/business/digital-and-mobile/8550124/youtube-premium-music-20-million-subscribers (zuletzt abgerufen am 01.11.2022).

46 Vgl. Burgess, Participatory Culture, S. 42. Burgess und Green kommen unter anderem zu dem Schluss, dass das professionelle Musikvideo von bekannten Künstlern eine der beliebtesten Videokategorien darstelle.

in Form von ‚YouTube Filme und Shows' sowie ‚YouTube TV' außerhalb von YouTube Premium stattfindet und zusätzliche Käufe voraussetzt. Damit zieht YouTube innerhalb der Sparte der Film-, Fernseh- und Serieninhalte bewusst eine Trennlinie zwischen ‚eigenen' und ‚fremden' Inhalten, die in dieser Form nicht mit Blick auf die Musikangebote beschrieben werden kann.

2.2 YouTube Premium und seine Einflüsse auf YouTube

Nachdem die Entstehungsbedingungen für und Adjazenten von YouTube Premium erläutert wurden, wird nun ausgeführt, auf welche Art und Weise YouTube Premium konkret auf YouTube in Erscheinung tritt respektive welche sichtbaren Veränderungen sich bei YouTube Premium zeigen. Zunächst werden Veränderungen für Plattformkonsumenten beschrieben. Daraufhin folgt ein Überblick zu Abänderungen von Produktions- und Distributionsformen für Videomacher.

2.2.1 YouTube Premium für Plattformkonsumenten

Eine erste wichtige Anmerkung bezüglich der allgemeinen Sichtbarkeit von YouTube Premium auf YouTube ist, dass die Erweiterung nicht wesentlich hervorgehoben wird respektive dass kein separates Interface in Erscheinung tritt. Im Unterschied zu YouTube Music existiert für YouTube Premium keine alleinstehende App oder eine eigene – von YouTube losgelöste – Webseite. Man kann YouTube Premium folglich als ‚stille' und plattforminhärente Erweiterung bezeichnen, da die durch ein Abonnement freigeschalteten Funktionen automatisch angewendet werden und nicht erst durch Verlinkungen auf anderen Internetseiten in Kraft treten. Um die Funktionen des Abonnements nutzen zu können, muss man jedoch über ein Google-Kundenkonto auf YouTube angemeldet sein. Nach einer Anmeldung werden die vormals auf der Startseite eingebetteten Werbeschaltungen nicht länger angezeigt. In diesem Zusammenhang ist auch anzumerken, dass das am linken oberen Bildrand der Benutzeroberfläche der Starseite eingebettete Logo der Plattform bei einem Premium-Abonnement abgeändert wird. Standardnutzern der Plattform wird YouTubes Logo sowie das ausgeschriebene Wort ‚YouTube' in Begleitung des jeweiligen Länderkürzels angezeigt, während Premium-Nutzer neben dem Logo lediglich eine Anzeige des Wortes ‚Premium' vorfinden, um so unmittelbar feststellen zu können, ob sie angemeldet sind (Abbildungen 2 und 3).

Darüber hinaus findet auch eine Kennzeichnung von Premium-Inhalten statt. Hinter der Paywall befindliche Inhalte werden durch den – neben dem Thumbnail erscheinenden – Buchstaben ‚P', der für ‚Premium' steht, markiert, um so da-

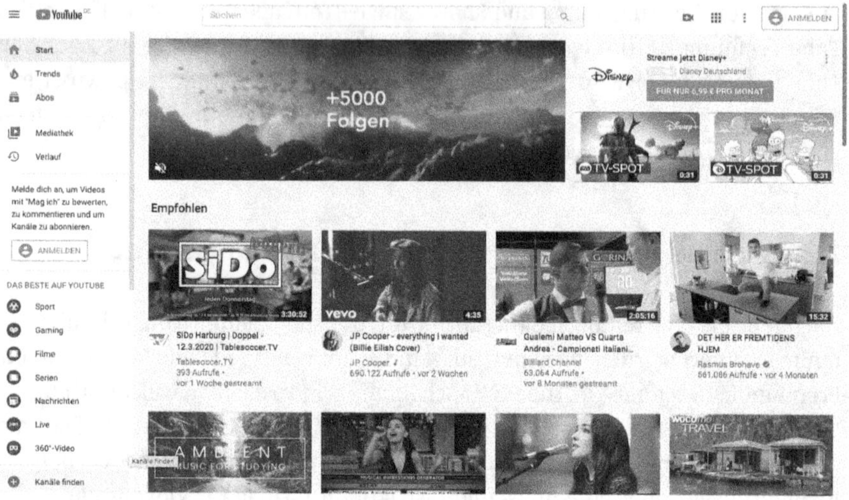

Abbildung 2: Startseite von YouTube.

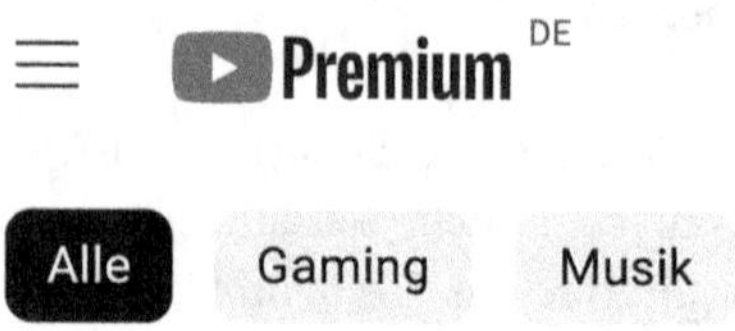

Abbildung 3: Startseite YouTube bei Premium-Login.

rauf aufmerksam zu machen, dass diese Inhalte nur mit einem Abonnement angesehen werden können (Abbildung 4).

Eine ähnliche Form der Kennzeichnung von Premium-Inhalten findet man in den Originals selbst vor. Ein projektübergreifendes Intro, das vor jedes Originals-Projekt geschaltet wird, enthält die Textanzeige ‚YouTube Originals' (Abbildung 5).

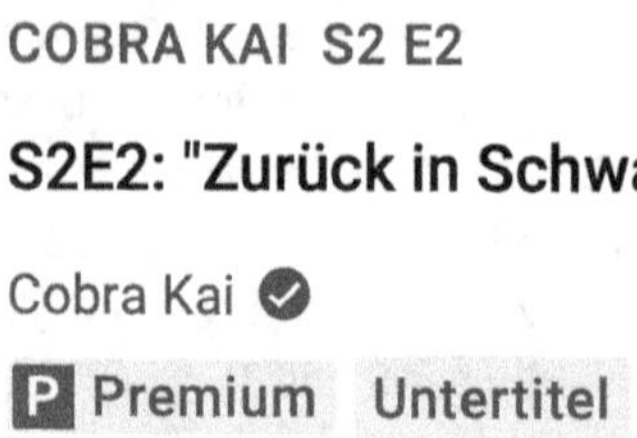

Abbildung 4: Videos mit ‚P-Kennzeichnung'.

Abbildung 5: YouTube Originals-Vorspann.

Abbildung 6: YouTube Red-Vorspann.

Auch in der YouTube Red-Ära bestand dieses Intro, die erscheinende Textanzeige für Projekte aus dieser Zeit lautet ‚YouTube Red. Original Series' (Abbildung 6). Andere sichtbare Neuerungen lassen sich im Bereich der mobilen Downloadfunktion ausmachen. Auffällig ist hierbei ein ‚Download-Button', der unterhalb des Videofensters und unmittelbar neben der Bewertungsfunktion angeordnet ist (Abbildung 7).

Abbildung 7: Download-Button in Mobilversion.

Nutzern von YouTube, die kein Premium-Abonnement haben, wird dieser Button ebenfalls angezeigt. Durch das Anklicken ohne Abonnement wird kein Download des jeweiligen Videos gestartet. Stattdessen erscheint ein Hinweis, dass diese Funktion nur mit einem Abonnement von YouTube Premium möglich sei (Abbildung 8).[47]

Verfügt man über ein Abonnement und ist angemeldet, wird nach Anklicken des Buttons der Download gestartet. Nachdem der Vorgang beendet ist, färbt sich der Button blau, um so anzuzeigen, dass das Video nun zum Abruf in der privaten Nutzer-Mediathek zur Verfügung steht (Abbildung 9).

In der Mediathek, die außerhalb von Downloads auch Aufschluss über Käufe und Seitenaufrufe auf YouTube gibt, werden die vorher heruntergeladenen Inhalte in einer eigenen Download-Sparte vertikal angeordnet, wobei das oberste Video zuletzt heruntergeladen wurde (Abbildung 10).

Neben diesen Neuerungen zeigte sich eine interessante Ergänzung auf YouTubes Startseite in Form eines anderen Buttons, der mit ‚Originals' gekennzeichnet war (Abbildung 11).[48] Bei diesem Button handelt es sich um ein Verlinkungselement, das nur mit einem Abonnement von YouTube Premium auf der Nutzerober-

47 Über diese Anzeige wird ebenfalls für einen kostenlosen Probemonat geworben, der über eine Verlinkung gebucht werden kann.

48 Im weiteren Verlauf der Studie wird darauf eingegangen, dass diese Darstellungsform binnen einiger Jahre erneut abgeschafft wurde.

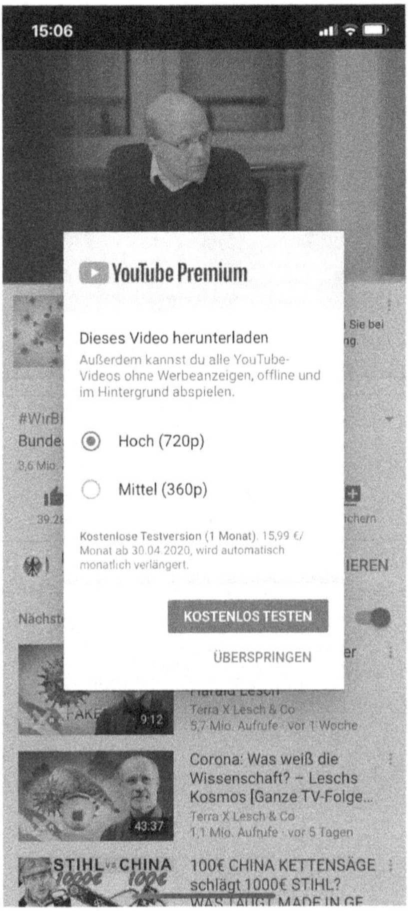

Abbildung 8: Download-Anzeige von YouTube Premium.

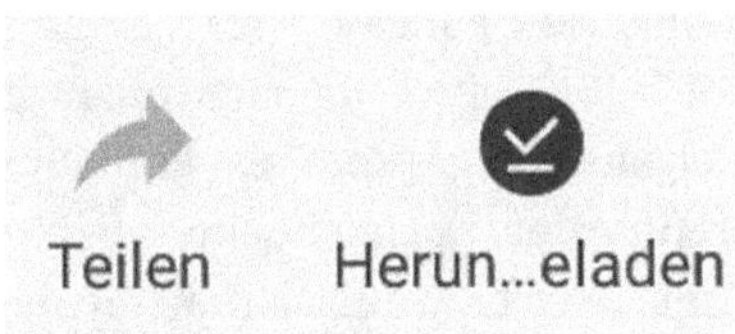

Abbildung 9: Anzeige für heruntergeladenes Video.

fläche angezeigt wird. In der mobilen YouTube-App tritt dieser Button noch auffälliger in Erscheinung, da er – gemeinsam mit einer Verlinkung zur Startseite von YouTube Music – zentral am oberen Bildrand platziert ist (Abbildung 12).

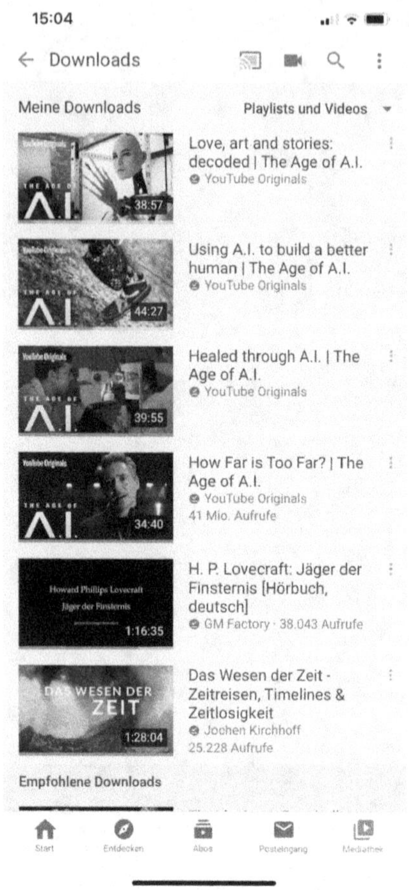

Abbildung 10: Anzeige der Download-Mediathek auf YouTube.

Premiumabonnenten gelangten durch das Anklicken auf eine – für Standardnutzer unzugängliche – auf YouTube eingebettete Webseite,[49] die ausschließlich Originals-Projekte anzeigt. Wenngleich keine eigenständige ‚YouTube-Premium-Seite' existiert, war diese exklusiv für die Originals entworfene Seite nur Premium-Abonnenten zugänglich. Darin manifestierte sich zweifelsohne eine der entscheidenden sichtbaren Neuerungen auf YouTubes Startseite, die sich mit der

49 Diese Webseite stellt den Analysegegenstand der Interfaceanalyse dar.

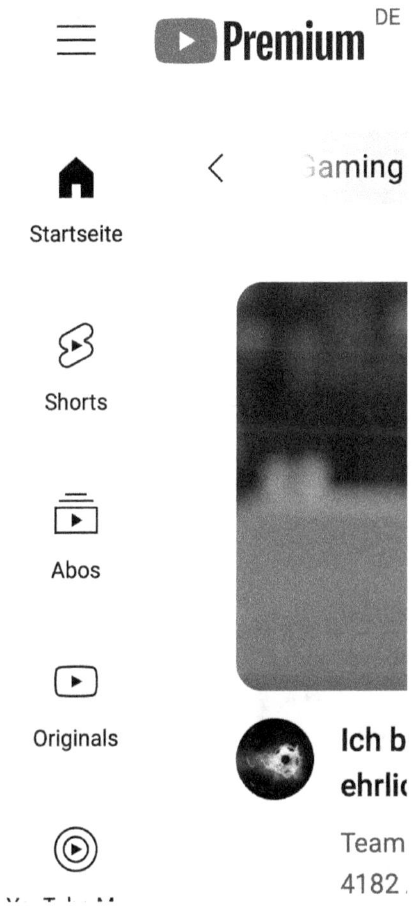

Abbildung 11: Originals-Button auf YouTubes Startseite.

‚Windowing-Strategie'[50] verknüpfen lässt: „Red [...] was designed to thwart new windowing strategies offered by [...] Vessel and Vimeo Plus. Windowing emulates a traditional media licensing practice, effectively offering subscribers a ‚sneak peak' without advertising [...]."[51] Craig und Cunningham sehen eine unmittelbare Verbindung zwischen YouTube Red und dem Windowing, da die aus Red – respek-

50 Verkürzt gesagt handelt es sich dabei um eine Strategie zur Optimierung von Kommerzialisierungsprozessen und neuen Distributionsmöglichkeiten. Ein und derselbe Inhalt kann Konsumenten über bestimmte Zeiträume durch verschiedene Kanäle angeboten werden. Diese Strategie wird vor allem in der Musik-, Film- und Streaming-Industrie angewendet.

51 Craig, Social Media Entertainment, S. 60.

Abbildung 12: Originals-Button der mobilen YouTube-Startseite.

tive Premium – hervorgehenden Produkte durch verschiedene Distributionsformen zu unterschiedlichen Zeitpunkten angeboten werden. Diese Strategie ist ebenfalls mit Blick auf die nur Premium-Abonnenten zugängliche Hauptseite der Originals hervorzuheben, da sich die Fächerung respektive Mehrfachplatzierung der gleichen Inhalte in unterschiedlichen virtuellen Arealen auf YouTube anhand dieser separaten Seite ausmachen lässt: Die Originals werden nicht exklusiv über diese Seite zugänglich gemacht. Sie können ebenso nach entsprechender Suche auf YouTubes Hauptseite angezeigt und abgerufen werden. Auf der Originals-Seite unterliegen sie einem die Projekte in Filmgattungen und -genres unterteilenden Ordnungsprinzip,[52] das auf YouTubes Hauptseite nicht besteht. Die Mehrfachplatzierung von Premium-Inhalten ist vor dem Hintergrund der neuen Angebotsoptionen für Abonnenten als relevante Veränderungsgrundlage auf YouTube einzustufen, da verschiedene Vertriebs- und Verwertungsfenster unterschiedlichen Nutzergruppen zur Verfügung stehen sowie Navigationsmöglichkeiten auf YouTube für Konsumenten mit Premium-Abonnement ausgedehnter sind.

Diese beschriebenen Einflüsse von YouTube Premium auf YouTube erfuhren im Jahr 2020 eine Veränderung, die in den folgenden Kapiteln ausführlich thematisiert wird. Verkürzt gesagt wurde die exklusive Originals-Startseite im Jahr 2020 abgeschafft. Daran anschließend wurde auch der beschriebene Originals-Button in der mobilen Handyversion im Jahr 2020 abgeschafft, da er als Verlinkungselement zur im Jahr 2020 eingestellten exklusiven Startseite der Originals obsolet wurde. In mehreren Kapiteln dieser Studie wird darauf hingewiesen, dass YouTube Premium und die YouTube Originals im Laufe des Jahres 2020 einen Richtungswechsel vornahmen. Zum jetzigen Zeitpunkt kann man festhalten, dass die Abschaffung der Paywall in den gleichen Zeitraum wie die Abkehr von exklusiven Startseiten und privilegierten Verlinkungselementen zu Eigenproduktionen fällt.

2.2.2 YouTube Premium für Videomacher

Für die meisten Personen oder Unternehmen, die Videos auf YouTube hochladen, ergeben sich nur wenige durch YouTube Premium hervorgerufene Änderungen in der Art der Produktion und Distribution von Inhalten. Man muss in diesem Zusammenhang zwischen Videomachern, die an Projekten der YouTube Originals beteiligt sind, und denen, die keine Verbindung zu diesen Projekten aufweisen, differenzieren. Ein eklatanter Großteil aller Videomacher ist nicht an der Produktion einer Originals-Produktion beteiligt.[53] Für diese Mehrheit ergeben sich nur wenige Änderungen für ihre YouTubing-Praxis. Wie im vorherigen Kapitel beschrieben wird, fordert YouTube – sofern man am Partnerprogramm beteiligt ist – seine Videomacher zur Zustimmung der Geschäftsbedingungen für die Monetarisierung durch Anteile aus Abonnementeinnahmen auf. In diesem Zusammenhang ist hervorzuheben, dass die Teilnahme am Partnerprogramm wiederum voraussetzt, dass mindestens 1000 Abonnenten sowie 4000 Stunden öffentliche Wiedergabezeit der auf dem Kanal befindlichen Videos vorhanden sein müssen (Abbildung 13).

52 Detaillierte Ausführungen zu diesem Ordnungsprinzip erfolgen in der Interfaceanalyse.

53 Das ergibt sich primär aus der Tatsache, dass Kooperationen zwischen Videomachern und YouTube zur Realisierung von einem Originals-Projekt nur wenigen ausgewählten ‚Community-Leadern' angeboten werden.

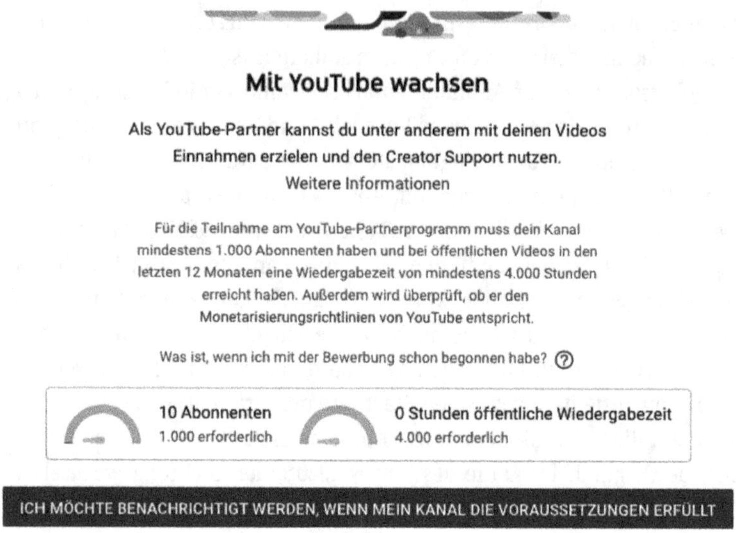

Abbildung 13: Auflagen zur Monetarisierung.

Dabei handelt es sich um eine hohe Hürde, sodass viele kleine Kanäle überhaupt nicht an YouTubes Abonnement-Einnahmen beteiligt werden und sich dementsprechend auch keinerlei Änderungen für die jeweiligen Kanalbetreiber ergeben.

Interessant ist weiterhin, dass YouTube potenziellen Nutzern von YouTube Premium eine kostenlose Probezeit des Abonnements einräumt. Während dieses Zeitraums findet folglich keine Wertschöpfung statt, die Kunden können jedoch alle Inhalte auf YouTube werbefrei ansehen. Daraus ergibt sich, dass die am Partnerprogramm beteiligten Kanalbetreiber für ebendiese Zuschauergruppe kein Geld durch Werbeschaltungen erhalten, weil die Werbung ausgeblendet wird. Gleichzeitig bezahlen die Probe-Abonnenten aber auch keine monatliche Gebühr, was zu der Frage führt, ob YouTube den Kanalbetreibern auch dann einen Anteil des Gewinns abtritt, wenn ihre Videos von den kostenlos testenden Probe-Abonnenten angesehen werden. Diese Frage lässt sich hier nicht eindeutig beantworten, da sich unterschiedliche Aussagen von Videomachern finden lassen.[54] Unabhängig von die-

54 An dieser Stelle kann ein Beispiel aufzeigen, wie intransparent die Monetarisierungsprozesse im Falle der Abonnement-Einnahmen sind. In dem Video How YouTube Red Money is Split Among Creators (and other Q&A), abrufbar unter: https://www.youtube.com/watch?v=2hLSB-xg07Q (zuletzt abgerufen am 01.11.2022) versucht ein YouTuber diese Frage zu beantworten und gelangt letztlich zu keiner eindeutigen Antwort. Zunächst bejaht er, dass auch während des kostenlosen Probemonats Anteile ausgezahlt werden, im weiteren Verlauf des Videos spricht er jedoch auch davon, dass dies seines Wissens nach nicht für alle neu abgeschlossenen Probe-Abonnements gelte.

sen Unklarheiten besteht zudem weiterhin das Problem, dass keinerlei gesichertes Wissen darüber besteht, ob YouTube mit verschiedenen Kanalbetreibern unterschiedliche Gewinnbeteiligungen aushandelt. Die ungeklärten Fragen zur konkreten Gewinnbeteiligung weisen darauf hin, dass YouTube in Bezug auf die Verteilung von Geldern für Videomacher keine transparente Aktionspolitik verfolgt. Ein Blick auf die Seite derjenigen Videomacher, die an Originals-Projekten beteiligt sind, lässt ebenfalls keine validen Schlüsse zu ausgezahlten Anteilen zu, da auch hier divergente Aussagen vorliegen.

Wie bereits erwähnt, ließen sich die Originals bis zum Jahr 2020 über eine separate, nur Premium-Nutzern zugängliche, Startseite abrufen. Gleichzeitig können die Projekte aber auch über die Standard-Suchleiste auf YouTube bezogen werden (Abbildung 14).

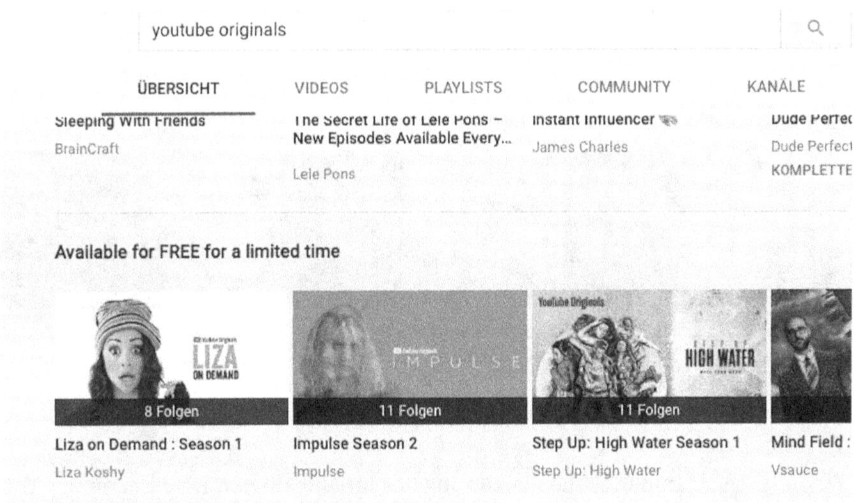

Abbildung 14: Suche nach Originals über Standard-Suchleiste.

Originals ohne Beteiligung von YouTubern sind oftmals auf einem speziell für das Projekt gegründeten YouTube-Kanal[55] in dezentraler Form eingebettet[56] oder auf

55 Beispielsweise wurde für die Originals-Serie Cobra Kai ein eigener YouTube-Kanal gegründet. Für die Startseite des Kanals siehe: https://www.youtube.com/watch?v=_rB36UGoP4Y (zuletzt abgerufen am 01.11.2022).

56 Mit ‚dezentral' sind in diesem Zusammenhang individuelle Kanäle gemeint, die lediglich Inhalte veröffentlichen, die sich auf ein Projekt beschränken. Die aus den Begriffen ‚zentral' und ‚dezentral' hervorgehende Opposition wird insbesondere im sechsten Kapitel ausgeführt.

dem YouTube-Kanal *YouTube Originals*[57] abrufbar. Die Originals, die sich durch eine YouTuber-Beteiligung auszeichnen, sind manchmal – aber nicht immer – über die privaten Kanäle der YouTuber abrufbar.[58] Beispielsweise kann die Serie Me and My Grandma über den YouTube-Kanal von Eva Gutowski, die die Protagonistin dieser Serie ist, bezogen werden. Die einzelnen Episoden werden hier in einer – auf größeren YouTube-Kanälen üblichen – ‚Playlist', die die Funktion eines digitalen Ordnungsprinzips von Inhalten annimmt, angezeigt und stehen – auf den ersten Blick nur wenig auffällig – neben weiteren Videos der YouTuberin (Abbildung 15).

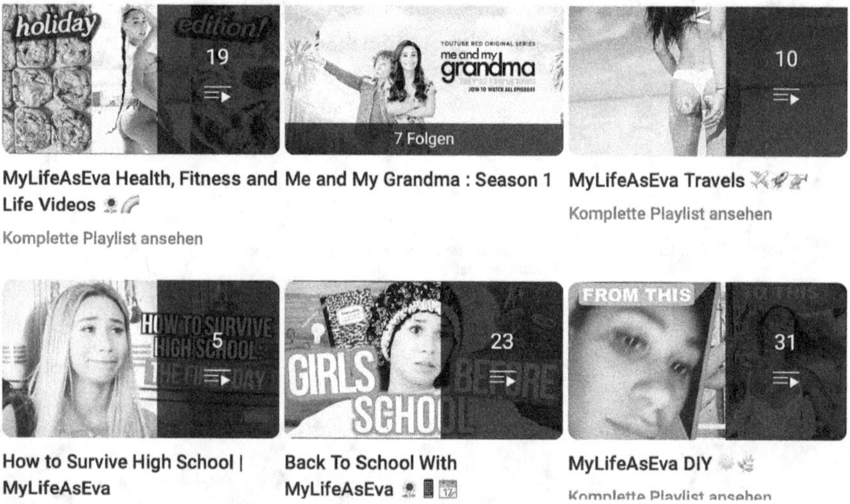

Abbildung 15: Eingliederung von Originals auf YouTube-Kanal.

Ein möglicher Grund für die Platzierung der Inhalte auf den Kanalseiten der YouTuber selbst kann in der potenziell schnellen Bekanntheitssteigerung der jeweiligen Produktion liegen: Während ein exklusiv für eine Serie oder einen Film gegründeter YouTube-Kanal zunächst nur wenige Abonnementen aufweist, da er erst mit der Entstehung des jeweiligen Projekts erstellt wird, können Originals, die auf einem Kanal, der von erfolgreichen YouTubern bereits über Jahre geführt wird, davon profitieren, dass viele Kanal-Abonnenten automatisch auf die Pro-

57 Für den Kanal der YouTube-Originals siehe: https://www.youtube.com/channel/UCqVDpXKLmKeBU_yyt_QkItQ (zuletzt abgerufen am 01.11.2022).
58 Für die Kanalseite s. https://www.youtube.com/user/mylifeaseva/featured (zuletzt abgerufen am 01.11.2022).

duktion hingewiesen werden.[59] Da sich die Originals unter anderem dadurch auszeichnen, dass primär Elite-Akteure auf YouTube zu den Mitwirkenden gehören, deren Inhalte oftmals millionenfach angesehen werden, kann davon ausgegangen werden, dass durch das Hochladen der Originals auf den Kanälen ebendieser Akteure eine besonders hohe Resonanz erwartet wird.[60]

In diesem Zusammenhang ist nicht nur YouTube als Profiteur hervorzuheben, vielmehr erhalten die YouTuber durch den Upload der Filme und Serien auf ihren eigenen Kanälen auch die Möglichkeit, ihre kreative Karriere zu diversifizieren beziehungsweise neue audiovisuelle Unterhaltungsformen zu etablieren. Craig und Cunningham bezeichnen diese Diversifizierung als „[...] back door to Hollywood [...]".[61] Das nächste Unterkapitel geht dezidiert auf diese ‚Hintertür nach Hollywood' ein, indem nun die Originals – vor allem mit Blick auf ihre hybride Akteur-Struktur – näher erläutert werden, damit neben der Beschreibung der Entstehungsbedingungen und veränderten Distributionsmechanismen im Zuge der Premium-Ära auch die distribuierten Artefakte selbst im Kontext des YouTubings begriffen werden können.

2.3 Erläuterung des Gegenstands ‚Originals'

In diesem Unterkapitel wird beschrieben, welche Formate, Filmgattungen und -genres durch die Originals häufig in Erscheinung treten. Dabei werden auch die institutionellen Hintergründe der an den Originals Mitwirkenden offengelegt, um die untypische Vereinigung von Einflüssen aus Hollywood und dem Silicon Valley, die nun in der Produktionsreihe ‚YouTube Originals' erkennbar wird, greifbar zu machen. Vorab wird erläutert, wie ‚Gattung' und ‚Genre' hier begriffen werden, um etwaigen Missverständnissen vorzubeugen.

Kuhn[62] weist auf unterschiedliche Definitionen der Begriffe hin und stellt die Besonderheit des Verständnisses von ‚Gattung' und ‚Genre' in der Medien- und Filmwissenschaft heraus: „[...] der Gattungsbegriff wird in der deutschsprachigen Film-

59 Diese Hinweise werden Abonnenten in Form von E-Mails oder Ankündigungen auf YouTube selbst erteilt. Abonnenten eines Kanals erhalten – sofern sie dem vorher zugestimmt haben – Benachrichtigungen über neue Inhalte auf dem Kanal, nachdem diese hochgeladen wurden.

60 Dabei darf selbstverständlich nicht vergessen werden, dass diese Form der uneingeschränkt möglichen Resonanz nicht für Projekte gilt, die hinter der Paywall stehen. Wie bereits geschildert wurde, ist die Pilotfolge von Serien auch für abonnementpflichtige Inhalte kostenfrei zugänglich, sodass durch diese Pilotfolgen durchaus ein Bewusstsein für die Serie angeregt werden kann.

61 Craig, Social Media Entertainment, S. 60.

62 Vgl. Kuhn, Markus: Zwischen Kunst, Kommerz und Lokalkolorit: Der Einfluss der Medienumgebung auf die narrative Struktur von Webserien und Ansätze zu einer Klassifizierung, in: Nünning,

und Medienwissenschaft im Vergleich zum Genrebegriff als der abstraktere, auf ein schmaleres Set an Basis-Typen bezogene verwendet und nicht wie in anderen Wissenschaftsfeldern als Synonym zum Genrebegriff [...].“[63] Diese terminologische Reflexion, die sich mit einer typologischen Einordnung von Webserien auseinandersetzt, führt zur Frage nach einer Definition der medialen Art der Originals: „Operiert man nach einem abstrakten Genrebegriff nach Giltrow/Stein [...], ließe sich bei Webserien ebenfalls von einem Genre sprechen [...] medienwissenschaftlich argumentierend [müsste man] bei der Webserie eher von einer ‚Gattung' als von einem Genre sprechen [...].“[64] Für diesen Abschnitt ist zunächst relevant, dass die Originals weder als Genre noch als Gattung angesehen werden.[65] In dieser Studie wird ‚Gattung' – wie Kuhn erläutert – als übergeordnete filmische Ausrichtung verstanden, wobei zwischen Spielfilm, Dokumentarfilm, Experimentalfilm etc. unterschieden wird, während der Genrebegriff hier benutzt wird, um unterschiedliche Typen innerhalb einzelner Gattungen zu bezeichnen. Die Gefahr, die von einer eindeutigen Klassifizierung von Genres ausgeht, liegt darin, dass der Eindruck vermittelt werden kann, es existierten typologisch-generische ‚Urformen', die keinerlei Bezugspunkte zu anderen Genres aufwiesen. Nünning und Rupp weisen in diesem Zusammenhang darauf hin, dass die Forschung weitgehend einhellig die Existenz einer quasi platonischen ‚Idee vom Genre' verneine:

> Bei aller Vielfalt unterschiedlicher Positionen in der Gattungstheorie in Sprach-, Literatur- und Medienkulturwissenschaft besteht inzwischen weitgehend Einigkeit darüber, dass Gattungen [Nünning und Rupp beziehen sich hierbei nicht auf den oben erläuterten Gattungsbegriff der Filmwissenschaft, weshalb auch Genres gemeint sein können] keine vorgefundenen Objekte sind, die ‚an sich' existieren, sondern dass es sich vielmehr um pragmatische Konstrukte handelt, die von Wissenschaftlern nach Maßgabe bestimmter Differenzierungskriterien konstruiert werden [...].[66]

Es ist wichtig zu betonen, dass aus der Zuordnung individueller Originals-Produktionen zu einzelnen Genres nicht abgeleitet werden darf, diese Produktionen

---

Ansgar et al. (Hg.): Narrative Genres im Internet. Theoretische Bezugsrahmen, Mediengattungstypologie und Funktionen, Trier 2012, S. 51–92.

63 Kuhn, Struktur von Webserien, S. 58.

64 Kuhn, Struktur von Webserien, S. 58. Vgl. auch Giltrow, Janet/Stein, Dieter: Genres in the Internet: Innovation, Evolution, and Genre Theory, in: Giltrow, Janet/Stein, Dieter (Hg.): Genres in the Internet: Issues in the Theory of Genre, Amsterdam/Philadelphia 2009, S. 1–25.

65 Gleichwohl wird davon ausgegangen, dass sich die Filme und Serien der Originals traditionellen Filmgattungen und -genres zuordnen lassen. Vgl. Kuhn, Struktur von Webserien, S. 59.

66 Nünning, Ansgar/Rupp, Jan: ‚The Internet's New Storytellers': Merkmale, Typologien und Funktionen narrativer Genres im Internet aus gattungstheoretischer, narratologischer und medienkulturwissenschaftlicher Sicht, in: Nünning, Ansgar et al. (Hg.): Narrative Genres im Internet. Theoretische Bezugsrahmen, Mediengattungstypologie und Funktionen, Trier 2012, S. 3–50, S. 9.

würden hier als ‚Mono-Typus‘ angesehen. Ein Vorteil der Zuordnung einzelner Projekte zu verschiedenen Genres ist aber der, dass ein klar strukturierter Überblick zu typologischen Trends ermöglicht wird, der dazu beitragen kann, Verbindungen zwischen den Originals und anderen YouTube-Formaten herzustellen.

2.3.1 Formate und Gattungen

Bei allen Originals handelt es sich um audiovisuelle Formate. Es liegen keine Produktionen im Bereich der Podcasts, Hörbücher oder Ähnlichem vor. Zu den Originals können sowohl Filme als auch Serien gezählt werden, wobei auffällig ist, dass die Serienproduktion besonders dominant in Erscheinung tritt, was sich zweifelsohne als YouTubes Antwort auf die allgemeine Virulenz und den globalen Produktionsanstieg von Fernseh- und Streamingserien begreifen lässt. Bis zum Ende des Jahres 2021 sind ca. 250 Originals produziert worden.[67]

Der Großteil aller Originals ist dem Realfilm zuzuordnen, es existieren aber auch einige Animationsfilme und -serien.[68] Bislang treten keine Produktionen in Erscheinung, die man dem Experimentalfilm zuordnen kann. Interessanterweise ist die am häufigsten auftretende Filmgattung nicht der fiktionale Spiel- sondern der Dokumentarfilm sowie non-fiktionale serielle Formate. Der Anteil aller fiktionalen Produktionen liegt gerundet bei 30%.[69]

---

67 Die Angabe entsteht durch eine selbst vorgenommene Zählung, die aufgrund der Absenz einer offiziell von YouTube veröffentlichten Liste aller Produktionen durchgeführt werden muss. Es gibt aber eine Wikipedia-Seite, auf der alle Produktionen genannt werden. S. https://en.wikipedia.org/wiki/List_of_YouTube_Premium_original_programming (zuletzt abgerufen am 01.11.2022). Es wird davon gesprochen, dass es ‚ca.‘ 250 Produktionen sind, weil vereinzelt Unklarheiten bezüglich des Status’ einiger Projekte bestehen: Es kommt mitunter zu Produktionen, über die sich Metadaten finden lassen, die gleichzeitig aber nicht (mehr) auf YouTube abrufbar sind und die auch auf anderen Plattformen oder im Handel nicht erhältlich sind. Dieses spezielle Problem ergibt sich nur für wenige Produktionen, allerdings wird es durch sie erschwert, eine exakte Zahl zu nennen, die ohnehin binnen kurzer Zeit erneut aktualisiert werden müsste. Zu der Auflistung auf Wikipedia lässt sich allgemeinhin sagen, dass die meisten der dort angegebenen Daten und Metadaten zu den einzelnen Produktionen nach einer eigenen Überprüfung bestätigt werden können. Vereinzelt kommt es zu Abweichungen im Hinblick auf die Episodenzahl, die auf Wikipedia genannt wird sowie die dort vorgenommenen Genrebezeichnungen in einigen Fällen fragwürdig erscheinen. Abseits von diesen Aspekten stellt die Seite jedoch derzeit die einzige (öffentlich zugängliche) holistische Erfassung aller Originals-Produktionen bereit.

68 Beispiele für Animationsserien sind: KINGS OF ATLANTIS, YouTube Premium, USA 2017–, DALLAS & ROBO, YouTube Premium, USA 2018– oder auch SHERWOOD, YouTube Premium, USA 2019–.

69 Stand Februar 2022. Im weiteren Verlauf des Kapitels wird ersichtlich, wie es zu dieser Prozentzahl kommt.

Die Dominanz von non-fiktionalen Produktionen tritt jedoch erst ab dem Jahr 2020 in Kraft, da YouTube seit diesem Jahr kaum noch fiktionale Produktionen in Auftrag gibt. Nachdem es zwischen 2016 und 2020 zur Produktion von insgesamt 68[70] fiktionalen Filmen und Serien kam, verschreibt sich YouTube seither – mit Ausnahme weniger Produktionen im Bereich des Kinderanimationsfilms – ausschließlich non-fiktionalen Filmen und Serien. In dieser Studie liegt ein Fokus auf YouTubes fiktionalen Produktionen. Wenngleich auch dokumentarische Formate interessante Erkenntnisse über YouTubes aktuelles Selbstverständnis geben und man mit der Analyse von ausschließlich fiktionalen Originals einen großen Teil von YouTubes Produktionsreihen nicht beachtet, ist die Emergenz von fiktionalen Filmen und Serien auf YouTube aufgrund der Seltenheit von Fiktionalität auf der Plattform im Allgemeinen und aufgrund von YouTubes Konkurrenzerklärung an Hollywood und an Streaming-Anbieter im Speziellen ein besonderes Phänomen, das aufgrund seiner Einzigartigkeit in YouTubes Geschichte als entscheidend für YouTubes audiovisuelle Kultur angesehen wird und daher hier vordergründig thematisiert wird. Um zumindest einen rudimentären Überblick über verschiedene non-fiktionale Originals-Formate zu geben, werden im nächsten Unterkapitel einige dokumentarische Film- und Serienbeispiele genannt, auf Basis derer man Besonderheiten im Hinblick auf die Adressatengruppe und die hybride Akteur-Struktur in den Originals erkennen kann.

2.3.2 Non-fiktionale Eigenproduktionen

Es ist auffällig, dass zahlreiche junge Künstler aus der Musikindustrie als Protagonisten in einer Originals-Produktion auftreten: Stars wie Katy Perry, Ariana Grande, Maluma, Demi Lovato oder Justin Bieber erscheinen allesamt als Protagonisten in einer Originals-Produktion.[71] Diese Künstler vereint die Tatsache, dass sie insbesondere bei Kindern, Teenagern und jungen Erwachsenen sehr beliebt sind, was dafür spricht, dass YouTube mit den Originals primär die Zuschauergruppe der 14- bis 34-Jährigen adressiert. Mit Blick auf Justin Bieber ist weiterhin interessant, dass er – vor dem Beginn seiner professionellen Musikkarriere – bereits als Kind Musikvideos auf YouTube hochlud und so Plattenfirmen auf sich

70 Es handelt sich hierbei abermals um eine selbst vorgenommene Zählung. Eine noch folgende Tabelle gibt Aufschluss über die einzelnen Produktionen.

71 Für die genannten Künstler s. Katy Perry: Will You Be My Witness, YouTube Premium, USA 2017. Ariana Grande: Dangerous Woman Diaries, YouTube Premium, USA 2018. Maluma: Lo Que Era, Lo Que Soy, Lo Que Seré, R.: Jessy Terrero, Kolumbien u. a. 2019. Demi Lovato: Simply Complicated, R.: Hannah Lux Davis, USA 2017. Justin Bieber: Seasons.

aufmerksam machte.[72] Über ein Jahrzehnt nach seinen ersten Musikproben mit geringer Aufnahmequalität kehrt Bieber in Form einer professionell produzierten Doku-Serie auf YouTube zurück.[73] Bieber stellt das dar, was man als ‚YouTube-native' oder – passend zur Namensgebung von YouTubes Filmen und Serien – als ‚Original auf YouTube' bezeichnen kann: Er ist kein YouTuber im eigentlichen Sinne, doch seine Karriere ist eng mit der Plattform verwoben. Aus medienhistorischer Sicht ist die Kollaboration zwischen YouTube und ihm besonders interessant, weil sich – seit seinen ersten Videos auf YouTube – die Plattform und er gleichermaßen professionalisiert haben und sich die Professionalisierung beider nun in Form einer Originals-Serie manifestiert. Der Fall Bieber ist hierbei zwar als Ausnahme zu begreifen, es erscheint an dieser Stelle jedoch interessant, derartige Phänomene hervorzuheben, um bereits im Zuge einer basalen Beschreibung des Gegenstands ‚Originals' unterstreichen zu können, dass mitunter auch Verbindungslinien zwischen YouTube und der traditionellen Unterhaltungselite bestehen, die durch die Originals auf YouTube gefestigt werden.

Musikstars aus der klassischen Unterhaltungsbranche stellen nicht die einzigen in einer Originals-Dokumentation porträtierten Persönlichkeiten dar. Die Künstler-Biographie THIS IS EVERYTHING: GIGI GORGEOUS[74] gewährt dem Zuschauer Einblicke in das Leben der gleichnamigen Transgender-YouTuberin, die in diesem Film über die Schwierigkeiten ihres Coming-Outs spricht. Neben ihr werden auch zahlreiche Interviews mit ihren Eltern geführt, anhand derer ersichtlich wird, welchen innerfamiliären Schwierigkeiten Gorgeous durch ihr Coming-Out und die von ihr geplanten Geschlechtsumwandlungsoperationen ausgesetzt war. Ausgehend von einem Billboard, das den Film THIS IS EVERYTHING: GIGI GORGEOUS in Los Angeles bewirbt, weisen Craig und Cunningham auf das mittlerweile etablierte Starsystem auf YouTube hin: „Gigi was not alone. For the past few years, YouTube has posted campaigns promoting their most prominent ‚creators'. Like their Hollywood counterparts, creators are ‚next-gen' stars."[75] Interessant ist hierbei der zwischen Hollywood-Stars und YouTube-Stars angestrebte Vergleich, da die hier hervorgebrachten Beispiele zeigen, dass YouTube mit den Originals so-

---

72 S. WITH YOU – CHRIS BROWN COVER – JUSTIN SINGING, abrufbar unter: https://www.youtube.com/watch?v=eQOFRZ1wNLw, (zuletzt abgerufen am 01.11.2022). Dieses Video ist auf Justin Biebers Kanal abrufbar und wurde im Jahr 2008 hochgeladen. Bieber war zu diesem Zeitpunkt 13 Jahre alt.

73 Es ist bekannt, dass Bieber auch in der Zwischenzeit Musik auf YouTube veröffentlichte, allerdings wurde diese Musik – anders als seine ersten Musikproben und die Originals-Serie – nicht exklusiv für YouTube produziert, sondern über zahlreiche andere Kanäle distribuiert und kommerzialisiert.

74 THIS IS EVERYTHING: GIGI GORGEOUS, R: BARBARA KOPPLE, USA 2017.

75 Craig, Social Media Entertainment, S. 1.

wohl eine zusätzliche Profilierungsmöglichkeit für YouTuber wie Gigi Gorgeous als auch die Integration von Inhalten mit traditionellen Stars wie Katy Perry und Justin Bieber intendiert.

Ein Beispiel für eine Dokumentations-Reihe, in der ein Hollywood-Schauspieler mitwirkt, ist THE AGE OF A.I.[76] Robert Downey Jr., der in Hollywood als Protagonist von Filmen wie ZODIAC. DIE SPUR DES KILLERS,[77] IRON MAN[78] oder SHERLOCK HOLMES[79] zu weltweiter Bekanntheit gelangte, moderiert in THE AGE OF A.I. das Thema der jeweiligen Episode an. Die Anmoderation ist die einzige Aufgabe, die Downey Jr. vor der Kamera übernimmt. Hierbei kann die Tatsache, dass er überhaupt in einer Originals-Dokumentation mitwirkt, als entscheidend angesehen werden: Grob vereinfacht lässt sich sagen, dass THE AGE OF A.I. den Einfluss künstlicher Intelligenz auf die Menschheit thematisiert, wobei sowohl Kommunikation, Gesundheit und die zukünftige Arbeitswelt wichtige Eckpunkte darstellen. Diese ernste Grundthematik wird mit Auftritten bekannter Film- Sport- oder Musikstars verbunden, indem neben Downey Jr. auch The Black Eyed Peas-Sänger Will.i.am oder der an ALS erkrankte, ehemalige Footballspieler Tim Shaw als Protagonisten in einzelnen Episoden auftreten.

Neben der Technik-Dokumentation THE AGE OF A.I. zeigt sich, dass es bei den Originals zu verschiedenen dokumentarischen Projekten kommt, in denen bekannte Persönlichkeiten aus unterschiedlichen Arbeitsfeldern als Interviewpartner oder Moderatoren an der Produktion teilnehmen. In LEFLOID VS THE WORLD[80] unternimmt der YouTuber LeFloid über mehrere Episoden hinweg eine Art Weltreise, auf der er bekannte Persönlichkeiten aus den Bereichen der Unterhaltung, Politik und Wirtschaft zu einem speziellen Thema interviewt. LeFloid befragt beispielsweise den ehemaligen Daimler-Vorstandsvorsitzenden Dieter Zetsche über die Zukunft der Mobilität, die ehemalige Direktorin des Internationalen Währungsfonds Christine Lagarde über finanzpolitische Themen oder den Sänger Dan Reynolds über die Signifikanz von Musik im Alltag. Man kann sagen, dass alle Episoden durch ein recht abstrakt gefasstes Oberthema, das man als ‚das Leben im 21. Jahrhundert' bezeichnen könnte, gerahmt werden.

---

76 THE AGE OF A.I., YouTube Premium, USA 2019–.

77 ZODIAC. DIE SPUR DES KILLERS, R.: David Fincher, USA 2007.

78 IRON MAN, R.: Jon Favreau, USA 2008.

79 SHERLOCK HOLMES, R.: Guy Ritchie, USA u. a. 2009.

80 LEFLOID VS THE WORLD, YouTube Premium, Deutschland u. a. 2018–.

Das serielle Format CELEBRITY SUBSTITUTE[81] reagiert mit einem humorvollen Bildungsangebot für Schüler auf die Corona-Pandemie, aufgrund derer Schulen weltweit für mehrere Wochen geschlossen wurden. In den einzelnen Episoden erscheinen Stars, die über ein bestimmtes Thema dozieren[82] und so die Funktion eines ‚Ersatzlehrers' (im Englischen ‚substitute teacher') einnehmen. Dabei steht außer Frage, dass dieses Format zwar Wissen vermittelt, hauptsächlich aber einen humorvollen Ansatz verfolgt und etwaige Wissensrückstände nicht tatsächlich zu beheben vermag, zumal die behandelten Themen recht basal ausfallen. CELEBRITY SUBSTITUTE unterscheidet sich von anderen Originals durch seine Machart, bei der lediglich eine Verbindung in Form eines Videoanrufs zum Haus des Stars aufgebaut wird, von dem aus er doziert. Diese digital festgehaltene Videotelefonie wird mit Grafiken zu bestimmten Phänomenen angereichert. Auch postproduktioneller Aufwand im Bereich der Montage und Nachbearbeitung ist sichtlich erkennbar. Trotzdem ist der Aufwand zur Realisierung des Projekts nicht mit anderen Originals-Produktionen vergleichbar. Wenngleich CELEBRITY SUBSTITUTE in filmästhetischer Hinsicht eine Ausnahmeerscheinung innerhalb der Originals bildet, kann anhand des Projekts abermals aufgezeigt werden, dass YouTube einerseits einen hohen Wert auf die Kollaboration mit Stars aus verschiedenen Bereichen der Unterhaltungsindustrie legt und andererseits versucht, insbesondere Inhalte zu produzieren, die primär junge Zuschauer adressieren.

Einen anspruchsvolleren wissenschaftlichen Ansatz verfolgt das Projekt MINDFIELD,[83] in dem der YouTuber Michael Stevens über mehrere Episoden und Staffeln hinweg diverse Themen im Bereich der Psychologie sowie Sozial- und Kognitionsforschung eröffnet und als Moderator der Produktion zahlreiche Interviews mit Psychologen, Neurologen und Verhaltensforschern führt, um auf bestimmte Phänomene und Funktionsweisen des menschlichen Gehirns hinzuweisen. Ein Gegengewicht zu diesen eher naturwissenschaftlichen geprägten Serien stellt die Produktion BOOKTUBE[84] dar. Dabei handelt es sich um ein Projekt, bei dem berühmte Schriftsteller oder andere Personen des öffentlichen Lebens, die ein Buch verfasst haben, das als besonders einflussreich gilt, an einer Gesprächsrunde teilnehmen, die von verschiedenen YouTubern moderiert wird. Bei den YouTubern handelt es sich um Kanalbetreiber, die auch sonst Inhalte wie Buchrezensionen oder -kritiken veröf-

81 CELEBRITY SUBSTITUE, YouTube Premium, USA 2020–.

82 Der Hollywoodschauspieler Ken Jeong, der auch ausgebildeter Arzt ist, referiert beispielsweise im Fach Biologie und erklärt, wie das menschliche Verdauungssystem funktioniert.

83 MINDFIELD, YouTube Premium, USA 2017–.

84 BOOKTUBE, YouTube Premium, USA 2019–.

fentlichen und in diesem veränderten Kontext die Möglichkeit erhalten, Fragen an die jeweils eingeladene Person zu richten. In BookTube, das auf den ersten Blick wie eine Antwort des Web 2.0. auf Fernsehsendungen wie Das Literarische Quartett[85] wirkt, spielen die YouTuber jedoch eine eher untergeordnete Rolle. Den Hauptanteil der Redezeit erhalten die Gäste, die die besprochenen Bücher verfasst haben. In den Episoden treten unter anderem die ehemalige First Lady Michelle Obama und die Philanthropin Melinda Gates auf, die die Präsentation primär dazu nutzen, über Chancengleichheit und akute gesellschaftliche Missstände zu sprechen.

Im Bereich des gesellschaftlichen Engagements bleibend, wird anhand von Produktionen wie Bear Whitness, Take Action,[86] The Outsiders[87] oder Black Renaissance[88] YouTubes Solidarisierungsbekundung mit der Black Lives Matter-Bewegung ersichtlich. In den zuletzt genannten Produktionen treten hauptsächlich afroamerikanische Musik- oder Filmstars sowie Politiker wie der ehemalige US-Präsident Barack Obama auf, um über afroamerikanische Geschichte im Speziellen sowie die strukturelle Unterdrückung von PoCs im Allgemeinen zu sprechen. Anhand mehrerer non-fiktionaler Originals wird die Absicht erkennbar, die Repräsentanz und Sichtbarkeit von PoCs und nicht-weißer Kultur zu erhöhen und die Botschaft zu vermitteln, dass strukturell unterdrückte Personengruppen auf YouTube gesehen und gehört würden.

Insgesamt kann festgehalten werden, dass non-fiktionale Originals wie Künstler-Biografien, naturwissenschaftlich geprägte Dokumentationen sowie zahlreiche Interviews mit bekannten Persönlichkeiten einen hohen Anteil aller Originals ausmachen. So kann zunächst Eindruck entstehen, dass durch diese Produktionen ein gänzlich neues Terrain auf YouTube betreten würde, da beispielsweise Autoren wie Frühbrodt und Floren vor allem auf die starke Dominanz von – zumeist komödiantischen – Unterhaltungsformaten auf YouTube hinweisen und darüber hinaus festhalten: „Die Auswertung der deutschen Top-100-Kanäle ergab: [...] gerade einmal vier Kanäle beschäftigen sich im weiten Sinne mit Politik und Wissen."[89] Es ist richtig, dass Kanäle, die sich mit Wissensvermittlung auseinandersetzen, im direkten Vergleich mit Unterhaltungskanälen deutlich seltener in Erscheinung treten, wenn man die meistabonnierten Kanäle betrachtet. Frühbrodt und Floren heben jedoch auch hervor: „Wer YouTube erkunden will, beschäftigt sich mit einem digi-

85 Das Literarische Quartett, ZDF, Deutschland 1988– (teilweise unterbrochen).
86 Bear Whitness, Take Action, YouTube Premium, USA 2020–.
87 The Outsiders, YouTube Premium, USA 2021–.
88 Black Renaissance, YouTube Premium, USA 2021.
89 Frühbrodt, Netzwerk der Profis, S. 6.

talen Eisberg. Das Gros des Bergs liegt unter Wasser und bleibt damit verborgen. Entscheidend ist in diesem Fall jedoch die Spitze, die für die meisten Zuschauer sichtbar ist."[90] Für meine Studie ist es hingegen entscheidend, den gesamten ‚Eisberg YouTube' zu betrachten, um beurteilen zu können, ob auch non-fiktionale Wissensvermittlung eine signifikante Tradition auf YouTube aufweist.

Burgess' und Greens Analyse aus den späten 2000er Jahren gibt Aufschluss darüber, dass eine solche Tradition durchaus besteht: „Indeed, material from broadcast and mass media sources make up two-thirds [...] of the Most Viewed category, where the largest genres were informational material – particularly news footage, political discussion, [...] and interviews [...]."[91] Burgess und Green sind hierbei nicht die einzigen,[92] die politische und allgemein wissensvermittelnde Inhalte als integralen Bestandteil für YouTubes audiovisuelle Kultur begreifen. Viele non-fiktionale Videogenres im Bereich der Wissensvermittlung sind durchaus beliebt und lassen sich nicht als ‚Besonderheit' einstufen.[93] Durchaus

90 Frühbrodt, Netzwerk der Profis, S. 116.

91 Burgess, Participatory Culture, S. 46.

92 Für weitere wissenschaftliche Auseinandersetzungen mit politischen Themen auf YouTube vgl. Quakernack, (Re-)framing *Testimonio*. Vgl. auch Düring, Kerstin Maria: YouTube als Plattform für Gentrifizierungsgegner, in: Schumacher, Julia/Stuhlmann, Andreas (Hg.): Videoportale: Broadcast Yourself? Versprechen und Enttäuschung, Hamburg 2011, S. 171–184. Vgl. auch Hediger, Vinzenz: YouTube and the Aesthetics of Political Accountability, in: Snickars, Pelle/Vonderau, Patrick (Hg.): The YouTube Reader, Stockholm 2009, S. 252–265. Diese Beispiele setzen sich auf höchst unterschiedliche Art und Weise mit politischen Themen, die auf YouTube verhandelt werden, auseinander und können so exemplarisch die inhaltliche Diversität ernster Themen auf YouTube aufzeigen. Gerade anhand von Quakernack oder auch Rath-Wiggins (vgl. Rath-Wiggins, Wahlkampfkommunikation) wird ersichtlich, dass – insbesondere mit Blick auf Dissertationen – politische Themen auf YouTube einen wichtigen Bestandteil der wissenschaftlichen Auseinandersetzung mit der Plattform darstellen.

93 Ein Blick auf den hier bereits genannten YouTuber und Originals Protagonisten Michael Stevens bestätigt diese Annahme, da sein Kanal *Vsauce*, der sich dezidiert mit Psychologie, Neurologie und Verhaltensforschung auseinandersetzt, über 18 Millionen Abonnenten aufweist (zuletzt abgerufen am 01.11.2022) und damit zu den erfolgreichsten YouTube-Kanälen zählt. Dabei sind Kanäle wie *Vsauce* zwar als Ausnahme anzusehen, gleichwohl wird anhand dieses Beispiels ersichtlich, dass mitunter auch ernste Themen mit großem Erfolg auf YouTube präsentiert werden. Ähnlich verhält es sich beispielsweise mit den zahlreichen YouTubern, die in BookTube mitwirken: Sie betreiben mehrheitlich Kanäle, in denen Buchrezensionen o. Ä. durchgeführt werden und weisen ebenfalls allesamt hohe Abonnentenzahlen auf, die – wenngleich sie nicht hoch genug sind, um von Frühbodts und Florens Studie erfasst zu werden – dafür sprechen, dass sich YouTubes ästhetische Diversität und thematische Vielfalt nicht auf ein Minimum dezimieren lassen.

als Ausnahmeerscheinung lässt sich hingegen die Akteur-Struktur in den Originals beschreiben: Das Aufeinandertreffen von Hollywoodstars und YouTubern, wie es in Instant Influencer[94] oder Celebrity Substitute erfolgt, ist als neuartige Konvergenzerscheinung zwischen Hollywood und Silicon Valley anzusehen. Darüber hinaus wird in Produktionen wie BookTube oder LeFloid VS The World ein Dialog zwischen internationalen Spitzenpolitikern und Internetpersönlichkeiten gefördert, der außerhalb von YouTubes Eigenproduktionen nur in Aufnahmefällen[95] auf der Plattform sichtbar wird. YouTube als Konzern übernimmt hierbei eine Vermittlerrolle zwischen Akteuren mit unterschiedlichen institutionellen Hintergründen und erweitert die Dynamik des plattformeigenen Starsystems durch Einflüsse anderer Starsysteme und Personen des öffentlichen Lebens. Eine ähnliche Art der Starsystem-Konvergenz wird auch im Bereich der fiktionalen YouTube Originals ersichtlich. Im Unterschied zu den non-fiktionalen Originals-Formaten, die durchaus Verbindungslinien zu Fremdproduktionen auf YouTube zu erkennen geben,[96] betritt YouTube mit fiktionalen Eigenproduktionen ein filmästhetisches Terrain, das auf der Plattform weitgehend unerschlossen ist. Im nächsten Schritt werden die fiktionalen YouTube Originals thematisiert und vor dem Hintergrund erkennbarer Genre-Trends besprochen.

2.3.3 Tabellarische Übersicht zu allen fiktionalen YouTube Originals

In der folgenden Tabelle 1 werden alle fiktionalen Eigenproduktionen in alphabetischer Reihenfolge aufgelistet, die YouTube bis dato[97] in Auftrag gegeben hat.[98] Im Anschluss folgen Kommentare.

94 Instant Influencer, YouTube Premium, USA 2020–.

95 Hierbei kann man an LeFloids Interview mit der ehemaligen Bundeskanzlerin Angela Merkel denken. S. Das Interview mit Angela Merkel https://www.youtube.com/watch?v=5OemiOryt3c&t=514s (zuletzt abgerufen am 01.11.2022).

96 Insbesondere die Interview- und Reportageformate oder die naturwissenschaftlichen Dokumentarserien weisen Ähnlichkeiten zu Vlog-Interviews oder sog. Erklärvideos auf YouTube auf.

97 Stand Februar 2022.

98 Es ist darauf hinzuweisen, dass es möglich ist, einige der hier aufgeführten Produktionen nicht als fiktionale Serien oder Filme zu beschreiben, da in manchen Produktionen ein bewusstes Spiel mit Filmgattungen erfolgt.

Tabelle 1: Übersicht zu allen fiktionalen YouTube Originals.

Titel	Staffeln	Datum	Land	Dauer (Min)[99]	Genre
A HEIST WITH MARKIPLIER	1 (interaktive Videoreihe)	2019	USA	variiert zwischen 1 und 5	Heist
ALEXANDER IRL	Film	2017	USA	80	Highschool/ Komödie
BAD INTERNET	1	2016	USA	10	(Meta-) Komödie
BODIED	Film	2017[100]	USA	120	Drama/ Musical
BRAVAS	1	2020	Dominikanische Republik/USA	25	Drama
BROKE	1	2016	USA	10	Komödie
BULLSPRIT	1	2018	Deutschland	20	Komödie
BUSTER SAVES CHRISTMAS	Film	2021	USA	45	Abenteuer
CHAMPAIGN ILL	1	2018	USA	25	Komödie/ Drama
COBRA KAI	2[101]	2018–2019	USA	30	Action/ Drama
DALLAS & ROBO	1	2018	USA	20	Komödie
DANCE CAMP	Film	2016	USA	80	Musical/ Drama
DANTDM CREATES A BIG SCENE	1	2017	USA	10	Komödie
DO YOU WANT TO SEE A DEAD BODY?	1	2017	USA	15	Komödie

99 Hierbei wird durchschnittliche Dauer angegeben, die stets auf die nächstliegende, durch fünf teilbare Zahl gerundet wird.

100 Auf YouTube Premium ist der Film seit 2018 verfügbar. Hierbei handelt es sich um einen Film, der unabhängig von YouTube produziert wurde und an dem sich YouTube nachträglich die Distributionsrechte sicherte. Der Film wird von YouTube selbst dennoch als ‚YouTube Original‘ bezeichnet, weshalb er hier aufgenommen wird.

101 Weitere Staffel bei anderem Anbieter.

Tabelle 1 (fortgesetzt)

Titel	Staffeln	Datum	Land	Dauer (Min)	Genre
Escape the Night	4	2016–2019	USA	25	Horror/Gameshow-Parodie
Foursome	4	2016–2018	USA	20	Highschool/Komödie
Fruit Ninja Frenzy Force	1	2017	USA	10	Abenteuer/Komödie
Ghostmates	Film	2016	USA	85	Komödie
Good Game	1	2017	USA	25	Komödie
Grey Zone Agency, Inc.	1	2020	Japan	variiert zwischen 15 u. 30	Drama
Groom	2	2018–2020	Frankreich	25	Komödie
Growing with Lottie Dottie	1	2021	USA	10	Abenteuer
Hyperlinked	1	2017	USA	20	Schule/Komödie
Idolish7 Vibrato	1	2019	Japan	15	Drama/Musical
Impulse	2	2018–2019	USA	45	Highschool/Science Fiction/Drama
I'm Poppy	1	2018	USA	verworfen, nicht abrufbar	(Meta-)Komödie/Drama
Jingle Ballin'	Film	2016	USA	35	Komödie
Kings of Atlantis	1	2017	USA	10	Abenteuer/Komödie
Lazer Team	Film	2016	USA	100	Science Fiction
Lazer Team 2	Film	2017	USA	85	Science Fiction
Les Emmerdeurs	1	2018	Frankreich	25	Historiendrama/Komödie/Mystery
Lifeline	1	2017	USA	25	Science Fiction

Tabelle 1 (fortgesetzt)

Titel	Staffeln	Datum	Land	Dauer (Min)	Genre
LIZA ON DEMAND	3	2018–2021[102]	USA	25	Komödie
LOCKDOWN	1	2020	USA	15	Mystery/ Abenteuer
LONG DISTANCE	1	2017	USA	verworfen, nicht abrufbar	Romantik/ Komödie
ME AND MY GRANDMA	1	2017	USA	25	Komödie
MORTAL GLITCH	1	2020	Ecuador	25	Komödie
MUSEO[103]	Film	2018	Mexiko	125	Heist/Drama
NEULAND	1	2018	Deutschland	30	(Meta-) Komödie
OBSOLETE	1	2019	Japan	15	Science Fiction
ORIGIN	1	2018	USA	45	Science Fiction
OVERTHINKING WITH KAT & JUNE	1	2018	USA	20	Komödie
PARANORMAL ACTION SQUAD	1	2016	USA	10	Komödie
PINKFONG WONDERSTAR	1	2020–2021	USA	10	Abenteuer/ Komödie
RHETT AND LINK'S BUDDY SYSTEM	2	2016–2017	USA	25	Komödie
RYAN HANSEN SOLVES CRIMES ON TELEVISION	2	2017–2019	USA	25	(Meta-) Komödie
SCARE PEWDIEPIE	1	2016	USA	20	Survialshow[104]

102 LIZA ON DEMAND (LIZA ON DEMAND, YouTube Premium, USA 2018–2021) ist die einzige fiktionale Realfilm-Produktion, die nach 2020 weitergeführt wurde. Im Bereich des Kinderanimationsfilms werden für die Sparte ‚YouTube Kids' vereinzelt auch nach 2020 noch fiktionale Serien veröffentlicht.

103 Der Film wurde unabhängig von YouTube produziert. YouTube sicherte sich – ähnlich wie im Fall von BODIED (BODIED, R.: Joseph Kahn, USA 2017) – aber die exklusiven Distributionsrechte und bezeichnet die Produktion als ‚YouTube Original'.

104 Hierbei handelt es sich um einen semifiktionalen Grenzgänger. Wenngleich die Show als non-fiktionale Produktion präsentiert wird, weist sie auch fiktionale Anteile auf, weshalb sie hier im Kontext fiktionaler Produktionen genannt wird.

Tabelle 1 (fortgesetzt)

Titel	Staffeln	Datum	Land	Dauer (Min)	Genre
Sherwood	1	2019	USA	25	Abenteuer
Sideswiped	1	2018	USA	25	Romantik/Komödie
Sing It!	1	2016	USA	25	Drama/Muscial
Single by 30	1	2016	USA	25	Komödie
Sobreviví	1	2018	Mexiko	30	Komödie
Step Up: Highwater	2[105]	2018–2019	USA	45	Highschool/Musical
Supa Strikas: Rookie Season	1	2021	Südafrika	20	Abenteuer/Fußball
Stalking Vampire	Film	2018	Japan	85	Horror
Super Sema	1	2021	Kenia	5	Abenteuer/Science Fiction
The Fake Show	1	2018–2019	Japan	15	Komödie
The Guava Juice Show	1	2021	USA	10	Abenteuer/ Komödie
The Keys of Christmas	Film	2016	USA	45	Komödie/Musical
The Thinning	Film	2016	USA	85	Highschool/ Dystopie
The Thinning: New World Order	Film	2018	USA	90	Highschool/ Dystopie
Top Management	1	2018	Südkorea	variiert zwischen 20 u. 45	Drama
Viper Club	Film	2019	USA	105	Kriegsdrama
Wayne	1	2019	USA	30	Drama
Weird City	1	2019	USA	25	Komödie/Science Fiction
We Love You	Film	2016	USA	verworfen, nicht abrufbar	Romantik/Komödie
Youth & Consequences	1	2018	USA	30	Highschool/Drama
12 Deadly Days	1	2016	USA	25	Horror

105 Weitere Staffel bei anderem Anbieter.

Anhand dieser tabellarischen Übersicht können einige interessante Charakteristika der fiktionalen YouTube Originals besprochen werden, die man teilweise von Produktionsreihen anderer Streaming-Anbieter und Serienproduzenten abgrenzen kann. Zunächst kann man festhalten, dass nur ca. 20% aller fiktionalen Originals Filme sind, sodass eine klare Präferenz für serielles Erzählen erkennbar wird. In Anbetracht der derzeitigen Dominanz von Fernseh- oder Streaming-Serien verwundert es nicht, dass auch YouTube darum bemüht ist, diesem allgemeinen Trend in der gegenwärtigen Medienlandschaft zu folgen. Ca. 80% aller Serien weisen eine durchschnittliche Episodendauer von weniger als 30 Minuten auf. Interessant daran ist, dass wesentlich kürzere Episodenlaufzeiten in Erscheinung treten als bei den meisten sog. Qualitätsserien wie HOUSE OF CARDS,[106] GAME OF THRONES[107] oder BREAKING BAD.[108] Zweifelsohne lässt sich diese Erkenntnis in Verbindung zu der Tatsache setzen, dass über 50% der fiktionalen Originals als Komödien beschrieben werden können, die oftmals durchschnittliche Laufzeiten von weniger als 45 Minuten aufweisen. Dieser ungewöhnlich hohe Anteil an Komödien stellt zweifelsohne eine Ausnahmeerscheinung im Bereich der Streaming-Unterhaltung dar. Auch wenn Komödien auf Plattformen wie Netflix, Disney + und Amazon einen festen Platz einnehmen, ist YouTubes Entscheidung, einen derart starken Fokus auf komödiantische Inhalte zu legen, als Besonderheit einzustufen.

In diesem Zusammenhang ist anzumerken, dass Originals-Komödien unterschiedliche Darstellungen von Lebensumständen und -bedingungen umfassen und von den, auf YouTube-Standard seit Jahren etablierten, Kurzformaten wie beispielsweise der Sketch-Comedy oder spezifischen Sub-Kategorien wie den ‚Prank-Videos'[109] abzugrenzen sind. Gemeinsamkeiten zwischen beliebten Comedy-Formaten auf YouTube und den Originals lassen sich im Hinblick auf die durchschnittliche Altersstruktur der auftretenden Protagonisten ausmachen: Die wenigsten in den Originals-Komödien auftretenden Schauspieler sind älter als 30 Jahre. Sofern wesentlich ältere Schauspieler auftreten, haben sie hierbei nicht selten die Funktion eines ‚Side-Kicks', der gerade durch sein fortgeschrittenes Alter für zu-

106 HOUSE OF CARDS, Netflix, USA 2013–2018.

107 GAME OF THRONES, HBO, USA 2011–2019.

108 BREAKING BAD, AMC, USA 2008–2013.

109 Unter dem Begriff ‚Prank' wird eine Kategorie gefasst, in der Streiche aller Art durchgeführt werden. In vielen Prank-Videos spielt dabei die Vorbereitung des Streichs eine essenzielle Rolle, da so indirekt Anleitungen für den Streich erteilt werden sowie der allgemeine Aufwand des Streichs auf diese Weise hervorgehoben wird.

sätzliche komische Einlagen sorgen soll, indem das Alter mit einer speziellen Eigenschaft oder Handlung, die zumeist jüngeren Personen zugeschrieben wird, verbunden ist.[110]

Dass so viele Originals-Komödien produziert wurden/werden, ist zweifelsohne mit der allgemeinen Dominanz von komödiantischen Inhalten auf YouTube in Verbindung zu setzen. YouTube ist seit seinen Anfängen eine Plattform, auf der komödiantische Inhalte sehr beliebt sind. Burgess und Green heben bereits 2009 hervor, dass Sketch-Comedy zu den meistgesehenen Videokategorien zähle:

> [...] material from broadcast and mass media sources make up two thirds of the Most Viewed category, where the largest genres were informational material [...] as well as animation and some sketch comedy. This content came mostly from television, but was mostly uploaded by users rather than by the traditional media [...] themselves. User-created content in the Most Viewed category predominantly took the form of vlog entries, though there was also some instructional content, user-created sketch comedy, and musical performances [...].[111]

Burgess und Green weisen an dieser Stelle auch darauf hin, dass es sich bei vielen dieser Artefakte um remediatisierte Videos handele, die aus der traditionellen Unterhaltungsindustrie stammten, sodass auch professionell produzierte komödiantische Inhalte bereits in den 2000er Jahren auf der Plattform verfügbar waren. Frühbrodt und Floren äußern sich ca. ein Jahrzehnt nach Burgess' und Greens Analyse kritisch über die Dominanz komödiantischer Inhalte auf YouTube:

> Bei aller Vielfalt, die das Videoportal bietet, und bei einigen Ausnahmen muss man nach der Auswertung der deutschen Top-100-Kanäle zu dem Ergebnis gelangen, dass auf YouTube die platte Unterhaltung regiert. Um es zuzuspitzen: Mittzwanziger, die ihre Pubertät nicht überwunden zu haben scheinen, bespaßen Kinder und Jugendliche zwischen acht und 16 Jahren mit banalen Aktionen [...].[112]

Dieses Zitat und die aus *YouTube. Online Video and Participatory Culture* angeführte Textpassage machen deutlich, dass komödiantische Videos auf YouTube eine lange Tradition besitzen und dass mit dieser Tradition auch zu Beginn der 2020er Jahre nicht gebrochen wird. Es erscheint folglich nicht weiter verwunderlich, dass viele YouTube Originals Komödien sind, da auf diese Weise bereits eingeführte Genres auf YouTube weiterexistieren. In diesem Zusammenhang ist es jedoch wichtig zu erwähnen, dass die Originals-Komödien eine diegetische Welt erschaffen und sich gerade in Bezug auf narrative Komplexität deutlich von

---

110 S. Me and My Grandma, s. auch Sideswiped (Sideswiped, YouTube Premium, USA 2018).
111 Burgess, Participatory Culture, S. 46.
112 Frühbrodt, Netzwerk der Profis, S. 116.

den – von Frühbrodt und Floren kritisierten – komödiantischen Formaten auf YouTube abgrenzen.

Durch die Originals werden jedoch nicht nur Genres bedient, die sich zuvor bereits auf YouTube etablieren konnten. Ein Genre, das auf der Standardversion von YouTube weniger stark in Form von nutzergenerierten Inhalten auftritt, ist die Science Fiction. Mehr als 10% aller fiktionalen Eigenproduktionen von YouTube können als Science Fiction-Filme oder -Serien bezeichnet werden. Die meisten Science Fiction-Originals zeichnen sich durch ein hohes Produktionsbudget[113] aus, was nicht auf alle Originals Komödien zutrifft. Beispielsweise differenzieren sich Comedy-Serien wie BAD INTERNET[114] mit Blick auf sichtbare Kostenfaktoren nur unwesentlich von anderen Produktionen der YouTuber, die in BAD INTERNET mitwirken. Produktionen wie die Science Fiction-Filme LAZER TEAM[115] und seine Fortsetzung LAZER TEAM 2[116] setzen aufgrund ihres allgemeinen Produktionsaufwands neue Standards auf YouTube. Auch im Bereich der Science Fiction-Serien offenbaren Beispiele wie ORIGIN,[117] dass YouTube bereit war, viel Geld für die Stärkung von bislang auf YouTube wenig verbreiteten Genres zu investieren. Artefakte oder Vorgänge wie Raumschiffe (ORIGIN), Laserstrahlen (LAZER TEAM), die artifizielle Optimierung des Menschen (WEIRD CITY) und Zeitreisekapseln (LIFELINE[118]) eint die Tatsache, dass sie als intradiegetische Gegenstände oder Begebenheiten keine historische Verbindungslinie zu Elementen des klassischen YouTubing aufweisen: Anders als komödiantische Inhalte, die bereits vor der Premium-Ära einen bedeutenden Anteil aller Videos auf YouTube ausmachten, sind Science Fiction-Formate auf YouTube keine bedeutende Erscheinung.[119] Diese Beobachtung ist zweifelsohne mit der Tatsache in Verbindung zu bringen, dass der Produktionsaufwand von Projekten wie den hier angeführten nicht ohne immense Budgets und zahlreiche Mitarbeiter zu bewältigen ist, während beispielweise eine Sitcom im eigenen Wohnzimmer produziert werden kann und daher geringere Budgethürden aufweist.

---

113 In der Metadatenanalyse werden Kriterien, die Hinweise auf ein hohes Budget liefern, näher erläutert.

114 BAD INTERNET, YouTube Premium, USA 2016.

115 LAZER TEAM, R.: Matt Hullum, Daniel Fabelo, USA 2016.

116 LAZER TEAM 2, R.: Matt Hullum, Daniel Fabelo, USA 2017.

117 ORIGIN, YouTube Premium, USA 2018.

118 LIFELINE, YouTube Premium, USA 2017.

119 Weder Burgess und Green (vgl. Burgess, Participatory Culture), noch die zahlreichen Autoren in *The YouTube Reader*, noch die Analysen zu frühen YouTube-Formaten von Hillrichs (vgl. Hillrichs, Early YouTube) gehen auf Science Fiction-Formate auf YouTube vor YouTube Premium ein.

Gleichwohl gilt es zu bedenken, dass, obwohl klassische Science Fiction-Filme und -Serien fast gar nicht auf YouTube in Erscheinung treten, dieses Genres auf YouTube nicht grundsätzlich ausgeschlossen ist: Mit Blick auf die zahlreichen STAR WARS-Filme[120] und STAR WARS-(Animations-)Serien zeigt sich, dass es eine große Interessengemeinschaft auf YouTube gibt, die sich auf unterschiedliche Weise mit diversen Themen aus dem STAR WARS-Universum auseinandersetzt und an deren Spitze YouTuber mit Hunderttausenden und teilweise Millionen Abonnenten stehen.[121] Wenngleich diese YouTuber selbst nicht die finanziellen Mittel und Genehmigungen haben, eigene Filme oder Serien zu ihrer Lieblings-Science Fiction zu kreieren, erstellen sie durch selbst geschriebene Geschichten, die sie in ihren Videos vortragen, sog. Fan Fictions. Diese Geschichten werden in ihren Videos meist durch Standbilder von bereits bestehenden Filmen und Serien ergänzt und erfreuen sich auf YouTube großer Beliebtheit. Jenkins beispielsweise zeigt in mehreren Publikationen auf, dass Fan Fictions insbesondere im Bereich der Science Fiction ein häufig zu beobachtendes Phänomen darstellen, das auch vor der Onlineschaltung von YouTube auf anderen Plattformen erkennbar war.[122] Somit kann man festhalten, dass Science Fiction-Filme und Serien außerhalb der YouTube Originals eine fast nie vorkommende Erscheinung auf der Plattform darstellen, wobei die Auseinandersetzung mit Science Fiction durchaus auf YouTube präsent sind. Daher erscheint es denkbar, dass der Silicon Valley-Konzern mit mehreren Eigenproduktionen die vielen Science Fiction-Fans auf YouTube von den Originals und YouTube Premium überzeugen wollte.

Weiterhin ist aufschlussreich, dass keine Originals produziert wurden und werden, die man dem Genre des Western zuordnen kann. Ein möglicher Grund hierfür liegt in der Tatsache, dass auf YouTube keine nennenswerten Traditions- und Verbindungslinien zu diesem Genre bestehen und es – im Vergleich zur Science Fiction – eine wesentlich kleinere Interessengemeinschaft im Hinblick auf Westernfilme oder den Mythos des ‚Wilden Westens' an sich gibt. Ähnlich verhält es sich mit (Sub-)Genres wie Gangster-,Profikiller- oder Heistfilmen, die wegen ihrer – oftmals nicht jugendfreien – Inhalte nur selten auf YouTube in Erscheinung treten und ebenfalls nicht für die Originals produziert werden. Insgesamt ist auffällig, dass nur wenige Projekte mit Darstellungen ausgeprägter Gewalt und verstörenden Inhalten produziert werden, und dass es nur vereinzelt zu Horror-

---

120 Die folgende Angabe bezieht sich auf die Original-, Prequel- und Sequeltriologie. STAR WARS, R.: diverse, USA 1977–2019.

121 Der Kanal *Star Wars Theory* zählt mit über drei Millionen Abonnenten zu einem der größten Kanäle auf YouTube. S. https://www.youtube.com/c/StarWarsTheory (zuletzt abgerufen am 01.11.2022).

122 Vgl. Jenkins, Textual Poachers. Vgl. auch Jenkins Convergence Culture.

oder Kriegsfilm-Produktionen kommt.[123] YouTube war und ist eine Plattform, die ein junges und teilweise noch minderjähriges Publikum adressiert, was sich auch im Hinblick auf den – im Verhältnis zur Gesamtzahl an Produktionen – hohen Anteil an Abenteuer-Kinderanimationsfilmen und -serien widerspiegelt.

Mehr als 10% der fiktionalen Produktionen lassen sich unter der zuletzt genannten Beschreibung kategorisieren. Hierbei kann man erneut auf das im Kontext der Erläuterung von YouTube Premium hervorgebrachte Argument aufmerksam machen: Die Motivation ein Premium-Abonnement abzuschließen, ist insbesondere für Eltern kleiner Kinder dadurch gegeben, dass YouTube Premium Werbefreiheit auf YouTube garantiert und so vor hohen Werbeeinflüssen schützen soll. Passend zu dieser ‚kinderfreundlichen Eigenschaft' kommt es auch zu zahlreichen Kinderfilmen und -serien, die als zusätzliches Verkaufsargument für den Abschluss eines Abonnements gelten können.

Zudem ist es sehr auffällig, dass zahlreiche Teenpics[124] in Form von Teenager-Highschoolfilmen und -Serien produziert wurden. Wenngleich die Anzahl in absoluten Zahlen wenig eindrucksvoll erscheint, lassen sich mehr als 10% der fiktionalen Originals-Produktionen dem (Sub-)Genre des Highschoolfilms zuordnen, was einen auffallend hohen Anteil am Gesamtvolumen von YouTubes Eigenproduktionen darstellt, wenn man ihn mit dem Anteil von Highschoolfilmen von Hollywood-Unternehmen oder Pay-TV-Anbietern wie *Showtime* oder *HBO* vergleicht, bei denen keine derart starke Fokussierung auf Darstellungen des Schulalltags ersichtlich wird.

Die Highschool ist oftmals ein Ausgangspunkt für die Entfaltung unterschiedlicher Themen und Handlungsverläufe. Elemente aus Komödien, Sozialdramen, aber auch dystopisches Science Fiction halten durch die Originals in verschiedenen Kontexten und mit teilweise ernsten Anliegen[125] Einzug auf YouTube. Dass vor allem die Highschool als handlungsrahmende Örtlichkeit hervortritt, ist zweifelsohne als Identifikationsgrundlage für die junge Zuschauerzielgruppe auf YouTube zu begreifen, die zu einem hohen Anteil aus Schülern besteht.[126] Kuhn merkt an,

123 Zwar lassen sich durchaus Ausnahmen nennen wie die Horrorserie 12 DEADLY DAYS (12 DEADLY DAYS, YouTube Premium USA 2016) oder die Serie LES EMMERDEURS, die während des zweiten Weltkriegs spielt. Diese Beispiele lassen sich allerdings aufgrund ihrer verhältnismäßig milden Darstellungen von Gewalt und Terror nicht in eine Reihe mit verstörenden Filmen und Serien ohne Jugendfreigabe setzen.

124 Zum Begriff und dem Verhälnis zum Highschoolfilm vgl. Kuhn, Struktur von Webserien, S. 64.

125 Im Abspann von IMPULSE (IMPULSE, YouTube Premium, USA 2018–2019) wird beispielsweise – über den Rahmen des Films hinaus – auf mögliche Kontaktstellen für Hilfe bei Fällen von sexueller Gewalt hingewiesen.

126 Vgl. Frühbrodt, Netzwerk der Profis, S. 25.

dass es geradezu ein Merkmal von Webserien sei, Jugendliche zu inszenieren: „Ein mutmaßlicher Effekt der Nähe von Webserien zum social web ist die Jugendlichkeit der Hauptfiguren: In den meisten Webserien sind die Hauptfiguren sehr jung, oft zwischen 15 und 30 Jahre alt."[127] Es überrascht daher nicht, dass in vielen Originals von jungen Zuschauern frequentierte Orte, die Kuhn als ‚genrekonstituierende Handlungsräume' bezeichnet,[128] dominant in Erscheinung treten.[129]

Auf Basis der hier durchgeführten voranalytischen Beschreibung zu dominant in Erscheinung tretenden Genres kann man festhalten, dass die am meisten frequentierten Genres oftmals diejenigen sind, die sich bereits im Rahmen von YouTubes Fremdproduktionen erfolgreich auf der Plattform etabliert haben. Insgesamt wird durch die meist juvenilen Protagonisten und häufig inszenierte Handlungsorte wie die Highschool eine wesentlich jüngere Zuschauerzielgruppe adressiert, als es bei Produktionen großer Film- und Fernsehunternehmen oder Streaming-Anbietern der Fall ist. In dieser Hinsicht strebt YouTube eine Konsolidierung seiner jungen Hauptzielgruppe an,[130] allerdings stellt der fiktionale Rahmen, in dem die hier aufgelisteten Produktionen stattfinden, einen Bruch mit YouTubes audiovisuellen Kulturtraditionen dar. Wenn vereinzelt fiktionale Produktionen auf YouTube beobachtet werden können, handelt es sich oftmals um Webserien. Im folgenden Kapitel wird diese Form der Internetserialität thematisiert, um aufzeigen zu können, dass fiktive Inhalte zwar keine audiovisuellen Traditionsformate auf YouTube darstellen, dass gleichsam aber eine mediale Verwandtschaftsbeziehung zwischen Fremdproduktion-Webserien und YouTubes Eigenproduktionen besteht.

---

127 Kuhn, Struktur von Webserien, S. 57.

128 Kuhn, Struktur von Webserien, S. 65.

129 Dieser Aspekt wird ausführlich im achten Kapitel dieser Arbeit thematisiert, wenn verschiedene Highschoolfilme und -serien im Hinblick auf wiederkehrende Motive analysiert werden.

130 Luke Hyams, der für YouTube im Bereich der Erstellung und Planung der Originals arbeitet, erklärt in einem Fernsehinterview, die Hauptzielgruppe für die Originals seien 18–34-jährige Zuschauer. S. LeFloid, Neuland, Bullsprit – deutsche ‚YouTube Originals' starten, https://www.youtube.com/watch?v=KdVOImsHqz0&t=39s (zuletzt abgerufen am 01.11.2022).

3 Die YouTube Originals im Kontext der Webserie

Wenn man im Anschluss an die Erkenntnisse des zweiten Kapitels nach einer Kategorisierung der Produktionsreihe ‚YouTube Originals' innerhalb der Medienlandschaft fragt, erscheint es kompliziert, eine konkrete Begriffsbezeichnung anzuwenden, da die Originals eine Art Schnittstelle zwischen Hollywood und dem Silicon Valley bilden. Es steht außer Frage, dass es sich bei den Originals um Filme und Serien handelt, von denen – bis dato – alle narrativ und ca. 30% fiktional sind. Sie sind digital und exklusiv über das Internet zu beziehen.[1] Daher weisen sie grundsätzlich eine andere Art der Medialität auf als Kinofilme und TV-Serien. Man mag die Originals als Webserien oder ‚Webfilme' bezeichnen, da sie ausschließlich online abgerufen werden. Im Folgenden wird erörtert, was in der Medienwissenschaft unter diesem Label gefasst wird und welche Verbindung zwischen den YouTube Originals und als Webserien bezeichneten Formaten auf YouTube besteht.

Die Frage, weshalb es grundsätzlich von Bedeutung ist, Filme und Serien im Internet losgelöst von traditioneller Broadcast- und Kinounterhaltung als eigenständiges mediales Phänomen zu betrachten, lässt sich mit der allgemeinen Emergenz von ‚Original-Content' beantworten, die aktuelle postfernsehwissenschaftliche und postkinematografische Debatten stark beeinflusst: Die YouTube Originals sind nicht die einzigen – und auch nicht die ersten – audiovisuellen Artefakte, die mit der Etikettierung ‚Original' versehen werden. Vielmehr zeigt ein Blick auf beliebte Streaming-Anbieter, dass es ein Qualitätsmerkmal zu sein scheint, Eigenproduktionen anzubieten, um so das kreative Potenzial des Unternehmens unter Beweis zu stellen und um Unabhängigkeit von traditionellen Medienproduktionsfirmen zu demonstrieren: Streaming-Dienste wie Netflix, Amazon, Disney, Hulu, Sky und selbst Unternehmen wie die Telekom[2] bieten mittlerweile Eigenproduktionen an, die als ‚Originals' bezeichnet werden. Daher muss man zunächst festhalten, dass die Produktion von Originals im Bereich des Streamings kein exklusiv auf YouTube zu beziehendes Phänomen ist.

Man kann denjenigen Unternehmen, die nicht zur traditionellen Unterhaltungsindustrie zählen, ein Streben nach Unabhängigkeit von Produkten aus Hollywood attestieren, das sich – wie Craig und Cunningham bemerken – gleichsam

1 Ausnahmen hierfür sind Preisverleihungen und Filmfestspiele, bei denen ausgewählte Originals auch vor Publikum in Kinos gezeigt werden. Weitere Ausnahmen offenbaren sich mit Blick auf Filme und Serien, deren Exklusivrechte YouTube erworben hat, nachdem sie bereits öffentlich gezeigt wurden.

2 Die Distribution erfolgt über Magenta TV.

https://doi.org/10.1515/9783111145853-003

auch als Konkurrenzerklärung beschreiben lässt: „[...] YouTube has engaged in a multilateral multiplatform strategy to compete with Hollywood and digital media portals for traditional entertainment content."[3] Die Originals können in diesem Zusammenhang als Schlüsselelement für das Reüssieren dieser Bemühungen angesehen werden. YouTubes Entscheidung, Filme und Serien in Eigenproduktion zu vermarkten, ist in diesem Zusammenhang anders zu bewerten als beispielsweise Disneys Rolle als Streaming-Anbieter: Disney weist eine traditionsreiche Verbindung zu Hollywood auf und ist ja selbst ein Teil von Hollywood. Darüber hinaus zeichnet sich das Unternehmen seit der Gründung durch die Produktion professioneller Inhalte aus, sodass man davon sprechen kann, dass Disney eine andere Strategie verfolgt als YouTube.[4] YouTube ist ein Unternehmen, das zu keinem Zeitpunkt analoge Inhalte angeboten hat. Zudem wirbt der Konzern damit, dass – mitunter serielles – Geschichtenerzählen für jeden ermöglicht werde (Broadcast Yourself). YouTubes Originals sind daher im Kontext der Emergenz von Originals im Allgemeinen besonders hervorzuheben, da durch die YouTube Originals Elemente ohne Partizipationsmöglichkeiten auf der Plattform gestärkt werden, während es bei den meisten anderen Streaming-Anbietern, die Originals produzieren, ohnehin keine die Möglichkeit für Nutzer gibt, selbst Inhalte auf der jeweiligen Plattform zu veröffentlichen.

Gleichzeitig gilt es – wie Hegelmoser hervorhebt – zu bedenken, dass die Medienumgebung respektive die Distributionsplattform einen Einfluss auf die Erzählweise der veröffentlichten Produktionen haben kann.[5] YouTube gilt – wie im Folgenden erläutert wird – auch als Distributionsplattform für Webserien diverser (institutionsloser) Medienproduzenten. Daher ist es von besonderem Interesse zu prüfen, inwiefern die YouTube Originals von der ‚Medienumgebung YouTube' beeinflusst werden. Diesen Überlegungen gehen einige essentielle Definitionsansätze respektive -versuche voraus, durch die ein Überblick über verschiedene Positionen in der medienwissenschaftlichen Forschung zu Webserien erfolgt. Dabei ist es wichtig darauf hinzuweisen, dass stets von *Ansätzen* oder *Versuchen* gesprochen werden muss, zumal es keinen wissenschaftlichen Konsens über eine Definition von Webse-

3 Craig, Social Media Entertainment, S. 60.

4 Im Fall von Disney kann eher davon ausgegangen werden, dass eine umgekehrte Strategie verfolgt wird: Disney konkurriert nicht mit der traditionellen Medienindustrie, da Disney ein Teil von ihr ist. Vielmehr kann davon ausgegangen werden, dass Disney durch seinen Streaming-Dienst versucht, mit der ‚neuen' Medienindustrie im Internet zu konkurrieren und auf diese Weise seine Inhalte aus dem analogen in den digitalen Unterhaltungssektor zu transferieren.

5 Vgl. Hagelmoser, Rebecca: *Business Narrative* 2.0: Selbstdarstellung auf Firmenwebsites, in: Nünning, Ansgar et al. (Hg.): Narrative Genres im Internet. Theoretische Bezugsrahmen, Mediengattungstypologie und Funktionen, Trier 2012, S. 277–293, S. 278. Hagelmoser spricht hierbei von einer Anpassung an die Medienumgebung.

rien gibt und der Begriff zur Beschreibung verschiedener serieller Formen im Internet verwendet wird. Auch ich werde hier keinen weiteren Versuch einer Definition beisteuern. Vielmehr wird die funktionale Ausrichtung verschiedener Ansätze erörtert, um darüber Erkenntnisse im Hinblick auf Traditionslinien zwischen Webserien auf YouTube und den YouTube Originals zu gewinnen.

3.1 Webserien: Definitionsansätze

Die deutschsprachige medienwissenschaftliche Forschung zu Webserien wird stark durch Kuhn geprägt, der in mehreren Publikationen[6] Definitionen für Webserien formuliert und Beispiele[7] gibt. Kuhn schreibt: „Webserien sind audiovisuelle Formen im Internet, die sich durch Serialität, Fiktionalität und Narrativität auszeichnen und die für das Web als Erstveröffentlichungsort produziert worden sind.“[8] Im weiteren Verlauf des Aufsatzes konkretisiert Kuhn seinen Definitionsansatz auf der Grundlage eines von ihm erstellten Korpus, der primär deutsche Webserien umfasst:

> [...] als Serie, deren Folgen eine durchschnittliche Länge von 3 bis 10 Minuten haben und eine Länge von 15 Minuten nur äußerst selten überschreiten und die – zusätzlich zu einem rahmenden Portal oder Kanal innerhalb eines Portals – in vielen Fällen durch einen Kurzvorspann oder ein Logo bzw. ein digitales ‚Wasserzeichen‘ als Teile einer Serie markiert sind. Es gibt sowohl Webserien, in denen die abgeschlossene Story je Folge dominiert (also sogenannte ‚series‘), als auch Webserien, in denen die folgenübergreifenden Handlungsbögen dominieren (sogenannte ‚serials‘). Statistisch dominiert eine Mischform mit einer Tendenz zur ‚Serialisierung‘, also zu handlungsübergreifenden *storylines*, was als unmittelbare Konsequenz der Kürze der einzelnen Folgen betrachtet werden kann [...].[9]

6 Vgl. Kuhn, Struktur von Webserien. Vgl. auch Kuhn, Markus: Web Series Between User-Generated Aesthetics and Self-Reflexive Narration: On the Diversification of Audiovisual Narration on the Internet, in: Alber, Jan/Hansen, Per Krogh (Hg.): Beyond Classical Narration. Transmedial and Unnatural Challenges, Berlin 2014, S. 137–160. Vgl. auch Kuhn, Markus: Medienreflexives filmisches Erzählen im Internet: Die Webserie PIETSHOW, in: Rabbit Eye. Zeitschrift für Filmforschung, 1 (2010), S. 19–40. Vgl. auch Kuhn, Markus: YouTube als Loopingbahn: *lonelygirl15* als Phänomen und Symptom der Erfolgsinitiation von YouTube, in: Schumacher, Julia/Stuhlmann, Andreas (Hg.): Videoportale: Broadcast Yourself? Versprechen und Enttäuschung. Hamburger Hefte zur Medienkultur 12, Hamburg 2011, S. 119–136.

7 In allen Beiträgen werden Beispiele genannt. Eine detaillierte Übersicht über zahlreiche deutsche Webserien erteilen Kuhn und Henne in folgendem Artikel: Vgl. Henne, Jan/Kuhn, Markus: Die deutsche Webserien-Landschaft: eine Übersicht, in: Wulff, Hans J. et al. (Hg.): Medienwissenschaft. Berichte und Papiere 127 (2011). Online abrufbar unter: http://berichte.derwulff.de/0127_13.pdf (zuletzt abgerufen am 01.11.2022).

8 Kuhn, Struktur von Webserien, S. 55.

9 Kuhn, Struktur von Webserien, S. 56.

Im Weiteren sieht Kuhn Trends in der Inszenierung nur weniger Protagonisten und in der Realisierung zahlreicher Nahaufnahmen.[10] Darüber hinaus würden viele Webserien bevorzugt mit digitalen Handkameras gedreht, wobei der Dreh selten in einem Studio stattfinde.[11] Kuhn merkt in diesem Zusammenhang in einer Fußnote an, dass die von ihm genannten Angaben im Bereich der durchschnittlichen Dauer der Projekte kein ausschlaggebender Faktor für die Definition seien, woraus sich ableiten lässt, dass die von ihm vorgeschlagene Definition eine gewisse Offenheit in Bezug auf einzelne Kriterien aufweist. Der letztgenannte Aspekt wird dadurch erhärtet, dass Kuhn bereits zum Zeitpunkt der Veröffentlichung des Aufsatzes auf mögliche Entwicklungen in der Ästhetik von Webserien eingeht. In einem in den darauffolgenden Jahren publizierten Aufsatz stellt Kuhn – ausgehend von einer Merkmalsdefinition von Ryan[12] – heraus, welche Merkmale narrativer Internetgenres auf Webserien zu beziehen seien:

> Following Ryan's categories web series in general may be (but do not necessarily have to be) interactive (1); they have multimedia capabilities (2); they use network capabilities (3) and work with more or less volatile signs (4); and they may be more or less composed of many autonomous objects (5). Multimedia capabilities, the use of network capabilities and – sometimes – their interactivity are, however, the main properties of web series [...].[13]

Kuhn geht in mehreren Aufsätzen – abseits von technikbasierten und formalen Kriterien wie Veröffentlichungsorten und durchschnittlicher Dauer – dezidiert auf den Aspekt der Professionalität im Bereich der Webserienproduktion ein. Er konstatiert, dass sich viele Webserien in ästhetischer Hinsicht durch amateurhafte Produktionsverhältnisse auszeichneten, die nicht selten intradiegetisch reflektiert würden.[14] Eine grundsätzliche Verortung von Webserien im Kontext des UGC ist für Kuhn folglich nicht abwegig, „[...] nicht zuletzt weil serielle Kurzfilm-Formate von der urknallartigen Popularitätsexplosion des Videoportals YouTube und deren Auswirkungen auf das Netz profitiert haben und immer wieder im Rahmen vergleichbarer Videoportale entstanden sind."[15]

Gleichzeitig weist er aber auf Professionalisierungstendenzen im Bereich der Webserie hin, aufgrund derer es nicht möglich sei, von einer exklusiven Verbindung zwischen Webserien und Amateurproduktionen auszugehen.[16] Kuhn führt

---

10 Vgl. Kuhn, Struktur von Webserien, S. 56.
11 Vgl. Kuhn, Struktur von Webserien, S. 57.
12 Vgl. Ryan, Marie-Laure: Will New Media Produce New Narratives?, in: Ryan, Marie-Laure (Hg.): Narrative Across Media. The Languages of Storytelling, Lincoln 2004, S. 337–359.
13 Kuhn, Web Series, S. 138.
14 Vgl. Kuhn, Struktur von Webserien, S. 56 ff.
15 Kuhn, Webserien-Landschaft, S. 1.
16 Vgl. Kuhn, Webserien-Landschaft, S. 1.

an, dass einige von ihm untersuchte Webserien mit „[...] etablierten Formaten aus Film und Fernsehen [...]“[17] arbeiteten und durchaus intendierten, klassisch professionellen Standards nachzukommen. Mit Blick auf die Videoästhetik von Webserien ergibt sich aus diesen Beobachtungen, dass sich keine eindeutige Verortung der Webserie in Bezug auf Produktionscharakteristika durchführen lässt. Vielmehr zeigt sich durch die Aufarbeitung signifikanter Aspekte von Kuhns Forschung zu Webserien, dass eine präzise Klassifikation des Gegenstands aufgrund der filmästhetischen Diversität der Serien komplex ist. Mit Blick auf andere wissenschaftliche Arbeiten, in denen Webserien thematisiert werden, fällt auf, dass auch basale Begriffsdefinitionen mitunter unterschiedlich ausfallen.

Faleschini Lerner beispielsweise bezieht sich als Ausgangspunkt für eine Analyse zu Webserien auf eine Definition der IAWTV (International Academy of Web Television) und hält fest: „This definition is inclusive of fictional and non-fictional content, and uses two main criteria for discrimination: seriality and the web as the original distribution platform. Web series can be fictional or documentary, scripted or unscripted, and can include vlogs and tutorials, alongside narrative series.“[18] Die Definition, auf die sie sich beruft, hat keine wissenschaftliche Grundlage, sondern wurde von der Akademie als Rahmen für einzureichende Projekte festgelegt. Beiträge solcher Art geben zu erkennen, dass eine Definition von Webserien oftmals als pragmatische Grundlage für eine Analyse zu bestimmten audiovisuellen und seriellen Formaten genutzt wird, wobei die Definitionen häufig unterschiedlich ausfallen. Wenngleich Faleschini Lerner darauf aufmerksam macht, dass andere Definitionen von Webserien Fiktionalität als essentielles Merkmal von Webserien betrachten, können für sie auch dokumentarische Projekte als Webserien bezeichnet werden.[19]

Fokussiert man Fiktionalität als ausschlaggebende Definitionsgrundlage, sei auf Kleins Bemerkung hingewiesen, die sich gegen Kuhns – hier zuerst zitierte[20] – Definition richtet, da durch sie die Problematik des Ausschlusses von dokumentarischen Produktionen konkretisiert wird:

> Damit liegt eine sehr einleuchtende Definition vor, die darauf verzichtet Serialität zu bestimmen. Mit Definitionen von Serialität teilt sie den Ausschluss des Dokumentarischen, womit auch die Analyse der vielfältigen Verflechtungen von Fiktionalität, Inszenierung und Dokumentarismus eher erschwert wird, die für das Fernsehen schon nicht ganz unwichtig sind und im Internet mindestens ebenso viel Relevanz besitzen. In Kuhns Definition zu berücksichtigen ist ferner, dass eine für das Web als Erstveröffentlichungsort produzierte

17 Kuhn, YouTube als Loopingbahn, S. 121.

18 Falschini Lerner, Giovanna: Cybermoms and Postfeminism in Italian Web Series, in: gender/sexuality/italy, 5 (2018), S. 142–159, S. 146.

19 Vgl. Falschini Lerner, Italian Web Series, S. 146.

20 Vgl. Kuhn, Struktur von Webserien, S. 55.

> Serie bezüglich der narrativen und ästhetischen Form nicht automatisch als genuin aus dem Medium des Internets sich herauskristallisierendes Produkt rezipiert werden muss. Mit anderen Worten: Nicht jeder Webserie ist auf Anhieb die mediale Verortung anzusehen und anzuhören.[21]

Klein kritisiert mehrere Aspekte von Kuhns Definition. An dieser Stelle soll primär auf die Kritikpunkte bezüglich des Dokumentarischen und Distributionsorts eingegangen werden. Anhand von Kuhns Überblick[22] über einige deutsche Webserien wird die Dominanz fiktiver Inhalte zwar verdeutlicht, allerdings ergibt sich daraus natürlich nicht, dass nicht auch dokumentarische Inhalte produziert werden. Weiterhin hebt Kuhn selbst im Kontext detaillierter Klassifizierungsansätze ‚pseudodokumentarische Webserien' als Kategorie hervor,[23] wodurch Kleins Frage nach der Einordnung von inszenierten Anlehnungen an verschiedene Gattungen – oder wie er formuliert ‚Verflechtungen' – in den Vordergrund rückt: Es entsteht die Frage, ab wann man von Pseudodokumentarismus sprechen kann beziehungsweise welche Phänomene ausschlaggebend dafür sind, dass das Lexem ‚Pseudo-' vorangestellt wird. Neben der Problematik der Exklusivität für fiktive Inhalte spielt auch die Frage nach dem Distributionskontext eine wichtige Rolle für Klassifizierungen von Webserien. Schlicker führt aus:

> Auch die seriellen Produktionen von Nutzern, die sich in Form von eigenen Webgenres wie Vlogs aus dem Formenkanon der Serie bedienen, [...] nehmen an Bedeutung zu und finden wiederum ihren Widerhall in zahlreichen TV-Serien. Genau dies führt letztlich zu neuen definitorischen Mischformen, wie dem Begriff der Webserie, der für Serien auf Onlineportalen wie YouTube ebenso verwendet wird wie etwa für HOUSE OF CARDS von Netflix (das aber auch im regulären Fernsehprogramm ausgestrahlt wird).[24]

Gerade die Bezugnahme auf vielgerühmte und aufwändig produzierte Serien wie HOUSE OF CARDS scheint für die Klassifikation von Webserien fruchtbar zu sein, zumal durch diesen Hinweis die ästhetische Differenz und unterschiedliche Produktionsstandards zwischen verschiedenen, über das Internet abrufbaren, seriellen Inhalten offenkundig werden. Für Fröhlich beispielsweise stellt die Netflix-Serie HOUSE OF CARDS eine Webserie dar.[25] Diese Gleichsetzung findet meist dann statt, wenn

---

21 Klein, Thomas: Von der Episode zur Webisode. Serialität und mediale Differenz, in: Renner, Karl N./von Hoff, Dagmar/Krings, Matthias (Hg.): Medien. Erzählen. Gesellschaft. Transmediales Erzählen im Zeitalter der Medienkonvergenz, Berlin/Boston 2013, S. 118–138, S. 124.

22 Vgl. Kuhn, Webserien-Landschaft.

23 Vgl. Kuhn, Struktur von Webserien, S. 81.

24 Schlicker, Alexander: Autor. TV-Serie. Medienwandel. (De-)Figuration serieller Autorschaft, (zugl. München Univ. Diss.), Marburg 2016, S. 126.

25 Vgl. Fröhlich, Vincent: Der Cliffhanger und die serielle Narration. Analyse einer transmedialen Erzähltechnik, Bielefeld 2015, S. 569 ff.

man – so wie Fröhlich in seinem Ausblick – einen prägnanten Gegenbegriff zur *Fernseh*serie einbringen möchte.

Grundsätzlich erscheint es mir wenig sinnvoll, Produktionen wie HOUSE OF CARDS und YouTube-Phänomene wie lonelygirl15 mit dem gleichen Begriff zu beschreiben, da auf diese Weise fundamentale ästhetische Unterschiede ausgeblendet würden, um einen konsistenten Umgang mit der definitorischen Grundlage des Internets als Distributionsort gewährleisten zu können. In diesem Zusammenhang ist auf die von Klein angemerkte Unterscheidung zwischen ‚Webserien' und ‚Serien im Web' Rücksicht zu nehmen, worunter mit Blick auf letztgenannte „[...] dann alle Serien fallen, auch solche, die ursprünglich im Fernsehen ausgestrahlt wurden oder werden und im Internet downgeloadet oder per Stream perzipiert werden können."[26] Diese Unterscheidung ist ungemein wichtig, da sonst – gerade mit Blick auf die durch das Internet akzelerierten Remediatisierungsprozesse[27] – eine derart große und heterogene Masse an seriellen Produktionen als Webserien bezeichnet werden müsste, dass der Begriff an Präzision verlieren würde.

Für Klein besteht – ausgehend von der von Bolter und Grusin in den späten 1990er Jahren vorgenommenen Forschung zu Remediatierungsprozessen im Internet[28] – eine Dichotomie im Bereich der Webserie, die sich in einem zweigeteilten Umgang mit dem Distributionsort und -kontext manifestiert.[29] Für Klein kann in Webserien sowohl das Merkmal der ‚Hypermediacy' als auch der ‚Immediacy' angelegt sein, womit gemeint ist, dass

> [...] Webserien, die von sozialen Netzwerken Gebrauch machen, [...] in diesem Sinne mit dem Begriff der Hypermediacy zu fassen [wären]. Die Medialität (in diesem Fall des Internets) wird sichtbar gemacht. Man könnte auch sagen, dass es sich um selbstreflexive Webserien handelt. Für Serien, die sich wie ein digitaler Zwilling von Fernsehserien gerieren, würde sich entsprechend der Begriff der Immediacy anbieten, weil das Medium, in dem man eine Serie wahrnimmt, zum Verschwinden gebracht wird.[30]

Wenngleich man der Wortwahl ‚Verschwinden' aufgrund eines zum Ausdruck gebrachten Absolutheitseindrucks durchaus kritisch gegenüberstehen kann und sich an dieser Stelle – wie Schlicker es formuliert – auch von einer ‚Verschleierung'[31] sprechen ließe, stellt Kleins Vorschlag zur Differenzierung von Webserien-Typen einen signifikanten Ansatz im Bereich der Webserien-Forschung dar,

---

26 Klein, Episode zur Webisode, S. 121.

27 Der Begriff wird maßgeblich durch Bolter und Grusin geprägt. Vgl. Bolter, Jay/Grusin, David: Remediation. Understanding New Media, Cambridge/London 2000.

28 Vgl. Bolter, Remediation.

29 Vgl. Klein, Episode zur Webisode, S. 121. Vgl. auch Schlicker, Autor, S. 126.

30 Klein, Episode zur Webisode, S. 121.

31 Vgl. Schlicker, Autor, S. 126.

zumal durch ihn der von Kuhn benannte Trend zur Offenlegung der eigenen Medialität mit ‚Hypermediacy' begrifflich fixiert wird und darüber hinaus durch die Bezeichnung der ‚Immediacy' auch ein Pendant kreiert wird, das andere Webserien-Typen beschreibt.[32]

Dieses Oppositionspaar ist gerade in Bezug auf die YouTube Originals von Interesse, da hier das Argument eröffnet wird, dass die Originals einerseits mit klassisch-professionellen seriellen Formaten konkurrieren möchten und diese Konkurrenzabsicht mit traditionellen Realisationsmustern aus Film und Fernsehen unterstreichen, aber andererseits auch darum bemüht sind, thematische Bindungen zu Online-Kulturen aufrechtzuerhalten und damit den eigenen Distributionsort und -kontext zu exponieren. Folglich könnten den Originals sowohl Merkmale von Hypermediacy als auch von Immediacy zugeschrieben werden, da in vielen Produktionen ein Wechselspiel zwischen Sichtbarmachung und Verschleierung der eigenen Medienumgebung erkennbar wird.[33]

Die bislang angeführten Arbeiten zu dem Phänomen der Webserie stammen mehrheitlich aus der ersten Hälfte der 2010er Jahre. Ein Blick auf spätere Publikationen gibt Aufschluss darüber, dass die Problematik der Begriffsdefinition weiterhin bestehen bleibt.[34] Mit der wachsenden Beliebtheit von diversen Internetformaten entsteht die Frage, ob der Begriff ‚Webserie' beispielsweise auch seriell angelegte Lifestyle-Vlogs bezeichnen kann.

Beispielsweise wird die fiktionale YouTube-Serie auf dem Kanal *lonelygirl15* in verschiedenen Publikationen als Prototyp der Webserie bezeichnet.[35] Die Serie weist dabei alle typischen Merkmale eines YouTube-Vlogs auf, wobei die Tatsache, dass die Serie fiktional ist, verschleiert wird. Dass es sich bei der Serie um eine fiktive Geschichte handelt, wurde serienextern aufgedeckt, weshalb die Serie im Anschluss an diese Enthüllung in der wissenschaftlichen Rezeption mitunter als „[...] Grundtypus der ‚pseudo-authentischen' Webserie"[36] bezeichnet wird. Wenn aber nur ein pseudo-authentischer Vlog aufgrund seiner fiktiven Handlung als Webserie firmieren kann, würde die Webserien-Klassifikation unter anderem davon abhängen, ob ein Enthüllungsbericht vorliegt, da andere Vlogs, die womöglich ebenfalls fiktional sind, denen dieser Status aber nicht nachgewiesen werden kann, zunächst

32 Kuhn stellt mitunter ähnliche Verbindungen – insbesondere mit Blick auf Fragen zur Remediatisierung von Fernsehserien im Internet – her, allerdings ohne dabei eine konkrete Begriffsopposition einzuführen. Vgl. Kuhn, Struktur von Webserien, S. 54.

33 Konkrete Beispiele hierfür folgen im siebten und achten Kapitel.

34 Vgl. Erickson, New Paradigm.

35 Vgl. Kuhn, Struktur von Webserien. Vgl. auch Kuhn, YouTube als Loopingbahn. Vgl. auch Klein, Episode zur Webisode.

36 Kuhn, Struktur von Webserien, S. 60.

als non-fiktional eingestuft würden und damit – manchen Definitionsgrundlagen nach – auch keine Webserien wären.

Anhand dieser Überlegungen kann auf folgendes Dilemma mit Blick auf Definitionsansätze hingewiesen werden: Einerseits sind eng gefasste Webserien-Definitionen stets dem Problem ausgesetzt, dass in Anbetracht der immensen Anzahl an seriellen Inhalten im Internet, die sich zudem stetig weiterentwickeln, immer Modifikationen nötig sein werden, etwa wenn ein Projektbeispiel einer Analyse zugrunde liegt, das sich durch Intransparenz in Bezug auf seinen Produktions- und Distributionskontext auszeichnet.[37] Andererseits sind weit gefasste Definitionsversuche ebenso problematisch, da ästhetische Unterschiede sowie individuelle Werkhintergründe mitunter indifferent behandelt werden. Ein anderer, pragmatischer Ansatz zur Klassifizierung der Medienumgebung von Webserien stammt von Christian. In der im Jahr 2018 erschienenen Publikation *Open TV*[38] vertritt er die These, dass Webserien im Zusammenhang mit dem Fernsehen zu begreifen seien, wobei er zwischen zwei Arten von Fernsehen – dem ‚Open TV' und dem ‚Legacy TV' – differenziert:

> I argue that the Internet brought innovation to television by opening mass distribution to those excluded from legacy development processes, fostering new ways of creating and marketing series. Web series are television because stories are told episodically, in seasons, or through channels. Yet they are different from what people understand as ‚television' in the way series develop: This book contrasts ‚open TV', web or networked distribution, with ‚legacy TV', linear or traditional network distribution [...].[39]

Dabei stellt ‚Legacy TV' für ihn das dar, was oftmals als ‚traditionelles' Fernsehen bezeichnet wird: „Legacy television is characterized by scheduled and time-based distribution via broadcast, cable or premium (subscription) networks [...]. The legacy-system is one-to-many [...].“[40] ‚Open TV' beschreibt Christian als digitales Gegenstück, das primär Möglichkeiten für unabhängige Medienproduzenten biete: „By contrast, open or networked television distribution occurs via Internet or web protocols. It is digital, on-demand, and peer-to-peer [...]. In this book, ‚open TV' will refer primarily to independent web TV production and distribution.“[41]

Mit Blick auf die wissenschaftliche Debatte, inwiefern sich Webserien als eine Form von Fernsehen oder zumindest als ‚fernsehähnlich' bezeichnen lassen, kann

---

37 Nicht zuletzt deshalb weist Kuhn, der als einer der ersten Wissenschaftler in Deutschland eine besonders klare und konzise Definition vorschlägt, darauf hin, dass zukünftige Evolutionsformen der Webserie denkbar seien. Vgl. Kuhn, Struktur von Webserien, S. 56.

38 Vgl. Christian, Aymar Jean: Open TV: Innovation Beyond Hollywood and the Rise of Web Television, New York 2018.

39 Christian, Open TV, S. 4.

40 Christian, Open TV, S. 4.

41 Christian, Open TV, S. 4.

auf Taylor verwiesen werden, die in einem Vortrag im Jahr 2015 aufzeigt, dass diesbezüglich seit Jahren divergente Ansichten bestehen.[42] Wenngleich Bezeichnungen wie ‚Web Television' oder ‚Open TV' – worunter vor allem serielle und narrative Internetformate gefasst werden – zunächst als schlüssige Beschreibung für die Entstehung von Phänomenen wie Webserien wahrgenommen werden können, liegt die Problematik vor, dass unterschiedliche mediale Eigenschaften – in diesem Fall des Fernsehens und Internets – in einem Begriff zusammengefasst werden. Dadurch entsteht die Gefahr, dass spezifische Mediencharakteristika und ihre Rezeptionserfahrung ausgeblendet werden. Mit Blick auf Christians Vorschlag, Webserien verschiedener Gattungen im Bereich des Open TV anzusiedeln, tritt diese Problematik prominent in Erscheinung, wobei darüber hinaus auch zur Disposition steht, inwiefern Open TV überhaupt ‚offen' ist respektive welche Differenzierungen im Bereich der Online-Distribution vonnöten sind, um das komplexe Spektrum der Veröffentlichungsformen von narrativen – und mitunter seriellen – Inhalten im Internet zu erfassen.

„Many of these distributors [traditionelle Medienunternehmen] have started networked [...] applications [...] while tech companies like Netflix and YouTube are now using networked distribution to revive some legacy practices, including livestreaming, up-front ad sales, long format programming, and re-airing of legacy TV series."[43] Christian selbst nimmt hierbei auch Bezug auf Plattformstrategien von YouTube, die Handlungsmuster aufzeigen, die Assoziationen zu Praktiken traditioneller Medienunternehmen aufweisen. Er selbst geht an dieser Stelle nicht dezidiert auf YouTube Premium ein, doch er verortet ‚premium channels' im Bereich des Legacy TV.[44] Wenn man einerseits kostenpflichtige Kanäle grundsätzlich als dem Legacy TV zugehörig betrachtet und andererseits Webserien eine starke Bindung zum Open TV zuschreibt, stellt sich insbesondere mit Blick auf die YouTube Originals die Frage, ob eine Paywall für eine Bezeichnung der Produktionen ausschlaggebend sein kann. Im Fall der YouTube Originals galt bis zum Ende des Jahres 2019, dass nur Premium-Abonnenten Zugriff auf die Produktionen hatten. Ab dem Jahr 2020 wurde die Paywall für die Originals abgeschafft und die Projekte wurden – um Christians Bezeichnung aufzugreifen – *geöffnet*. Wenngleich davon auszugehen ist, dass Christian auch geöffnete Originals als Legacy-TV bezeichnen würde, da er auch Werbeschaltungen – die bei den Originals in Erscheinung treten,

42 Vgl. Taylor, Staci: ‚It's the Wild West Out There.': Can Web Series Destabilise Traditional Notions of Script Development?, Vortrag bei: ASPERA Annual Conference 2015: ‚What's This Space? Screen Practice, Audiences and Education for the Future Decade', (2015).

43 Christian, Open TV, S. 4.

44 Vgl. Christian, Open TV, S. 4.

sofern man YouTube Premium nicht abonniert hat – als ‚Legacy-Praxis' begreift,[45] kann gerade in Bezug auf die Originals verdeutlicht werden, dass Begriffe wie ‚open' im Kontext der Online-Distribution durchaus problematisch sind.

Diese Problematik wird dadurch verschärft, dass auch außerhalb von professionellen Produktionen wie den YouTube Originals Webserien auf YouTube mitunter mit Werbung versehen werden und Aufrufe für Spenden seitens der Serienmacher erfolgen. Webserien wurden und werden oftmals mit Independent-Produktionen in Verbindung gebracht. Wenn man davon ausgeht, dass sich Webserien durch ihre Zugehörigkeit zur ‚Independent-Produktion' auszeichnen, dann wird eine Webserien-Definition auch wegen der zunehmenden Intransparenz der Produktionshintergründe einzelner serieller Projekte auf Plattformen wie YouTube erschwert. Anders formuliert müsste einer Webserien-Definition eine valide Definition des Begriffs ‚Independent' vorausgehen, die präzise Rücksicht auf Intersektionen und Konvergenzerscheinungen von Amateurkreativität und professionellen Produktionen nimmt, was angesichts der zunehmenden Konvergenz dieser beiden Pole in der Online-Unterhaltungsindustrie kaum möglich ist.

Es kann festgehalten werden, dass eine definitorische Umschreibung des Begriffs ‚Webserie' aufgrund zahlreicher Faktoren schwierig ist, wobei – neben den bislang erwähnten Problemen – vor allem die stetige Evolution serieller Formen im Internet ausschlaggebend dafür ist, dass wissenschaftliche Publikationen kaum in der Lage sind, die Genese neuer audiovisueller Formen mit der Geschwindigkeit zu erfassen, mit der sie in Erscheinung treten. Aufgrund dieser Tatsache erfolgen Webserien-Definitionen oftmals – zugunsten einer pragmatischen Beschreibung bestimmter Erscheinungsformen von seriellen Onlineproduktionen – ohne einen Anspruch auf lange Haltbarkeit. Auch diese Arbeit unternimmt nicht den Versuch, eine Definition vorzuschlagen, die allen genannten Problemen gerecht würde. Gleichwohl wird im Folgenden auf Basis der vorgestellten Publikationen erörtert, welche grundsätzlichen Parallelen und Differenzen sich zwischen den als Webserien bezeichneten Fremdproduktionen auf YouTube und den YouTube Originals ergeben, um so die Emergenz der Originals in Relation zu bestehenden Forschungsgrundlagen zu ähnlichen audiovisuellen Phänomenen im Internet begreifen zu können.

45 Vgl. Christian, Open TV, S. 4.

3.2 Die Anwendbarkeit des Webserien-Begriffs auf die YouTube Originals

Auf der Grundlage der im zweiten Kapitel gegebenen Beispiele zu einigen Originals-Projekten und den im vorherigen Unterkapitel erschlossenen Definitions- und Theorieansätzen zu Webserien lassen sich einige Verbindungen zwischen den YouTube Originals und Fremdproduktion-Webserien auf YouTube anführen. Auf basaler Ebene handelt es sich bei den Originals um narrative – und oftmals serielle – Formate, die zudem „[...] für das Web als Erstveröffentlichungsort produziert worden sind."[46] Bei Kuhns Definitionsansätzen bleibend, muss jedoch miteinbezogen werden, dass er eine Verbindung zwischen Webserien und Amateurproduktionen herstellt, die sich sowohl durch technische Aspekte wie Bildauflösung und Tonqualität als auch mit Blick auf leicht zugängliche Drehorte ausdrücken.[47] Vergleicht man diese Beschreibung etwa mit Originals-Produktionen wie ORIGIN, CORBA KAI oder STEP UP: HIGHWATER[48] wird ersichtlich, dass sich viele YouTube Originals von ‚amateurhaften' Realisationsformen distanzieren. Allerdings ist darauf hinzuweisen, dass Kuhn bereits zu Beginn der 2010er Jahre auf Strukturen der Professionalisierung im Bereich der Webserie eingeht,[49] die Auswirkungen auf verbesserte Aufnahmetechniken und auf die durchschnittliche Dauer der Projekte haben können.[50]

Der Aspekt der Dauer ist im Kontext der Originals und Fremdproduktion-Webserien auf YouTube ebenfalls von hoher Relevanz, da – wie die tabellarische Übersicht (siehe Tabelle 1) zu allen fiktionalen Eigenproduktionen zeigt – ca. 80% der genannten Originals eine durchschnittliche Episodenlänge von weniger als 30 Minuten aufweisen, was – Kuhns Definitionsgrundlage nach – oftmals auf Webserien zutreffe.[51] Gleichzeitig offenbart die Tabelle auch, dass die meisten Serien eine durchschnittliche Episodendauer von mehr als 20 Minuten haben, was – Kuhn zufolge – bereits eine Ausnahmeerscheinung im Bereich der Webserien darstelle, zumal meist Episodenlängen von weniger als 15 Minuten vorlägen.[52] Somit zeigt sich im Bereich der durchschnittliche Dauer der Originals-Serien eine Art ‚Mittelweg' zwischen Serienepisoden von Produktionen wie GAME OF THRONES oder HOUSE OF CARDS, die teilweise über eine Stunde lang sind, und den von Kuhn beschriebenen Webserien, die oftmals eine Verbindung zu UGC aufweisen.

---

46 Kuhn, Struktur von Webserien, S. 55.
47 Vgl. Kuhn, Struktur von Webserien, S. 56 ff.
48 STEP UP: HIGHWATER, YouTube Premium, USA 2018–2019.
49 Vgl. Kuhn, Webserien-Landschaft, S. 1.
50 Vgl. Kuhn, Struktur von Webserien, S. 55.
51 Vgl. Kuhn, Struktur von Webserien, S. 56.
52 Vgl. Kuhn, Struktur von Webserien, S. 56.

Die von Kuhn hervorgehobenen Webserien-Merkmale der selbst- und metareflexiven narrativen Struktur[53] sowie das Spiel mit Genrekonventionen aus Film und Fernsehen[54] stellen gängige Motive in vielen YouTube-Eigenproduktionen dar: Originals wie SCARE PEWDIEPIE oder ESCAPE THE NIGHT[55] greifen auf unterschiedliche Weise Genrekonventionen aus Filmen und dem Fernsehen auf und reflektieren zudem ihre eigene Medialität und Medienumgebung auf YouTube. Darüber hinaus wird in dieser Studie argumentiert, dass viele Figuren in Originals-Serien ein natives Verständnis für den Umgang mit digitalen Medien aufweisen und es zahlreiche Protagonisten gibt, die Probleme in der diegetischen Welt durch digitale Technologie gleichermaßen erzeugen und bewältigen. Dieser Aspekt wird in der Inhaltsanalyse der Originals weiterführend diskutiert. Zum jetzigen Zeitpunkt ist diese Hervorhebung bereits von Interesse, da Kuhn im Zusammenhang mit der Beschreibung häufiger Webserienmerkmale ausführt, dass „[d]ie Online-Kommunikation, die bei pseudo-authentischen Webserien wie lonelygirl15 auf der äußeren Kommunikationsebene stattfindet, [...] in filmgenreorientierten Webserienproduktionen (häufig) auf die werkinterne Ebene [wandert].“[56] Es sind primär diese Beschreibungen von Kuhn, durch die sich eine Verbindung zu den YouTube Originals herstellen lässt: Anhand konkreter Benennungen von werkinternen Elementen, selbstreferentiellen Erzählstrukturen und intradiegetischer Medienreflexion wird deutlich, dass zahlreiche Parallelen zwischen den von Kuhn als Webserien bezeichneten Projekten und den YouTube Originals bestehen.

Daran anknüpfend kann das von Klein auf Webserien bezogene Begriffspaar der Hypermediacy und Immediacy[57] angeführt werden. Es lässt sich sagen, dass die Originals mit der Hinwendung zum Erzählen fiktionaler Geschichten, die in stilistischer Hinsicht oftmals vom Continuity System geprägt sind, teilweise um die Verschleierung ihres Distributionskontextes bemüht sind. Beispielsweise erfüllen YouTube Originals wie CHAMPAGIN ILL[58] oder IMPULSE nach Klein das ‚Immediacy-Kriterium‘ (Verschleierung). Gleichzeitig fällt auf, dass auch zahlreiche Hypermediacy-Eigenproduktionen vorliegen: Projekte wie LIZA ON DEMAND, NEULAND[59] oder RYAN HANSEN SOLVES CRIMES ON TELEVION[60] sind Beispiele dafür, dass viele Originals medienbezogene Interaktionen im Alltag thematisieren, um – wie

53 Vgl. Kuhn, Struktur von Webserien, S. 57.
54 Vgl. Kuhn, Struktur von Webserien, S. 79 f.
55 ESCAPE THE NIGHT, YouTube Premium, USA 2016–2019.
56 Kuhn, Struktur von Webserien, S. 67.
57 Vgl. Klein, Episode zur Webisode, S. 121.
58 CHAMPAIGN ILL, YouTube Premium, USA 2018.
59 NEULAND, YouTube Premium, Deutschland 2018.
60 RYAN HANSEN SOLVES CRIMES ON TELEVISION, YouTube Premium, USA 2017–2019.

Klein im Kapitel ‚Hypermediacy' mit Blick auf die Serie WEB THERAPY[61] schließt – „[...] Kommunikationsformen im Internet zu visualisieren und in die Narration einzubinden."[62] Wenngleich WEB THERAPY aufgrund seiner Handlung zweifelsohne eine Sonderstellung einnimmt, stellt Online-Kommunikation auch bei den YouTube Originals ein stark frequentiertes Motiv dar.[63] Die Offenlegung von Konstitutionsmerkmalen des Distributionsmediums kann in Webserien auch auf anderen Wegen erfolgen. Kuhn und Klein nehmen beide Bezug[64] auf die Webserie EPISCODE,[65] bei der eine Besonderheit darin besteht, dass „ [a]m Ende jeder Folge [...] eine Frage gestellt [wird], die beantwortet werden muss, bevor die nächste Folge freigeschaltet wird. Die Antwort auf die Frage findet sich in fiktiven Profilen der Figuren der Serie auf Facebook."[66] Kuhn spricht in diesem Zusammenhang von einem ‚Interaktionszwang', der entstehe, sofern man alle Folgen der Serien sehen möchte.[67]

Der Aspekt der Interaktion stellt für Hypermediacy-Webserien ein bedeutendes Merkmal dar, das – wenngleich es selten so dominant hervortritt wie im Fall von EPISCODE – den Distributionsort ‚Internet' selbst dann hervorhebt, wenn die Seriennarration nicht aktiv durch die Zuschauerinteraktion beeinflusst wird, da (Text-)Beiträge von Zuschauern auf Plattformen wie YouTube meist sichtbar in Verbindung zu der jeweiligen Serie stehen: Diese sichtbare Verbindung ergibt sich auf YouTube durch die Anordnung der Kommentarleiste, die unmittelbar unter dem Videofenster angeordnet ist und somit im gleichen ‚Raum' wie die Serie selbst stattfindet. Diese wichtige Eigenschaft vieler Webserien besteht bei den YouTube Originals nur partiell, obwohl sie auch über YouTube bezogen werden: Bei den YouTube Originals wird – im Unterschied zu vielen anderen Webserien auf YouTube – die Interaktion durch Kommentare in vielen Fällen unterbunden[68] und auch Aufrufe und Likes der Originals werden oftmals nur für die Pilotepisode einer Serie angezeigt: Beispielsweise erhält der millionenfach abonnierte YouTuber PewDiePie, dessen Erfolg nicht zuletzt auf Interaktion mit seinen Abonnenten beruht, in der Originals-Produktion SCARE PEWDIEPIE nicht länger die Möglichkeit, mit seinen Fans zu interagieren, da die Kommentarfunktion für diese Serie deaktiviert wurde.[69]

---

61 WEB THERAPY, L/Studio, USA 2008–2014.

62 Klein, Episode zur Webisode, S. 129.

63 Wie bereits erwähnt wurde, erfolgt eine Analyse zu dieser These im achten Kapitel.

64 Vgl. Kuhn, Struktur von Webserien, S. 76. Vgl. auch Klein, Episode zur Webisode, S. 129.

65 EPISCODE, episcode.de Deutschland 2010.

66 Klein, Episode zur Webisode, S. 129.

67 Vgl. Kuhn, Struktur von Webserien, S. 76.

68 Diese Feststellung wird in der Metadaten- und Interfaceanalyse ausführlicher behandelt.

69 S. https://www.youtube.com/watch?v=0-fyoq4454U&list=PLYH8WvNV1YEmL5mviAZ_jxS76yB5-WDh2 (zuletzt abgerufen am 01.11.2022).

Wichtige Aspekte der Hypermediacy nach Klein treffen demnach nicht auf die Originals zu, da aufgrund der Abschaffung von Interaktionsmöglichkeiten eine Nähe zu quasi[70] nicht-interaktiven Serien – wie beispielsweise Netflix sie produziert – offenbar wird. Anhand von Kleins Überlegungen zur Immediacy-Webserie wird darüber hinaus deutlich, dass YouTube durch die partielle Annihilierung der Interaktionsmöglichkeiten für Zuschauer der YouTube Originals darum bemüht ist, traditionelle mediale Eigenschaften der Plattform zu verbergen. In diesem Zusammenhang scheint Kleins Formulierung bezüglich des ‚Verschwindens des Mediums'[71] angebracht zu sein, da bei den Originals interaktive Elemente, die YouTubes Medialität entscheidend mitgestalten, tatsächlich *verschwinden*. Das Aufgreifen von Webserien-Merkmalen wie intradiegetischer Medienkommunikation und Selbstreflexivität auf der einen Seite, aber eine strikte Abkehr von Interaktionsmöglichkeiten für Zuschauer auf der anderen Seite sind für die YouTube Originals konstitutiv.

An dieser Stelle kann Christians Verständnis von Webserien mit den Überlegungen von Klein zusammengebracht werden. Man kann Hypermediacy und Immediacy nicht mit Open TV und Legacy TV gleichsetzen, es bestehen aber bemerkenswerte Parallelen zwischen den beiden Typen. Der oftmals interaktive Charakter von Hypermediacy-Inhalten erfüllt das Kriterium der Offenheit nach Christian, während durch die Verschleierung des Distributionskontextes ‚Internet' bei Immediacy-Webserien eine Nähe zu von den von Christian beschriebenen Legacy-TV-Praktiken festzustellen ist. Auch mit Christians Ansatz lassen sich YouTube Originals in zweifacher Hinsicht im Kontext der Webserie einbetten: Wie bereits erörtert wurde, kann man die Produktion und Distribution der Originals sowohl als Legacy-TV als auch als Open-TV begreifen.[72] Christian selbst deutet an, dass mittlerweile einige Legacy-Praktiken auf

70 Es handelt sich hierbei nicht um gänzlich non-interaktive Formate, zumal man auch auf Netflix Bewertungen abgeben kann. Allerdings fallen die Interaktionsmöglichkeiten für Zuschauer im Vergleich zu traditionellen YouTube-Videos gering aus.

71 Vgl. Klein, Episode zur Webisode, S. 121.

72 Bei diesem Gedankengang muss grundsätzlich bedacht werden, dass es sich bei der Bezeichnung ‚TV' lediglich eine These handelt. Der Annahme, es bestehe eine Art ‚neues, offenes Fernsehen' kann durchaus kritisch gegenübergetreten werden, wenn man beispielsweise argumentiert, dass der Gebrauch des Wortes ‚Fernsehen' beziehungsweise ‚TV' in diesem speziellen Kontext immer abzulehnen ist, weil Distributionsmechanismen des Fernsehens nicht mehr vorliegen und die Übertragung eines Mediums auf ein anderes lediglich zu einer zunehmenden Vermischung von verschiedenen, klar voneinander abgrenzbaren, Medienbegriffen beträgt. Wenngleich dieser Einwand stets bedacht werden muss, ist Christians Ansatz von Interesse, weil durch seine klare Dichotomie erst herausgestellt werden kann, wie komplex eine konkrete Zuordnung mitunter ausfallen kann und welche – bereits mit Formaten wie den Originals besetzten – Zwischenräume sich beim Versuch einer Zuordnung zu einem der beiden Pole offenbaren.

YouTube erkennbar seien.[73] Zweifelsohne stellt YouTube Premium eine dieser Praktiken dar, wobei in diesem Zusammenhang abermals darauf hinzuweisen ist, dass YouTubes ursprüngliches Konzept, alle Originals hinter der Paywall zu veröffentlichen, verworfen wurde und die Originals ab 2020 für alle Zuschauer *geöffnet* wurden. Wenn man – so wie Christian – Webserien grundsätzlich eine Nähe zum Open TV zuschreibt,[74] könnte man die auch außerhalb von YouTube Premium abrufbaren Originals aufgrund ihrer Offenheit als Webserien bezeichnen, allerdings trifft das Merkmal der Offenheit nicht auf alle Originals zu: JUSTIN BIEBER: SEASONS ist jedem Zuschauer zugänglich, während ME AND MY GRANDMA nur von Premium-Abonnenten angesehen werden kann. Beide Serien sind YouTube Originals, sie unterscheiden sich jedoch in Bezug auf ihre mediale Offenheit.

Ähnliches gilt auch für ein einzelnes Originals-Projekt: Die Pilotfolgen aller Originals stehen auch Zuschauern ohne Premium-Account zur Verfügung und sind somit immer offen einsehbar. Für alle weiteren Episoden der vor dem Jahr 2020 produzierten Originals wird jedoch ein Abonnement von YouTube Premium benötigt, sofern man die jeweilige Serie in Gänze sehen möchte. Daraus ergibt sich, dass die problematische Einordnung der Originals mit Blick auf ihre Offenheit nicht nur vor dem Hintergrund der gesamten Produktionsreihe, sondern selbst in Bezug auf einzelne Serien, bei denen eine oder zwei Episoden allen Zuschauern zugänglich sind, während der Rest der Produktion hinter der Paywall bleibt, intensiviert wird: Beispielsweise wäre die erste Folge von LEFLOID VS THE WORLD demnach ‚offen', während die weiteren Episoden der gleichen Serie abonnementpflichtig sind.

Diese Problematik bleibt selbst dann bestehen, wenn man auch die ‚geöffneten' Originals als Legacy-TV fassen würde, weil auch sie mit traditionellen Kommerzialisierungsstrategien in Verbindung stehen.[75] Geht man davon aus, dass die YouTube Originals als professionelle, von einem multinationalen Konzern produzierte Serien nicht dafür qualifiziert sind, als Open TV und/oder Web TV bezeichnet zu werden, weil sie keine Nähe zu „[...] independent web TV production and distribution [...]"[76] aufweisen, die nach Christian essentiell für das Open TV sind, muss immer bedacht werden, dass die Originals trotz ihrer professionellen Machart und ihrer Bindung an einen Großkonzern auch als Gegenentwurf oder Opposition zu Hollywood – und damit der ‚Legacy-Industrie' schlechthin verstanden werden können. Hollywood lässt sich in diesem Zusammenhang als (ehemals) analoge Medienindustrie

73 Vgl. Christian, Open TV, S. 4.

74 Vgl. Christian, Open TV, S. 4.

75 Hierbei ist an Werbeschaltungen zu denken, die angezeigt werden, sofern man kein Premium-Abonnement abgeschlossen hat. Christian hebt YouTubes Werbeschaltungen explizit im Kontext von Legacy-Praktiken hervor. Vgl. Christian, Open TV, S. 4.

76 Christian, Open TV, S. 4.

begreifen, die nun ihrerseits das Terrain des digitalen Raums betritt, wobei Hollywood im Unterschied zu YouTube oder – um erneut das Oppositionspaar von Craig und Cunningham aufzugreifen[77] – dem Silicon Valley niemals den Status der digitalen Nativität für sich beanspruchen kann. Daraus resultiert, dass YouTube und Hollywood ein natürliches Oppositionsverhältnis eingehen, das auch dann bestehen bleibt, wenn Hollywoodunternehmen digitale Expansionen anstreben – wie Disney mit dem Streaming-Dienst Disney + – oder wenn YouTube einige von Hollywoods Legacy-Praktiken übernimmt.

Eine – dieses Oppositionsverhältnis aufbrechende – Konvergenzerscheinung zwischen Hollywood und dem Silicon Valley wird hingegen mit Blick auf die Besetzung in den YouTube Originals deutlich. Das nun folgende Unterkapitel expliziert die hybride Akteur-Struktur der Originals, die nun vor dem Hintergrund von traditionellen Webserien-Merkmalen auf YouTube besprochen wird.

3.3 Die hybride Akteur-Struktur in den YouTube Originals

Der von Craig und Cunningham beschriebene Zwischenraum (‚intersection')[78] zwischen Hollywood und dem Silicon Valley wird durch die YouTube Originals wie durch kaum eine andere Produktionsreihe verdeutlicht. Es zeigt sich, dass durch das Zusammenspiel von Akteuren beider Industrien Prognosen aus Publikationen wie *Convergence Culture*[79] erneut an Aktualität gewinnen sowie durch die Produktion der Originals neue Denkansätze in Bezug auf Jenkins' Forschungsbeiträge der 2000er Jahre ermöglicht werden: „Welcome to convergence culture, where old and new media collide, where grassroots and corporate media intersect [...]. By convergence, I mean the flow of content across multiple media platforms, the cooperation between multiple media industries [...].“[80] Im Kontext der YouTube Originals ist vor allem die von Jenkins benannte Kollision alter und neuer Medien sowie die Kooperation verschiedener Medienindustrien hervorzuheben, da vor allem die zahlrei-

77 Vgl. Craig, Social Media Entertainment. Dort wird die Opposition aus Hollywood und dem Silicon Valley besonders prominent hervorgehoben.

78 Vgl. Craig, Social Media Entertainment.

79 Vgl. Jenkins, Convergence Culture.

80 Jenkins, Henry: Convergence Culture. Where Old and New Media Collide, New York 2008, S. 2. Zitate aus Jenkins' *Convergence Culture* stammen aus der Druckversion aus dem Jahr 2008, in der auch die Plattform YouTube thematisiert wird.

chen Akteure mit unterschiedlichen medienindustriellen Hintergründen,[81] die an den Originals mitwirken, als Ausdruck der Konvergenzen von alter und neuer Medienindustrie gelten können.

YouTube war bereits vor der Produktion der Originals eine Plattform, auf der Videoinhalte mit Hollywoodstars und YouTube-Stars koexistierten, wobei es sich hierbei im Unterschied zu den Originals um Videos handelt(e), die oftmals als remediatisierte Inhalte hochgeladen wurden und werden[82] und somit keine native YouTube-Produktion darstellen. Die Auftritte von Schauspielern wie Robert Downey Jr., Ken Jeong oder William Zabka sowie die zahlreichen Künstler-Porträts von Akteuren wie Justin Bieber, Maluma oder Ariana Grande, die allesamt im Rahmen der Projektreihe der YouTube Originals erfolgen, offenbaren die sich auf YouTube niederschlagenden Einflüsse aus Hollywood und anderen Starsystemen aus der Musikindustrie. Gleichermaßen wird anhand von Originals-Produktionen wie BULLSPRIT, JINGLE BALLIN'[83] oder YOUTH & CONSEQUENCES[84] ersichtlich, dass YouTube nicht nur um die Integration von Persönlichkeiten aus Hollywood bemüht ist, sondern ebenfalls beabsichtigt, das eigene YouTuber-Star-System durch professionelle Filme und Serien zu festigen. Dabei ist auffällig, dass es auch zu Kollaborationen zwischen YouTubern und Hollywoodstars innerhalb einzelner Produktionen kommt, wie man anhand von Produktionen NEULAND oder INSTANT INFLUENCER[85] erkennen kann. In der zuerst genannten Serie tritt beispielsweise der YouTuber Phil Laude neben David Hasselhoff auf und in INSTANT INFLUENCER nimmt Paris Hilton eine Rolle als Casting-Jurorin neben dem YouTuber James Charles an.

Im Kontext der Webserie ist die Integration und Förderung von Star-Systemen und ihren Auswirkungen auf die Produktionen als Besonderheit einzustufen. Im Folgenden soll verdeutlicht werden, dass auch professionelle Produktionen wie PIETSHOW,[86] WEB THERAPY oder Projekte wie DIE SNOBS – SIE KÖNNEN AUCH OHNE DICH,[87] in dem Schauspieler Christian Ulmen die Hauptrolle spielt, in der medienwissenschaft-

---

81 Im vierten Kapitel dieser Studie wird der Frage nachgegangen, inwiefern sich diese Form der Konvergenz von den von Jenkins beschriebenen Konvergenzprozessen differenziert, da die in den Originals mitwirkenden YouTuber selbst einen Star-Status beanspruchen, aufgrund dessen sie von traditionellen Grassroots-Produzenten unterschieden werden müssen.

82 Vgl. Burgess, Participatory Culture. In ihrer Analyse zu verschiedenen YouTube-Formaten gelangen Burgess und Green zu dem Schluss, dass remediatisierte Inhalte aus dem Fernsehen eine beliebte Unterhaltungskategorie auf YouTube darstellen. Vgl. Burgess, Participatory Culture, S. 46 ff.

83 JINGLE BALLIN', R.: Pete Marquis, Jamie T. McCelland, USA 2016.

84 YOUTH & CONSEQUENCES, YouTube Premium, USA 2018.

85 INSTANT INFLUENCER, YouTube Premium, USA 2020–.

86 PIETSHOW, R.: Manuel Meimberg, Deutschland 2008.

87 DIE SNOBS – SIE KÖNNEN AUCH OHNE DICH, ZDFneo, Deutschland 2010.

lichen Rezeption im Zusammenhang mit Webserien genannt werden,[88] und dass keine exklusive Verbindung zwischen Webserien und dem UGC besteht. Gleichwohl wird durch die Beispiele aus anderen Publikationen ersichtlich, dass Einflüsse von YouTube- und Hollywoodstars im Bereich der Webserie eine Seltenheit darstellen.[89] Mit Blick auf die Inszenierung von Hollywoodstars erscheint diese Feststellung offensichtlich, in Bezug auf das Auftreten von YouTubern muss man allerdings zwischen verschiedenen Akteuren auf YouTube unterscheiden: Es ist richtig, dass einige bekannte YouTuber durch die Produktion von Webserien auf YouTube zu Bekanntheit gelang(t)en[90] und dass die Verbindung zwischen YouTubern und Webserien dementsprechend kein neues Phänomen darstellt. Allerdings ist zu bedenken, dass diejenigen YouTuber, die in den Originals auftreten, vor dem Mitwirken in einer Serien-Produktion von YouTube nicht als Serienmacher in Erscheinung traten. Elite-YouTuber wie Felix Kjellberg, James Charles, Eva Gutowski, Anna Akana, Liza Koshy, Phil Laude und viele Weitere, die alle an Originals-Produktionen mitwirken, veröffentlichen auf ihren Kanälen mehrheitlich keine seriellen Inhalte.[91]

Daran anknüpfend kann festgehalten werden, dass YouTube nicht darum bemüht zu sein scheint, YouTuber für eine Kollaboration an einem Originals-Projekt zu kontaktieren, die bereits Vorerfahrungen im Bereich der Produktion serieller Formate haben.[92] Vielmehr scheint die Plattform primär Wert darauf zu legen,

---

88 Vgl. Kuhn, Erzählen im Internet. Vgl. auch Klein, Episode zur Webisode.

89 Ausgenommen hiervon sind Autoren wie Fröhlich, die auch HOUSE OF CARDS als Webserie bezeichnen würden oder Erickson, die allgemeinhin eine sehr breit gefasste Webserien-Definition vorschlägt. Vgl. Fröhlich, Cliffhanger. Vgl. auch Erickson, New Paradigm.

90 Dies gilt beispielsweise für den Kanal *OST BOYS*, auf dem regelmäßig serielle Inhalte veröffentlicht werden. Für den Kanal, s. https://www.youtube.com/channel/UCklhmrUB8l3pezNK2mm3N3g (zuletzt abgerufen am 01.11.2022).

91 Sofern man von einer sehr breit gefassten Definition von ‚Serialität' ausgeht, ist es möglich, auch die Inhalte auf ihren Kanälen als seriell zu begreifen. Vgl. Erickson, New Paradigm. Meiner Ansicht nach lässt sich in diesem Zusammenhang jedoch nur von seriellen Formaten sprechen, wenn eindeutige Zusammenhänge zwischen zwei oder mehr Videos hergestellt werden können, die sich nicht ausschließlich darin manifestieren, dass beispielsweise ein YouTuber wie Felix Kjellberg in zwei oder mehr Videos das gleiche Konsolenspiel spielt und rezensiert. Wenn man bereits Aktivitäten wie diese als ‚Serie' bezeichnen würde, wäre der Begriff der Serialität derart unscharf, dass man ihn auf beinahe alles anwenden könnte, etwa auch dann, wenn die gleiche Person in zwei oder mehr Videos lediglich vor einer Kamera Platz nimmt, da bereits das Sitzen ein repetitives Element darstellen würde.

92 Gleichwohl existiert teilweise eine Verbindung zwischen den Themen der Serien und dem sonstigen Schaffen der YouTuber: Im Fall von Produktionen wie SOBREVIVÍ (SOBREVIVÍ, YouTube Premium, Mexiko 2018) oder SCARE PEWDIEPIE wird eine solche Verbindung hergestellt und selbst in eindeutig fiktionalen Produktionen wie BULLSPRIT finden sich bestimmte Eigenschaften und Hobbies der YouTuber in den von ihnen verkörperten Rollen wieder.

dass die auftretenden YouTuber eine möglichst große Fan-Basis und Reichweite aufweisen. Ein Blick auf die Abonnentenzahlen der partizipierenden YouTuber zeigt, dass nur besonders erfolgreiche YouTuber ein Angebot für eine Rolle in einer Originals-Produktion erhalten. Durch Kjellberg, der mehr als 100 Millionen Abonnenten aufweist, wird dies in besonderem Maße unterstrichen, doch auch die meisten anderen YouTuber, die an den Originals beteiligt sind, weisen siebenstellige Abonnentenzahlen auf.[93] Anhand dieser Zahlen wird ersichtlich, dass die Partizipation an den Originals grundsätzlich nur YouTubes Elite-Akteuren vorbehalten ist, wodurch eine grundsätzliche Elitisierung der Plattform und eine Konsolidierung des plattformeigenen Starsystems kultiviert werden.

Wenngleich aufgezeigt werden kann, dass in der Webserien-Forschung durchaus Verbindungen zwischen Webserien und YouTubern hergestellt werden, muss mit Blick auf die YouTube Originals festgehalten werden, dass die exklusive Inszenierung von YouTube-Stars, die zudem in den meisten Fällen keine Vorerfahrungen im Bereich serieller Produktionen haben, im Zusammenhang mit Webserien ein neuartiges Phänomen darstellt. Daran anknüpfend kann festgehalten werden, dass – ausgehend von Webserien-Beispielen aus zahlreichen Publikationen – kaum auf ein bestehendes Verhältnis zwischen Webserien und Hollywoodstars eingegangen wird.[94] Durch die Dominanz von YouTube- oder Hollywoodstars kann die Akteur-Struktur in den YouTube Originals von der Akteur-Struktur in Webserien unterschieden werden. Die Beispiele für Originals-Produktionen mit Star-Einflüssen verdeutlichen, dass die Inszenierung von Elite-Akteuren aus der traditionellen und neuen Medienindustrie ein Qualitätsmerkmal der Originals darstellt. Dabei bezeichnet ‚Qualität' an dieser Stelle nicht etwa bessere schauspielerische Leistungen oder Ähnliches, sondern bezieht sich auf die grundsätzliche Entscheidung der Integration von Stars, durch die YouTube eine qualitative Abgrenzung von traditionellen Inhalten auf der Plattform anstrebt.

Star-Auftritte konterkarieren YouTubes Slogan ‚Broadcast Yourself', weil das ‚You' durch ein ‚They' (die Stars) substituiert wird. Auf der Basis von HBOs Slogan ‚It's not TV, it's HBO' ließe sich sich für YouTube festhalten: ‚It's not YouTube, it's YouTube Premium'. Ebendiese Differenzierung zwischen Standard-Inhalten und Premium-Inhalten wird durch die Auftritte prominenter Akteure in den Originals manifest. Die Videoästhetik und Formsprache der Originals werden dezidiert in

---

93 Eine Überprüfung dieser Aussagen kann jeweils über die Kanalseite der YouTuber erfolgen, da die Abonnentenzahlen mehrheitlich offen einsehbar sind.

94 Dabei ist es – wie bereits verdeutlicht wurde – entscheidend, welche Produktionstypen man unter dem Begriff ‚Webserie' fasst. Wenn man beispielsweise Fröhlichs Verständnis von Webserien folgt, könnte man Kevin Spacey und Robin Wright wegen ihrer Rollen in HOUSE OF CARDS als ‚Webserien-Hollywoodstars' bezeichnen. Vgl. Fröhlich, Cliffhanger, S. 570 ff.

der Formanalyse behandelt, zum jetzigen Zeitpunkt kann aber bereits mit Blick auf die Akteur-Struktur festgehalten werden, dass die Inszenierung von Stars eine Art Nobilitierungsgrundlage für die Originals darstellt und eine Abgrenzung von traditionellen Inhalten auf YouTube erwirkt, durch die die Originals auch von traditionellen Webserien auf YouTube unterschieden werden können.

3.4 Anmerkungen zum Verhältnis von Webserien und den YouTube Originals

Es kann festgehalten werden, dass den YouTube Originals aufgrund ihrer partiell offenen Zugänglichkeit (Open TV*)* bei oftmals auffälliger Negierung einer traditionellen YouTube-Videoästhetik (Immediacy) und dem Frequentieren selbst- und metareflexiver narrativer Strukturen, durch die ihre digitale Nativität profiliert wird, diverse Webserien-Merkmale inhärent sind, die weitgehend innerhalb des Spektrums verschiedener medienwissenschaftlicher Ansätze zur Webserien-Forschung zu verorten sind. Bei eng gefassten Definitionsversuchen – wie denen von Kuhn – offenbaren sich durchaus fundamentale Differenzen, etwa wenn man non-fiktive Inhalte ausschließt. Gleichermaßen zeigen Kuhns Beispiele und Analysen auf, dass sich thematische Trends im selbstreflexiven Aufgreifen von Internetkultur in (Amateur-)Webserien der 2000er und 2010er Jahre in den YouTube Originals gegen Ende der 2010er Jahre fortsetzen. Dies wird in den folgenden Kapiteln anhand der Inhaltsanalyse der Originals erläutert und führt zu interessanten Erkenntnissen im Bereich der Narrationsforschung im Internet, zumal ein über viele Jahre anhaltender, genreübergreifender Trend zu bestehen scheint, bei dem sich narrative Internetformate oftmals selbst in ihrer Medienumgebung reflektieren. Nünning und Rupp schreiben im Jahr 2012: „Narrative Genres im Internet setzen sich in vielfältiger Weise selbstreflexiv mit gesellschaftlichen und kulturellen Entwicklungen und Problemlagen auseinander, die durch die Digitalisierung und umfassende Medialisierung sämtlicher Lebensbereiche entstanden sind.“[95] Diese Feststellung, die unter anderem von Kuhn geteilt wird, kann man viele Jahre nach der Veröffentlichung von Nünnings und Rupps Sammelband auch auf die YouTube Originals beziehen. Dadurch gelangt man zu dem Schluss, dass es sich bei Aussagen wie der zuletzt zitierten nicht um ein ephemeres mediales Phänomen handelt, das binnen weniger Jahre verschwindet, sondern dass die Reflexion der eigenen Medialität in Internet-Produktionen auch in den späten 2010er und frühen 2020er Jahren weiterhin besteht.

95 Nünning, Genres im Internet, S. 34.

Letztlich ist anzumerken, dass intra*diegetische* Medienkommunikation in Webserien zunächst die allgemeine Etablierung von Diegesen voraussetzt. Dieser Aspekt ist wichtig, da in den Publikationen im Bereich der Webserien-Forschung Beispiele angeführt werden, die Diegesen auch auf YouTube sichtbar machen. Wenngleich die YouTube Originals aufgrund ihrer Produktionsstandards, dem Auftreten von Film-, Musik, und YouTube-Stars und einer formalästhetischen Hinwendung zum klassischen Kino im Allgemeinen und zu Hollywood im Besonderen zahlreiche Unterschiede zu den Webserienbeispielen von Kuhn, Klein etc. zu erkennen geben, kann die Tatsache, dass YouTube mit seinen Eigenproduktionen fiktive Inhalte auf der Plattform stärkt, als wichtige ästhetische Verbindungslinie zwischen Webserien auf YouTube und den YouTube Originals angesehen werden.

4 Partizipationskultur auf YouTube

Klein hält im Kontext seiner Erörterung zu Eigenschaften von Webserien fest: „Webserien wie lonelygirl15 und Apartment666 erwecken den Eindruck, dass serielles Erzählen im Internet sehr stark von einem ‚participatory mode' geprägt sei, also von der Möglichkeit, dass der Zuschauer an der Erzählung aktiv teilhaben könne und damit vom Rezipienten zum User avanciere."[1] Im dritten Kapitel wurde unter anderem beschrieben, dass in vielen YouTube Originals die auf YouTube sonst gängigen Partizipationsmöglichkeiten teilweise unterbunden werden. Der von Klein hervorgehobene ‚Participatory Mode'[2] oder die ‚Participatory Culture'[3] an sich stellen die zentralen Untersuchungsgegenstände des vierten Kapitels dar. Folgt man Kleins Überlegung und schreibt bestimmten Webserien eine starke Bindung zu der von Jenkins[4] entworfenen Kulturtheorie der Partizipationskultur zu, kann man die Frage anschließen, in welchem Verhältnis die YouTube Originals zu Partizipationskultur auf YouTube stehen.

Meine Aufarbeitung der Theorie zur Partizipationskultur soll ein Verständnis für die in der Medien- und Kommunikationswissenschaft vielfach vorgenommenen Verbindungen zwischen Online-Videos auf YouTube und Jenkins' Konzeption ermöglichen.[5] Im Anschluss daran wird die Kritik an dem von Jenkins hervorgehobenen Potenzial von Partizipationskultur im Vordergrund stehen. Insbesondere vor dem Hintergrund der in den 2010er Jahren prominent in Erscheinung tretenden ‚Influencer-Studies', durch die neue medienwissenschaftliche Denkweisen in Bezug Partizipationskultur auf YouTube angeregt wurden, ist die kritische Diskussion des Partizipationsbegriffs notwendig. Durch die Aufarbeitung verschiedener Forschungsansätze zur Partizipationskultur wird zunächst auf die Zeit *vor* YouTube Red und YouTube Premium Bezug genommen. Hierbei wird zu prüfen sein, in welchem Ausmaß die Plattform bereits vor YouTubes Entscheidung, selbst als aktiver Medienproduzent – und nicht länger nur als Distribu-

1 Klein, Episode zur Webisode, S. 121.

2 Klein geht hierbei auf eine Formulierung von Ryan ein. Vgl. Ryan, Marie-Laure: Introduction, in: Ryan, Marie-Laure (Hg.): Narrative Across Media. The Languages of Storytelling, Lincoln 2004, S. 1–40.

3 Im Folgenden wird der deutsche Begriff ‚Partizipationskultur' verwendet.

4 Vgl. Jenkins, Textual Poachers. Vgl. auch Jenkins, Convergence Culture.

5 Wenngleich Jenkins' Überlegungen bereits in vielen wissenschaftlichen Texten ausführlich diskutiert werden, leidet die Debatte um Partizipationskultur auch in den ausgehenden 2010er Jahren nicht an Aktualitätsverlust, da aufgrund der Dynamik und Wandlungsfähigkeit von Partizipationsangeboten auf Onlinevideo-Plattformen stets neue Perspektiven auf Partizipations- und Demokratisierungsmöglichkeiten eröffnet werden können.

https://doi.org/10.1515/9783111145853-004

tionsplattform für andere – in Erscheinung zu treten, stark durch Hierarchien geprägt wurde, die mit dem in ‚Broadcast Yourself' angelegten Demokratieversprechen nur schwer in Einklang zu bringen sind. Dieser Arbeitsschritt trägt dazu bei, Produktionsverhältnisse und -realitäten auf YouTube abseits der YouTube Originals zu begreifen, wodurch das Argument, YouTubes Film- und Serienproduktion stelle lediglich einen weiteren – und nicht den ersten – Schritt hin zu einer Elitenförderung und zur Amplifizierung eines hierarchisch strukturierten Starsystems dar, erhärtet werden soll.

Schließlich wird in diesem Kapitel das konkrete Verhältnis zwischen Partizipationskultur und YouTubes aktiver Rolle als Medienproduzent erörtert, indem das Interaktionspotenzial von YouTube Premium und den YouTube Originals – durch das sich das Partizipationspotenzial beschreiben lässt – kritisch reflektiert wird. Dadurch kann die Erörterung von Produktionsbedingungen und -standards auf YouTube in den ausgehenden 2010er Jahren ergänzt werden. Die durch YouTube Premium und die Eigenproduktionen ausgelösten Paradigmenwechsel auf der Plattform können insbesondere vor dem Hintergrund veränderter Partizipationsmöglichkeiten begriffen werden.

4.1 Zum Begriff ‚Partizipationskultur'

Das *Oxford Dictionary of Media and Communication* definiert Partizipationskultur wie folgt: „1. Any community in which collaboration and resource-sharing is widespread, as in social media. [...] 2. Activities which transform the experience of media consumption into the production of new texts, blurring the boundary between producers and consumers (Jenkins).“[6] In beinahe jedem Beitrag zur Erläuterung des Begriffs wird auf Jenkins hingewiesen, weshalb auch in dieser Arbeit zunächst seine Definition im Vordergrund stehen wird. An dem zitierten Artikel ist interessant, dass eine konkrete Verbindung zwischen Partizipationskultur und YouTube hergestellt wird: „Before the era of Web 2.0 this was particularly associated with a global network of fans of popular culture [...] but it has subsequently also become associated with internet technologies such as YouTube which enable users to appropriate and refashion media content.“[7]

Jenkins konnte bekanntermaßen in *Textual Poachers* aus dem Jahr 1992 keine Verbindung zwischen der dort erstmals beschriebenen Partizipationskultur und You-

6 Chandler, Daniel/Munday, Rod: Participatory Culture, in: Oxford Dictionary of Media and Communication, New York 2020, S. 350.

7 Chandler, Participatory Culture, S. 350 f.

Tube herstellen. Auch in Jenkins' einflussreichster Publikation *Convergence Culture*, die im Jahr 2006 erschien, konnte YouTube noch nicht hinreichend thematisiert werden.[8] Die Verbindung zwischen Partizipationskultur und YouTube wird gegen Ende der 2000er Jahre durch Burgess und Green[9] sowie zahlreiche Aufsätze[10] in *The YouTube Reader* verstärkt thematisiert. Außerdem geht Jenkins selbst auf YouTubes Verhältnis zu Partizipationskultur in seinen Publikationen der 2010er Jahre ein.[11]

Setzt man sich intensiv mit Jenkins' Monographie *Textual Poachers*, in deren Untertitel *Television Fans & Participatory Culture* erstmals der Begriff ‚Partizipationskultur' prominent in Erscheinung tritt, auseinander, fällt auf, dass der Begriff, obwohl er Teil des Titels der Publikation ist, in *Textual Poachers* fast überhaupt nicht erläutert wird. Der Begriff findet in einem frühen Abschnitt der Arbeit Verwendung, wird jedoch nicht weiterführend definiert.[12] Allerdings wird Jenkins' Zielrichtung seiner Analyse zu Fankultur und Fantexten in *Textual Poachers* präzise hervorgehoben: „[...] fans cease to be simply an audience for popular texts; instead they become active participants in the construction and circulation of textual meanings."[13] Die Proklamation des Fans als aktiver Teilnehmer in Zirkulationsprozessen von Medien ist Jenkins' Hauptanliegen. Er führt aus:

> Fans do not simply consume preproduced stories; they manufacture their own fanzine stories and novels, art prints, songs, videos, performances, etc. [...] Lorrah's description [ein Fan-Autor] blurs the boundaries between producers and consumers, spectators and participants, the commercial and the homecrafted, to construct an image of fandom as a cultural

---

8 In späteren Auflagen wird in einem Nachwort auf YouTube eingegangen. Vgl. Jenkins, Convergence Culture (2008), S. 271 ff.

9 Vgl. Burgess, Participatory Culture.

10 Vgl. Uricchio, William: The Future of a Medium Once Known as Television, in: Snickars, Pelle/Vonderau, Patrick (Hg.): The YouTube Reader, Stockholm 2009, S. 24–39. Vgl. auch Stiegler, Bernard: The Carnival of the New Screen: From Hegemony to Isonomy, in: Snickars, Pelle/Vonderau, Patrick (Hg.): The YouTube Reader, Stockholm 2009, S. 40–59. Vgl. auch Burgess, Entrepreneurial Vlogger. Vgl. auch Müller, Eggo: Where Quality Matters: Discourses on the Art of Making a YouTube Video, in: Snickars, Pelle/Vonderau, Patrick (Hg.): The YouTube Reader, Stockholm 2009, S. 126–139. Vgl. auch Schröter, Digital Archive. Vgl. auch Snickars, The Archival Cloud. Vgl. auch Andrejevic, Mark: Exploiting YouTube: Contradictions of User-Generated Labor, in: Snickars, Pelle/Vonderau, Patrick (Hg.): The YouTube Reader, Stockholm 2009, S. 406–423. Vgl. auch Fossati, Giovanna: YouTube as a Mirror Maze, in: Snickars, Pelle/Vonderau, Patrick (Hg.): The YouTube Reader, Stockholm 2009, S. 458–465. Die hier genannten Aufsätze stellen nur einige Beispiele für die in *The YouTube Reader* ausführlich vorgenommene Auseinandersetzung mit YouTube und dem Konzept der Partizipationskultur nach Jenkins dar.

11 Vgl. Jenkins, Spreadable Media. Vgl. auch Jenkins, Henry/Shresthova, Sangita et al.: By Any Media Necessary: The New Youth Activism, Connected Youth and Digital Futures, New York 2016.

12 Vgl. Jenkins, Textual Poachers, S. 23.

13 Jenkins, Textual Poachers, S. 24.

> and social network that spans the globe. Fandom here becomes a participatory culture which transforms the experience of media consumption into the production of new texts, indeed of a new culture and a new community.[14]

Partizipationskultur steht nach Jenkins in hohem Maße in Verbindung zur Fankultur. Jenkins' Überzeugung, Zuschauer und Fans seien als aktive Mitgestalter von Medienzirkulation zu begreifen, erläutert er in *Textual Poachers* anhand zahlreicher Analysen zu Fantexten, die sich auf bereits bestehende Kulturartefakte beziehen.[15] Dabei fällt auf, dass Jenkins eine recht affirmative Sichtweise auf die Appropriation von (Film-)Texten vertritt, weswegen er oftmals kritisiert wurde. In diesem Zusammenhang ist hervorzuheben, dass sich Jenkins in *Textual Poachers* selbst als Fan und Vertreter von Fans und Fankultur in einem akademischen Rahmen betrachtet: „I suppose I have always been something of a fan [...] When I write about fan culture, then I write both as an academic [...] and as a fan [...].“[16] Diese Form der Identifikation als Fan, die durch recht konkrete – aber gleichsam für die Publikation nicht notwendige – Berichte von Fan-Erlebnissen aus Jenkins' Kindheit und Jugend angereichert wird,[17] führte ebenfalls zu Irritationen im Bereich der wissenschaftlichen Auseinandersetzung mit seinen Theorien, zumal ihm mitunter eine fehlende Distanz zu seinen Untersuchungsgegenständen unterstellt wurde.[18]

Unabhängig davon, ob man sich dieser Kritik anschließt oder nicht, kann nicht ausgeblendet werden, dass die in *Textual Poachers* durchgeführten Analysen zu Fan Fiction einen entscheidenden Wegbereiter für die ab Mitte der 2000er Jahre beginnende YouTube-Forschung darstellen, da sich ein Großteil der wissenschaftlichen Beiträge zu YouTube mit Grassroots-Kulturen[19] auseinandersetzt. Eben diese Grassroots-Kulturen und Aktionsparadigmen von Fans werden von Jenkins bereits im Jahr 1992 benannt und in verschiedenen (Sub-)Genres kategorisiert. Ähnliche Typisierungen werden nach der Erscheinung von *Textual Poachers* häufig im Kontext der Beschreibung von Fan-Formaten im Internet durchgeführt, um die Diversität im Bereich der Grassroots-Kreativität zu beschreiben.[20] Die Vorstellung eines rein passiven und ausschließlich konsumierenden Fans soll durch die Fan Fiction-Analysen in *Textual Poachers* dekonstruiert werden.

---

14 Jenkins, Textual Poachers, S. 45 f. Vgl. auch Lorrah, Jean: The Vulcan Academy Murders, New York 1984.

15 In den meisten Fällen handelt es sich um Fernsehserien.

16 Jenkins, Textual Poachers, S. 4 f.

17 Vgl. Jenkins, Textual Poachers, S. 4 f.

18 Auch diese Form der Kritik wird im nächsten Kapitel thematisiert.

19 Der Begriff wird in diesem Kontext ebenfalls durch Jenkins geprägt. Vgl. Jenkins, Convergence Culture.

20 Hierbei ist an die frühen Publikationen zu Formaten auf YouTube, wie z. B. *The YouTube Reader* oder *YouTube. Online Video and Participatory Culture* zu denken.

Die aus medientheoretischer Sicht relevanten Zusammenhänge zwischen Fankultur und Partizipationskultur werden jedoch erst 2006 präzise in *Convergence Culture* miteinander in Verbindung gebracht: „The term participatory culture contrasts with older notions of passive media spectatorship. Rather than talking about media producers and consumers as occupying separate roles, we might now see them as participants who interact with each other according to a new set of rules that none of us fully understands."[21] Anhand dieses Zitats zeigt sich erneut, dass die Bedeutung von Partizipationskultur vor allem im Zusammenhang mit einem Bruch mit dem Oppositionsschema ‚Produzent und Konsument' steht. Dieser Bruch mit Medienkonventionen des 20. Jahrhunderts – und noch weiter zurückliegenden Jahrhunderten – wird durch die zu Beginn der 2000er Jahre expandierenden Internetplattformen mit ihren Partizipationsangeboten für Nutzer beschleunigt. Hierbei gilt es zu beachten, dass Jenkins diesen Paradigmenwechsel nicht als radikale Revolution verstanden wissen möchte, sondern vor allem in *Convergence Culture* Partizipationskultur und Konvergenzkultur als Prozesse mit unklarem Fortlauf in einem neuen Mediensystem begreift.

Die Fantexte, die in *Textual Poachers* und *Convergence Culture* im Vordergrund stehen, können hierbei als Produkte dieses neuen Mediensystems begriffen werden, allerdings ist es wichtig zu verstehen, dass Partizipationskultur kein ausschließliches Phänomen im Rahmen der ‚Fan Studies' ist. Weitbrecht beispielsweise hebt hervor, dass Partizipationskultur weitreichende Folgen für die Politik habe: „Die partizipative Kultur verändert die Politik also insofern, dass sie nicht nur allen Bürgern die Möglichkeit gibt, am öffentlichen Diskurs teilzuhaben und so gesellschaftliche Entscheidungen mitzutreffen, sondern sie auch dazu befähigt, den nationalen Diskurs an Bürger aus der ganzen Welt heranzutragen [...]."[22] Das Verhältnis von Partizipationskultur und politischen Prozessen wird vor allem in der von Jenkins et al. im Jahr 2016 verfassten Publikation *By Any Media Neccessary*[23] konkretisiert. Darüber hinaus wird insbesondere in den 2010er Jahre deutlich, dass dieses Verhältnis zunehmend in Dissertationen von Autorinnen wie Rath-Wiggins,[24] Quakernack[25] oder Lucke[26] diskutiert wird.[27]

21 Jenkins, Convergence Culture (2008), S. 3.

22 Weitbrecht, Christine: Partizipative Kultur. Implikationen für Gesellschaft, Politik und Medien, in: Stiegler, Christian/Breitenbach, Patrick/Zorbach, Thomas (Hg.): New Media Culture: Mediale Phänomene der Netzkultur, Bielefeld 2015, S. 107–124, S. 114.

23 Vgl. Jenkins, Any Media Necessary.

24 Vgl. Rath-Wiggins, Wahlkampfkommunikation.

25 Vgl. Quakernack, (Re-)framing *Testimonio.*

26 Vgl. Lucke, Digitale Erlebnisräume.

27 Interessant hierbei ist, dass alle drei ausgewählten Beispiele eine direkte Verbindung zu YouTube aufweisen und dass mitunter konkrete Analysen zu Videos und Kommentaren auf YouTube

Daran anknüpfend werden ebenfalls Aspekte wie die Stärkung der Ausdrucksmöglichkeiten von Minderheiten,[28] neue Potenziale des Enthüllungsjournalismus[29] sowie Praktiken kollektiver Wissensaneignung[30] prominent mit Partizipationskultur in Verbindung gebracht. Diese Phänomene werden in *Convergence Culture* partiell auch von Jenkins selbst thematisiert, etwa wenn er auf Theorien zur ‚collective intelligence' Bezug nimmt[31] oder im Schlusskapitel verstärkt auf politische Prozesse in ihrem Verhältnis zu Partizipationskultur eingeht.[32] Das Gros der Vorstellung des Konzepts von Partizipationskultur wird in *Convergence Culture* jedoch – wie auch in *Textual Poachers* – anhand von Beispielen aus der Fankultur illustriert. Dabei ist auffällig, dass in *Convergence Culture* die Ablehnung des ‚passiven Zuschauers' noch deutlicher postuliert wird, als es in *Textual Poachers* der Fall ist. Das Auftreten von erhöhter Fan-Aktivität wird – ausgehend von Jenkins – ab der zweiten Hälfte der 2000er Jahre verstärkt in den wissenschaftlichen Diskurs zur Rezeption von Unterhaltung integriert, wobei das Spektrum verschiedener Untersuchungsgegenstände von Fans als Verbreitern von (Marken-)Inhalten,[33] über Juroren und ‚Qualitätskontrolleuren',[34] bis hin zu ‚Ultra-Vertretern'[35] von (Film-)Texten reicht.

Für die Fortführung vieler bereits in *Textual Poachers* angesprochener Phänomene erhält Jenkins in den 2000er Jahren seitens der Medien- und Kommunikationswissenschaft erhöhte Aufmerksamkeit, was zweifelsohne auch mit fortgeschrittenen technologischen Möglichkeiten im Hinblick auf die Internetdistribution von (audiovisuellem) Material bei gleichzeitigen Preissenkungen für elektronische Aufnahmegeräte und Speichermedien in Verbindung zu setzen ist: Die Onlineschaltung von Facebook im Jahr 2004 und YouTube im Jahr 2005, die rasche Expansion von

---

vor dem Hintergrund ihres politischen Wirkungspotenzials erfolgen. Dadurch wird abermals illustriert, wie dominant YouTube im Kontext der wissenschaftlichen Auseinandersetzung mit Partizipationskultur in Erscheinung tritt.

28 Vgl. Weitbrecht, Partizipative Kultur, S. 114.

29 Vgl. Weitbrecht, Partizipative Kultur, S. 111.

30 Vgl. Stiegler, Christian: Digitale Medientheorien, in: Stiegler, Christian/Breitenbach, Patrick/Zorbach, Thomas (Hg.): New Media Culture: Mediale Phänomene der Netzkultur, Bielefeld 2015, S. 11–28, S. 24.

31 Vgl. Jenkins, Convergence Culture (2008), S. 26 ff.

32 Vgl. Jenkins, Convergence Culture (2008), S. 251 ff. u. Jenkins, Convergence Culture (2008), S. 271 ff.

33 Vgl. Christiansen, Per: YouTube – Der Knock Out für das Urheberrecht, in: Schumacher, Julia/Stuhlmann, Andreas (Hg.): Videoportale: Broadcast Yourself? Versprechen und Enttäuschung, Hamburg 2011, S. 85–101.

34 Vgl. Hadas, Leora: Authorship and Authenticity in the Transmedia Brand: The Case of Marvel's Agents of S.H.I. E.L.D., in: Networking Knowlegde, 7/1 (2014), S. 7–17.

35 Vgl. Weitbrecht, Christine/Zorbach, Thomas: Ultra-Fandom. Mediale Implikationen des Fan-Daseins, in: Stiegler, Christian/Breitenbach, Patrick/Zorbach, Thomas (Hg.): New Media Culture: Mediale Phänomene der Netzkultur, Bielefeld 2015, S. 195–215.

Smartphones im Allgemeinen und insbesondere Apples erstem iPhone im Jahr 2007 stellen allesamt technologische Entwicklungen und Innovationen dar, die in einen ähnlichen Veröffentlichungszeitraum wie *Convergence Culture* fallen. Jenkins' Publikation im Jahr 2006 erscheint zu einem Zeitpunkt, in dem Umbrüche im globalen Mediensystem stattfinden, die sich – wie Jenkins hervorhebt – in Medienkonvergenzen zwischen Medienunternehmen und Grassroots sowie neuen digitalen Ausdrucksmöglichkeiten für Fans, Autoren und Hobbyfilmer artikulieren. Es stellt sicherlich keine Übertreibung dar, wenn man festhält, dass *Convergence Culture* die Erforschung des Verhältnisses von Medienkonsumenten zu -produzenten und vice versa wie kaum eine andere Publikation des gleichen Zeitraums beeinflusste.

In der im Jahr 2013 erschienenen Studie *Spreadable Media*, die Jenkins gemeinsam mit Sam Ford und Joshua Green verfasste, steht primär das Potenzial zur raschen Ausbreitung von Internetinhalten im Vordergrund, wobei das Spannungsverhältnis zwischen Distributionsformen von Inhalten traditioneller Medienunternehmen und der Appropriation solcher Inhalte seitens Privatpersonen – wie auch schon in *Convergence Culture* – vielfach diskutiert wird: „[...] Spreadable Media examines an emerging hybrid model of circulation, where a mix of top-down and bottom-up forces determine how material is shared across and among cultures [...].“[36]

In *Spreadable Media* werden unter anderem zwei Begriffe – ‚Spreadability' und ‚Stickiness' – vorgeschlagen, die Distributionsformen verschiedener Medienindustrien beschreiben. Der Begriff ‚Spreadability' wird benutzt „[...] to describe these increasingly pervasive forms of media circulation. ‚Spreadability' refers to the potential – both technical and cultural – for audiences to share content for their own purposes, sometimes with the permission of rights holders, sometimes against their wishes.“[37] Spreadability ergibt sich dann, wenn Inhalte über ihren ursprünglichen Distributionsort hinaus weitergetragen werden können, wofür bestimmte technologische Voraussetzungen benötigt werden beziehungsweise spezifische Anforderungen an Plattformen gestellt werden müssen.[38]

36 Jenkins, Spreadable Media, S. 1.

37 Jenkins, Spreadable Media, S. 3.

38 Konkret kann hierbei an Social-Media-Plattformen gedacht werden, bei denen Nutzer zum Teilen von Inhalten ermutigt werden, indem sowohl durch die Programmierung als auch durch die Interfacestruktur der jeweiligen Plattform eine einfache Verbreitung von digitalen Artefakten gewährleistet wird.

‚Stickiness' wird nach Jenkins et al. verwendet, um Strategien von Medieninstitutionen zu beschreiben, die darauf abzielen, dass veröffentlichte Inhalte exklusiv über eine Plattform oder einen Kanal abgerufen[39] und in der Regel nicht weiter verbreitet werden können:

> Stickiness capitalizes on the easiest way companies have found to conduct business online. It privileges putting content in one place and making audiences come to it so they can be counted. Such „destination viewing" often conflicts with both the dynamic browsing experience of individual Internet users and, more importantly, with the circulation of content through the social connections of audience members.[40]

Es ist im Kontext dieser Publikation zu Partizipationskultur wichtig zu verstehen, dass die beiden Begriffe nicht starre Kategorien besetzen. Ferner können sich in Bezug auf Vermarktungsstrategien auch hybride Ausdrucksformen ergeben, etwa wenn Aufrufe zur Verbreitung von Teilausschnitten bestimmter Artefakte erfolgen, wobei das Produkt in seiner Gesamtheit nur an einem bestimmten Ort bezogen werden kann.[41] Jenkins spricht sich für Spreadability als potenziell mächtiges Instrument zur ‚Demokratisierung des Internets' aus und betrachtet auch zwei Jahrzehnte nach der Veröffentlichung von *Textual Poachers* Textappropriation und Textverbreitung als essentielle Grundlage zur Nivellierung von Machtgefällen im Kontext der Mediendistribution. Interessanterweise wird in *Spreadable Media* auch auf die Möglichkeit eines Kontrollverlusts traditioneller Medienunternehmen über einen Großteil der relevanten Unterhaltungs- und Nachrichtenlandschaft hingewiesen: „The shift of the dominant means of communication from broadcast to digital may in the process loosen the grip of corporate control over many types of content, resulting in the active circulation of a greater diversity of perspectives."[42]

Aktive Zirkulation und Diversität sind bei Jenkins stets in Verbindung mit neuen Ausdrucksmöglichkeiten für Grassroots zu setzen, die wiederum als Opposition zur ‚corporate control' verstanden werden können. Jenkins' Basisargument, Medienappropriation habe verschiedene positive Auswirkungen auf die Medienkultur, wird in *Spreadable Media* verstärkt mit den Medienunternehmen, die die ursprünglichen (Film-)Texte bereitstellen, in Verbindung gesetzt. Findet in *Textual Poachers* und *Convergence Culture* primär eine Auseinandersetzung mit Fantexten

---

39 Zwar können Hinweise auf die jeweilige Plattform in Form von Verlinkungen verschickt werden, das primäre Ziel von Stickiness besteht jedoch immer darin, dass Zuschauer nur auf einer Plattform Zugriff auf die Inhalte der jeweiligen Plattform erhalten.

40 Jenkins, Spreadable Media, S. 5.

41 Hierbei kann man beispielsweise an Kinotrailer auf YouTube oder an Affiliate-Links denken, die in Social-Media-Profilen von Influencern eingebettet sind. Beide setzen auf Zirkulation im Internet und haben den Zweck, Zuschauer an einem anderen (virtuellen) Ort zu versammeln.

42 Jenkins, Spreadable Media, S. 162.

statt, wird in *Spreadable Media* ein breites Spektrum an Strategien traditioneller Medienunternehmen in die Untersuchung integriert, um eine differenziertere Sichtweise auf Partizipationspotenziale zu gewährleisten.

Wenngleich sich Jenkins’ Oeuvre durch viele weitere Publikationen auszeichnet,[43] können die bislang besprochenen Werke, die die größte wissenschaftliche Resonanz erfuhren, maßgeblich zu Jenkins’ Verständnis von Partizipationskultur beitragen, was von Bedeutung für diese Studie ist: Die von Jenkins besprochene Beendigung der starren Opposition vom Konsumenten auf der einen und Produzenten auf der anderen Seite wird partiell durch die YouTube Originals und YouTube Premium auf YouTube reinitialisiert, da Möglichkeiten zum Teilen von und Interagieren mit den Originals durch die Paywall verhindert werden. Daran anknüpfend sollte anhand von ‚Stickiness‘ und ‚Spreadability‘ ausgelotet werden, inwiefern die Originals in ihrer Medialität als ‚sticky‘ zu begreifen sind und sich somit von dem Großteil aller Inhalte auf YouTube, die ‚spreadable‘ sind, abgrenzen lassen.

4.1.1 Partizipationskultur auf YouTube vor YouTube Premium

Bevor die Relevanz der hier vorgestellten Erkenntnisse aus verschiedenen Arbeiten zu Partizipationskultur mit YouTube Premium und den Originals in Verbindung gesetzt wird, erscheint eine kurze Erläuterung der Signifikanz des Konzepts der Partizipationskultur für YouTube *vor* der Red- und Premium-Ära sinnvoll, da sich so besser verdeutlichen lässt, welches besondere Verhältnis die Plattform YouTube zur Partizipationskultur aufweist und weshalb Autoren wie Burgess und Green festhalten: „[...]participatory culture is YouTube’s core business.“[44] In der Einleitung zu dieser Studie ist auf die Bedeutsamkeit des ‚You‘ in YouTube verwiesen worden, das – im gleichen Jahr wie die Erstveröffentlichung von *Convergence Culture* (2006) – zur ‚Person of the Year‘ gekürt wurde. Dem ‚Du‘ in YouTube wird von Vielen unterstellt, das traditionelle Medienparadigma ‚Produzent-Konsument‘ aufgebrochen zu haben: Dieser – insbesondere von Jenkins ausführlich besprochene – Wandel im (westlichen) Mediensystem manifestiere sich gerade auf YouTube und sichere neben Ausdrucksmöglichkeiten für Grassroots auch YouTube selbst einen erheblichen Machtgewinn, bedenkt man die Millionen von Inhalten, die für ein grenzenlos anmutendes Unterhaltungs- und Informationsangebot sorgen und damit YouTubes allgemeine Relevanz als Medienunternehmen steigern können.

---

43 Jenkins veröffentlicht auch in den 2020er Jahren noch in einem privaten Rahmen weitere Essays oder Podcasts, die über seine Webseite abrufbar sind.

44 Burgess, Participatory Culture (2018), S. I.

YouTube-Formate wie Mash-ups,[45] Reaktions-,[46] Theorie-[47] und Parodievideos sind nur einige wenige beliebte Textsorten auf YouTube, die das Angebot der Plattform in hohem Maße mitgestalten und die in die von Jenkins besonders prominent hervorgehobene Kategorie der Fan Fiction fallen. Derartige Formate können gleichermaßen als Ausdruck einer Konvergenzkultur verstanden werden, begreift man sie als Produkt eines Zusammenfalls von Top-Down- (Urtexte) und Bottom-Up-Strukturen (neue Assemblage und Kontextualisierung des Ursprungsmaterials seitens der YouTuber). Diese primär im Bereich der Unterhaltung angesiedelten Formate stellen dabei nur einen Teil des Angebots auf YouTube dar. Die von Autorinnen wie Weitbrecht,[48] Lucke,[49] Rath-Wiggins[50] oder Quakernack[51] erbrachten Erkenntnisse zu YouTubes Potenzial in Bezug auf politische Prozesse erlauben die Annahme, dass Partizipationskultur auf YouTube – wie Jenkins gegen Ende von *Convegence Culture* nahelegt – nicht auf ein Phänomen der Fankultur reduziert werden kann. Diese Annahme wird zum einen durch die zahlreichen Beispiele der genannten Autorinnen gefestigt, die auf höchst unterschiedliche Formen der politische Teilhabe auf YouTube eingehen.[52] Zum anderen kann anhand jüngerer Beispiele – wie dem YouTuber Rezo[53] – auch aufgezeigt werden, dass Reichweite in Kombination mit politischen Absichten auf YouTube nicht nur bloße Partizipation an einem politischen Diskurs ermöglicht,[54] sondern dass eine weitaus stärkere, die gesamte politische Parteienlandschaft und das traditionelle Medien- und Informationssystem eines Landes beeinflussende Botschaft[55] kreiert

45 Meist Neuanordnungen und Kompilationen von Filmszenen.

46 Ein vor allem seit Mitte der 2010er Jahre beliebtes Genre, bei dem sich Personen dabei filmen, wie sie Filme oder Serien ansehen.

47 Spekulationen über Fortläufe von Serien mit Cliffhangern, Filmreihen oder Ausgänge von bevorstehenden sportlichen Ereignissen etc.

48 Vgl. Weitbrecht, Partizipative Kultur.

49 Vgl. Lucke, Digitale Erlebnisräume.

50 Vgl. Rath-Wiggins, Wahlkampfkommunikation.

51 Vgl. Quakernack, (Re-)framing *Testimonio*.

52 Dabei beziehen sich nicht alle Beispiele auf Deutschland, sondern auch auf Länder wie die USA.

53 Rezo ist einer der erfolgreichsten deutschsprachigen YouTuber, dessen Arbeit auf YouTube sich sowohl durch Unterhaltungsvideos als auch durch politische Botschaften – wobei Kritiker von Agitation sprechen würden – konstituiert.

54 Einschränkend muss angemerkt werden, dass Akteure wie Rezo nicht als repräsentativ für die Gesamtheit aller möglichen Partizipierenden gelten können. Diese Einschränkung wird im Zusammenhang mit meiner Kritik an Jenkins' Konzept der Partizipationskultur ausführlich besprochen.

55 In diesem Zusammenhang ließen sich zahlreiche weitere Beispiele anführen: Die Black Lives Matter-Proteste, die belarussische Oppositionsbewegung sowie Massenproteste in Hongkong gegen eine zunehmende Einflussnahme der chinesischen Zentralregierung stellen zum Ende der 2010er und zu Beginn der 2020er Jahre einige der größten Protestbewegungen dar. Videomaterial

werden kann, deren subversives Potenzial seitens ebendieser Parteien und Mediensysteme viele Jahre lang unterschätzt wurde.[56]

Auch – und womöglich insbesondere – außerhalb demokratischer Staaten wird dem ‚Grassroots-Journalismus'[57] eine wichtige Funktion im Hinblick auf gesellschaftliche Liberalisierungsprozesse und die Bekämpfung von staatlicher Unterdrückung zugeschrieben: „[...] Graswurzel-Journalismus [erlaubt] eine Berichterstattung, wenn versucht wird, Journalisten, die von Nachrichtendiensten geschickt werden, zu zensieren oder auszuschließen, wie ebenfalls im Beispiel des [...] Arabischen Frühlings."[58] Diese Form der Partizipation, die in vielen Fällen über YouTube erfolgt(e), hat zweifelsohne das Potenzial, übernationale politische Diskurse anzuregen und Aufmerksamkeit für wesentliche gesellschaftliche Missstände zu generieren.

Ferner: Der Aspekt der Spreadability stellt sowohl im Kontext politisch motivierter Videos als auch im Zusammenhang mit Fanpraxen und Fankultur einen essentiellen Grundpfeiler für Partizipationskultur auf YouTube dar, da die Verbreitung von Information und Unterhaltung, die durch das Teilen, Bewerten und Kommentieren von Inhalten[59] ermöglicht wird, zu YouTubes Basisfunktionen gezählt werden kann. Diese Basisfunktionen stellen einen radikalen Gegenentwurf zu allen Formen linearer Mediendistribution dar, die ihrerseits meist keine Form der Relokalisierung von Inhalten gestatten. Der offene Zugriff auf und die Möglichkeit zur Verlinkung von YouTubes Inhalten lassen sich als ‚partizipatorische Eigenschaften' beschreiben, in denen die Abkehr von traditionellen Konsumentenmodellen angelegt ist. Ausführungen wie diese ließen sich – vor allem mit Blick auf die relevante Forschungsliteratur der 2000er Jahre, in denen insgesamt eine optimistischere Grundhaltung bezüglich Partizipationskultur auf YouTube

---

wurde in vielen Fällen auf YouTube hochgeladen, um Missstände zu dokumentieren oder um eine Mobilisierung von Anhängern zu erzielen.

56 Gemeint sind hierbei vor allem zwei Beispiele aus den Jahren 2019 und 2020: DIE ZERSTÖRUNG DER CDU, https://www.youtube.com/watch?v=4Y1lZQsyuSQ&t=203s (zuletzt abgerufen am 01.11.2022); DIE ZERSTÖRUNG DER PRESSE, https://www.youtube.com/watch?v=hkncijUZGKA (zuletzt abgerufen am 01.11.2022). Beide Videos erfuhren eine massive Resonanz seitens der Politik und verschiedener Medienorgane. Insbesondere das Video DIE ZERSTÖRUNG DER CDU entfachte eine kontroverse Diskussion über den Umgang mit Appellen aus Online-Videos.

57 Damit sind Personen ohne Bindung zu traditionellen journalistischen Institutionen gemeint, die durch Veröffentlichungen von selbst aufgenommenem Material (meist Fotos oder Videos) auf Themen von öffentlichem Interesse hinweisen, über die ausgebildete und akkreditierte Journalisten oftmals nicht berichten können. Vgl. Weitbrecht, Partizipative Kultur, S. 115.

58 Weitbrecht, Partizipative Kultur, S. 115.

59 Selbst eine Bewertung trägt auch – zumindest indirekt – zur Verbreitung bei. Je mehr Interaktionen mit einem bestimmten Inhalt bestehen, desto mehr Menschen bekommen diesen Inhalt in der Regel angezeigt.

vorherrschte – anhand vieler weiterer Beispiele fortführen. In der Einleitung zu dieser Studie wurde festgehalten, dass durch die YouTube Originals Top-Down-Strukturen auf YouTube gefördert werden, wodurch traditionelle Konsument-Produzent-Verhältnisse erneut erstarken, sodass gelungene Partizipationskultur auf YouTube herausgefordert wird. Im Folgenden wird verdeutlicht, welche Aspekte von YouTube Premium und den Originals hier als ausschlaggebend dafür angesehen werden, dass einer Partizipationskultur und Demokratisierungsprozessen auf YouTube entgegengewirkt werden.

4.1.2 Partizipationskultur und YouTube Premium

Zunächst zu einem denkbaren grundsätzlichen Einwand: Das ‚reguläre YouTubing' hat nie aufgehört zu existieren. Die Inaugurierung von Premium und den Originals zieht nicht die Absenz der traditionellen Inhalte auf YouTube nach sich. Vielmehr ist von einer Koexistenz zwischen verschiedenen (Geschäfts-)Modellen zu sprechen, wobei das traditionelle Modell nicht unterdrückt wird und de facto einen wesentlich größeren Anteil an YouTubes Profiten darstellt. Weshalb aber ist die Einführung von Eigenproduktionen und Premiummodellen als Herausforderung für Partizipationskultur und Demokratisierungsprozesse zu betrachten?

Es steht außer Frage, dass das ‚reguläre YouTubing' ein größeres Gewicht hat als die Eigenproduktionen von YouTube.[60] Der hier besprochene strukturelle Plattformwandel kann sich nicht in Zahlen artikulieren, die das traditionelle YouTubing als Minorität beschreiben, sondern muss als inhaltspolitische Reform aufgefasst werden, bei der die ursprüngliche Kernaussage von YouTube verändert wird. Dieser Aspekt ist essentiell, da man die im vorherigen Absatz geäußerte These nicht dahingehend missverstehen darf, dass es YouTubes Nutzern verweigert würde, Inhalte hochzuladen und auf diese Art und Weise zu partizipieren. Partizipation als ‚Teilnahme' bleibt unverändert möglich und es erscheint wahrscheinlich, dass YouTube auch in Zukunft ein potenziell mächtiges Sprachrohr für Menschen ohne medieninstitutionelle Hintergründe sein wird.[61] Die Aufarbeitung von Jenkins' Auffassung von Partizipationskultur ist hilfreich, um eine Distinktion zwischen dem wörtlichen

60 Die im zweiten Kapitel dieser Arbeit vorgenommene Beschreibung der YouTube Originals zeigt auf, dass die Anzahl der Eigenproduktionen in keinem Verhältnis zu den Millionen von Videos steht, die nicht von YouTube selbst produziert wurden und werden.

61 Das gilt meiner Auffassung nach vor allem für den im letzten Kapitel angesprochenen Grassroots-Journalismus. Die Offenlegung von Machtmissbrauch seitens Autoritäten wie Staatsgewalten steht dabei zweifelsohne im Vordergrund, wobei auch Testimonialberichte über Naturkatastrophen o. Ä. zu nennen sind.

Gebrauch der ‚Partizipation an etwas' (d.i. reine Teilnahme) und der ‚Partizipationskultur' einzuführen. Die durch YouTube Premium und die Originals ausgehende Herausforderung, die an ‚Broadcast Yourself' gerichtet wird, bezieht sich ausschließlich auf die Theorie der Partizipationskultur, bei der vor allem der Bruch mit der Opposition ‚Konsument-Produzent' im Vordergrund steht.

Mein Argument ist, dass durch die Eigenproduktionen auf YouTube eine Reinitialisierung dieser Opposition in Kraft tritt, weil traditionelle Top-Down-Strukturen nun dem ursprünglichen Selbstverständnis von YouTube, d. h. ein Förderer von Bottom-Up-Strukturen zu sein, entgegengestellt werden. Gemäß Jenkins' Theorie ist die Emergenz von Inhalten auf YouTube, die nicht als ‚spreadable', sondern als ‚sticky' zu beschreiben sind[62] – und zudem von einem Großkonzern und nicht von Grassroots bereitgestellt werden – eine fundamentale Erweiterung von YouTubes audiovisueller Kultur, da sowohl die aktive Teilnahme an Originals nicht möglich ist als auch Interaktionen mit hochgeladenen Produktionen in vielen Fällen eingeschränkt werden. Dabei ist die tatsächliche Gewichtung oder der Anteil der reinitiierten Top-Down-Strukturen für eine aktualisierte Perspektive auf Partizipationskultur auf YouTube zu Beginn der 2020er Jahre nur von marginaler Bedeutung. Viel entscheidender ist die Tatsache, dass diese Top-Down-Strukturen überhaupt auf YouTube – das in der Wissenschaft lange als Paradebeispiel schlechthin für Partizipationskultur angeführt wurde – in Erscheinung treten und dass sie vom Konzern selbst eingeführt werden. Zu diskutieren ist also eine denkbare Retraditionalisierung der Konsument-Produzent-Verhältnisse.[63]

In diesem Zusammenhang sei darauf hingewiesen, dass es nicht mein Anliegen ist, YouTube Premium und die Originals moralisch zu bewerten oder als Dekonstruktion sozialer Gerechtigkeit im Internet vor dem Hintergrund kapitalistischer Paradigmen zu kritisieren. Die hier besprochene audiovisuelle Kulturerweiterung auf YouTube wird ausschließlich im Rahmen der Theorie der Partizipationskultur geführt. Gleichwohl kann nicht ausgeblendet werden, dass die hier erörterte These im Zusammenhang zu Fragen zum Stand der Demokratisierung von Online-Räumen steht, sodass es nicht möglich ist, die politische Tragweite, die in Partizipationskultur nach Jenkins angelegt ist, auszublenden. Dazu Folgendes:

Wenn man den Gedanken akzeptiert, dass die Basis einer Demokratie durch die Teilung von Gewalten garantiert wird, erscheint es – um im Bild zu bleiben – antidemokratisch, wenn die Plattform, die die Distribution reguliert, selbst zum

62 Hierbei kann man an die Tatsache denken, dass Premium-Inhalte nicht uneingeschränkt geteilt werden können.

63 Dieser Diskurs unterscheidet sich von anderen kritischen Untersuchungen zu aktuellen Herausforderungen für Partizipationskultur insofern, als dass nicht länger einzelne Akteure, sondern die Plattform selbst im Zentrum der Kritik steht.

Distributor avanciert. YouTubes Möglichkeiten für eine autoregulierte Form der Ermächtigung müssen zu Beginn der 2020er Jahre als essentieller Aspekt für eine Auseinandersetzung mit Partizipationskultur angesehen werden, da das Umfeld für Partizipation von YouTube selbst beeinflusst wird. Schon für individuelle YouTuber gilt, dass diejenigen Akteure am erfolgreichsten sind, die ein profundes Verständnis für den Plattform-Algorithmus haben, da dieser darüber entscheidet, wie viel Reichweite und Aufmerksamkeit ein Video erhält. Im Fall von YouTube selbst beruht das Verständnis für den Algorithmus jedoch nicht auf Mutmaßungen oder Analysen von Reichweiten. Vielmehr hat YouTube nicht nur das von Mutmaßungen befreite Wissen über die Funktionsweise des Algorithmus, sondern auch die uneingeschränkte Kontrolle über mögliche Änderungen in der Ausformulierung respektive der Funktionsweise des Algorithmus. Dieser Hinweis soll nicht den Eindruck erwecken, YouTube bevorzuge systematisch seine Eigenproduktionen, etwa indem diese stets präferiert angezeigt würden. Es liegt hierfür schlichtweg keine Evidenz vor sowie ein derart drastischer und offensichtlicher Schritt aller Wahrscheinlichkeit nach heftige Kritik[64] seitens zahlreicher YouTuber nach sich gezogen hätte.

Für einen medientheoretischen Umgang mit der Tatsache, dass YouTube die uneingeschränkte Macht über die Algorithmen innehat, erscheint es nicht interessant, ob diese Macht in vollem Umfang genutzt wird oder nicht. Der Kern der Theorie der Partizipationskultur besteht in der prozesshaften Liberalisierung von individuellen Akteuren und einer graduellen Zunahme demokratischer Strukturen in Online-Räumen wie YouTube. Es gibt Beispiele für eine Bestätigung dieser Theorie, d. h. für ‚gelebte Partizipationskultur' auf YouTube. Gleichzeitig werden durch die Integration von traditioneller Top-Down-Unterhaltung und die Stickiness der Originals Retraditionalisierungstendenzen ersichtlich, die der Annahme einer prozesshaften Demokratisierung auf YouTube gegenübergestellt werden können. Diese kurze Erläuterung zum Spannungsverhältnis von Partizipationskultur und YouTube Premium sowie den Originals wird insbesondere im fünften und sechsten Kapitel vertieft. Im Kontext der analytischen Aufarbeitung verschiedener (audio-)visueller Phänomene, die mit der Premium-Ära auf YouTube in Kraft getreten sind, wird auch zu prüfen sein, inwiefern die Änderungen auf YouTube als symptomatische Erscheinung von Strukturwechseln auf Online-Plattformen im Zusammenhang mit dem Web 2.0 aufgefasst werden können.

---

64 Beispiele für eine solche Kritik werden im sechsten Kapitel gegeben, die sich gegen YouTube Premium und einige Originals richtet. Hierbei kann man allerdings nicht von einer Art Zusammenschluss vieler YouTuber gegen YouTube als Konzern o. Ä. sprechen, sodass die Kritik insgesamt unorganisiert und nicht gebündelt erscheint.

4.1.3 Einschränkungen durch Jenkins

Eine im Ausblick von *Spreadable Media* vorgenommene Unterscheidung zwischen Web 2.0 und Partizipationskultur ist von besonderem Interesse: „Cultural participation takes different forms within different legal, economic, and technological contexts. Some people have confused participatory culture with Web 2.0, but Web 2.0 is a business model through which commercial platforms seek to court and capture the participatory energies of desired markets and to harness them toward their own ends."[65]

Wenngleich sich zweifelsohne eine Debatte darüber führen ließe, inwieweit das Web 2.0 lediglich als Business-Modell aufzufassen ist, ist diese Aussage wichtig, um Jenkins' Auffassung von non-kommerzieller Partizipation auf der einen und profitbezogenen Marketingstrategien auf der anderen Seite verstehen zu können. Diese Unterscheidung ist vor allem mit Blick auf kritische Diskurslinien in Bezug auf Partizipationskultur essentiell. Zum einen findet für Jenkins Partizipationskultur weitgehend losgelöst von Kommerzialisierungsstrategien statt und zum anderen wird das Konzept der Partizipationskultur von Jenkins selbst insofern relativiert, als dass er durchaus Unterschiede zwischen verschiedenen Akteuren akzentuiert:

Anders als einige Kritiker herausstellen, finden sich in *Convergence Culture* und in *Spreadable Media* – im Unterschied zu *Textual Poachers* – vermehrt relativierende Aussagen in Bezug auf die Wirkungsmacht respektive Gültigkeit von Partizipationskultur: „Not all participants are created equal. Corporations – and even individuals within corporate media – still exert greater power than any individual consumer or even the aggregate of consumers."[66] Gerade mit Blick auf die Kritik bezüglich der Konzeption von Partizipationskultur ist diese Aussage von Bedeutung, da sie darauf hinweist, dass Partizipationskultur nach Jenkins keine radikale Revolution darstellt, sondern vielmehr als Prozess in der (westlichen) Medienkultur aufzufassen ist. In dem nach 2006 hinzugefügten Nachwort in *Convergence Culture*, in dem auch auf die Plattform YouTube Bezug genommen wird, hebt Jenkins explizit hervor:

> While I believe firmly in the potential for participatory culture to serve as a catalyst for revitalizing civic life, we still fall short of the full realization of those ideals. As John McMurria has noted, the democratic promise of YouTube as a site open to everyone's participation is tempered by the reality that participation is unevenly distributed across the culture. An open platform does not necessarily ensure diversity.[67]

65 Jenkins, Spreadable Media, S. 297.
66 Jenkins, Convergence Culture (2008), S. 3.
67 Jenkins, Convergence Culture (2008), S. 290.

Diese Aussagen erscheinen im Kontext der Diskussion zur Realtauglichkeit des Konzepts der Partizipationskultur ungemein wertvoll, zumal durch sie dem Argument entgegengewirkt werden kann, Jenkins verstehe Partizipationskultur als eine Sozialschichten durchdringende und Machtgefälle annihilierende Revolution, mit der eine Ermächtigung von Grassroots einhergehe.

4.2 Kritik an Jenkins' Verständnis von Partizipationskultur

Gleichwohl muss bedacht werden, dass die zahlreichen wissenschaftlichen Gegenpositionen nicht grundlos erfolgen: Die Kritik, Jenkins hebe unreflektiert und rein affirmativ neue Ausdrucksmöglichkeiten für Mediennutzer ohne institutionelle Hintergründe hervor, ohne dabei komplexe Sozialdynamiken in Bezug auf Hierarchien auf Online-Plattformen zu thematisieren, kann maßgeblich mit den von Jenkins – vornehmlich in *Convergence Culture* hervorgebrachten – Beispielen für Paradigmenwechsel im Bereich der Medienproduktion in Verbindung gebracht werden. Wenngleich Jenkins selbst stets betont, dass es immer zu Dysbalancen zwischen verschiedenen Gruppen von Medienproduzenten komme, ist auffällig, dass es sich bei den von ihm angeführten Beispielen meist um professionelle Medienunternehmen und ihre Produkte handelt. Daraufhin erläutert Jenkins mit einem auffallend affirmativen Grundton, auf welche Art Fans diese Urtexte nutzen und verändern, um selbst zum Medienproduzenten zu avancieren. Diese Form der Akzeptanz für Medienappropriation wird – wie bereits angesprochen – schon in *Textual Poachers* ersichtlich, etwa wenn Jenkins ausführlich auf STAR TREK-Fantexte[68] Bezug nimmt und dabei mit großer Detailliertheit die Kreativität der Fans betont.[69] In diesem Zusammenhang fällt auf, dass er insbesondere auf Fantexte hinweist, die aktiv für sexuelle Liberalisierung und Gleichberechtigung einstehen, etwa wenn Fans homoerotische Liebesbeziehungen zwischen Crewmitgliedern aus STAR TREK kreieren, die sich in der Serie nie ereignet haben.[70] Stellt man diese spezielle Form der Fan Fiction den Urtexten gegenüber, so finden sich bei Jenkins Andeutungen, die Fan Fiction sei oftmals progressiver als die Urtexte. Oftmals verfolge sie Ziele der sozialen Gerechtigkeit und Gleichberechtigung, weshalb sie von signifikantem Wert für die Gesellschaft sei. Gleichermaßen rücken bei Jenkins Reflexionen über die grundsätzliche Frage nach der Berechtigung zur Appropriation von Medien

68 STAR TREK, R.: diverse, USA 1966– (zeitweise unterbrochen).
69 Vgl. Jenkins, Textual Poachers, S. 185 ff.
70 Vgl. Jenkins, Textual Poachers, S. 185 ff.

sowie moralisch fragwürdige Fantexte, auf die er nur rudimentär Bezug nimmt, in den Hintergrund.

Es erscheint daher nicht ungewöhnlich, dass Autoren wie Strangelove im Zusammenhang mit Untersuchungen zu Internet-Piraterie Jenkins' Darstellungen für unzureichend erachten.[71] Dabei stellt das unrechtmäßige Verwenden von Urtexten zugunsten der Genese neuer Artefakte nur einen der Grundpfeiler der Kritik an Partizipationskultur dar. Seit einigen Jahren rückt in der Debatte über Demokratisierungs- und Partizipationspotenziale von (sozialen) Video-Plattformen zunehmend die Beziehung zwischen Influencern und ihren Fans auf Social-Media-Plattformen in den Fokus. An diese Debatte lässt sich ferner die – in dieser Studie nur rudimentär behandelte – Diskussion über den Einfluss von Algorithmen auf gelebte Partizipationskultur anschließen, da Algorithmen auf sozialen Online-Plattformen darüber entscheiden, in welchem Ausmaß Plattform-Akteure eine Resonanz erhalten.

„Have I gone too far? Am I granting too much power here to these consumption communities? Perhaps. But keep in mind that I am not really trying to predict the future. [...] Rather, I am trying to point toward the democratic potentials found in some contemporary cultural trends."[72] Diese Reflexion von Jenkins ist für die Auseinandersetzung mit anderen kritischen Positionen zu Partizipationskultur hilfreich, da er selbst auf einen weiteren zentralen Kritikpunkt hinweist: Die Frage nach der Machtverteilung und -berechtigung in digitalen Räumen, die primär in den 2010er Jahren an Brisanz gewinnt, stellt das Zentrum der wissenschaftlichen Kritik dar. Geert Lohvink, Kritiker von Jenkins' Theorie der Partizipationskultur, zweifelt Jenkins' Haltung im Allgemeinen und die Idee der Nivellierung von Machtgefällen in Online-Räumen im Speziellen an: „Die meiste Aufmerksamkeit bekamen in den ersten Jahren der Online-Video-Forschung Henry Jenkins' unkritische Einschätzung der ‚Partizipationskultur' und der Kult um die Amateur-Produzenten."[73] Wie ich oben versucht habe aufzuzeigen, ist es zumindest fraglich, ob man Jenkins wirklich eine derart unkritische Haltung vorwerfen darf, bezieht man seine, in verschiedenen Arbeiten integrierte, Selbstkritik mit ein. Außerdem gilt zu bedenken, dass Lohvinks Kritik vor *Spreadable Media* und *By Any Media Necessary*[74] erschien, sodass der Fokus seiner Kritik hauptsächlich auf Jenkins' frühere Arbeiten gerichtet ist, die tatsächlich weniger kritische Gegenpositionen abbilden, als es beispielsweise in *Spreadable Media* der Fall ist. Bis heute gültig scheint jedoch Lohvinks

71 Vgl. Strangelove, Michael: Post-TV: Piracy, Cord-Cutting, and the Future of Television, Toronto 2015, S. 239.

72 Jenkins, Convergence Culture (2008), S. 257 f.

73 Lohvink, Geert: Das halbwegs Soziale. Eine Kritik der Vernetzungskultur, Bielefeld 2012, S. 175.

74 Vgl. Jenkins, Any Media Necessary.

Bezeichnung des ‚Kultes' um Amateur-Produzenten zu sein, den Jenkins in hohem Maße mitgestaltet hat.[75]

Der Untertitel von Lohvinks Publikation ‚Eine Kritik der Vernetzungskultur' gibt bereits einen Hinweis darauf, dass er auch die Vorstellung des aktiven, ermächtigten Zuschauers nicht als allgemein gültig akzeptiert: „Partizipation woran? An Online-Petitionen, mag sein. Aber entscheidungsrelevant? Viele Blognutzer entsprechen den hohen Idealen nicht, sondern pflegen nur eine Kultur des beteiligungslosen Engagements."[76] In diesem Zusammenhang erscheint eine Differenzierung zwischen verschiedenen ‚Modi der Partizipation' sinnvoll: Bei der Lektüre von *Textual Poachers* und *Convergence Culture* wird der Leser mit ‚Musterbeispielen' für Partizipationskultur konfrontiert, wobei Jenkins' Fantext-Beispiele freilich als Ausnahme im Kontext von Online-Partizipation zu begreifen sind, da sie allesamt aufwändige Fan-Produktionen darstellen, die nicht als ‚Regelfall' missverstanden werden dürfen.

Auf eben dieses Missverständnis geht zum Beispiel Lehmann ein, wenn sie schreibt: „Die Success Stories der Partizipationskultur [...] werden oft in eben jenen Superlativen gerühmt, die es dem utopischen Ideal zufolge zu überwinden gilt: sie sind einzigartig, erfindungsreich, originell, fantasievoll – eben genau das, was nicht alle durchschnittlichen Benutzer sein können."[77] Tatsächlich findet ein Großteil der Partizipation im Internet in Form von digitalen Gesten wie Likes, Kommentaren und dem Teilen von Inhalten – und nicht dem aktiven Gestalten von (Film-)Texten – statt. An Lohvinks Frage nach der Entscheidungsrelevanz[78] der Partizipation vieler Nutzer im Internet anknüpfend, kann auf Ramón Reicherts Publikation *Amateure im Netz* verwiesen werden. Auch Reichert beschäftigt sich intensiv mit Fragen der Ermächtigung für Internetnutzer:

> In immer wiederkehrenden rhetorischen Figuren betonen sie [Unternehmensdiskurse] ‚bedürfnisorientierte' Rahmenbedingungen, ‚gleichberechtigte' Partizipationschancen oder ‚basisdemokratische' Kollaborationen. Alles, wofür das Web 2.0 steht, gilt allgemeinhin als zweifelsfrei gut, als Zeichen des Fortschritts [...]. Doch das Web-2.0-Konzept lässt auch Ambivalenzen, Ungleichheiten und Legitimationsdefizite wieder entstehen.[79]

75 Dabei ist an Jenkins' Beispiele von Fantexten zu denken, die – Jenkins' Auffassung nach – positive Auswirkungen auf die Medienkultur und Gesellschaft hätten.

76 Lohvink, Kritik der Vernetzungskultur, S. 10.

77 Lehmann, Ann-Sophie: Bügeln, Töpfern, Zeichnen, oder: How to YouTube. Videos kreativer Praxis als Vermittlung und Performanz impliziten Wissens, in: Schumacher, Julia/Stuhlmann, Andreas (Hg.): Videoportale: Broadcast Yourself? Versprechen und Enttäuschung, Hamburg 2011, S. 137–151, S. 138.

78 Vgl. Lohvink, Kritik der Vernetzungskultur, S. 10.

79 Reichert, Ramón: Amateure im Netz. Selbstmanagement und Wissenstechnik im Web 2.0, Bielefeld 2008, S. 13.

Wenngleich sich Jenkins – wie bereits verdeutlicht – gegen einen synonymen Gebrauch von Partizipationskultur und Web 2.0 ausspricht,[80] stellt sich dennoch die Frage, inwiefern die von ihm im Begriff ‚Partizipationskultur' angelegten Demokratisierungsprozesse und die Nivellierung von Machtverhältnissen von zahlreichen Beeinflussungsfaktoren unterwandert werden: Es ist – insbesondere aus heutiger Sicht – evident, dass durch (soziale) Internetplattformen Machtverschiebungen in Kraft treten, doch geht mit dem Auftreten neuer Machtnutzer keineswegs eine gleiche Verteilung der Macht einher. Die von Reichert thematisierten Ungleichheiten ergeben sich schon – wie Weitbrecht anmerkt – auf basaler Ebene im Hinblick auf einen Internetzugang[81] und lassen sich bis in virtuelle Interessengemeinschaften auf sozialen Plattformen beobachten, bei denen komplexe Sozialstrukturen die Dynamik von Ermächtigung und Entmachtung beeinflussen.[82] Darüber hinaus ist es von hoher Bedeutung, die Plattformen, die sich durch Partizipationskultur auszeichneten, in den Diskurs der Machtverteilung miteinzubeziehen. Weber merkt an: „Bei all den Versprechungen von Partizipation, Offenheit und Möglichkeiten der Mitgestaltung, unterliegen die YouTube NutzerInnen bisweilen unbemerkt Reglementierungen und wirtschaftlichen Interessenslagen."[83] Dies gilt sowohl in Bezug auf konkrete Regeln, die YouTube seinen Nutzern vorschreibt[84] als auch mit Blick auf subtilere – und für Nutzer wenig einsehbare – Phänomene wie algorithmische Präferenzen von Inhalten, die letztlich über Erfolg und Misserfolg auf Videoplattformen wie YouTube entscheiden.

Jenkins et al. verleihen *Spreadable Media* das Motto ‚If it doesn't spread, it's dead'. Die Reichweite von Videos, die über den Einfluss des Videomachers entscheidet, steht in direktem Zusammenhang mit dem Algorithmus einer Plattform, über dessen Funktionsweise Privatpersonen in der Regel nur wenige bis gar keine Informationen erhalten. Im Kontext der Ermächtigung von Grassroots bedeutet das,

---

80 Vgl. Jenkins, Spreadable Media, S. 297.

81 Vgl. Weitbrecht, Partizipative Kultur, S. 123.

82 Vgl. Reichert, Amateure im Netz, S. 220. An dieser Stelle ist auch die von Jenkins selbst eingebrachte Einschränkung, Aspekte wie Geschlecht und Gender könnten zu Ungleichheiten beitragen, zu berücksichtigen. Vgl. Jenkins, Henry: Transmedia Storytelling. Die Herrschaft des Mutterschiffes, in: Stiegler, Christian/Breitenbach, Patrick/Zorbach, Thomas (Hg.): New Media Culture: Mediale Phänomene der Netzkultur, Bielefeld 2015, S. 237–256, S. 250.

83 Weber, Nikola Valeska: Broadcast (Stock-)Footage. Überlegungen zum Archiv-Charakter von YouTube, in: Schumacher, Julia/Stuhlmann, Andreas (Hg.): Videoportale: Broadcast Yourself? Versprechen und Enttäuschung, Hamburg 2011, S. 43–57, S. 48.

84 Man denke beispielsweise an die im zweiten Kapitel angesprochene Änderung der Geschäftsbedingungen, die mit YouTube Red erstmals in Kraft trat. YouTube schreibt hierbei eine Zustimmung vor. Bei Ablehnung der Geschäftsbedingungen droht eine Sperrung der Videoinhalte. Vgl. Popper, Red Dawn. Vgl. auch Craig, Social Media Entertainment, S. 61.

dass ‚spread' oder ‚dead' maßgeblich dadurch bestimmt wird, ob die jeweiligen Inhalte nach den Maßstäben der Programmierung des Algorithmus als interessant genug eingestuft werden, um massenhaft verbreitet zu werden. Anders formuliert erfordert Ermächtigung zunächst, dass man sich dem Algorithmus unterordnet, indem man seine unausgesprochenen Regeln befolgt. Erst daraufhin kann man – gewissermaßen durch den Algorithmus – *ermächtigt werden*. Diese Distinktion zwischen der Vorstellung einer aktiven Selbstermächtigung und dem passiven ‚Ermächtigt-werden' ist im Hinblick auf Machtstrukturen auf Online-Plattformen wie YouTube essentiell.

4.3 Influencer und ihre Auswirkungen auf Online-Plattformen

Die Vorstellung der Chancengleichheit, die von Jenkins partiell selbst relativiert wird, wird ab der Mitte der 2010er Jahre in zahlreichen Beiträgen, die mittlerweile unter dem Begriff ‚Influencer Studies' subsumiert werden, weitergehend kritisiert. Es ist sicher kein Zufall, dass Jenkins dem Begriff ‚Influencer' kritisch gegenübersteht, da der Begriff mitunter mit Manifestationen von Ungleichheit und Machtgefällen in Online-Räumen assoziiert wird. In *Spreadable Media* ist beispielsweise auffällig, dass der Begriff von Jenkins et al. immer nur in Anführungszeichen verwendet wird.[85]

Jenkins et al. schlagen den Begriff ‚Grassroots Intermediaries' vor,[86] womit sie sich auf folgende Akteure beziehen: „ [...] we mean unofficial parties who shape the flow of messages through their community and who may become strong advocates for brands or franchises."[87] Wenngleich Jenkins et al. anerkennen, dass die Definition von Grassroots durch Kommerzialisierungsoptionen herausgefordert werde,[88] sehen sie weiterhin eine starke Verbindung zu Grassroots-Kulturen, die losgelöst von traditionellen Medienproduzenten oder Konzernen existierten: „They are not, however, employed or regulated by content creators and also may act counter to corporate goals."[89] Dass Jenkins auch überdurchschnittlich einflussreiche Akteure mit kommerziellen Verbindungen zu Konzernen weiterhin im Kontext der Grassroots-Bewegung verortet,[90] gibt Hinweise auf seinen Skeptizismus und

85 Vgl. Jenkins, Spreadable Media, S. 26.
86 Vgl. Jenkins, Spreadable Media, S. 7.
87 Jenkins, Spreadable Media, S. 7.
88 Vgl. Jenkins, Spreadable Media, S. 7.
89 Jenkins, Spreadable Media, S. 7.
90 Es ist anzumerken, dass Jenkins seit vielen Jahren Blogs veröffentlicht, in denen die er die Machtgefälle und Hierarchien weniger einschränkend akzeptiert.

sein Zögern, ein differenzierteres Spektrum an Akteur-Gruppen, die die aktuelle Medienlandschaft massiv prägen, zu akzeptieren.

In dieser Studie wird die Auffassung vertreten, dass Influencer nicht als Grassroots zu bezeichnen sind. Ich bin vielmehr der Ansicht, dass sie während den Anfängen ihrer digitalen Partizipation in Online-Räumen wie YouTube der ‚Grassroots-Community' angehörten, aber dass ihr Status als ‚Grassroots-Akteur' primär durch den Beginn der Kommerzialisierung ihrer Inhalte verändert wird. Das folgende Unterkapitel geht der Frage nach, ob jeder kommerziell ausgerichtete Kanal respektive Akteur auch als Influencer zu bezeichnen ist oder ob weitere (Sub-)Kategorisierungen vonnöten sind, um dieses Berufsfeld differenziert vor dem Hintergrund von Partizipationskultur nach Jenkins besprechen zu können und im Anschluss daran auch den Status der in den Originals auftretenden YouTuber besser erfassen zu können. Der letztgenannte Punkt ist vor allem im Hinblick auf die Frage, inwiefern diese Akteure (noch) im Bereich der Grassroots zu verorten sind, von besonderem Interesse, da diese Frage eng mit der hier postulierten Förderung einer Elitisierung von Inhalten und einer Stärkung eines Starsystems auf YouTube in Verbindung zu bringen ist: Die Aufarbeitung von Jenkins' prominentesten Forschungsbeiträgen in diesem Kapitel gibt Hinweise darauf, dass die Grassroots als Manifestation von Bottom-Up-Strukturen – und damit als oppositionelle Kraft zu Großkonzernen und traditionellen Medienunternehmen – aufgefasst werden.

Im zweiten und dritten Kapitel ist die Konvergenz verschiedener Starssysteme in den YouTube Originals dargelegt worden. Auf Grundlage dieser Feststellung soll nun zu erörtert werden, inwiefern (ehemalige) Bottom-Up-YouTuber durch die Originals einen – in diesem Fall wortwörtlichen – *Richtungs*wechsel erfahren und zu Akteuren in einer Top-Down-Bewegung avancieren.[91]

4.3.1 Erläuterung des Begriffs ‚Influencer'

Der Begriff ‚Influencer' ist in dieser Studie bereits mehrfach verwendet worden. Mit Blick auf einige Definitionsansätze wird ersichtlich, dass Influencer keine homogene Masse darstellen, sondern dass es verschiedene Gruppen gibt, die voneinander zu unterscheiden sind. Das *Oxford Dictionary of Media and Communication* definiert: „1. (social influencer) A key individual with an extensive network of contacts, who plays an active role in shaping the opinions of others within some

91 Dabei wird auch bedacht, inwiefern diese Akteure bereits vor der Premium-Ära als Teil der Top-Down-Kultur auf YouTube betrachtet werden sollten.

topic area, typically through their expertise, popularity, or reputation.“[92] Dabei wird die rein soziale Dimension des Influencings durch die Subkategorien ‚new influencer‘ und ‚brand influencer‘ wie folgt ergänzt: „[...] in viral marketing, a member of a seed group of individuals acting as a hub in a networked disseminating viral media. [...] (brand influencer) In marketing, anyone in a position to have a direct impact on those who purchase products or services.“[93]

Dabei ist die Differenzierung zwischen non-kommerziellem Influencing und Marken-Influencing wichtig, um auf verschiedene Absichten seitens der Influencer aufmerksam machen zu können. Es ist auffällig, dass sowohl im Bereich der Populärkultur als auch in der wissenschaftlichen Aufarbeitung der Begriff derzeit hauptsächlich mit kommerziellen Interessen in Verbindung gesetzt wird, weshalb beispielsweise Autoren wie Bladow schreiben: „Broadly defined, an influencer is anyone who has the ability to impact someone’s purchase decisions.“[94] Sie und viele andere beziehen sich in ihren Erörterungen zu dem Phänomen beinahe ausschließlich auf den Aspekt der Kaufempfehlungen, die über (soziale) Online-Plattformen erfolgen.

Die Hervorhebung der Kommerzialisierung von Inhalten wird auch hier im Zentrum der begrifflichen Aufarbeitung stehen, wobei grundsätzliche Probleme in Bezug auf eine definitorische Rahmung nicht ausgeblendet werden dürfen: Die Frage danach, wer als Influencer zu bezeichnen ist, ist – obwohl es zahlreiche Publikationen zu dieser Berufsgruppe und ihren Praktiken gibt – sowohl in der Forschung als auch in der Gesellschaft insofern umstritten, als dass mit der Bezeichnung kein geschützter Beruf beschrieben wird.[95] Es gilt sowohl die Frage nach der Reichweichte, die letztlich über die Wirkung des (kommerzialisierten) Inhalts entscheidet, zu bedenken als auch die strukturelle Einbettung respektive den Kontext, in dem eine (Kauf-)Empfehlung erfolgt. Die Rechtswissenschaft und Rechtsprechung[96] hat sich in den letzten Jahren vielfach mit der Frage beschäftigt, wann Inhalte als ‚Werbung‘ gekennzeichnet werden müssen, was insbesondere mit Blick auf die Tatsache, dass schon die reine Nutzung oder das (Auf-)Tragen von Markenartikeln als impliziter Aufruf zum Kauf eines Produkts verstanden werden kann, mitunter kontrovers geführte Debatten auslöst.

92 Chandler, Influencer, S. 230.

93 Chandler, Influencer, S. 230.

94 Bladow, Influencer Marketing, S. 1124.

95 Hinzu kommt, dass es keiner Form der traditionellen Ausbildung bedarf.

96 S. z. B. ein Urteil vom 09.09.2021. Bei dem Prozess ging es um die Kennzeichnungspflicht von Werbeinhalten auf sozialen Online-Plattformen. https://www.bundesgerichtshof.de/SharedDocs/Pressemitteilungen/DE/2021/2021170.html (zuletzt abgerufen am 01.11.2022).

Müller et al. führen aus: „[...] an influencer is a third party who significantly shapes the opinions and purchasing decisions of other customers [...] influencers may post photos of themselves with products or brands on a social media platform, accompanied by brand-related hashtags [...].“[97] Dabei stellt das Posten von Fotos, in denen Marken erkennbar sind, auch für alle, die nicht dafür bezahlt werden, keine Seltenheit dar: Die Konservierung von alltäglichen Ereignissen auf Online-(Video)-Plattformen findet innerhalb einer Markenkultur statt, bei der der Wiedererkennungswert von Marken oftmals eine hohe Priorität hat. Diese Eigenschaft der Markenkultur stellt das Medienrecht vor die komplexe Aufgabe, zwischen der digitalen Manifestation des Alltags, in dem zahlreiche Marken(-logos) verankert sind, und gezielter Werbung zu unterscheiden: Jeder Beitrag auf Instagram, in dem ein Pullover mit Label erkennbar ist, kann die Kaufentscheidung eines anderen beeinflussen. Gleichermaßen muss ein Recht auf freiheitliche Auslebung im Internet gewährleistet werden, das massiv eingeschränkt würde, wenn jede alltägliche Form der Markenrepräsentation bereits einen Verstoß darstellen würde. Nicht zuletzt um Unklarheiten im Bereich der Kennzeichnungspflicht zu beseitigen, reagierte die Bundesregierung beispielsweise mit Gesetzgebungsverfahren wie der *Reglungsvorschlag zur Abgrenzung nichtkommerzieller Kommunikation zur Information von Meinungsbildung von geschäftlichen Handlungen (Influencer).*[98]

Verschiedene medienrechtliche Publikationen der 2010er Jahre stellen die Schwierigkeit der juristischen Bewertung solcher Fälle heraus und weisen zudem auf eine notwenige Adaption von Telemediengesetzgebungen hin, die mit Blick auf neuartige kommerzielle Nutzungs- und Beeinflussungsmöglichkeiten des Internets einer Aktualisierung bedürften.[99] Die Aspekte der Kontextualisierung von Inhalten und Formen der Einbettung kommerzialisierten Contents in das digitale Portfolio stellen jedoch nur einen Teil der zentralen Fragestellungen im Hinblick auf einen Klassifizierungsansatz des Berufsfelds der Influencer dar. Die Frage nach der Reichweite eines Akteurs ist in Bezug auf Definitionsfragen für den Begriff gleichermaßen entscheidend wie auch irreführend: Es kann keinen Zweifel daran geben, dass das Ausmaß der Beeinflussung massiv von der Reichweite, d. h. der Anzahl an Followern oder Abonnenten abhängig ist, da eine höhere Anzahl an erreichten Personen auch zu mehr Beeinflussung führen kann.

Gleichwohl kann ich aus eigener Erfahrung sagen, dass eine hohe Reichweite nicht entscheidend ist, um ‚offiziell‘ als Influencer bezeichnet zu werden: Im Jahr

97 Jaakonmäki, User Engagement, S. 1152.

98 S. https://www.bmj.de/SharedDocs/Gesetzgebungsverfahren/DE/Regelungsvorschlag_Influencer.html (zuletzt abgerufen am 01.11.2022).

99 Vgl. z. B. Heins, Markus: Die Produktplatzierung auf Videoportalen – eine medienrechtliche Untersuchung, (zugl. Köln, Masterarbeit), Köln 2016.

2020 habe ich an einer Bildungsinitiative auf der Online-Video-Plattform TikTok als Videomacher mitgearbeitet und Videos über Mediengeschichte erstellt.[100] Dabei wurde ich – ungeachtet der Tatsache, dass ich zu Beginn der Kampagne keinen einzigen Follower hatte – in einem Vertrag mit TikTok als ‚Influencer' bezeichnet. Wenngleich diese Tätigkeit zweifelsohne nicht als ‚gewöhnliches Influencing' begriffen werden kann, zumal es um Bildungsinhalte und nicht um Produktempfehlungen ging, ist mir während dieser Arbeit aufgefallen, dass der Begriff, der in meinem Fall partiell durch eine neuartige Subkategorisierung namens ‚Sinnfluencer' substituiert wurde,[101] durchaus auf ein breites Spektrum an Partizipierenden in Online-Räumen appliziert wird.

In diesem Zusammenhang ist anzumerken, dass neben ‚Sinnfluencern' mittlerweile weitere Bezeichnungen kursieren, die der Problematik einer von der Reichweite ausgehenden Akteurs-Klassifikation entgegenzutreten versuchen: Influencer werden mitunter in ‚Nano-', ‚Mikro-', ‚Makro-' oder ‚Mega-Influencer' unterteilt, um sowohl reichweitenschwache als auch weltweit bekannte Akteure als Influencer bezeichnen zu können. Teilweise werden die einzelnen Subkategorien mit konkreten Abonnentenzahlen in Verbindung gebracht, die vorhanden sein müssen, um in eine bestimmte Kategorie zu fallen.[102]

4.3.1.1 Verbindung zum Forschungsgegenstand

Diese – primär in populärkulturellen Diskursen erfolgenden – Hierarchisierungen von Influencern sind im Anschluss an dieses Kapitel insbesondere von Interesse für die Erörterung der Akteur-Struktur in den YouTube Originals, da in YouTubes Filmen und Serien lediglich den erfolgreichsten Akteuren, die – ausgehend von den erwähnten Modebegriffen – als ‚Makro-' oder ‚Mega-Influencer' bezeichnet werden können, eine Partizipationsmöglichkeit gewährt wird.

In diesem Zusammenhang ist auf einen weiteren, häufig angeführten Aspekt einzugehen, der ebenfalls in konkreter Verbindung zu den Originals steht: Sowohl auf Basis eigener Erfahrungen als auch mit Blick auf Beschreibungen aus der Forschungsliteratur lässt sich festhalten, dass die Monetarisierung von Inhal-

---

100 Es ist in diesem Zusammenhang relevant hinzuzufügen, dass Arbeit hierbei als bezahlte Tätigkeit – und nicht als Form der ‚free labor', die Jenkins und Terranova mit Blick auf Fan Art hervorheben – zu verstehen ist. Vgl. Jenkins, Convergence Culture (2008), S. 180.

101 In Meetings mit Influencer-Marketing-Agenturen wurden meist beide Begriffe verwendet.

102 Die Zahlen fallen hierbei unterschiedlich aus und werden nicht einheitlich definiert. Es handelt sich bei den Subkategorien um lose im Internet kursierende Begriffe. Weingart beispielsweise benutzt in einem Aufsatz die Begriffe ‚Mega-Stars' und ‚Micro-Celebrities'. Vgl. Weingart, Brigitte: Star Studies, in: Groß, Bernhard/Morsch, Thomas (Hg.): Handbuch Filmtheorie, Wiesbaden 2021, S. 589–609, S. 604.

ten bei Influencern stets mit dem Merkmal der Authentizität in Verbindung gebracht wird:

> Endorsements from influencers are distinguishable from traditional celebrity endorsements [...] influencers are more relatable and their endorsements are seemingly more authentic than endorsements from traditional celebrities. An influencer's endorsement is often equivalent to a peer recommendation and can carry significant weight with her followers.[103]

Der vielbesprochene Aspekt der Authentizität der Influencer[104] soll dabei nicht nur durch performative Akte wie Gestik, Mimik und eine bestimmte Rhetorik hervorgerufen, sondern kann auch durch den Schauplatz, an dem ein Video oder Foto entsteht, geprägt werden. Insbesondere auf YouTube existieren Millionen von Vlogs, in denen das eigene Haus oder auch das eigene Kinderzimmer als Schauplatz dienen.[105] Anhand des bereits besprochenen Falles von lonelygirl15 kann gezeigt werden, dass ein Kinderzimmer als Kulisse eben den Anspruch hatte, Authentizität zu generieren. Ähnlich verhält es sich mit Brand-Influencern: Die Selbstinszenierung in häuslicher Umgebung oder anderen Umgebungen des Alltags wird häufig mit der Repräsentation von Marken verbunden, um den Eindruck einer ‚alltäglichen Empfehlung' zu erwecken, der in einem starken Kontrast zu Werbedrehs mit traditionellen Stars steht, die meist in einem Studio aufgenommen werden. Die Unterscheidung verschiedener Star-Typen ist hierbei entscheidend, da Hollywoodstars in der Regel von Internetstars und anderen Personen des öffentlichen Lebens abgegrenzt werden. Weingart hebt in ihrem Aufsatz *Star Studies* hervor:

> Diese traditionelle Kopplung an die Filmbranche hat dazu beigetragen, dass der Star noch heutzutage als Person gilt, deren Berühmtheit durch hervorstechende Leistungen ‚verdient' wurde. Demgegenüber bezieht sich der Begriff der „Celebrity" – der sich inzwischen auch im Deutschen als Alternative zur „Prominenz" bzw. zur tendenziell abfällig gemeinten Bezeichnung „Promi" durchgesetzt hat – lediglich auf den hohen Bekanntheitsgrad einer Person; häufig wird dabei ihr öffentliches ‚Hervorragen' (*pro minere*) als bloßer Medieneffekt abgewertet.[106]

---

103 Bladow, Influencer Marketing, S. 1128.

104 Vgl. auch: Frühbrodt, Netzwerk der Profis. Vgl. auch Breitenbach, Patrick: Memes. Das Web als kultureller Nährboden, in: Stiegler, Christian/Breitenbach, Patrick/Zorbach, Thomas (Hg.): New Media Culture: Mediale Phänomene der Netzkultur, Bielefeld 2015, S. 29–49.

105 Vgl. Hillrichs, Early YouTube. In seiner Dissertation geht Hillrichs unter anderem auch auf das Phänomen des eigenen Hauses als Schauplatz ein. Für YouTubing aus dem Kinderzimmer vgl. z. B. Peters, Kathrin/Seier, Andrea: Home Dance: Mediacy and Aesthetics of the Self on YouTube, in: Snickars, Pelle/Vonderau, Patrick (Hg.): The YouTube Reader, Stockholm 2009, S. 187–203.

106 Weingart, Star Studies, S. 590.

Die Unterscheidung zwischen dem Hollywoodstar und einem Celebrity erfolgt oftmals aufgrund eines klar definierbaren Oeuvres, das gerade im Hinblick auf Online-Celebrities wie bekannte Personen auf Instagram, YouTube oder TikTok weniger leicht abgesteckt werden kann. Gerade im Hinblick auf Influencer kann des Öfteren beobachtet werden, dass sie darum bemüht sind, die institutionelle Differenz zwischen Hollywood- oder Musikstars und ihnen selbst herauszustellen, um – wie oftmals im Bereich des Marketings formuliert wird – ‚relatable' zu bleiben. Damit ist gemeint, dass Online-Celebrities oftmals beabsichtigen, eine (emotionale) Nähe zu ihren Fans zu suggerieren und sich als ‚ein(e) von ihnen' zu inszenieren.[107]

4.3.1.2 Influencer-Definition

Auf Grundlage der vorgestellten Merkmale von Influencern wird der Begriff für die folgende Auseinandersetzung mit Influencern auf YouTube und ihrem spezifischen Spannungsverhältnis zu Partizipationskultur wie folgt definiert:

Influencer sind Akteure, die – insbesondere auf Social-Media-Plattformen[108] – eine Form der Autorität innehaben, die sowohl durch spezifisches Wissen als auch durch performative Persuasion erlangt wird. Ausgehend von dieser Autorität können Influencer für sich beanspruchen, einen hohen Einfluss auf Nutzer der Plattformen, auf denen sie agieren, auszuüben. Dieser Einfluss kann einerseits mit Blick auf soziale, politische und unterhaltungsbasierte Themen wirksam werden. Andererseits stellen insbesondere kommerzielle Absichten, d. h. Kaufanregungen für bestimmte Produkte, ein essentielles Erkennungsmerkmal von Influencern dar. Das Leistungsspektrum von Influencern ist selten auf eine einzelne Handlungsmotivation beschränkt. Vielmehr werden unterschiedliche Inhalte erstellt, die teilweise als

---

107 In Anbetracht der zahlreichen Beiträge auf Plattformen wie Instagram, in denen Influencer ihren sozioökonomischen Status zur Schau stellen und insbesondere Luxusgegenstände stolz präsentieren, mag diese Aussage zunächst fraglich erscheinen. Hier wird aber davon ausgegangen, dass diesbezüglich kein Widerspruch vorliegt, zumal oftmals beobachtet werden kann, dass auf die Zurschaustellung eines trainierten Körpers, eines teuren Hauses oder Autos etc. meist ein ‚Motivationsaufruf' oder eine Anleitung erfolgt, wie die Gefolgschaft des Influencers auch ein solches Leben führen könne. Dies erfolgt insbesondere dann, wenn kostenpflichtige Programme, Apps oder Nahrungsergänzungsmittel beworben werden. Damit wird insinuiert, der jeweilige Influencer erweise seinen Followern eine Gefälligkeit in Form eines ‚Ratschlags unter Bekannten'.

108 Die Verknüpfung zwischen Influencern und sozialen Medien wird als essentiell angesehen. Die Funktionen von Social-Media-Plattformen sind oft von hoher Bedeutung für die Erfolgsgrundlage von Influencern. Interaktive Elemente wie Kommentarfunktionen erzeugen eine Illusion von Nähe zu Influencern, die eine wichtige Grundlage für ihren Erfolg darstellt und als Gegenentwurf zu traditionellen ‚Fan-Star-Verhältnissen' verstanden werden kann.

non-kommerzieller Beitrag zu einer Sozialgemeinschaft verstanden werden sollen,[109] teilweise aber auch direkte Wertschöpfungsabsichten zu erkennen geben.

Ferner wird die Reichweite eines Akteurs nicht als allgemeines Definitionskriterium verstanden, wobei die Problematik einer generischen Klassifizierung, wer als Influencer gilt und wer nicht, zweifellos vorhanden ist. Die Studie spricht sich dafür aus, dass etwaige Beurteilungen einer individuellen Prüfung bedürfen, bei der das im vorherigen Absatz besprochene Verhältnis von non-kommerziellen und kommerziellen Inhalten die Grundlage für eine Beurteilung bildet. Ein möglicher Einwand ist diesbezüglich, dass beispielsweise religiös-fundamentalistisches und ideologisch basiertes Influencing ein enormes subversives Potenzial bergen, ohne dass dabei ein greifbares Produkt verkauft würde, sodass der Schluss naheliegt, der kommerzielle Aspekt spiele nicht immer eine entscheidende Rolle für die Beurteilung, ob jemand als Influencer zu bezeichnen ist.

Wenngleich sich für die letztgenannten Bereiche zahlreiche Personen mit hohem Beeinflussungspotenzial anführen ließen, werden diese Akteure hier nicht als Influencer verstanden, um eine Abgrenzung zu potenziell demagogischen Strategien vornehmen zu können. Freilich würden einige Kritiker das Influencing an sich als Demagogie bezeichnen, hier soll jedoch gelten, dass Influencer im Rahmen säkularer und demokratischer Werteorientierungen agieren.[110] Ich bin ferner der Meinung, dass für Influencer diese Werteorientierungen stets mit einer kapitalisti-

---

109 Dieser Aspekt ist mit Vorsicht zu formulieren, da auch Inhalte ohne jegliche Form der Werbung als Teil einer Langzeitstrategie der Influencer verstanden werden können, die vorsieht, die eigene digitale Identität nicht ausschließlich über Werbebotschaften zu definieren: Posts, Videos, Blogeinträge etc., durch die keine Verkäufe beabsichtigt werden, haben das Potenzial, den Influencer als authentisch und lebensnah darzustellen, was mit Blick auf Marketingstrategien dazu beitragen kann, dass daraufhin erfolgende Produktwerbungen nicht als beständig wirkende kapitalistische Systemmaschinerie aufgefasst, sondern als ‚vereinzelte Empfehlungen' verstanden werden. Gleichwohl soll durch den Hinweis auf die Möglichkeit der Anwendung dieser Strategie nicht insinuiert werden, jeder Influencer poste nur deshalb non-kommerzielle Inhalte, weil dies langfristig zu mehr Geld führe. Es gibt zweifelsohne zahlreiche Akteure, die durch das Influencing ihren Lebensunterhalt verdienen und Werbung innerhalb der rechtlichen Rahmenbedingungen ordentlich kennzeichnen und über diese legale Erwerbstätigkeit hinaus auch sozial engagiert sind.

110 Die Studie blendet allerdings nicht die zahlreichen Szenarien aus, in denen Influencer aufgrund akuter gesellschaftlicher Probleme unerwartet Positionen und Verschwörungstheorien vertreten, aufgrund derer ihr gesamtes Demokratieverständnis zu hinterfragen ist. Derartige Fälle lassen sich beispielsweise vor dem Hintergrund der Corona-Pandemie erkennen und ziehen die Frage nach sich, ob der Status des Influencers durch die Offenbarung plötzlich in Erscheinung tretender antidemokratischer oder verschwörungstheoretischer Tendenzen anders aufzufassen ist. Es ließe sich in diesem Zusammenhang eine Debatte darüber anschließen, inwiefern Influencer, auf die dies zutrifft, in vielen Fällen selbst Opfer von Demagogen sind und nur selten als Initiatoren von antidemokratischen oder antisäkularen Tendenzen begriffen werden müssen.

schen Grundlogik verbunden werden, wobei die Akkumulation von Kapital sowohl auf ökonomisches als auch auf soziales Kapitel ausgerichtet ist.[111] Im Fall der Influencer ist das soziale Kapital aufgrund der Funktionslogik[112] der Plattformen, auf denen sie agieren, nicht abstrakt, sondern in konkreten Zahlen messbar. Die Zahlen, die Aufschluss über das soziale Kapital geben, werden hier als Grundlage für eine potenzielle Ausdehnung des ökonomischen Kapitals begriffen.[113] Deshalb ist – wenngleich sie hier kein entscheidendes Definitionskriterium darstellt – die Reichweite von Influencern dann von Bedeutung, wenn das Influencing die Haupterwerbsquelle der Akteure darstellt.

4.3.2 Influencer und YouTube – ein Schlag gegen Partizipationskultur?

Bereits im Jahr 2007 wurden auf YouTube durch Gewinnbeteiligungen an Werbeschaltungen[114] Kommerzialisierungsoptionen für YouTuber geschaffen, die als Anreiz für einen Reichweitengewinn aufgefasst werden können. In den darauffolgenden Jahren sollten weitere Wertschöpfungsmöglichkeiten dominant in Erscheinung treten, wobei die Bedingung für eine besonders erfolgreiche Vermarktung der eigenen Inhalte immer mit der Einzigartigkeit der Inhalte und der persönlichen Performanz einhergeht. Das Streben nach ‚außergewöhnlicher Partizipation' und erhöhter Aufmerksamkeit wird seit den Ursprüngen von YouTube durch Reichweite und Geld belohnt. Daher kann man argumentieren, dass die von kapitalistischen Logiken geprägte Plattform YouTube grundsätzlich nicht darauf ausgerichtet ist, sich als Online-Raum für Gleichberechtigung und Nivellierung sozialer Gefälle zu behaupten.

Hillrichs beschäftigt sich in seiner Dissertation auch mit Fragen zu YouTubes partizipatorischem Potenzial und YouTubes Eigenverständnis als soziale Plattform: „YouTube users occasionally referred to a community of users or to YouTube as a

111 Die Kapital-Begriffe sind auf Bourdieu zurückzuführen, vgl. beispielsweise Bourdieu, Pierre: The Forms of Capital, in: Richardson, John (Hg.): Handbook of Theory and Research for the Sociology of Education, New York 1986, S. 241–258.

112 Die Entscheidung darüber, den sozialen Stand einzelner Akteure durch Zahlen einzuordnen und diese Zahlen daraufhin offen einsehbar in das Interface zu integrieren, ist eine wichtige Funktionsweise, deren Logik darin besteht, Konkurrenzdenken zu schüren, was wiederum zu einem erhöhten Aufkommen an Plattform-Uploads führen kann und den Wert der Plattform selbst steigert.

113 Damit ist gemeint, dass eine erhöhte Reichweite dazu beitragen kann, dass mehr Geld erwirtschaftet wird, etwa wenn eine größere Anzahl an Zuschauern Werbeschaltungen vor, nach oder zwischen Videos sieht oder wenn besonders viele Fans des Influencers auf Verkaufsangebote eingehen.

114 Vgl. Hillrichs, Early YouTube, S. 65. Hillrichs beschreibt unter anderem sogar Monetarisierungsoptionen vor dem Jahr 2007. Vgl. Hillrichs, Early YouTube, S. 341 ff. Vgl. auch Frühbrodt, Netzwerk der Profis, S. 52 ff.

community. Nevertheless, it appears that the social formation that arose on YouTube was not a community, not even in the early years of the platform during which the community character is said to have been particularly pronounced."[115] In diesem Zusammenhang geht er explizit auf YouTubes partizipativen Modus ein und kritisiert rein affirmative Sichtweisen auf YouTubes Partizipationspotenzial: „YouTube culture was not significantly more participatory than the cultures of ‚old' media."[116] Hillrichs' Aussagen gehen zu großen Teilen aus Analysen zu Nutzerinteraktionen und Kommunikation unter YouTubern hervor, wobei er – anders als Aussagen von YouTubern, die ihre ‚Community' als funktionierenden sozialen Raum beschreiben – zu dem Schluss gelangt, dass durch das Hochladen von Videos weniger Interaktionen zwischen Menschen, sondern eher Interaktionen zwischen Zuschauern und Videos beschrieben werden könnten.[117]

Verbindet man diesen Ansatz mit dem Influencing, so stellt sich die Frage, inwiefern die von Influencern bereitgestellten Inhalte zur Kommunikation unter Menschen beitragen und Partizipation anregen, lassen ihre Wertschöpfungsabsichten doch eher den Schluss zu, dass eine Reinitialisierung des Konsument-Produzent-Paradigmas in Kraft tritt, etwa wenn die Zuschauer nicht unter sich, sondern mit Affiliate-Links und Rabattcodes interagieren. Auf den Konsum von Influencer-Inhalten auf YouTube folgt ein zweiter Konsum, wenn nach dem Ansehen des Videos die in dem Video beworbenen Produkte gekauft werden. Influencer auf YouTube fordern Partizipationskultur auf der Plattform insofern heraus, als dass ihre Erwerbsgrundlage darauf beruht, als Anführer einer Interessengemeinschaft Konsumenten zu generieren. Insbesondere dieser Aspekt ist nicht mit Partizipationskultur, die für die Nivellierung von Machtgefällen und die Beendigung traditioneller Konsument-Produzent-Paradigmen steht, zu vereinen.

In diesem Zusammenhang ist anzumerken, dass Jenkins das ‚Ergreifen partizipatorischer Energien'[118] respektive die Ausnutzung von viralen Verbreitungsmöglichkeiten als Web 2.0-Geschäftsmodell ansieht, das von kommerziell ausgerichteten Plattformen benutzt werde, wobei er diese Tätigkeiten von der Partizipationskultur abgrenzt.[119] Es sind de facto aber nicht nur Plattformen und Großkonzerne, sondern auch Einzelpersonen respektive Influencer, die durch beständige Autoritäts- und Einflusszuwächse einen Machtvorsprung gegenüber anderen Akteuren auf der gleichen Plattform und Interessengemeinschaft für sich beanspruchen können, der dar-

115 Hillrichs, Early YouTube, S. 366. Hillrichs nimmt dabei auf Van Dijk Bezug. Vgl. Van Dijk, José: The Culture of Connectivity: A Critical History of Social Media, Oxford 2013.

116 Hillrichs, Early YouTube, S. 364.

117 Vgl. Hillrichs, Early YouTube, S. 366.

118 Übersetzte Formulierung von Jenkins. Vgl. Jenkins, Spreadable Media, S. 297.

119 Vgl. Jenkins, Spreadable Media, S. 297.

aufhin kommerziell nutzbar gemacht wird. Jenkins sieht richtig, dass es nicht haltbar ist, lediglich von einer dualen Opposition bestehend aus Großkonzernen auf der einen und Grassroots auf der anderen Seite auszugehen.[120] Allerdings besteht bei Jenkins die Tendenz, den Begriff der Grassroots sehr weit zu fassen, wenn es um die Integration von Einzelpersonen mit kommerziellen Absichten geht.[121] Es erscheint jedoch schlichtweg nicht haltbar, diese Akteure als ‚Grassroots' zu bezeichnen, wenn sie Top-Down-Strukturen – wie Werbung für Produkte von Unternehmen – innerhalb einer Interessengemeinschaft etablieren.

Wendet man ein, dass – im Verhältnis zur Gesamtzahl aller Nutzer – nur wenige Akteure auf YouTube diese Top-Down-Strukturen fördern, muss bedacht werden, dass nicht die Anzahl an Influencern entscheidend ist, sondern ihre Präsenz und Dominanz. Die algorithmische Präferenz von YouTube spielt eine enorme Rolle für die Sichtbarkeit der Inhalte. Influencer erzielen in vielen Fällen mehr Videoaufrufe als gewöhnliche YouTuber und können damit mehr Einnahmen durch Werbeschaltungen vor, zwischen und nach ihren Videos generieren. YouTube wird an diesen Einnahmen beteiligt, sodass es vor allem im Interesse von YouTube ist, bereits bekannte Akteure prominent zu platzieren, um möglichst viel Geld durch Werbeeinnahmen zu generieren.[122] Außerdem sind Influencer in der Regel häufiger mit den Community-Richtlinien[123] von YouTube vertraut, da ein wichtiger Teil ihres Einkommens von der Einhaltung der Regeln abhängt. Das Befolgen der Regeln ist wiederum wichtig, um Werbepartner davon überzeugen zu können, dass ihre Werbung auf YouTube nicht vor oder nach verstörenden Videoinhalten, die eine negative Produktassoziation mit sich bringen könnten, angezeigt wird. Mit anderen Worten: Es liegt in YouTubes Interesse, werbefreundliche YouTuber prominent zu platzieren, um selbst einen maximalen Gewinn zu erzielen. Wenngleich also nur wenige Akteure Top-Down-Strukturen durch ihre Produktempfehlungen auf YouTube übertragen, sind sie aufgrund ihrer oftmals konstanten, richtlinienkonformen Inhalte und ihrem Interesse an maximaler Wertschöpfung für YouTube ein verlässlicher Partner, der als ‚Belohnung' für diese Verlässlichkeit dominant in Erscheinung tritt respektive bevorzugt angezeigt wird. Ein weiteres Argument wird

120 Vgl. Jenkins, Spreadable Media, S. 7.

121 Vgl. Jenkins, Spreadable Media, S. 7. Jenkins spricht von ‚Grassroots Intermediaries'.

122 Frühbrodt und Floren gehen unter anderem auf diese Strategie ein. Vgl. Frühbrodt, Netzwerk der Profis, S. 17.

123 Dabei handelt es sich um Richtlinien, die Aufschluss darüber geben, welche Verhaltensregeln auf YouTube gelten. Verstößt man gegen die Richtlinien, etwa wenn Urheberrechte verletzt werden oder man sich beleidigend äußert, können Videos demonetarisiert oder gesperrt werden sowie es zur Löschung des Kanals kommen kann.

für YouTubes Präferenz professioneller Inhalte wird von Frühbrodt und Floren hervorgebracht:

> Die Werbungstreibenden sind dankbar für die forcierte Professionalisierung der Inhalte auf YouTube, denn in der Regel bevorzugen sie Content, der von der Ästhetik und der Professionalität her keinen allzu starken Bruch zu ihrem eigenen Material darstellt. [...] Damit verliert ein nicht unwesentlicher Teil des User-Generated Content Stück für Stück seine Finanzierungsbasis, so dass die Welten von UGC und PGC immer schärfer voneinander getrennt werden. Das Gros des User-Generated Content degeneriert – ökonomisch betrachtet – so zum ‚Loser-Generated Content'.[124]

Der Aspekt der ‚professionellen Umgebung' ist für Werbeinhalte keinesfalls außer Acht zu lassen, wobei insbesondere die von Frühbrodt und Floren besprochene Distinktion zwischen UGC und PGC im Zusammenhang mit Influencern in ihrem Spannungsverhältnis zu Partizipationskultur von entscheidender Bedeutung ist.

> [...] der inzwischen marginalisierte UGC [gehört] als schmückendes Beiwerk weiterhin zum Markenimage des Konzerns. Der Claim des Unternehmens („Broadcast Yourself"), das kann aus der Entwicklung geschlussfolgert werden, bezieht sich jedoch schon längst nicht mehr in erster Linie auf den einfachen Hobby-YouTuber, sondern auf Profis, die mit ihrer Videoproduktion in Eigenregie vornehmlich kommerzielle Interessen verfolgen.[125]

Die Autoren argumentieren, dass ‚Broadcast Yourself' bei zunehmender Professionalisierung auf YouTube zu einem nicht erfüllten Partizipationsversprechen[126] avanciere. Dieses Versprechen wird deshalb als unerfüllt bezeichnet, weil durch die gezielte Förderung und Elitisierung bestimmter Akteure, durch die YouTube selbst eine Profitmaximierung zu erzielen gedenkt, kein Nährboden für basisdemokratische Strukturen geschaffen werde.

Frühbrodt und Floren teilen YouTube in fünf Entwicklungsphasen ein, wobei insbesondere die 3. Phase *Professionelle Hegemonie* (2010–2012) und die 4. Phase *Aufstieg und Dominanz der Influencer* (ab 2013) in diesem Zusammenhang von besonderem Interesse sind.[127] Wenn man auch einwenden kann, dass – wie Burgess und Green schon in den 2000er Jahren herausstellen[128] – professionelle Videos seit den Anfängen von YouTube einen wichtigen Teil von YouTubes Kultur darstellen und nicht erst im Jahr 2010 plötzlich in Erscheinung treten, ist die von Frühbrodt und Floren vorgenommene Unterteilung hier für mich von Bedeutung, um YouTubes

---

124 Frühbrodt, Netzwerk der Profis, S. 20.

125 Frühbrodt, Netzwerk der Profis, S. 21.

126 Vgl. hierzu auch Schumacher, Julia/Stuhlmann, Andreas (Hg.): Videoportale: Broadcast Yourself? Versprechen und Enttäuschung, Hamburg 2011.

127 Vgl. Frühbrodt, Netzwerk der Profis, S. 17 ff.

128 Vgl. Burgess, Participatory Culture.

Motivation für die – von Frühbrodt und Floren als 5. Phase bezeichnete – Etablierung von YouTube Premium analysieren und kommentieren zu können: „Während sich zwischen circa 2008 und 2010 User-Generated Content (UGC) und Professionally Generated Content (PGC) noch in friedlicher Koexistenz befinden, verdrängt der PGC in den Folgejahren immer mehr den UGC, zumindest wenn es um Reichweite, Popularität und damit auch um Werbeeinnahmen geht."[129] Im weiteren Verlauf legen Frühbrodt und Floren nahe, dass die Hegemonialstellung professioneller Inhalte auf YouTube nicht zuletzt aufgrund des Drucks traditioneller Medienunternehmen erfolgt sei, die wegen zahlreicher Fälle von Urheberrechtsverletzung auf YouTube viele Gerichtsprozesse gegen die Plattform initiiert hätten. Der von Medienkonzernen ausgehende Druck, der zudem durch politische Entscheidungen in Form von neuen Gesetzgebungen, die YouTube in höherem Maße dazu auffordern, Urheberrechte besser zu schützen,[130] verstärkt wird, trägt dazu bei, dass YouTube die Professionalisierung seiner Inhalte nicht zuletzt auch als Schutzreaktion auf Klagewellen anstrebt.

Man kann festhalten, dass die Professionalisierung und Kommerzialisierung von Inhalten auf YouTube bereits vor der YouTube Red und YouTube Premium-Ära allgegenwärtig war. Mit YouTubes Abonnementdienst und den Eigenproduktionen wird nicht der Beginn von monetärer Wertschöpfung auf YouTube markiert, sondern YouTubes aktive Produzentenrolle, im Zuge derer YouTube sein Starsystem festigt und weiter professionalisiert, ist lediglich ein Schritt in einem seit vielen Jahren auf der Plattform erkennbar werdenden Prozess. Interessant an diesem Prozess ist, dass er gegenläufig zu vielen Prognosen erfolgt, die in den späten 1990er und frühen 2000er Jahren formuliert wurden: YouTube sorgt seit seiner Gründung im Jahr 2005 nicht für zunehmende Transparenz, Netz-Demokratie und Gleichberechtigung in virtuellen Räumen. Vielmehr intensivieren sich Konkurrenzdenken, Machtkämpfe um Aufmerksamkeit, das Streben nach finanziellem Zuwachs und Beliebtheitshierarchien, wodurch die in ‚Broadcast Yourself' angelegten Versprechen bereits vor der Red/Premium-Ära eine Herausforderung erfahren.

4.3.3 Influencer und die YouTube Originals

„YouTube Red can ‚work around' Digital Millenium Copyright Safe harbor provisions that prohibit YouTube from emulating Hollywood without liability for its content."[131]

129 Frühbrodt, Netzwerk der Profis, S. 19.
130 Vgl. Frühbrodt, Netzwerk der Profis, S. 20.
131 Craig, Social Media Entertainment, S. 60.

Craig und Cunningham weisen auf einen wichtigen Grund für YouTubes Entscheidung für die Förderung von professionellen Inhalten hin, der – wie sie betonen – gerade bei YouTube Red/Premium und den Originals ersichtlich werde: Die oftmals auf YouTube in Erscheinung tretenden Urheberrechtsstreitigkeiten entfallen gänzlich für Inhalte, die von YouTube selbst produziert werden, da es sich – wie der Oberbegriff der Produktionsreihe nahelegt – um *originale* Inhalte handelt, die YouTubes geistiges Eigentum darstellen. In Anlehnung an das von Frühbrodt und Floren hervorgebrachte Modell der fünf Phasen von YouTube manifestiert sich in der fünften Phase, d.i. die Einführung von Red/Premium, die größtmögliche Sicherheit für YouTube und die Werbeindustrie.

Während Influencer (vierte Phase nach Frühbrodt und Floren) zwar mehrheitlich werbetauglich agieren, bleiben gewisse Risiken weiterhin für YouTube bestehen, etwa wenn Influencer kontroverse Positionen vertreten, Fake News verbreiten oder beleidigende Handlungen in ihren Videos vollziehen.[132] Diese Probleme aus YouTubes 1.-4. Phase entfallen, wenn YouTube die Kontrolle über die Inhalte erhält, weshalb Eigenproduktionen eine attraktive Möglichkeit für eine höhere Anzahl werbesicherer Inhalte darstellen. Anders formuliert bedeutet das auch, dass traditionelle Grassroots als potenzieller Risikofaktor aufgefasst werden, was negative Auswirkungen auf den Stand der Demokratisierung auf YouTube mit sich bringt. Auch treten – von einigen als Relikt der Vergangenheit geglaubte – Produzent-Konsument-Paradigmen erneut verstärkt in Erscheinung. In diesem Zusammenhang sei auf De Aguilera-Moyano hingewiesen, der YouTubes Entwicklung hin zu einer Plattform, auf der mittlerweile kommerzielle Inhalte eine Hegemonialstellung für sich beanspruchen können, kritisch reflektiert:

> YouTube appeared as a platform that represented participatory culture. However, the results of this research corroborate the idea that *YouTube* soon left behind the dream of a philanthropic and collaborative web [...] in order to orient itself towards the creation and diffusion of audiovisual content following commercially profitable objectives [...], to successfully migrate from the *Broadcast yourself* to a *Broadcast whatever* in which profitability is avidly pursued.[133]

---

132 Trotz aller Professionalität darf nicht vergessen werden, dass YouTubes Kultur stark durch komödiantische Inhalte geprägt wird, die teilweise nicht nur politisch inkorrekt sind, sondern mitunter als offen rassistisch, sexistisch, antisemitisch etc. aufgefasst werden. Ein Beispiel stellt der Elite-YouTuber PewDiePie dar, der in seinen Videos – seiner Auffassung nach als Scherz geplante – Aufrufe zu Vergewaltigungen und antisemitische Botschaft verbreitete, wodurch es zu massiven Protesten kam, die sich nicht zuletzt auch negativ auf YouTubes Image auswirkten. Vgl. Craig, Social Media Entertainment, S. 165 ff.

133 De Aguilera-Moyano, Broadcast Whatever, S. 9.

De Aguilera-Moyano et al. gelangen in ihrem Aufsatz zu Entwicklungsphasen auf YouTube zu dem Schluss, dass Professionalisierungsprozesse und Kommerzialisierungsstrategien unausweichlich zu einer Abkehr von dem ursprünglichen Motto ‚Broadcast Yourself' führten. Das, wofür der von ihnen als ‚Broadcast Whatever' bezeichnete Gegenbegriff steht, der heutige Produktionsformen beschreiben soll,[134] akzentuiert die Dominanz professioneller Strukturen, die jenseits des gewöhnlichen Influencings anzusiedeln sind: Die Originals und die mit ihnen einhergehende Perpetuierung und Verstärkung von Starkulturen rücken die Plattform fernab von ihrer ursprünglichen, selbstdeklarierten Position in der Medienlandschaft, wobei die Nobilitierung[135] der kreativen Arbeit von YouTubes Elite maßgeblich zu einer Änderung von YouTubes audiovisueller Kultur beiträgt.

Die im zweiten und dritten Kapitel gegebenen Beispiele für Influencer auf YouTube, die in Originals-Produktionen mitwirken, weisen darauf hin, dass lediglich besonders erfolgreiche Akteure in YouTubes Filmen und Serien auftreten. Dass dadurch grundsätzlich hierarchische Strukturen verstärkt werden, ist offensichtlich. Darüber hinaus ist hervorzuheben, dass YouTube-Stars wie PewDiePie, Anna Akana, Liza Koshy, Eva Gutowski, LeFloid, Logan Paul und viele Weitere bei den Originals-Produktionen nicht nur in ihrem Star-Status bestätigt werden. Es treten vielmehr auch neue Verpflichtungen in Bezug auf die Inhaltsgestaltung in Kraft: Das Mitwirken an einer Originals-Produktion gewährt den YouTubern nicht die gleichen kreativen Freiräume, die sie während des regulären YouTubings für sich beanspruchen können, da YouTube selbst als Produzent in den Vordergrund rückt und die Inhaltsgestaltung entscheidend beeinflusst. Durch dieses klassisch arbeitsteilige Verhältnis treten mit den Originals Strukturen aus der traditionellen Filmindustrie auf YouTube auf den Plan, da die YouTuber – anders als auf ihren Kanälen – nicht Alleinunterhalter, sondern nur jeweils ein Akteur unter vielen sind, der an der Film- und Serienproduktion beteiligt ist. Um mit Craig und Cunningham zu sprechen, schaffen die YouTube Originals ‚SoCal-Strukturen' in einer ‚NoCal-Umgebung':

> „NoCal" business culture deploys information technology strategies, embraces aggressive disruption, and values rapid prototyping and iteration, „permanent beta," advanced measurement, and „programmatics." […] „SoCal" business culture is embodied in established screen media, that is, Hollywood, the mayor broadcasters, and cable interests, with their

134 Vgl. erstes Kapitel in dieser Arbeit.

135 YouTubes Finanzierung von professionellen Filmen und Serien im Langformat, die mitunter siebenstellige Produktionsbudgets erfordern, werden als ‚Nobilitierung' bezeichnet, weil die Teilnahme an derartigen Projekten für die meisten der partizipierenden YouTuber ein neues Niveau der kreativen Arbeit darstellt, das ohne die entsprechende Finanzierung und Infrastruktur nicht erreicht werden kann.

> timehonored business models of talent-driven mass media and premium content and limited recourse to measurement techniques that are decades old.[136]

YouTube als ‚NoCal-Unternehmen' trägt durch die Integration von traditioneller ‚SoCal Geschäftskultur'[137] auch dazu bei, dass der Status der kreativen Elite der Plattform einer Veränderung unterzogen wird. Können Influencer klassischerweise mit ‚NoCal-Businessmodellen' in Verbindung gebracht werden, so sind die bereits erwähnten – sowie viele weitere – YouTuber nicht länger nur als Video-, sondern auch als Film- und Serienstars zu begreifen, was zur Folge hat, dass für das YouTube der späten 2010er und frühen 2020er Jahre eine Tendenz zur Etablierung eines traditionelleren Starsystems – wie es beispielsweise in Hollywood vorherrscht – erkennbar wird. In den Originals entfallen Werbemethoden wie das Verlinken von Affiliate-Links in der Infoleiste, das Unboxing oder andere Formen der Produktpräsentation sowie der Produkttests, Endorsements und Patreon-Unterstützungen.[138] Mit Blick auf Frühbrodts und Florens Fünf-Phasen-Modell zu YouTubes Entwicklung kann man davon sprechen, dass die vierte Phase (*Aufstieg und Dominanz der Influencer*) zwar nicht abgelöst,[139] aber im Zuge der fünften Phase (Einführung kostenpflichtiger Bezahldienste) insofern beeinflusst wird, als dass die Grundausrichtung der kreativen Arbeit der Influencer für das Mitwirken an einer Original-Produktion nachhaltig verändert wird.

Influencer werden mitunter als ‚Stars zum Anfassen'[140] bezeichnet. Die direkte Interaktion mit Fans gilt für sich als signifikante Erfolgsgrundlage.[141] Diese Grundlage besteht nicht, wenn Kommentar- und Teilfunktionen deaktiviert werden[142] und Handlungselemente wie Gewinnspiele, Shoutouts etc. keinen Platz in den Produktionen finden. Monetäre Wertschöpfung erfolgt mit den Originals durch Gewinnbeteiligungen an Beitragszahlungen von Premium-Abonnenten sowie durch Beteiligungen an Werbeeinnahmen. Durch diese Form der bezahlten Arbeit kommt es zu einer grö-

---

136 Craig, Social Media Entertainment, S. 22.

137 In diesem Zusammenhang kann auch darauf hingewiesen werden, dass ‚SoCal-Unterhaltung' nicht durch partizipatorische Elemente, sondern vielmehr durch das traditionelle Produzent-Konsument-Schema geprägt wird. Die von Craig und Cunningham genannten SoCal-Akteure sind der Inbegriff von Top-Down-Strukturen, da sie primär in einer Zeit entstanden, in der Bottom-Up-Tendenzen keine Rolle spielten.

138 In der Metadatenanalyse sowie in der Inhaltsanalyse der Originals wird auf dieses Phänomen Bezug genommen.

139 Die in den Originals mitwirkenden YouTuber agieren immerhin weiterhin als Influencer auf ihren eigenen Kanälen.

140 Vgl. z. B. Döring, Nicola: Professionalisierung und Kommerzialisierung auf YouTube, in: Jugend – Medien – Kommerzialisierung, 4 (2014), S. 24–31.

141 Vgl. Craig, Social Media Entertainment, S. 148 ff.

142 Weitere Erläuterungen diesbezüglich erfolgen in der Metadatenanalyse.

ßeren Distanz zwischen Influencern und Fans, da letztere keinen aktiven Beitrag (sowohl in kommerzieller als auch in non-kommerzieller Hinsicht) leisten, sondern eine passive Rolle zur Unterstützung ihrer Stars einnehmen, indem sie beispielsweise YouTube Premium abonnieren. Das führt dazu, dass der Status des ‚Stars zum Anfassen' bei den Originals noch fraglicher wird, als er es ohnehin schon ist,[143] da durch die Absenz aktiver Möglichkeiten zur (finanziellen) Unterstützung von Influencern weniger Berührungspunkte zwischen ihnen und ihren Fans bestehen. Mit der Elitisierung bestimmter Gruppen von Akteuren werden demnach nicht nur hierarchische Strukturen auf YouTube weiter gefestigt, vielmehr werden die Influencer auch durch einen neuen Star-Status definiert, der sich im Wesentlichen durch Aspekte der traditionellen, ‚unnahbaren' Star-Kultur aus Hollywood konstituiert.

4.4 Abschließende Bemerkungen zur Partizipationskultur auf YouTube

Einige der zuletzt genannten Argumente sollen mit Blick auf ihre derzeit erkennbaren Auswirkungen auf YouTube kritisch reflektiert werden. Die ausgemachten Änderungen in Bezug YouTubes Starsystem stellen für das Influencing auf der Plattform bis dato nur eine marginale Herausforderung dar,[144] zumal bislang nur wenige Eigenproduktionen in Auftrag gegeben wurden.

Der Aspekt des Starsystems wird hier so prominent hervorgehoben, weil die Offenlegung neuer Paradigmen im Bereich der bezahlten Arbeit auf YouTube auch dann von Bedeutung für die Beschreibung eines strukturellen Wandels auf YouTube ist, wenn diese Muster – bis dato – nur in geringem Maße in Erscheinung treten: Das Herausstellen von Veränderungen dieser Art kann Hinweise auf eine Entwicklung im Bereich des Influencings geben, die sich auf YouTube in einer Hybridisierung von verschiedenen Starsystemen artikuliert. Die Möglichkeit zur begrifflichen Abgrenzung von Film- und Internetstars[145] nimmt hierbei ab. Weingart hebt ein interessantes Phänomen mit Blick auf Stars auf Onlineplattformen hervor:

---

143 Dabei ist zu bedenken, dass die Bezeichnung ‚Star zum Anfassen' nicht nur für die Originals zu hinterfragen ist, da sie an sich vielfach kritisch diskutiert und mitunter als irreführender Marketingjargon angesehen wird. Vgl. Bladow, Influencer Marketing.

144 Durch die Teilnahme an einer Originals-Produktion wird es YouTubern schließlich nicht verwehrt, außerhalb dieser Produktionen weiterhin als Influencer zu agieren und Werbeverträge mit Firmen abzuschließen.

145 Vgl. Weingart, Star Studies.

> Die Entwicklung Internet-basierter Sharing-Plattformen hat durch die technologisch bedingte Steigerung von Feedback-Optionen nicht nur eigene Star-Formate wie den YouTube-Star hervorgebracht. Seit sich für die Aushandlung von Star-Fan-Beziehungen Social Media wie Facebook, Twitter oder Instagram als die zentralen Plattformen etabliert haben, bedienen sich auch Stars, deren öffentliche Sichtbarkeit sich primär ihrer erfolgreichen Bespielung anderer Medien und Kunstformen verdankt, dieser Kommunikationswege, um – nun in Konkurrenz zu YouTube- oder Instagram-Stars – ihre *fan base* zu unterhalten.[146]

Im Fall der YouTube Originals liegt gewissermaßen ein umgekehrtes Phänomen vor: Hierbei bedienen sich nicht Stars der traditionellen Künste der ‚neuen' Medien, sondern Stars der ‚neuen' Medien probieren sich im Umgang mit traditionellen Künsten (dem klassischen Film und der Serie). Durch YouTubes Vorstoß im Bereich der Film- und Serienproduktion wird das plattformeigene Starsystem profiliert und nobilitiert. Die Diversität von YouTubes audiovisueller Kultur erfährt eine Erweiterung, im Zuge derer eine Konvergenzerscheinung ästhetischer und institutioneller Paradigmen aus Hollywood und dem Silicon Valley sichtbar wird. Somit kann man festhalten, dass Craigs und Cunninghams These bezüglich der Emergenz einer Intersektion von nord- und südkalifornischer Unterhaltung auf YouTube[147] insbesondere anhand der YouTube Originals illustriert werden kann. Wie dieses Kapitel aufzeigt, darf man dem Silicon Valley (NoCal) hierbei aber nicht attestieren, eine exklusive Brutstätte für Grassroots und UGC darzustellen. Vielmehr war YouTube bereits vor diesen neuen Profilierungsmöglichkeiten für seine Stars eine Plattform, auf der die non-kommerzielle Amateur- und Hobbyfilmer-Kultur nicht so stark repräsentiert wurde, wie es YouTubes Slogan versprach und weiterhin verspricht. Mit der Einführung der Eigenproduktionen erfolgt eine weitere – diesmal vom Konzern selbst ausgehende – Distanzierung vom ‚Amateur-Kult'[148] auf YouTube, der dadurch zusätzlich marginalisiert wird. Eine wichtige Grundsatzfrage für YouTubes Inhaltspolitik der 2020er Jahre wird daher lauten müssen: Welchen Stellenwert räumt man dem ‚You' in YouTube noch ein?

---

146 Vgl. Weingart, Star Studies, S. 602.

147 Vgl. Craig, Social Media Entertainment.

148 Ich übernehme hierbei eine Formulierung von Lohvink. Vgl. Lohvink, Kritik der Vernetzungskultur, S. 175.

5 Interfaceanalyse

> Eine Interface-Analyse und -Kritik, die ihrem Gegenstand, besser gesagt: ihrem Komplex einigermaßen gerecht werden will, stößt immer wieder auf unterschiedliche Formen und Prozessualität. Die Weiterentwicklung der Aufmerksamkeit ihnen gegenüber wird umso wichtiger, je stärker wir Prozessen in und zwischen Maschinen vertrauen, indem wir mehr und mehr Bereiche unseres Lebens mit Computerleistungen regeln und regeln lassen. Dass diese buchstäblich weltbewegenden Prozesse an strenge und umstrittene Bedingungen geknüpft sind, macht das Machtspiel von Verfügen und Fügen so bedeutend. Darum stellen Interfaces sowohl Fragen nach Medialität und Technik als auch nach Kultur und Politik.[1]

Die analytische Auseinandersetzung mit der Interfacestruktur von Webseiten wie YouTube kann – wie Distelmeyer anmerkt – als entscheidend für ein besseres Verständnis im Hinblick auf die Medienlogik der Plattform gelten. Im Fall von YouTube ist zu betonen, dass sich das Interface stets Veränderungen ausgesetzt sah und sieht. Lano spricht in diesem Zusammenhang von einer Flüchtigkeit von YouTubes Interface,[2] die zum Beispiel nachvollzogen werden kann, wenn man sich mit Hillrichs Dissertation[3] zur Frühphase der Plattform befasst, da Hillrichs einige Abbildungen in seine Studie integriert und Erklärungen zur Interfacestruktur von YouTube aus den 2000er Jahren abgibt. Vergleicht man diese Abbildungen mit Abbildungen von Distelmeyer,[4] der sich in seinem Beitrag zum Interface von YouTube mit Plattformanordnungen der 2010er Jahre beschäftigt, werden zahlreiche Differenzen im Hinblick auf die Anordnung von Elementen ersichtlich.

Mit der Einführung der YouTube Originals lässt sich abermals eine Änderung respektive Ergänzung in Bezug auf das Interface von YouTube feststellen, die in diesem Kapitel thematisiert wird. Dabei kann bereits vor Beginn der Analyse festgehalten werden, dass der ephemere Charakter des Interfaces von YouTube auch im Kontext der analytischen Betrachtung der Startseite der Originals sichtbar wird: Bis zum Jahr 2020 existierte die hier besprochene Startseite, die lediglich für Premium-Abonnenten zugänglich war. Gleich nach der ‚Öffnung'[5] der Originals wurde diese exklusive Originals-Seite gelöscht. Durch die gleichen Verlinkungselemente, die zu der Seite führten, gelangen Zuschauer nun auf einen auf YouTubes Hauptseite angelegten Kanal der YouTube Originals. In der nun folgenden Analyse werden einerseits

1 Distelmeyer, Machtzeichen, S. 169.

2 Vgl. Lano, Carolin: Was war YouTube? Plädoyer für die historiografische Plattformforschung, in: MEDIENwissenschaft, 1 (2020), S. 8–27.

3 Vgl. Hillrichs, Early YouTube, S. 35.

4 Vgl. Distelmeyer, Machtzeichen.

5 Damit ist gemeint, dass alle ab dem Jahr 2020 produzierten Originals auch für Nutzer ohne Premium-Abonnement zugänglich sind.

https://doi.org/10.1515/9783111145853-005

diese nicht länger vorhandene Startseite und andererseits die aktuelle Kanalseite der Originals untersucht. Der Grund, weshalb der nur kurzzeitig in Betrieb genommenen Startseite der Originals eine Bedeutung zugeschrieben und sie als Analysegegenstand in die Studie integriert wird, besteht darin, dass durch sie neue Perspektiven in Bezug auf das Verhältnis von YouTube und Partizipationskultur beschreiben lassen:

Die exklusive Startseite der Originals stellte ein ‚anti-partizipatives' Element dar, durch das sich YouTube von seinem originären Selbstbild distanzierte. Die Abschaffung dieses Elements und die seit 2020 durchgeführte traditionelle Form der Einbettung von Originals-Inhalten auf YouTube wird hier als Versuch zur erneuten Hinwendung zu YouTubes ursprünglichem Selbstbild (Affirmation von Partizipationskultur) interpretiert. Ich werde aufzeigen, wie inhaltspolitische Maßnahmen von YouTube bis auf die Ebene der Anordnung von YouTubes Inhalten sichtbar werden. Die Interfaceanalyse wird insbesondere durch die Erkenntnisse des vorhergehenden Kapitels zur Partizipationskultur angereichert, wobei nun primär Aspekte der medialen Offenheit sowie die ‚Stickiness' von Kulturartefakten von Bedeutung sind.

5.1 Der Aufbau der ersten YouTube Originals-Startseite

Ausgehend von Beschreibungen zu YouTubes klassischer Interfacestruktur, wie sie beispielsweise von Distelmeyer,[6] Hillrichs[7] oder Richter[8] bereitgestellt werden, fällt mit Blick auf die bis zum Jahr 2020 in Betrieb genommene Startseite der Originals unmittelbar auf, dass sie sich in mehrfacher Hinsicht von YouTubes gewöhnlicher Benutzeroberfläche unterscheidet.[9] Abbildung 16 gibt Aufschluss über den Zugang zur exklusiven Startseite der Originals, die nur für Premium-Abonnenten verfügbar war.

Die vertikal angeordneten Felder ‚Start', ‚Trends', ‚Abos', und ‚Originals' rücken als höchstplatzierte Verlinkungselemente besonders dominant in das Blickfeld des Zuschauers. Das Feld ‚Originals' wurde in Abbildung 16 angeklickt, sodass die Start-

6 Vgl. Distelmeyer, Machtzeichen.

7 Vgl. Hillrichs, Early YouTube.

8 Vgl. Richter, Christian: Fernsehen – Netflix – YouTube. Zur Fernsehhaftigkeit von On-Demand-Angeboten (zugl. Potsdam Univ. Diss.), Bielefeld 2020.

9 Wenngleich sich, wie Richter hervorhebt, Diskussionen darüber führen ließen, inwiefern der Begriff ‚Interface' mit ‚Benutzeroberfläche' gleichzusetzen ist (vgl. Richter, Fernsehen – Netflix – YouTube, S. 50 ff. u. S. 61.) werden hier beide benutzt, um die sichtbare interaktive Oberflächenstruktur der Plattform zu beschreiben.

Abbildung 16: Exklusive Originals-Startseite.

seite der Originals erscheint. In einer Gegenüberstellung mit Abbildung 2 (s. S. 34), die YouTubes traditionelle Startseite zeigt, offenbart sich die angesprochene Differenz in Bezug auf die Interfacestruktur der beiden Startseiten: In Abbildung 16 lenkt zunächst ein dominant im Bildzentrum platziertes Titelbild einer Originals-Produktion besondere Aufmerksamkeit auf sich. Dabei wird die Benutzeroberfläche horizontal soweit ausgefüllt, dass lediglich am linken Bildrand platzierte, vertikal angeordnete Felder zur Navigation auf YouTube sichtbar bleiben. Somit ersetzt die Startseite der Originals alle in Abbildung 2 sichtbaren Vorschaubilder verschiedener Videos sowie ihre Titel und essentielle Metadaten[10] zugunsten einer Fokussierung auf wenige großformatige Vorschaubilder. Das größte Vorschaubild zeigt, dass dem Nutzer die Möglichkeit geboten wurde, zwischen verschiedenen Anzeigebildern zu wechseln.

Abbildungen 17 und 18 zeigen unterschiedliche Vorschaubilder zu Originals-Produktionen, wobei die Bilder keine Thumbnails darstellen, wie sie in Abbildung 2 in Erscheinung treten, da sie weder einem Standbild der jeweiligen Produktion entsprechen, noch eine unmittelbare Verlinkung zu einem Video ermöglichen.[11] Die auf YouTube sonst angezeigten Metadaten entfallen hier zugunsten eines kurzen

10 Hierbei kann man an den Kanalnamen, Aufrufzahlen und das Datum des Uploads denken.

11 Durch mehrfache Klicks konnte der Zuschauer zu der jeweiligen Produktion gelangen, allerdings fand keine unmittelbare Verlinkung zu einem Video statt.

Abbildung 17: Anzeigebild von Originals-Produktion 1.

Abbildung 18: Anzeigebild von Originals-Produktion 2.

Satzes, der die Produktion beschreibt: „LeFloid bereist die Welt, um Antworten zu finden" (Abbildung 17) oder „1 Show, 1 Lauch und 1 Hasselhoff" (Abbildung 18).

Navigierte man sich per Maus, Finger oder Fernbedienung abwärts, erschienen in unterschiedlichen Kategorien aufgeführte Produktionen. So wurden einige Originals unter ‚Weiter ansehen' (Abbildung 17) oder ‚Empfohlen' (Abbildung 19) angezeigt, andere wiederum wurden filmgattungsspezifisch gelistet und beispielsweise mit dem Label ‚Dokumentarfilme' (Abbildung 20) versehen.

Abbildung 19: Kategorie ‚Empfohlen' auf exklusiver Startseite.

Abbildung 20: Kategorie ‚Dokumentarfilme' auf exklusiver Startseite.

Anhand von Abbildungen 19 und 20 erkennt man zudem eine wichtige Neuerung mit Blick auf das Bildformat der angezeigten Titelbilder: Während Thumbnails, die seit der Anfangszeit von YouTube fester Bestandteil der visuellen Kultur von YouTube und Ausdruck seiner spezifischen Interface-Ästhetik waren[12] und sind, entweder in einem 4:3-[13] oder 16:9-Bildformat erscheinen, ist auf der Startseite der Originals eine Abkehr von dieser Anordnung erkennbar. Das in Abbildungen 19 und 20 zu sehende Hochbildformat distanziert sich von der Thumbnail-Tradition auf YouTube nicht nur dadurch, dass keine direkte Verlinkung zu einem Video erfolgt, sondern primär durch ein Anzeigeformat, das aufgrund seiner Proportionen an traditionelle Filmplakate erinnert, wie sie beispielsweise an Kinowänden beobachtet werden können. Diese ‚Vertikalisierung' der Vorschaubilder kann, wenngleich sie nur ein Detail unter vielen im Kontext einer Interpretation des Interfaces der Startseite der Originals darstellt, als Zeichen für eine Abkehr von gewöhnlichem YouTubing gedeutet werden: Durch die formale Reminiszenz an die Filmindustrie – und damit auch an Hollywood – wird der Anspruch der YouTube Originals deutlich, als Qualitätsproduktion mit einer Sonderstellung auf der Plattform wahrgenommen zu werden.[14]

Abbildung 21: Hochformat-Vorschaubilder auf exklusiver Startseite.

12 Vgl. Hillrichs, Early YouTube, S. 26 ff.

13 Hillrichs zeigt auf, dass das Format der Thumbnails in YouTubes Frühphase diesem Verhältnis entsprach. Vgl. Hillrichs, Early YouTube, S. 26 ff. In den darauffolgenden Jahren etablierte sich das bis heute bestehende Verhältnis von 16:9.

14 Diese Interpretation wird im weiteren Verlauf des Kapitels vertieft.

Auf Abbildung 21 werden weitere formale Differenzen zur gewöhnlichen Startseite auf YouTube deutlich. Die Abbildung zeigt eine vergrößerte Darstellung der Originals-Startseite, wodurch den Vorschaubildern im Hochformat mehr Platz für eine horizontale Aneinanderreihung gewährt wurde. In diesem Zusammenhang verschwanden die am linken unteren Bildrand sichtbaren Verlinkungen zu den vom Nutzer abonnierten Kanälen, sodass sich weniger Berührungspunkte zur klassischen Interfacestruktur von YouTubes Startseite ergaben. Formen der – wie Distelmeyer sie nennt – ‚paradigmatischen Rivalität‘[15] unter Anzeigebildern von Originals-Produktionen traten in der Großansicht der Startseite verstärkt in Erscheinung, wobei evident ist, dass sie hierbei nur in einem Konkurrenzverhältnis zu anderen Originals-Produktionen, nicht aber zu gewöhnlichen YouTube-Inhalten standen.

Insbesondere die vergrößerte Ansicht der Startseite der Originals ist mit Blick auf die sich anschließende Betrachtung der Startseite von Netflix von Interesse. Ich stimme Richter in weiten Teilen zu, wenn er Distelmeyers Gedanken bezüglich des ‚operativen‘ Charakters von (Vorschau-)Bildern auf YouTube aufgreift und festhält: „Operative Bilder haben demnach keinen ästhetischen Eigenwert mehr, sondern sind einzig als Repräsentanten einer ‚mathematisch-technischen Operation‘ gefragt. Es sind Gebrauchsbilder. [...] Die gesamte Oberfläche [von YouTube] wird von solchen Gebrauchsbildern dominiert, die lediglich um einige wenige textuelle Ergänzungen erweitert werden.“[16] Gleichwohl erscheint es mir auch zulässig, einem Ansatz zu folgen, bei dem das Zusammenspiel der hier beschriebenen Bild- und Textanordnungen der Kategorisierung des reinen ‚Gebrauchsbildes‘ entwächst:

Abbildung 21 zeigt eine Form der Bild- und Textanordnung, die im popkulturellen Gedächtnis des 21. Jahrhunderts verankert ist. Es handelt sich um eine prototypische Bildanordnung für eine Streaming-Plattform und sie artikuliert auf visueller Ebene YouTubes Konkurrenzabsicht gegenüber Netflix, Amazon, Hulu, Disney + und anderen großen Streaming-Unternehmen. Anhand der Startseite der YouTube Originals zeigt sich, wie neue Inhalte auch neue formale Repräsentationen erzeugen, die hier in Form des beschriebenen Interfaces auftreten. Der folgende Abschnitt bezieht die Startseite der Streaming-Plattform Netflix in die Untersuchung mit ein, um die stilistische Nähe im Aufbau der Bildanordnungen der beiden Startseiten zeigen zu können.

---

15 Vgl. Distelmeyer, Machtzeichen, S. 135.

16 Richter, Fernsehen – Netflix – YouTube, S. 56. Vgl. auch Distelmeyer, Machtzeichen.

5.2 Parallelen zur Startseite von Netflix

Im Unterschied zur Startseite der YouTube Originals wird die Startseite von Netflix bereits in einigen Publikationen beschrieben und auch mit Blick auf die Anordnung der Bild- und Textelemente untersucht.[17] Netflix ist ein frühes Beispiel für eine äußerst erfolgreiche Streaming-Plattform, sodass die Annahme naheliegt, Netflix' Interface habe andere Streaming-Dienste in Bezug auf visuelle Anordnungsmuster beeinflusst.

YouTubes Neuausrichtung als partielle Streaming-Plattform erfolgte zu einem Zeitpunkt, als Netflix bereits eine feste Größe in der Streaming-Landschaft darstellte. Die stilistische Nähe, die YouTube mit seiner Originals-Startseite zu Netflix anstrebte, wird in der Gegenüberstellung von Abbildung 16 (s. S. 126) und 22 ersichtlich.[18]

Abbildung 22: Netflix-Startseite.

17 Vgl. Richter, Fernsehen – Netflix – YouTube. Vgl. auch Lobato, Ramón: Netflix Nations. The Geography of Digital Distribution, New York 2019.

18 Die am oberen Bildrand erkennbaren textuellen Elemente sowie Logos und Icons, die an fast identischen Stellen platziert sind, werden hier nicht näher beachtet, da ihre Anordnung weniger als spezifisches Charakteristikum von Streaming-Plattformen, sondern vielmehr als typische Anordnung von Webseiten allgemein verstanden wird, die – um eine größtmögliche Form der Usability zu gewährleisten – meist eine ähnliche Struktur in Bezug auf Bedienhilfen, Profil-Buttons und Logo-Platzierungen aufweisen. Für die hier vorgenommene Betrachtung sind daher lediglich die Repräsentationen der Produktionen in ihrer bildlichen Ausgestaltung von Interesse. Zum Begriff der Usability vgl. Preece, Usability.

Auf beiden Startseiten ist ein Breitbild platziert, das große Teile der Startseite ausfüllt. Im Fall von Netflix handelt es sich nicht nur um ein Vorschau*bild*, sondern um einen Filmausschnitt der jeweiligen Produktion. Die dominante Inszenierung eines von Algorithmen generierten Vorschaubildes respektive -clips erzeugt jeweils einen visuellen Ankerpunkt, der dem Zuschauer eine erste Sehempfehlung vermittelt.

Abbildung 23: Überlagerung von Vorschaubildern auf Netflix.

Die Gegenüberstellung von Abbildung 21 (s. S. 129) und 23 zeigt die unterhalb dieses Ankerpunkts auf beiden Startseiten erscheinenden Vorschaubilder verschiedener Produktionen, die in horizontaler Aneinanderreihung präsentiert und durch eine auf weißer Schrift vor schwarzem Hintergrund gefasste Überschrift thematisch gebunden werden. Es ist ersichtlich, dass kategoriale Differenzierungen auf Netflix weitaus präsenter sind, als es auf YouTubes Originals-Startseite der Fall war.[19] Abseits der Kategorie- und Genrebildungen geben Abbildung 21 und 23 Aufschluss über visuelle Bildstrukturen, die neben der horizontalen Anordnung kachelartiger Vorschaubilder weitere Interface-Parallelen offenbaren.

19 Die Startseite der YouTube Originals konnte aufgrund eines Mangels an Produktionen zu keinem Zeitpunkt ihres Bestehens ein derart ausdifferenziertes Kategorie-System erzeugen.

5.2.1 Verdrängung, Überlagerung und horizontale Dominanz

Navigiert man sich zu einem Vorschaubild, tritt es in vergrößerter Ansicht hervor und überdeckt oder verdrängt teilweise andere Bild- und Textelemente, die zuvor in der gleichen Größe angezeigt wurden. Die Vergrößerung des Vorschaubildes wird durch das Auftreten von Textelementen begleitet. In Abbildung 21 verdrängt die Bild- und Textentfaltung zur Produktion King of the Dancehall[20] andere Produktionen. In Abbildung 23 überlagern ein Bild und Metadaten zu Breaking Bad weitere Vorschaubilder. In beiden Fällen zeigt sich die Dominanz des Bildes über den Text: Das spezifische Charakteristikum der Streaming-Seiten wird in hohem Maße durch Bilder geprägt, die in ihrer farblichen Ausgestaltung vor dem dunklen Hintergrund besonders zur Geltung kommen.

Informationen in Form von Text erhält der Zuschauer erst dann, wenn er bereits Interesse bekundet. Davon ausgenommen sind die textuellen Elemente innerhalb des Vorschaubildes, die sich jedoch lediglich auf das Metadatum des Titels beschränken und keine inhaltlichen Informationen zur Produktion erteilen. Diese Hegemonialstellung des Bildes ist für YouTube insofern untypisch, als sich YouTubes traditionelles Interface durch eine beständige Kombination von Bild und Text konstituiert, bei der jedes Vorschaubild von Metadaten in Textform begleitet wird.[21] Außerdem kommt es auf YouTubes Hauptseite nicht zu den bereits erwähnten Verschiebungen oder Verdrängungen anderer Elemente, sobald man den Mauszeiger, die Fernbedienung oder den Finger über sie bewegt.[22]

Vorschaubilder auf YouTube stehen grundsätzlich in einem Rivalitätsverhältnis zueinander. Distelmeyer spricht in diesem Zusammenhang von ‚ostentativen Konkurrenzsituationen'.[23] Die im Fall von Netflix und YouTubes Originals-Seite geschilderte Verschiebung und Verdrängung artikuliert diese Konkurrenzsituation jedoch auf eine andere Weise: Die von Distelmeyer genannte Rivalität findet in einem Kontext statt, in dem ein bereits gesehenes Video durch eine Reihe neuer Vorschaubilder abgelöst wird.[24] In dem hier geschilderten Fall findet eine Vergrößerung des ‚noch Ungesehenen' bei einer gleichzeitigen Verdrängung des ‚mutmaßlich Uninteressanten' statt. Uninteressant sind hierbei diejenigen Bilder, mit denen der Zuschauer nicht interagiert. Das Interessante erhält seinen Status und die Berechtigung zur Verdrängung des Uninteressanten auf den beiden Streaming-Seiten

20 King of the Dancehall, R.: Nick Cannon, USA 2016.

21 S. beispielsweise Abbildung 2 (s. S. 34).

22 Je nach Version und Einstellungen wird das Video im Anzeigeformat des Vorschaubildes stumm abgespielt, sobald man es anwählt.

23 Vgl. Distelmeyer, Machtzeichen, S. 135.

24 Vgl. Distelmeyer, Machtzeichen, S. 135 ff.

dadurch, dass es vom Zuschauer ausgewählt wird und so als privilegiertes Glied in der horizontalen Aneinanderreihung von Elementen wortwörtlich *hervortritt*. Es zeigt sich, dass die Logik dieser Form der Rivalität und Aufmerksamkeitsökonomie bei Interfaces von Streaming-Anbietern in hohem Maße an die Dominanz horizontaler Strukturierungen gebunden ist.

Während man sowohl auf YouTubes traditioneller Startseite (s. Abbildung 2, S. 34) als auch für die Oberflächenstruktur der Seiten, auf denen die YouTube-Videos abgespielt werden, ein ausgewogenes Verhältnis zwischen horizontalen und vertikalen Anordnungen konstatieren kann, finden auf den hier untersuchten Streaming-Seiten insbesondere Verdrängungen in horizontalen Bahnen statt. Entscheidet sich ein Nutzer für einen Film oder eine Serie, indem er auf das entsprechende Vorschaubild klickt, kommt es zu einer Verdrängung aller anderen vormals sichtbaren Vorschaubilder: Das ‚mutmaßlich Uninteressante' ist nun in seinem Status bestätigt worden und mischt sich nicht länger in das Blickfeld des Zuschauers ein. Richter fügt in diesem Zusammenhang hinzu:

> Im Interface von Netflix verschwinden die räumlich-organisierten Videovorschläge, sobald ein Film oder eine Serienepisode tatsächlich in Gang gesetzt wird. Dann wechselt die Gestaltung der Oberfläche von ihrer ursprünglichen Mosaikstruktur in den Vollbildmodus des Films, der auch die verweisenden Filmposter verdrängt. Ist die Wahl getroffen, akzeptiert das System diese Entscheidung vorerst und stellt keine weiteren verlockenden Alternativen zur Auswahl.[25]

Im Fall von YouTubes traditionellem Interface bleiben – wie Richter im Folgenden betont – auch dann vertikal angeordnete Videovorschläge bestehen, wenn ein Video abgespielt wird.[26] Diese Anordnungslogik ist mit Blick auf die Startseite der YouTube Originals sowie auf Netflix nicht zu finden. Die Verdrängung aller nicht länger relevanten Vorschauelemente, die sich beim Start eines Films oder einer Serie ergibt, stellt damit eine Besonderheit für YouTubes Programmstrukturierung dar und gibt Hinweise darauf, dass mit neuen Inhalten (Eigenproduktionen) auch neue formale Rahmungen für diese Inhalte in Erscheinung treten.

---

25 Richter, Fernsehen – Netflix – YouTube, S. 121.

26 Vgl. Richter, Fernsehen – Netflix – YouTube, S. 121. Diese Vorschläge verschwinden beim Wechsel in den Vollbildmodus, der im Unterschied zu Netflix und der Startseite der YouTube Originals auf YouTubes Standard-Videoansicht nicht automatisch aktiviert wird.

5.2.2 Vertikale Einbettung sozialer Interaktion

In Abbildung 2 (s. S. 34) sticht vor allem der linke Bildrand durch die vertikale Anordnung verschiedener virtueller Buttons hervor, durch die Zuschauer beispielsweise zu den von ihnen abonnierten Kanälen gelangen können.

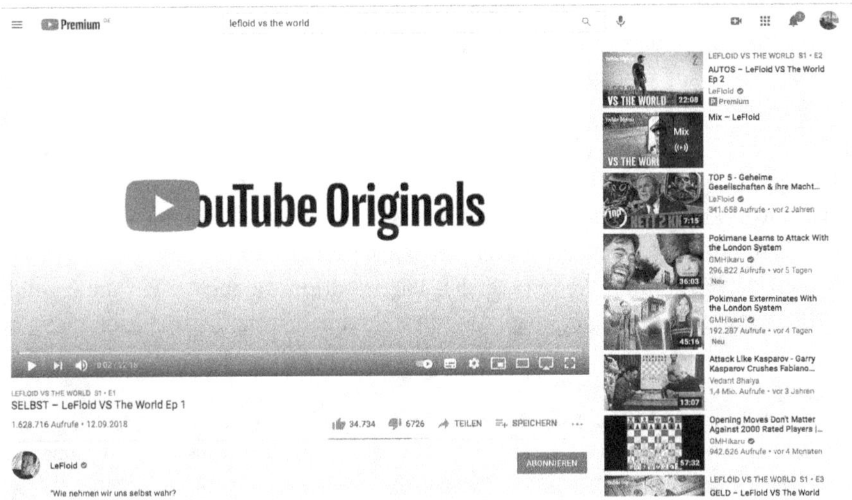

Abbildung 24: Videoansicht auf YouTube.

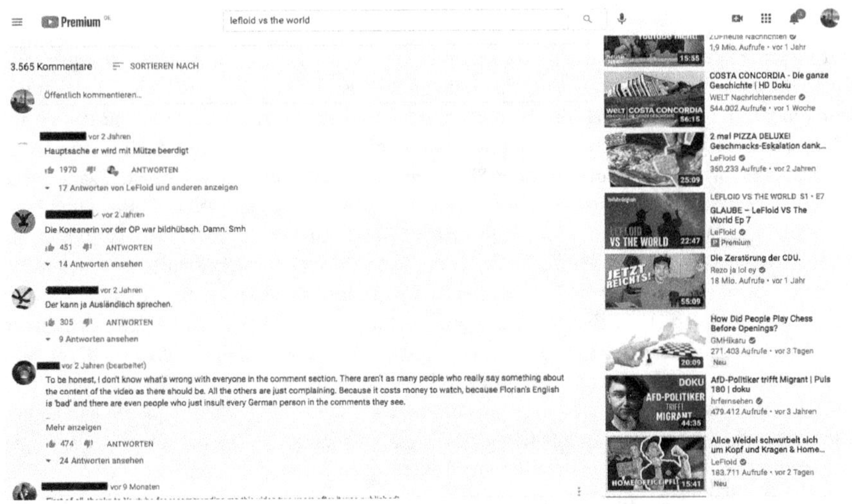

Abbildung 25: Vertikal strukturierte Kommentarleiste.

Abbildungen 24 und 25 zeigen nicht YouTubes traditionelle Startseite, sondern YouTubes Videoansicht. Wenn der Vollbildmodus – wie in Abbildungen 24 und 25 – deaktiviert ist, treten auch hier vertikal strukturierte Elemente deutlich hervor. In Abbildung 24 werden neben dem Videofenster Vorschläge für weitere Videos vertikal gelistet. In Abbildung 25 erkennt man die ebenfalls stets vertikal integrierte Kommentarleiste, die – sofern man sie ausweitet und herunterscrollt – bei Videos mit vielen Kommentaren eine Videoseite derart ausdehnen kann, dass auch nach minutenlanger Navigation das Ende der Seite noch nicht erreicht ist.

Mit Blick auf soziale Netzwerke wie Facebook, Twitter und Instagram kann festgehalten werden, dass die Darstellung von Interaktion und Kommunikation (wie in der Kommentarleiste von YouTube) ebenfalls vertikal organisiert wird. Die sog. Timelines und Pinnwände, mittels derer Ereignisse in Text- oder Videoform sowie Kommentare zu diesen Ereignissen präsentiert werden, stellen essentielle Elemente der Interfaces dieser Netzwerke dar.[27]

Auf den genannten Seiten werden Partizipationsmöglichkeiten maßgeblich vertikal angeordnet. Solche Angebote[28] bestehen bei Streaming-Diensten nicht, da

27 Zum Aufbau, interaktiven Potenzial sowie der Konstruktion von Narrativen auf den genannten Plattformen vgl. Lüdeker, Gerhard Jens: Identität als virtuelles Selbstverwirklichungsprogramm: Zu den autobiografischen Konstruktionen auf Facebook, in: Nünning, Ansgar et al. (Hg.): Narrative Genres im Internet. Theoretische Bezugsrahmen, Mediengattungstypologie und Funktionen, Trier 2012, S. 133–150. Vgl. auch Meyer, Jonas Ivo: Narrative Selbstdarstellung in sozialen Netzwerken: Das mediale, interaktive und dynamische Potenzial eines neuen Mediengenres, in: Nünning, Ansgar et al. (Hg.): Narrative Genres im Internet. Theoretische Bezugsrahmen, Mediengattungstypologie und Funktionen, Trier 2012, S. 151–170. Vgl. auch Puschmann, Cornelius/Heyd, Teresa: #narrative: Formen des persönlichen Erzählens bei Twitter, in: Nünning, Ansgar et al. (Hg.): Narrative Genres im Internet. Theoretische Bezugsrahmen, Mediengattungstypologie und Funktionen, Trier 2012, S. 171–191. Wenngleich sich die genannten Aufsätze hauptsächlich mit Identitätskonstruktion in sozialen Netzwerken beschäftigen, wird in diesem Zusammenhang auch auf die formale Strukturierung der Plattformen Bezug genommen, was anhand zahlreicher Abbildungen verdeutlicht wird. Darüber hinaus wird das Potenzial der – von Nünning und Rupp im einleitenden Aufsatz der Herausgeberschrift beschriebenen – ‚participatory narratives' (vgl. Nünning, Ansgar/Rupp, Jan: ‚The Internet's New Storytellers': Merkmale, Typologien und Funktionen narrativer Genres im Internet aus gattungstheoretischer, narratologischer und medienkulturwissenschaftlicher Sicht, in: Nünning, Ansgar et al. (Hg.): Narrative Genres im Internet. Theoretische Bezugsrahmen, Mediengattungstypologie und Funktionen, Trier 2012, S. 3–50, S. 19) in den zitierten Aufsätzen auch vor dem Hintergrund des Interfaces besprochen.

28 Es ist zu bedenken, dass man durchaus in Form von Bewertungen partizipieren kann, allerdings stellt diese Form der Partizipation keine Interaktion mit Menschen dar. Diese Bewertungen tragen dazu bei, dass Plattformalgorithmen das Konsumverhalten der Zuschauer besser einschätzen können. Vgl. Siles, Ignacio/Espinoza-Rojas, Johan/Naranjo, Adrián/Tristan, Maria Fernanda: The Mutual Domestication of Users and Algorithmic Recommendations on Netflix, in: Communication, Culture & Critique, (2019), S. 1–20. Vgl. auch Lobato, Netflix Nations.

sie keine Vernetzung unter Zuschauern anstreben. Im Fall von YouTube stellt die beschriebene Abkehr von partizipativen Elementen eine Besonderheit auf der Plattform dar. Die Frage, inwieweit YouTube überhaupt als ‚soziales Netzwerk' zu bezeichnen ist, wird in vielen Publikationen ausgiebig diskutiert.[29] Unabhängig davon, welche Ansicht man diesbezüglich vertritt, steht außer Frage, dass die Kommentarleiste in hohem Maße zu einem Austausch unter Zuschauern beitragen kann. Das interaktive Potenzial,[30] Antwortfunktionen[31] und die Rekonstruktion sozialer Ereignisse,[32] die allesamt mit YouTubes traditionellem Interface in Form der Kommentarleiste stattfinden, verschwanden auf der Startseite der Originals.

Es ist in diesem Zusammenhang interessant zu beobachten, wie die Originals die Dynamik der Plattform insofern veränder(te)n, als formalästhetische Nova nicht nur in den Originals selbst, sondern auch auf Ebene des Interfaces sichtbar werden. Die Eigenproduktion von Filmen und Serien, die sich in hohem Maße vom klassischen YouTubing differenzieren, wurden bis zum Jahr 2020 in einem Interface präsentiert, das sich gleichermaßen von allen bisherigen Interface-Varianten auf YouTube unterschied: Indem das Potenzial für soziale Interaktion zugunsten einer Anordnungsästhetik von Plattformen wie Netflix annihiliert wurde, distanzierte sich YouTube von seinem bisherigen Selbstbild und inszenierte Teile der Webseite als non-partizipatorische Streaming-Plattform.

5.2.3 Großes (Heim-)Kino auf YouTube

Die Repräsentation von Filmen und Serien in Form von Hochformat-Vorschaubildern lässt sich auch auf Netflix ausmachen. Zwar wird in Abbildung 23 (s. S. 132) ersichtlich, dass Netflix seine Vorschaubilder im 16:9 Format zeigt, allerdings findet sich in Desktop-Versionen ein alternierendes Prinzip zwischen Querformat-Ansichten und Vorschaubildern im Hochformat (Abbildung 26).

Abbildung 27 zeigt einen Ausschnitt des Interfaces aus der Netflix-Handy-App, bei der die Vorschaubilder im Hochformat in Erscheinung treten. Ähnlich verhält

29 Vgl. Lohvink, Das halbwegs Soziale. Vgl. auch Hillrichs, Early YouTube. Vgl. auch Frühbrodt, Unboxing YouTube.

30 Vgl. Meyer, Narrative Selbstdarstellung, S. 161.

31 Vgl. Kuhn, Struktur von Webserien, S. 81.

32 Vgl. Galanova, Olga: Vom inhaltlichen Ernst zum formalen Scherz: Wandlungsprozesse massenmedialer Nachrichten im Internet, in: Nünning, Ansgar et al. (Hg.): Narrative Genres im Internet. Theoretische Bezugsrahmen, Mediengattungstypologie und Funktionen, Trier 2012, S. 351–368, S. 353.

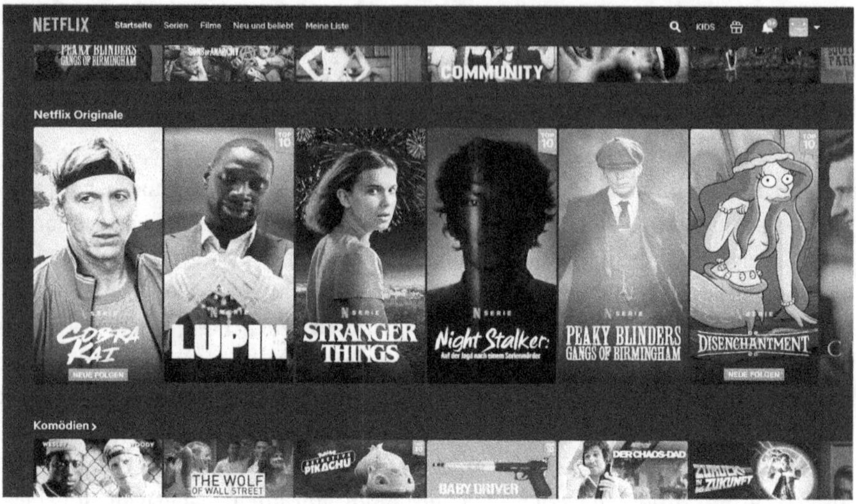

Abbildung 26: Hochformat-Vorschaubilder auf Netflix.

Abbildung 27: Hochformat-Vorschaubilder in der Netflix-App.

es sich im Rahmen der Netflix-App, die auf Fernsehgeräten genutzt werden kann, da auch in dieser App-Version Vorschaubilder im Hochformat erscheinen.[33]

33 Alle hier genannten Ansichten werden zu Beginn des Jahres 2022 beschrieben. Wie in der Einleitung dieses Kapitels geschildert wurde, sind Interfaces von Online-Diensten ebenso flüchtig

Richter geht in einem Vergleich der Interfaces von Netflix und YouTube explizit auf das Vorschaubild in Form von Filmpostern ein und weist in diesem Kontext auch auf Unterschiede zwischen Netflix und YouTube hin, die jedoch anhand des traditionellen Interfaces von YouTube beschrieben werden:

> Bildlichkeit beherrscht auch die Benutzeroberfläche von Netflix, auf der die operativen Bilder nur sehr vereinzelt um nicht-bildliche Schrift ergänzt werden. Während bei YouTube der Titel des Videos als Text außerhalb des Vorschaubildes angezeigt wird, ist er auf der grafischen Oberfläche von Netflix Teil des operativen Bildes und eine bildliche Form für sich allein. Lediglich die Bezeichnungen der Rubriken, denen Filmvorschläge zugeordnet werden, sind durch Textelemente markiert. Der Rest der Oberfläche geht vollständig in operativen Bildern auf. Anders als bei YouTube, wo die (operativen) Vorschaubilder meist zufällig generierte Standbilder aus den betreffenden Videos sind, werden bei Netflix häufig Filmposter oder DVD-Coverbilder verwendet.[34]

Richter erläutert, dass Titel auf Netflix im Vorschaubild selbst schriftlich festgehalten werden, während sie auf YouTube gesondert erscheinen. Auf der Startseite der YouTube Originals fand dieses Zusammenspiel aus Bild und Titel jedoch – wie auch auf Netflix – innerhalb des Vorschaubildes statt. In diesem Zusammenhang kann man auf Badstübner-Kiziks Aufsatz[35] zu Filmplakaten verweisen, in dem sie unter anderem auf den Zusammenfall von Bild- Textelementen in Filmplakaten aufmerksam macht. Eben diesen Zusammenfall findet man auch in den Vorschaubildern von Netflix und der Startseite der Originals, nicht aber bei YouTubes Thumbnails.

Richter geht auf das hier thematisierte Format der Bilder ein, wobei er ebenfalls hervorhebt, dass es sich bei ihnen mitunter um Bilder handele, die den offiziellen Filmpostern entsprächen. Interessant ist, dass Richter, dessen Fokus nicht auf den YouTube Originals und dem Interface ihrer Startseite liegt,[36] einen großen Unterschied zwischen den traditionellen YouTube-Thumbnails und den Netflix-Filmpostern festmacht. Ebendieser Unterschied findet sich bei einem Vergleich zwischen Netflix' Startseite und der Startseite der YouTube Originals nicht mehr.[37]

---

wie die Inhalte der Dienste, sodass Änderungen der hier vorgenommenen Schilderungen jederzeit möglich sind.

34 Richter, Fernsehen – Netflix – YouTube, S. 58.

35 Vgl. Badstübner-Kizik, Camilla: Die Text-Bild-Kombination Filmplakat, in: Grimberg, Martin/ Kaszynski, Stefan (Hg.): Convivium. Germanistisches Jahrbuch Polen, Lodz 2013, S. 55–84.

36 Richter weist in der Einleitung seiner Dissertation darauf hin, dass er sich primär auf einen Zeitraum zwischen 2014–2019 bezieht, in dem es zu zahlreichen Änderungen auf YouTube und Netflix gekommen sei, die nicht alle berücksichtigt werden könnten. Dabei benennt er konkret die Entstehung von YouTube Premium und seinen Angeboten (vgl. Richter, Fernsehen – Netflix – YouTube, S. 10.).

37 S. beispielsweise Abbildung 21 (s. S. 129).

YouTube prägte seine Originals-Startseite durch die auf Netflix längst bekannten ‚Filmplakat-Vorschaubilder', womit YouTube nicht nur seine partielle Neuausrichtung als Streaming-Unternehmen demonstrierte, sondern vielmehr auch einen neuen Qualitätsanspruch markierte: Die Distanzierung vom klassischen Thumbnail hin zur ‚Filmplakat-Ästhetik' zeigt – um das Oppositionsschema von Cunningham und Craig aufzugreifen[38] – die ‚SoCal-Einflüsse' (Hollywood) auf der ‚NoCal-Plattform' YouTube (Silicon Valley). Es sind eben diese Konvergenzprozesse, die Jenkins in *Convergence Culture* beschreibt, die nicht nur die Aktivität von Grassroots in einer neuen Medienumgebung, sondern auch die Handlungen von Konzernen beschreiben, die Wachstums- und Expansionsstrategien sowie formale Anordnungen von anderen Medieninstitutionen übernehmen, woraufhin sich neue mediale Konstellationen und hybride ästhetische Gestaltungsweisen auf unterschiedlichen Plattformen ergeben können. Ein Beispiel für diese Form der Aneignung gibt Richter, wenn er schreibt:

> Wo Netflix und YouTube offensichtlich den das Fernsehprogramm maßgeblich bestimmenden Mechanismus des Flows adaptieren und in ihren Interfaces implementieren, ahmt das Fernsehprogramm wiederum deren Benutzeroberflächen nach, indem es ästhetische Stilmittel entwickelt, die ebenfalls räumliche Parallelitäten als Ergänzung zur zeitlich-linearen Abfolge zulassen. Zu erkennen ist dieses Bemühen im Einsatz von Split-Screens [...], im Übergang zwischen zwei Sendungen [...] [und bei] Ankündigungen [, die] wie ein zusätzlicher Layer über das Programm-Interface gelegt werden. Ähnlich wie die Benutzeroberflächen von YouTube gewährleisten sie ein räumliches Nebeneinander von Programm und Programmhinweis.[39]

Es besteht kein Zweifel darüber, dass ‚NoCal' ebenso formale Gestaltungsmittel und Inhalte von ‚SoCal' adaptiert, wie es umgekehrt der Fall ist. Das zeigt letztlich, dass mit jeder Adaption auch Konkurrenzfähigkeit gegenüber der jeweils anderen Institution auf den Plan tritt. Im Fall der Startseite der Originals lässt sich das Filmplakat als Ausdruck cineastischer Affirmation und visueller Repräsentation von Qualitätsprodukten beschreiben.

Der im Alltag oftmals mit Streaming-Diensten in Verbindung gebrachte Begriff des ‚Heimkinos' erhält aufgrund der Vorschaubilder im Interface von Netflix und der Startseite der YouTube Originals eine neue Bedeutungsebene: Im Kino geht der Zuschauer durch Räume, an deren Wänden sich Filmplakate befinden, die er – abhängig vom bekundeten Interesse – mehr oder weniger intensiv betrachtet, bis er zum Film seiner Wahl im richtigen Saal gelangt. Im ‚Heimkino' navigiert er sich ebenso an diesen Filmpostern vorbei, bis die zahlreichen erkennbaren Angebote schließlich

38 Vgl. Craig, Social Media Entertainment.
39 Richter, Fernsehen – Netflix – YouTube, S. 121.

durch das Treffen einer endgültigen Wahl aus seinem Sichtfeld verdrängt werden und der Film beginnt.

Dieser Vergleich zwischen Kino und ‚Heimkino' ist auf vielen Ebenen problematisch.[40] Auf keinen Fall kann der Begriff ‚Heimkino' als valide Opposition zum Kino verstanden werden. Vielmehr soll der weiter oben benutzte Begriff der ‚cineastischen Affirmation' seitens Netflix und YouTube durch ein Beispiel angereichert werden: Zuschauer konnten und können Formen der Begegnung mit Filmpostern, die starke Assoziationen mit der Institution Kino hervorrufen, auf Netflix und für einen gewissen Zeitraum auch auf YouTube erleben. Die Art der Begegnung mit Filmpostern im Kino und auf Streaming-Plattformen ist in ebenso hohem Maße different wie die Medialität der beiden Darstellungsweisen von Filmpostern, doch wird durch die Adaption des traditionell analogen Filmplakats (SoCal) in ein rein digitales Umfeld (NoCal) die Affirmation von SoCal-Kulturartefakten auf Interface-Ebene visuell untermauert.

Ferner lässt sich sagen, dass die Übernahme dieser Elemente aus der analogen Filmindustrie, die nun in einem digitalen Gewand präsentiert werden, aus medientheoretischer Sicht kein Novum darstellt, zumal bereits McLuhan, Kittler oder auch Bolter und Grusin sowie Jenkins Remediatisierung als essentiellen Bestandteil ‚neuer' Medien herausstellen, deren ‚Neuheit' damit stets zur Disposition steht, da sie sich zu Teilen aus bereits vorhandenen Medien und Präsentationsformen zusammensetzen.[41] Allerdings treten mit jeder Remediatisierung auch Änderungen mit Blick auf die Rezeption ein und auch funktionale Unterschiede können sich ergeben. Eben diese Unterschiede werden mit Blick auf die Adaption des Filmplakats im Interface von YouTubes Originals-Startseite und Netflix' Startseite ersichtlich:

40 Es lässt sich beispielsweise einwenden, dass man im Kino meist schon vorher weiß, welchen Film man sehen wird. Die Filmplakate werben oft für Produktionen, die noch nicht veröffentlicht wurden und die Vorstellung vom analogen Filmposter stellt in vielen Fällen eine Romantisierung dar, zumal oftmals rein digitale LED-Bildschirme oder Projektionen zur Abbildung von Filmpostern verwendet werden.

41 Vgl. McLuhan, Marshall: Understanding Media. The Extentions of Man, New York 1964. Vgl. auch Kittler, Friedrich: Grammophon. Film. Typewriter, Berlin 1986. Vgl. auch Bolter, Remediation. Vgl. auch Jenkins, Convergence Culture. Es ließen sich weitere Beispiele anführen, anhand der vier genannten wird aber bereits ersichtlich, dass Remediatisierungsprozesse in der Medientheorie über viele Jahrzehnte hinweg ausgiebig diskutiert wurden und werden. Wenngleich sich begriffliche Unterschiede konstatieren lassen (beispielsweise spricht Kittler vom Computer als Medium zur ‚Absorbierung' anderer Medienformen. Ebendieser Begriff findet sich bei anderen Autoren nicht derart ausgeprägt), besteht in der Medientheorie weitgehend Einigkeit darüber, dass kein Medium und damit auch keine visuelle Oberflächenstruktur gänzlich ‚neu' ist.

Helmbolds Publikation *Mehr Kunst als Werbung*[42] weist beispielsweise auf das komplexe Verhältnis zwischen Kunst und Marketingfunktion im Kontext des Filmplakates hin. Jedes Filmplakat hat die Aufgabe, potenzielle Zuschauer auf Filme hinzuweisen und es ist insofern ephemer, als seine öffentliche Präsentation zeitlich an den Film, auf den es hinweist, gebunden ist. Ein Filmplakat ist zweifelsohne eine Form von Werbung. Allerdings können Tradition, Stilistik, Entstehungskontext sowie die Tatsache, dass es als Bild auch nach der Zeit seiner Plakatierung als Artefakt bestehen bleibt und mitunter in Kunstausstellungen rekontextualisiert wird, nicht ausgeblendet werden. Unabhängig davon, ob man Filmplakate als Kunst bezeichnet oder lediglich als Werbung und ‚Nebenprodukt' klassifiziert, lässt sich in jedem Fall ein spezifischer Eigenwert festhalten, der auch bestehen bleibt, wenn der beworbene Film nicht mehr im Kino gezeigt wird. Auf funktionaler Ebene lassen sich zunächst Parallelen zwischen dem Vorschaubild und dem analogen Filmplakat ausmachen, da beide in ihrer Medialität des Standbildes auf Filme und Serien verweisen.

Die fundamentale Differenz in der Funktionalität, Medialität und Medienästhetik ergibt sich dann, wenn man dem von Distelmeyer und Richter hervorgebrachten Gedanken des ‚operativen Bildes' folgt,[43] bei dem Vorschaubilder auf YouTube und Netflix lediglich Repräsentanten von technischen Vorgängen darstellen.[44] Interfaces sind – anders als Filmplakate – die „[...] von Menschen verstehbare Veranschaulichung maschineller Prozesse [...], weshalb der Begriff im einfachsten Sinne eine Software meint, die ‚Interaktion zwischen Benutzer und Computer' ermöglicht."[45] Richters Ausführungen zum besseren Verständnis von Interfaces, die unter anderem durch Johnsons und Elsaessers Definitionsansätze[46] weiterführend erörtert werden, sind hilfreich, um die angesprochenen Unterschiede zwischen Filmplakaten und Filmplakat-Vorschaubildern zu begreifen: Die Vorschaubilder sind ein Teil von Interfaces wie auch ein Versuch, einen Kinobesuch zu simulieren. Auf der *Oberfläche* – was in diesem Zusammenhang eine doppelte Bedeutung erhält – mimen die Vorschaubilder die Medialität des Filmplakats. De facto bietet die Oberfläche eine für den Menschen sichtbare Möglich-

42 Vgl. Helmbold, Detlef: Mehr Kunst als Werbung: Das DDR-Filmplakat 1945–1990, Berlin 2018.

43 Vgl. Richter, Fernsehen – Netflix – YouTube, S. 56. Vgl. auch Distelmeyer, Machtzeichen, S. 96.

44 Distelmeyer und Richter sprechen in diesem Kontext davon, dass kein ästhetischer Eigenwert bestehe. Vgl. Richter, Fernsehen – Netflix – YouTube, S. 56.

45 Richter, Fernsehen – Netflix – YouTube, S. 50.

46 Vgl. Johnson, Steven: Interface Culture. Wie neue Technologien Kreativität und Kommunikation verändern, Stuttgart 1999. Vgl. auch Elsaesser, Thomas: Constructive Instability or: The Life of Things as the Cinema's Afterlife?, in: Lovink, Geert/Niederer, Sabine (Hg.): Video Vortex Reader: Responses to YouTube. Amsterdam 2008, S. 13–31.

keit, digitale Prozesse nachzuvollziehen. Richter spricht hierbei von ‚räumlichen Metaphern',[47] die zum Verständnis dieser Prozesse zum Einsatz kommen: „Die Datenströme des digitalen Zeitalters sind nur demnach beherrschbar, weil sie sich als Orte und Flächen präsentieren. Entsprechend sind die Oberflächen von Plattformen wie Netflix und YouTube ebenso als Orte zu verstehen, die erforscht und entdeckt werden können."[48] Im Kontext von Netflix und YouTube avanciert das Filmplakat zu einer Interaktionsfläche, die Möglichkeiten zeigt und die eigentliche – unter der *Oberfläche* liegende – technische Operation verbirgt.[49]

Zusammenfassend lässt sich festhalten, dass die Medialität des Filmplakats mit dem Transfer in ein digitales Interface grundsätzlich verändert wird. Darüber hinaus wird eine Hinwendung zu Medienformen aus der traditionellen Film- und Kinoindustrie durch die dominante Präsentation der Filmposter ersichtlich. Im Unterschied zu Netflix stellte diese Form der Affirmation von ‚SoCal-Reminiszenzen' für YouTube einen relevanten inhaltspolitischen Kurswechsel dar, zumal die Abkehr von YouTubes Thumbnail-Vorschaubildern auch eine Abkehr von bisherigen Inhaltsparadigmen ankündigte. Begreift man YouTubes Entscheidung, sich auch als Streaming-Plattform zu präsentieren, als audiovisuelle Evolution, wobei das Kurzvideo den Anfangspunkt markiert und professionelle Film- und Serienproduktionen die jüngste ‚Evolutionsform' darstellen,[50] so findet diese Evolution ihren Widerhall im Interface, indem der automatisch generierte[51] Thumbnail durch das Filmplakat-Vorschaubild ersetzt wird.

5.3 Die Aufgabe der Partizipationsoption

Die Interfaceanalyse der Startseite der YouTube Originals gibt Aufschluss darüber, dass Interaktionselemente (wie die Kommentarfunktion) sowie Metadaten, die Bestandteil von YouTubes traditionellem Interface sind, zugunsten einer stilistischen Annäherung an Streaming-Plattformen wie Netflix ausbleiben. Die Kommentar-

47 Vgl. Richter, Fernsehen – Netflix – YouTube, S. 55.

48 Richter, Fernsehen – Netflix – YouTube, S. 55.

49 Richter stärkt das Oppositionspaar ‚Zeigen und Verbergen', indem er ein Unterkapitel so benennt, das sich mit sichtbaren und unsichtbaren digitalen Elementen auseinandersetzt. Vgl. Richter, Fernsehen – Netflix – YouTube, S. 55 ff.

50 Frühbrodt und Floren beispielsweise sprechen von einer Evolution auf YouTube. Vgl. Frühbrodt, Unboxing YouTube.

51 Es ist auch möglich, Thumbnails gezielt auszuwählen oder Bilder hochzuladen, die nicht selbst Teil des Videos sind. Hierfür ist jedoch eine Verifizierung des Nutzers nötig, sodass die meisten Videos mit automatisch generierten Thumbnails versehen werden.

funktion stellt einen essentiellen Bestandteil von YouTubes Medialität dar, durch die Interaktion zwischen Videomachern und Zuschauern ermöglicht wird. Durch die Abschaffung der Funktion wird dieses Interaktionspotenzial unterbunden und den Filmen und Serien kommt ohne diese Paratexte eine höhere Form der (Ab-)Geschlossenheit zu: Während man sagen kann, dass Kommentare zu Videos auf YouTube dazu beitragen, dass die Videos selbst anders rezipiert werden[52] oder die Grundlage für künftige Videos darstellen,[53] endete die Rezeption eines Films oder einer Serie auf der Startseite der Originals mit dem Abspann der jeweiligen Produktion. Das ‚Heimkino YouTube' gab seinen Zuschauern keinen *Raum* zum Austausch untereinander. Die Strukturierung des Raumes, besser gesagt der ‚räumlichen Metapher'[54] im Interface der Originals-Startseite überschreibt die üblicherweise vertikal angeordnete Kommentarleiste und stellt die eigentliche Produktion als in sich geschlossene Einheit und alleiniges Zentrum der Aufmerksamkeit heraus.

Diese Form der Geschlossenheit stellt insbesondere im Kontext von Partizipationskultur auf YouTube ein interessantes Phänomen dar, zumal sich die ‚Spreadability',[55] durch die sich YouTubes Medienlogik in hohem Maße konstituiert, auf der Startseite der Originals nicht feststellen ließ. Vielmehr ist es angebracht, hier den von Jenkins eingeführten Gegenbegriff der ‚Stickiness'[56] zu verwenden, da keine Möglichkeit zum Interagieren im Allgemeinen und zum Teilen im Speziellen besteht. Netflix, Amazon, Hulu, Disney und auch die Startseite der YouTube Originals erlauben aufgrund ihrer abonnementbasierten Geschäftsmodelle keine „[...] forms of media circulation [...]",[57] die das Fundament für gelungene Partizipationskultur darstellen.[58]

Auf eine weitere Parallele zwischen dem Kino und der Startseite der YouTube Originals sowie Netflix sei aufmerksam gemacht: Es ist interessant zu beobachten, dass diese Form der Stickiness für SoCal und die Kinoindustrie nicht nur gewöhnlich, sondern vielmehr notwendig ist, um ihr Überleben zu sichern: Filme, die im Kino gezeigt werden, sind ebenso unbeweglich wie Produktionen auf Netflix oder der Startseite der YouTube Originals. Mitschnitte von Kinofilmen, die eine anschließende Form der illegalen Spreadability ermöglichen würden, sind untersagt und

---

52 Etwa wenn Zuschauer auf bestimmte Details hinweisen und den entsprechenden Timecode angeben.

53 Beispielsweise wenn Zuschauer Fragen stellen, die die thematische Basis anderer Videos bilden können.

54 Vgl. Richter, Fernsehen – Netflix – YouTube, S. 55.

55 Vgl. Jenkins, Spreadable Media, S. 3.

56 Vgl. Jenkins, Spreadable Media, S. 5.

57 Jenkins, Spreadable Media, S. 3.

58 S. viertes Kapitel.

werden mit Strafen belegt. Die Ähnlichkeit zwischen dem Kino und dem SVOD-Modell, das nur dann rentabel ist, wenn die angebotenen Inhalte nicht frei zirkulieren können, wird vor allem mit Blick auf die Abgeschlossenheit des Distributionsorts ersichtlich. Die im Interface der Startseite der YouTube Originals sichtbar werdende Abkehr von YouTubes traditionellem Interface kann unmittelbar mit Partizipationspotenzialen in Verbindung gebracht werden. Das auf Plattformen wie Netflix von Beginn an dominante ‚Stickiness-Modell' stellte für YouTube in funktionaler Hinsicht Neuland dar.[59]

5.4 Zurück zur traditionellen Anordnungsästhetik

Die Startseite der YouTube Originals sollte in ihrer ursprünglichen Form nur wenige Jahre Bestand haben. In diesem Abschnitt wird das Interface der Nachfolgerversion der Originals-Startseite untersucht, die die bis dato jüngste Präsentationsform darstellt.[60] Die Veränderungen im Interface sind für die Frage nach der medialen Offenheit von YouTube zu Beginn der 2020er Jahre und dem damit einhergehenden Potenzial für Partizipation relevant. Im folgenden Abschnitt zeige ich, dass durch die Einbettung der Originals innerhalb des traditionellen Interfaces von YouTube eine erneute Hinwendung zum ursprünglichen Selbstbild der Plattform ersichtlich wird: Das im Kontext der Originals erstmals auf YouTube in Erscheinung getretene ‚Stickiness-Modell' wird durch Möglichkeiten zur ‚Spreadability' abgelöst und die stilistische Annäherung an Plattformen wie Netflix wird mit der Öffnung der Originals verworfen.

5.4.1 Die YouTube Originals-Startseite seit dem Jahr 2020

Abbildungen 28 und 29 zeigen den Aufbau der aktuellen Startseite der YouTube Originals. Hierbei wird die Differenz zu der ersten Startseite der Originals unmittelbar ersichtlich.

Zunächst lässt sich festhalten, dass die am linken Bildrand in Erscheinung tretende vertikale Leiste, die verschiedene verlinkte Symbole und Symbolbeschrei-

59 Ein ähnliches Phänomen zeigt sich auf mit Blick auf die Sparte ‚YouTube Filme und Shows', da die dort abrufbaren Inhalte ebenfalls nicht geteilt werden können.

60 Stand Februar 2022. Weshalb es zu Änderungen im Bereich des Interfaces kam, bleibt spekulativ und die Diskussion dieser Entscheidung stellt hier kein Anliegen dar.

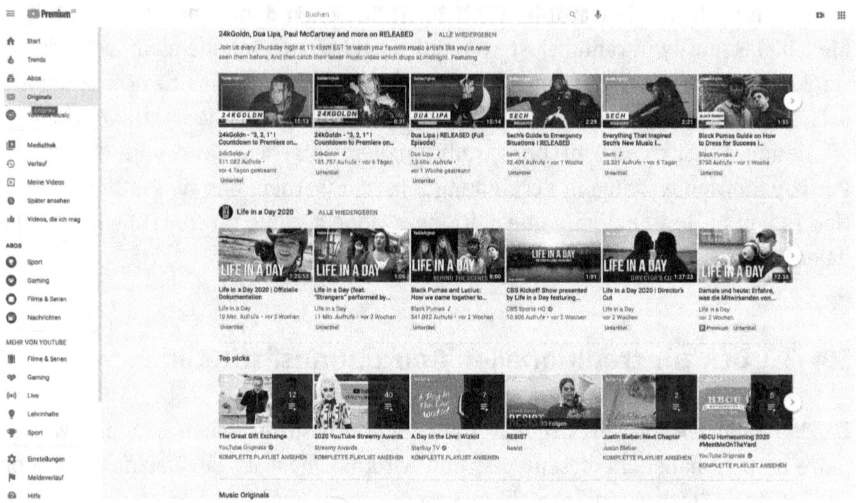

Abbildung 28: Offen zugängliche Originals-Startseite.

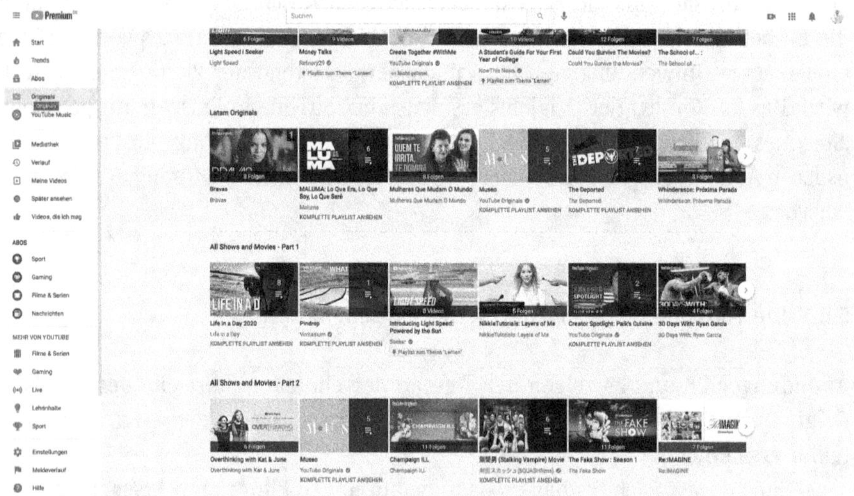

Abbildung 29: Genrebildung auf offen zugänglicher Originals-Startseite.

bungen anzeigt, erneut zum festen Bestandteil des Interfaces avanciert.[61] Dem Zuschauer wird wieder die Möglichkeit geboten, mit einem Klick zwischen Videokate-

61 Einschränkend ist anzumerken, dass auch bei der ersten Startseite der Originals Verlinkungen am linken Bildrand existierten, allerdings wurde ihre Anzahl beim Wechsel in die vergrö-

gorien zu wechseln, wobei zu betonen ist, dass die Leiste am linken Bildrand primär auf Inhalte außerhalb der Originals-Sparte hinweist. Genauer gesagt nimmt die Verlinkung zur Originals-Startseite die vierte Position von oben ein.[62] Vergleicht man diese Koexistenz von Originals und gewöhnlichen YouTube-Inhalten mit den Erkenntnissen aus der vorhergehenden Analyse aus diesem Kapitel, kann festgehalten werden, dass die ‚Metapher des abgeschlossenen Raums',[63] wie er auf der ursprünglichen Originals Startseite und auf Netflix vorherrscht(e), nicht länger existiert. Der Fokus auf YouTubes Eigenproduktionen wird abgeschwächt und der Raum zum Entdecken anderer Formate wird geöffnet.

Die direkte Gegenüberstellung von Abbildung 21 (exklusive Originals Startseite, s. S. 129) und Abbildung 29 (offen zugängliche Startseite) offenbart die unterschiedliche räumliche Entfaltung von bildlichen und textuellen Elementen. Zwar findet die Kategorisierung von Originals auf ähnliche Weise statt, da auf beiden Seiten Überschriften horizontal angeordnete Produktionsreihen kategorisieren und dem Zuschauer so gattungs- oder genrespezifische Informationen zu jeder Reihung von Originals erteilen.[64] Im Unterschied zur ersten Originals-Startseite treten in Abbildung 29 aber auch wieder textuelle Elemente unterhalb der Vorschaubilder in Erscheinung, die die jeweiligen Produktionen betiteln. Der Produktionstitel, der auf Netflix und der ursprünglichen Originals Startseite im Vorschaubild selbst verankert war, tritt aus dem Bildrahmen hervor und existiert losgelöst von bildlichen Elementen. Diese Form der Separierung von Bild und Text stellt eine Rückkehr zu YouTubes traditionellen Anordnungsmustern dar. Es wird deutlich, dass der von Richter und Badstübner-Kitzik[65] hervorgehobene Zusammenfall von Bild- und Textelementen in Filmplakaten, die auf Netflix und der ersten Startseite der Originals als Vorschaubilder fungierten, nicht länger als Merkmalsträger der Vorschaubilder in Erscheinung tritt.

Die Vorschaubilder der Originals sehen sich ebenso einem Wandel unterzogen wie die gesamte Benutzeroberfläche, auf der sie in Erscheinung treten. Anhand von Abbildungen 21 und 29 wird ersichtlich, dass das 9:16-Hochformat der Vorschaubilder der ursprünglichen Originals Startseite durch das auf YouTube gängige

ßerte Ansicht massiv verringert und essentielle Navigationselemente wie Verlinkungen zu abonnierten Kanälen verschwanden dabei ganz.

62 Die meisten anderen Verlinkungen auf der gleichen Leiste führen die Zuschauer zu gänzlich anderen Inhalten, wie zum Beispiel zu der ‚Trends-Seite', Live-Streams oder zu bereits angesehenen Videos.

63 Vgl. Richter, Fernsehen – Netflix – YouTube, S. 55.

64 Beispielsweise sind in Abbildung 21 die Kategorien ‚alle Filme' und ‚alle Serien' und in Abbildung 29 die Überschriften ‚Latam Originals' oder ‚All Shows and Movies – Part 1' erkennbar.

65 Vgl. Richter, Fernsehen – Netflix – YouTube, S. 58. Vgl. auch Badstübner-Kizik, Text-Bild-Kombination.

16:9-Querformat abgelöst wird, sodass auch an dieser Stelle eine Angleichung an beziehungsweise Rückkehr zu traditionellen Video-Präsentationsformen festzustellen ist. Das auf Streaming-Plattformen wie Netflix übliche Filmplakat-Vorschaubild ist nicht länger Bestandteil des Interfaces der aktuellen Originals Startseite, da YouTube zu seiner klassischen ‚Thumbnail-Ästhetik' zurückkehrt. Konnte man im Vorhergehenden durch die Integration von Filmplakaten auf YouTube und Netflix eine im Interface manifestierte Affirmation von SoCal-Kulturartefakten ausmachen, akzentuiert YouTube mit seiner jüngsten Oberflächenstruktur die genuine NoCal-Umgebung, in der die Originals distribuiert werden. Die Startseite der Originals kann über die reguläre Suchfunktion auf YouTube gefunden werden und unterscheidet sich von anderen Kanälen lediglich durch zwei Aspekte:

Erstens kann sie durch den ‚Originals-Button' am linken Rand von YouTubes Hauptseite bezogen werden und ist durch diese Direktverlinkung privilegierter als andere Kanalseiten.[66]

Zweitens besteht eine Funktion auf der Startseite der Originals, die sich bereits auf der exklusiven Originals-Startseite und auch auf Netflix fand und findet: Abbildung 30 zeigt die offen zugängliche Startseite der Originals.

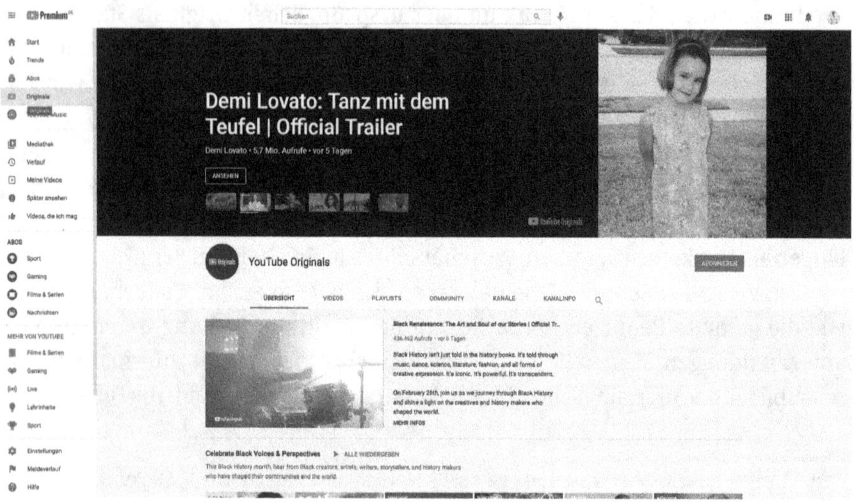

Abbildung 30: Trailer-Fenster auf offen zugänglicher Startseite.

66 Stand Februar 2022. Wie im zweiten Kapitel beschrieben wurde, ist der Originals-Button in der App-Version von YouTube mittlerweile nicht mehr auf der Startseite vorhanden, sodass es möglich ist, dass sich in den kommenden Jahren Änderungen dieser Art auch im Hinblick auf die Desktop-Version von YouTube ergeben werden.

Die in der Abbildung festgehaltene Ansicht ist die erste, die dem Zuschauer nach Anklicken des ‚Originals-Buttons' angezeigt wird. Im oberen Bildzentrum wird automatisch ein Trailer zu einer Originals-Produktion abgespielt. Innerhalb des 21:9-Bildformats, in dem der Trailer gehalten ist, sind Verlinkungen integriert, durch die Zuschauer verschiedene Trailer anwählen können. Möglich ist ebenfalls, direkt in den Vollbildwiedergabemodus einer Originals-Produktion zu wechseln. Diese Aufmachung erinnert einerseits an den Bildaufbau von Netflix, da auch dort der Seitenanfang durch einen automatisch abspielenden Trailer dominiert wird. Andererseits sind Verlinkungen innerhalb des Bildkaders des Trailers bereits auf der ersten Startseite der Originals in Erscheinung getreten.

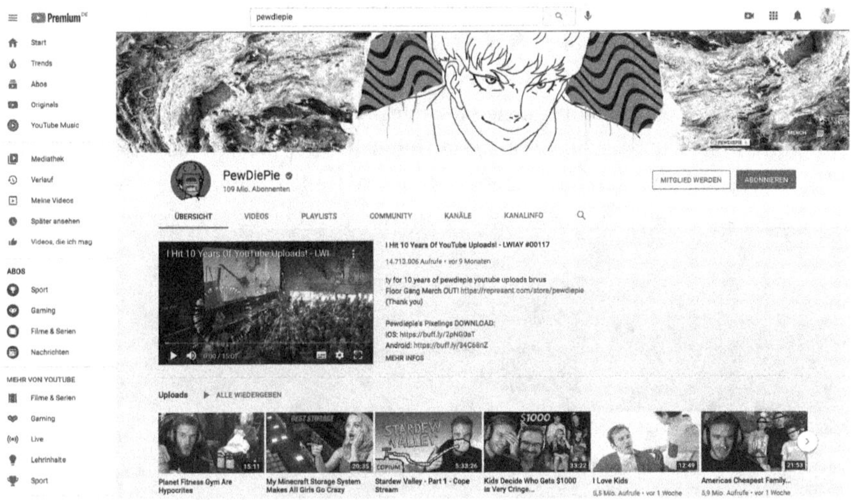

Abbildung 31: Titelbild auf regulärem YouTube-Kanal.

Vergleicht man dieses Funktionsprinzip mit dem Seitenaufbau eines regulären YouTube-Kanals (Abbildung 31), wird ersichtlich, dass das Trailer-Fenster an der Stelle des Kanal-Titelbildes platziert ist. Letztgenanntes entspricht stets einem Standbild, sodass die Startseite der Originals in diesem Aspekt von anderen YouTube-Kanälen unterschieden werden kann.

Abgesehen von diesen Distinktionsmerkmalen lassen sich nur unwesentliche Unterschiede zwischen der Startseite der Originals und regulären YouTube-Kanälen festmachen. Neben dem im vorherigen Absatz besprochenen Sonderformat für Trailer im 21:9-Format am oberen Bildrand werden Trailer anderer Produktionen zudem über das sog. Kanal-Trailer-Fenster abgespielt. Dabei handelt es sich um das erstplatzierte Videofenster auf einem YouTube-Kanal. Das Video läuft automatisch ab und vermittelt Zuschauern klassischerweise einen ersten Eindruck von dem Kanal, den sie angeklickt haben. Diese Funktion steht allen Kanalinhabern zur Verfügung (s. Abbildung 31) und zeichnet sich mit Blick auf die Kombination von Bild und Text dadurch aus, dass die Betreiber des Kanals einen Text verfassen können, der rechts neben dem Videofenster und damit exakt in der Bildmitte der Benutzeroberfläche angezeigt wird. In Abbildung 30 (s. S. 148) wird der abspielende Trailer mit einem Text beschrieben und in Abbildung 31 finden sich Verlinkungen zu externen Webseiten.[67] YouTube nutzt für die Bewerbung seiner Eigenproduktionen auf ‚regulären Kanalseiten' die gleichen Funktionen, die auch YouTuber nutzen, um ihre Inhalte bestmöglich zu präsentieren. Diese ab dem Jahr 2020 erkennbare Tendenz der Eingliederung der Eigenproduktionen in YouTubes reguläres Interface wird auch anhand der Organisationsstruktur der einzelnen Produktionen ersichtlich:

In Abbildungen 28 und 29 (s. S. 146), die einen Überblick über den Aufbau der offen zugänglichen Originals-Startseite geben, zeigt sich, dass Episoden einzelner Projekte in sog. Playlists angezeigt werden. Neben der Kategorisierung der Produktionen, die durch schlagworthafte Überschriften erfolgt, lässt sich eine Subgliederung auf der Ebene einzelner Originals ausmachen, die durch die auf YouTube seit vielen Jahren etablierte Funktion der ‚Playlist' ermöglicht wird.

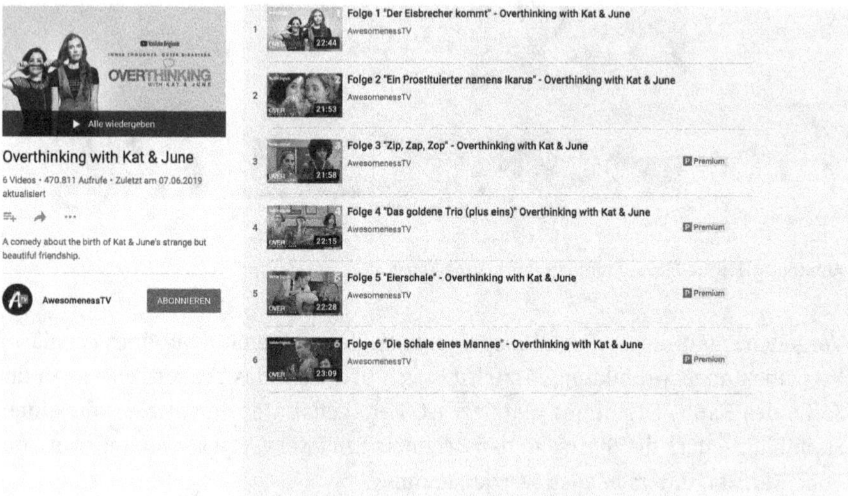

Abbildung 32: Ansicht einer Originals-Playlist 1.

67 Im Beispiel von Abbildung 31 bewirbt der YouTuber PewDiePie anlässlich seines zehnjährigen Jubiläums auf YouTube Merchandise-Artikel. Kaufangebote wie diese, die über externe Webseiten wahrgenommen werden können, finden sich häufig im Textfeld des Kanal-Trailers.

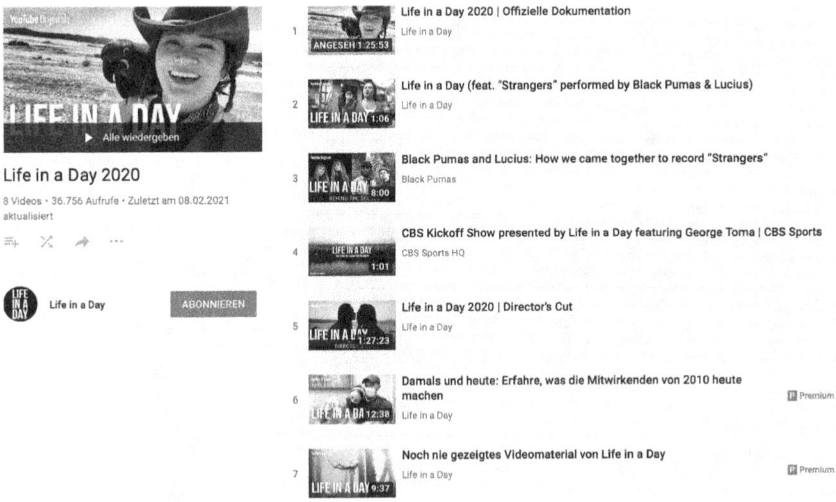

Abbildung 33: Ansicht einer Originals-Playlist 2.

Abbildungen 32 und 33 zeigen die Ansichten der Playlists, die durch das Anklicken des Vorschaubildes zu OVERTHINKING WITH KAT & JUNE[68] (Abbildung 32) und LIFE IN A DAY 2020[69] (Abbildung 33) auf der Benutzeroberfläche in Erscheinung treten. Dieses Anordnungsprinzip von einzelnen Serienepisoden ist insofern bemerkenswert, als es den nativen Grundfunktionen des YouTubings entspricht und sich nicht länger durch die andersartige Aufmachung einer Episodenübersicht, wie sie beispielsweise auf Netflix beobachtet werden kann, auszeichnet. Darstellungsformen dieses ‚genuinen YouTube-Looks' lassen sich auch für die YouTube Originals ab dem Jahr 2020 mit Blick auf die Beispiele aus Abbildungen 34 und 35 festmachen.

5.4.2 Konkurrenz- und Medienzirkulationspotenziale

In Abbildung 34 ist die erste Episode aus der Playlist von OVERTHINKING WITH KAT & JUNE angeklickt worden. Es erfolgt ein Wechsel in die traditionelle Videoansicht auf YouTube, die Distelmeyer folgendermaßen beschreibt:

68 OVERTHINKING WITH KAT & JUNE, YouTube Premium, USA 2018.
69 LIFE IN A DAY 2020, R: Kevin Mcdonald, USA u. A. 2021.

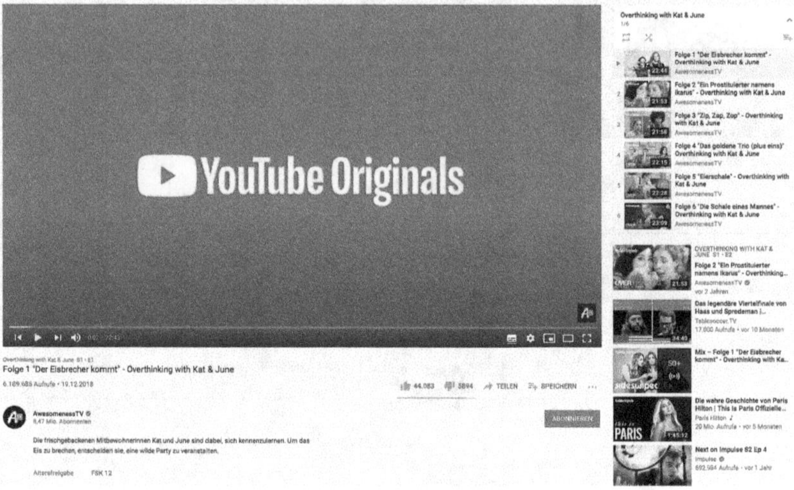

Abbildung 34: YouTube-native Playlist bei Originals-Produktion.

> Neben einem laufenden Video stapeln sich die operativen Bilder weiterer Videos, die das algorithmische Zusammenspiel von Anfragen, Metadaten und Nutzungsauswertung mir vorschlägt. Die Ordnung der Auswahl, die mir flächendeckend auch auf der Startseite von *YouTube* begegnet (Video an Video, Bild an Bild), hat sich rechts neben dem Video-Rahmen aufgestellt.[70]

Der rechte Bildrand der Benutzeroberfläche wird durch die vertikal angeordnete Reihung anderer Videovorschläge dominiert. Diese Videovorschläge weisen einerseits auf andere Folgen der gleichen Produktion hin beziehungsweise bilden die Playlist in einer komprimierten Darstellungsform ab. Andererseits wird auch auf andere Originals-Produktionen sowie auf YouTube-Inhalte hingewiesen, die keine Eigenproduktionen sind, wodurch der Versuch der Eingliederung der Originals in YouTubes reguläre Inhalte abermals deutlich wird. Mit dieser Eingliederung tritt auch ein Konkurrenzverhältnis zu gewöhnlichen YouTube-Videos in Erscheinung, das auf der exklusiven Startseite der Originals nicht bestand, zumal dort lediglich andere Originals-Produktionen angezeigt wurden. Zwar lassen sich die von Distelmeyer hervorgehobenen bildlichen Manifestationen ‚paradigmatischer Rivalitäten'[71] und ‚ostentativer Konkurrenzsituationen',[72] die nach Ablauf eines Videos durch weitere Videovorschläge im Videofenster in Erscheinung träten, hier nicht

70 Distelmeyer, Machtzeichen, S. 128 f.
71 Vgl. Distelmeyer, Machtzeichen, S. 135.
72 Vgl. Distelmeyer, Machtzeichen, S. 135.

im Videofenster ausmachen, da nach Ablauf einer Episode der Originals automatisch die nächste Folge abgespielt wird. Allerdings tritt die Konkurrenz zwischen Eigen- und Fremdproduktionen auf YouTube durch die vertikale Aufreihung von Videovorschlägen am rechten Bildrand auf den Plan, da dem Zuschauer dort nicht ausschließlich die Serien-Playlist, sondern auch Vorschläge anderer YouTube-Videos angezeigt werden, die – sofern sie beim Zuschauer auf Interesse stoßen – dafür sorgen können, dass die jeweilige Serie nicht weiter angesehen wird.

Es zeigt sich, dass durch die Koexistenz und Parallelität von Videos und Videovorschlägen nicht das Binge-Watching der *Originals*, sondern vielmehr das Binge-Watching von *YouTube* intendiert wird. Diese Unterscheidung ist wichtig, da eine räumliche Zusammenkunft von Originals und Fremdproduktionen auf der exklusiven Startseite der Originals nicht erfolgte.

Ein einst abgeschlossener Raum (erste Startseite) wird somit durch einen offenen Raum (aktuelle Startseite) ersetzt, wodurch sich unmittelbar Anknüpfungspunkte zu den von Jenkins formulierten Grundpfeilern der Konvergenz- und Partizipationskultur ausmachen lassen: „Welcome to convergence culture, where old and new media collide, where grassroots and corporate media intersect, where the power of the media producer and the power of the media consumer interact in unpredictable ways.“[73] Die von Jenkins im Jahr 2006 beschriebenen Kollisions- und Intersektionsformen von Medientypen werden nun mit Blick auf YouTubes Interface ersichtlich: Die Öffnung der Originals *eröffnet* Zuschauern auf einer einzelnen Oberfläche Auswahlmöglichkeiten zwischen Grassroots- und Konzern-Medien.[74]

Ich komme noch einmal auf die Abbildung 34 zurück. Es ist interessant zu beobachten, dass – nachdem sich der Zuschauer über die auf der Kanalseite der Originals eingebettete Playlist zur Videoansicht navigiert hat – mit der Verlinkung zur Videoansicht eine Überleitung zu einem anderen Kanal erfolgt.[75] Im Fall von OVERTHINKING WITH KAT & JUNE (Abbildung 34) befindet sich der Zuschauer nun auf dem Kanal *AwesomenessTV*, während COULD YOU SURVIVE THE MOVIES?[76] (Abbildung 35) über den Kanal *Vsauce3* abgespielt wird.

---

73 Jenkins, Convergence Culture (2008), S. 2.

74 Nicht alle Inhaltsangebote, die nicht YouTubes Eigenproduktionen entsprechen, stammen automatisch von Grassroots. Es besteht zumindest aber die Möglichkeit einer Koexistenz zwischen Grassroots- und Konzern-Medien, sofern der Anzeigealgorithmus von YouTube Grassroots-Inhalte anzeigt.

75 Dies gilt vor allem für Kooperationsprojekte mit YouTubern und daher nicht für alle Produktionen. Einige Projekte werden in der Videoansicht weiterhin auf dem offiziellen Kanal der YouTube Originals angezeigt.

76 COULD YOU SURVIVE THE MOVIES?, YouTube Premium, USA 2018–.

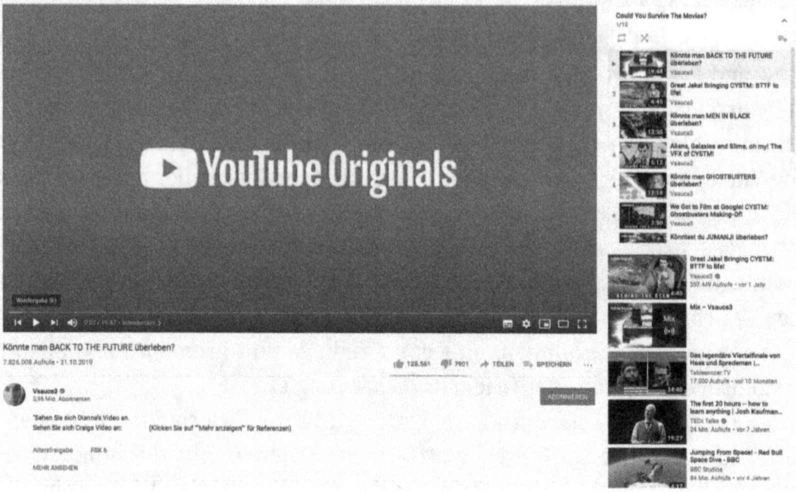

Abbildung 35: YouTube-native Playlist bei Originals-Produktion 2.

Die von Jenkins entworfene Theorie in Bezug auf Konvergenzprozesse zwischen Medienunternehmen und Einzelpersonen wird anhand dieser Inhaltsstrukturierung offenbar. Die Kooperation zwischen YouTube als Produzent und den mitwirkenden YouTubern, die nun teilweise die Filme und Serien auf ihren privaten Kanälen veröffentlichen können, entspricht eben jener Form von Konvergenz, die Jenkins 2006 ankündigt. Jenkins et al. verknüpfen zentrale und dezentrale Inhaltsstrukturierungen im Kontext von Spreadability und Stickiness wie folgt:

> The key to stickiness is putting material in a centralized location, drawing people to it, and keeping them there indefinitely in ways that best benefit the site's analytics. [...] Spreadability emphasizes producing content in easy-to-share formats, such as the embed codes that YouTube provides, which make it easier to spread videos across the Internet, and encouraging access points to that content in a variety of places.[77]

Die Abkehr von einem einzelnen zentralen Raum für die Originals, wie YouTube sie mit seiner ersten Originals-Startseite bereitstellte, kann auf Basis der Überlegungen von Jenkins et al. als erneute Hinwendung zur Spreadability von Inhalten interpretiert werden, da mit dieser Abkehr auch die Zirkulation von Medien auf unterschiedlichen Kanälen ermöglicht wird.

77 Jenkins, Spreadable Media, S. 6.

5.5 Abschließende Bemerkungen zur Interfaceanalyse

Die aktuelle Startseite der YouTube Originals unterscheidet sich in hohem Maße von ihrer ursprünglichen Interface-Variante. Die Startseite gleicht in weiten Teilen dem Aufbau anderer YouTube-Kanäle. Es finden sich plattformnative Funktionen wie die Playlist und der traditionelle Interfaceaufbau mit konkurrierenden Vorschaubildern am rechten Seitenrand. Insbesondere die Tendenz, dass der Zuschauer durch Verlinkungen auf der Startseite der Originals mitunter zu Kanalseiten von YouTubern geführt wird, ist vor dem Hintergrund von der von Jenkins prognostizierten Konvergenz von Medienunternehmen und Einzelakteuren von besonderem Interesse, da sich ebendiese Konvergenzprozesse anhand dieser Verlinkungen beschreiben lassen. Hierbei muss jedoch stets der Status dieser Einzelakteure kritisch hinterfragt werden: Die hier angebrachten Beispiele zu Kanälen wie *AwesomenessTV* oder *Vcsauce3* treten als millionenfach abonnierte Kanäle auf YouTube in Erscheinung. Die Akteure, die auf diesen oder ähnlichen Kanälen auftreten, sind dem Grassroots-Status meist entwachsen und einige von ihnen haben bereits selbst Medienunternehmen gegründet. Die im vierten Kapitel dieser Studie ausgiebig diskutierte naive Vorstellung von einer gleichberechtigten Koexistenz zwischen Konzernen und Grassroots, die als individuell handelnde Videomacher auftreten, ist ad acta zu legen. Im speziellen Fall der Originals kommt es zu Kooperationsprojekten zwischen YouTube und seinen Eliteakteuren, sodass die angesprochenen Konvergenzprozesse und die Zirkulation von Originals-Produktionen auf unterschiedlichen Kanälen stets vor dem Hintergrund dieser Einschränkung verstanden werden müssen.

Im Hinblick auf die hier analysierten Interface-Varianten konnte aufgezeigt werden, dass die Unterschiede im Aufbau zwischen der ersten und aktuellen Startseite der YouTube Originals auch in Verbindung zu den medientheoretischen Ansätzen der Spreadability und Stickiness – so wie sie von Jenkins et al. formuliert werden – gesetzt werden können: YouTubes audiovisuelle Kultur wird nicht zuletzt durch sein Interface geprägt. Die Einrichtung einer exklusiven Startseite, die wie Netflix oder die Kinoindustrie auf den Verbleib der Inhalte innerhalb eines geschlossenen Raumes setzt, bedeutete für YouTube eine signifikante Abweichung von seinen bisherigen Darstellungsformen. Die wenige Jahre später erfolgte Eingliederung der Originals auf YouTubes Hauptseite und die Abkehr von einer ‚abonnementpflichtigen' Startseite artikuliert auf Interface-Ebene den Versuch einer Nivellierung der Hierarchie von Eigen- und Fremdproduktionen auf YouTube.

In diesem Kapitel war es mir ein Anliegen aufzuzeigen, dass Interfaces abseits der Komposition bildlicher und textueller Elemente nicht nur als Repräsentanten für Computerprozesse, sondern auch als Geschichtsschreiber für den Wandel in der audiovisuellen Kultur bestimmter Plattform gelten können. Distelmeyer schreibt:

„[...] Interfaces [stellen] sowohl Fragen nach Medialität und Technik als auch nach Kultur und Politik.“[78] YouTubes Medialität und YouTubes Kultur wird durch sein Interface gleichermaßen konserviert wie mitgestaltet. Es zeigt sich, dass YouTubes gegenwärtige audiovisuelle Kultur massiv durch ein Spannungsfeld zwischen Spreadability und Stickiness im Speziellen sowie zwischen NoCal- und SoCal-Distributionsmodellen und -Inhalten im Allgemeinen bestimmt wird, das zweifelsohne durch den Siegeszug von Netflix und anderen Streaming-Anbietern in den 2010er Jahren verstärkt wird. Das Zentrum des Spannungsfeldes konstituiert sich hierbei durch Möglichkeiten zur Konkurrenzfähigkeit zu anderen Distributionsmodellen im Bereich der Online-Unterhaltung auf der einen und durch die Perpetuierung bereits bestehender Erfolgsmodelle, anhand derer die Zuschauerbasis konsolidiert werden soll, auf der anderen Seite. Seine visuelle Manifestation oder seinen Widerhall findet dieses Spannungsfeld im Interface der YouTube Originals: Die Konkurrenzabsicht zu Streaming-Anbietern wie Netflix wird anhand zahlreicher Parallelitäten mit Blick auf die Bild- und Textgestaltung sowie den damit einhergehenden Interaktionspotenzialen für Zuschauer offenbar. Die binnen weniger Jahre erfolgte Rückkehr zur traditionellen Oberflächenstruktur auf YouTube markiert hingegen ein Umdenken in Bezug auf das Expansionsvorhaben auf dem Streaming-Markt. Der Konzern scheint wieder darum bemüht sein, zu seinem originären Selbstverständnis zurückzukehren, das sich durch mediale Offenheit auszeichnet. Die Eigenproduktionen erscheinen seit 2020 nicht länger auf exklusiven und privilegierten Oberflächen, auf denen Zirkulation und Konkurrenz weitgehend ausbleiben, sondern sie reihen sich mit einem neuen Potenzial zur Spreadability in YouTubes weitere Inhaltsangebote ein. In der nun folgenden Metadatenanalyse wird untersucht, inwiefern ebendiese Tendenz auch im Bereich der Metadaten-Transparenzpolitik für YouTubes Eigenproduktionen erkennbar wird.

78 Distelmeyer, Machtzeichen, S. 169.

6 Metadatenanalyse

In diesem Kapitel stehen die Metadaten Likes und Dislikes, Abrufzahlen, die Anzahl geteilter Inhalte sowie Anschlusskommunikation in Form von Kommentaren im Zentrum der Untersuchung. Die Initiierung von YouTube Premium und dem SVOD-Geschäftsmodell wird als Abkehr von partizipativen Elementen auf YouTube begriffen, wobei die Abschaffung der Paywall für Originals ab dem Jahr 2020 Ausdruck der erneuten Hinwendung zur und Affirmation von Partizipationskultur und -potenzialen ist. Somit rückt das im letzten Kapitel thematisierte Spannungsfeld zwischen Spreadability und Stickiness auf YouTube erneut in den Fokus, wobei diesmal nicht die virtuelle Raumgestaltung, sondern die Sichtbarkeit von Zahlen, die als abstrakte Repräsentanten von Partizipation gelesen werden, vor dem Hintergrund dieses Spannungsfeldes diskutiert wird.

6.1 YouTube Premium als Kulturschock für YouTubes Grassroots

Die Analyse der Sichtbarkeit von *Zahlen* und den ihnen inhärenten Hinweisen auf Partizipation auf YouTube ruft im Kontext von YouTube Premium auch eine Auseinandersetzung mit dem *Bezahlen* für Inhalte auf den Plan, da die Erscheinung kostenpflichtiger Inhalte in unmittelbarer Verbindung zu YouTube Premium steht. Googelt man nach ‚YouTube Premium Memes', so erhält man eine auffallend hohe Anzahl an Bildern, die allesamt auf humoristische Weise auszudrücken versuchen, dass YouTube Premium wie ein Fremdkörper auf YouTube anmutet (Abbildung 36).

Auf Plattformen wie ‚reddit.com', ‚9gag.com' oder ‚ahseeit.com' können zahlreiche Memes zu YouTube Premium abgerufen werden, wobei thematische Trends vor allem mit Blick auf YouTubes aggressives Werben für seinen Premiumdienst sowie auf die Abneigung von Nutzern, für Inhalte auf YouTube zu bezahlen, auffallen. So wird beispielsweise die Anfrage für ein Premium-Abonnement mit dem Bild eines vor Wut schäumenden Mr. Krabs aus der Serie SPONGEBOB SCHWAMMKOPF[1] verbunden und mit der innerhalb der Serie von Mr. Krabs getätigten Aussage ‚You'll never get a cent out of me' kommentiert (Abbildung 37).[2]

1 SPONGEBOB SCHWAMMKOPF, Nickelodeon, USA 1999–.

2 S. https://ahseeit.com/?qa=30192/youtube-wanna-try-youtube-premium-everyone-meme (zuletzt abgerufen am 01.11.2022). Alternativ lässt sich diese Meme angesichts der Virulenz von Memes im Internet auch über eine Google-Suche mit den Schlagworten ‚YouTube Premium' und ‚Mr. Krabs' beziehen.

https://doi.org/10.1515/9783111145853-006

Abbildung 36: YouTube Premium-Memes.

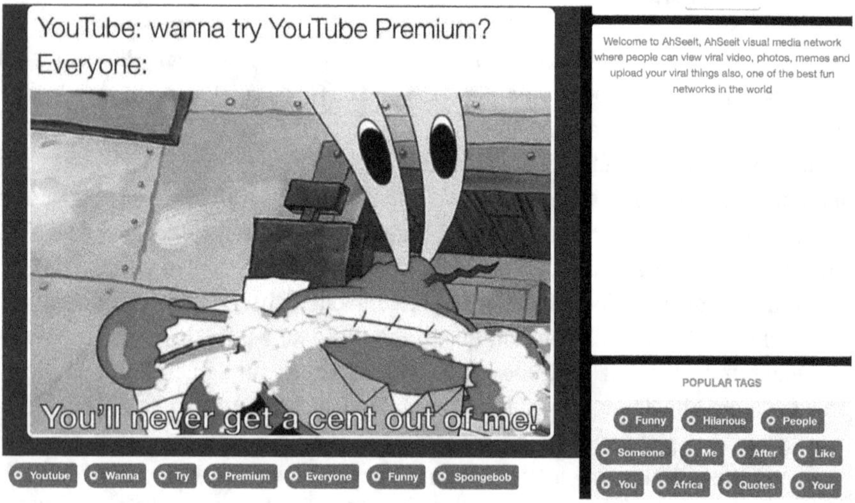

Abbildung 37: Mr. Krabs und YouTube Premium Meme.

Ein anderes Beispiel ist die Verbindung von zwei Einzelbildern aus unterschiedlichen Kontexten, die in einer Meme zusammengeführt werden: Das erste Bild zeigt eine auf YouTube erscheinende Pop-Up-Nachricht, durch die der Nutzer gefragt wird, ob die Möglichkeit zur Hintergrundwiedergabe von Inhalten auf YouTube gewünscht werde, wobei darauf verwiesen wird, dass diese Funktion durch ein Abonnement von YouTube Premium ermöglicht werde. Das zweite Bild ‚reagiert' auf diesen auf YouTube auftretenden Pop-Up. Es handelt sich um Kevin Spacey in seiner Rolle als Frank Underwood aus der Serie House of Cards, wobei Spacey dabei zu sehen ist, wie er direkt in sein Handy spricht. Unterhalb dieser Bildextraktion aus der Serie findet sich der Untertitel ‚Go fuck yourself', der Spacey in den Mund gelegt wird, um so eine quasi-kommunikative Situation herzustellen, bei der Spacey die Pop-Up-Nachricht von YouTube auf seinem Mobiltelefon erhält und sie daraufhin fluchend kommentiert (Abbildung 38).[3]

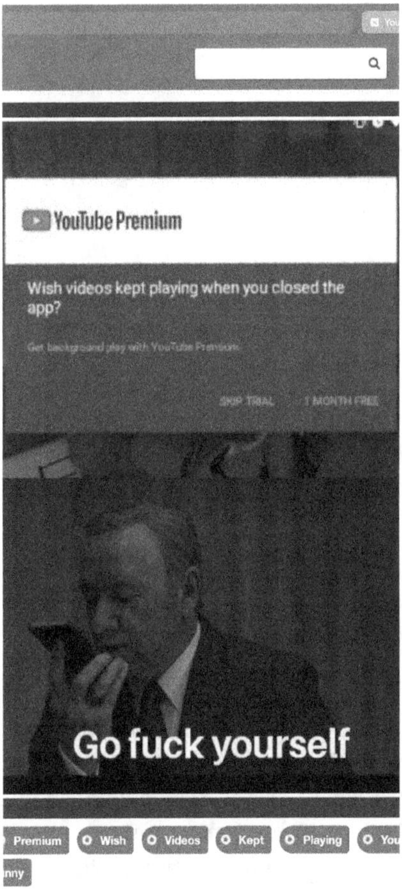

Abbildung 38: Frank Underwood und YouTube Premium Meme.

3 S. https://ahseeit.com/?qa=28946/youtube-premium-wish-videos-kept-playing-when-you-closed-meme (zuletzt abgerufen am 01.11.2022).

Abbildung 39: Monkey Puppet und YouTube Premium Meme.

Diese im zweiten Beispiel zum Ausdruck gebrachte Abneigung gegenüber der von YouTube selbst initiierten aggressiven Werbung für YouTube Premium wird auch anhand ähnlicher Beiträge ersichtlich, die den Satz ‚No means No' aus dem Kontext der sexuellen Belästigung und/oder sexualisierter Gewalt entlehnen und ihn auf YouTubes wiederholt auftretende Premium-Abonnement-Anfragen applizieren, die auch nach mehrfacher Ablehnung erneut auf dem Nutzerbildschirm in Erscheinung treten können (Abbildung 39).[4]

4 S. https://knowyourmeme.com/photos/2000523-awkward-look-monkey-puppet (zuletzt abgerufen am 01.11.2022) oder https://fr.memedroid.com/memes/detail/2943419/YouTube-Premium (zuletzt abgerufen am 01.11.2022).

Diese Beispiele beziehen sich auf den Kern der Auseinandersetzung mit YouTube Premium innerhalb der Meme-Kultur: Die Plattform YouTube wird aufgrund der dominant in Erscheinung tretenden Eigenwerbung und der Monetarisierungsabsicht auf anderen Plattformen bloßgestellt. Es ist hier nicht möglich, diese Meme-Phänomene zu quantifizieren und anhand von ihnen eine verlässliche Aussage über die Nutzerakzeptanz von YouTube Premium zu erhalten. Vielmehr soll dieser Exkurs über die humoristische Auseinandersetzung mit YouTube Premium darauf aufmerksam machen, dass YouTube durch neue Geschäftspraktiken innerhalb der audiovisuellen Medienlandschaft mitunter neu verortet und wahrgenommen wird: Aus medientheoretischer Sicht ist interessant zu beobachten, dass YouTube nicht nur als Distributionsplattform *für* Grassroots gilt, sondern auch zum Ziel der Kritik *von* Grassroots wird. Thematische Trends in den YouTube Premium-Memes zeigen sich im Hinblick auf die Auseinandersetzung mit kostenpflichtigen Angeboten und weitläufig angelegten Werbemaßnahmen, durch die YouTube seinen Status als Großkonzern exponiert. Dabei steht außer Frage, dass YouTube diesen Status auch ohne die angesprochenen Maßnahmen innehätte, doch durch die direkte Konfrontation zwischen YouTubes Konzernstrategien und YouTubes Nutzern wird die Plattform in ihrer Rolle als eines der weltweit größten Medienunternehmen prominent exponiert: Die besprochenen Meme-Artefakte können als Kommentar auf einen ‚kulturellen Lagerwechsel' der Plattform YouTube begriffen werden, wobei die Plattform ihre Position als Distributor *für alle* zwar nicht aufgibt, ihre neue Rolle als Distributor *für sich selbst* aber auf dominante Weise ausbaut.

Es bleibt spekulativ, ob der durch Memes und andere digitale Artefakte angeregte kritische Diskurs zu YouTubes partieller Neuausrichtung ausschlaggebend dafür war, dass alle seit dem Jahr 2020 produzierten Originals auch ohne Abonnement von YouTube Premium angesehen werden können. Es ist nicht ausgeschlossen, dass die Aufgabe einer Paywall als Reaktion auf ausgeprägte Zuschauerkritiken zu begreifen ist. Dies soll hier aber nicht weiterverfolgt werden. Entscheidend ist an dieser Stelle vielmehr die Tatsache, dass mit der Einführung von Kosten und der massiven Eigenwerbung auf YouTube die öffentliche Wahrnehmung der Plattform nachhaltig beeinflusst wurde und wird. Innerhalb des Partizipationsdiskurses wird YouTube oftmals als Stimmgeber respektive als Werkzeug zur Ermächtigung gesehen.[5] Bleibt man im Bild, so erhebt YouTube mit der Inaugurierung von YouTube Premium nun selbst seine Stimme und erhält daraufhin einen Gegenruf von seinen Zuschauern, der als kritischer Kommentar durch das Internet hallt.

---

5 S. viertes Kapitel in dieser Studie.

6.2 Das Verhältnis von Partizipation und Metadaten auf YouTube

Partizipation auf YouTube steht in einem engen Verhältnis zu Video-Metadaten wie Likes und Dislikes, der Anzahl der ‚Shares', den Klickzahlen sowie der Anschlusskommunikation an ein Video in Form von Kommentaren. Kritiker der von Jenkins formulierten Partizipationskultur, die mitunter pejorativ vom ‚Partizipations-Kult' oder ‚-Mythos' sprechen,[6] zeigen sich ebenso skeptisch gegenüber der Partizipation in Form von Anschlusskommunikation, wie gegenüber dem basisdemokratischen Versprechen von YouTube an sich. Verwiesen werden kann an dieser Stelle auf die in einigen Publikationen zitierte ‚90-9-1-Regel', die ausdrückt „[...] that 90 percent of online audiences never interact, nine percent interact occasionally, and one percent do most interacting, ordinary YouTube users hardly see themselves as part of a larger community."[7] Im Anschluss daran hält Bleicher fest: „Somit dominiert trotz vorhandener Produktions- und Distributionsmöglichkeiten die passive Rezipientenrolle des traditionellen Broadcastings."[8]

Wenn sich auch beschreiben lässt, dass Partizipation in Form von eigenen Videos, Kommentaren und Bewertungen in Anbetracht der Gesamtanzahl an Nutzern der Plattform YouTube gering ausfällt,[9] kann damit noch keine Aussage über die Rahmenbedingungen d.i. die Möglichkeit zur Partizipation getroffen werden.[10] Bewertungen und Kommentare werden nur von einem geringen Anteil aller YouTuber-Nutzer erstellt. In vielen Fällen tragen die sog. Ultra- oder Hard-

6 Vgl. Frühbrodt, Unboxing YouTube, S. 15. Vgl. auch Lohvink, Kritik der Vernetzungskultur, S. 175.

7 Snickars, Introduction, S. 12.

8 Bleicher, Joan Kristin: YouTube als Supermedium im Spiegel der Forschung, in: Schumacher, Julia/Stuhlmann, Andreas (Hg.): Videoportale: Broadcast Yourself? Versprechen und Enttäuschung, Hamburg 2011, S. 13–26, S. 14.

9 Dies lässt sich beispielsweise mit Blick auf das Verhältnis von Klickzahlen und Bewertungen zu einem Video schnell nachvollziehen. Nur in wenigen Ausnahmefällen fällt die Anschlusskommunikation ähnlich hoch aus wie die Klickzahlen eines Videos, etwa wenn Kommentare zu einem besonders kontroversen Thema auch Monate nach der Veröffentlichung eines Videos weiterhin in hoher Anzahl erstellt werden.

10 Es lässt sich ergänzen, dass die ‚90-9-1-Regel' zwar mitunter angeführt wird, allerdings ist die Haltbarkeit dieser ‚Regel' in meinen Augen zweifelhaft. Die hier zitierten Publikationen sind bereits vor mehr als zehn Jahren veröffentlicht worden. Zudem schwankt der Partizipationsanteil je nach Plattform, Akteur und Genre erheblich, sodass man in diesem Zusammenhang stets von einer hohen Volatilität ausgehen muss, aufgrund derer diese dogmatische Behauptung bezüglich des Zahlenverhältnisses wenig sinnvoll zu sein scheint.

core-Fans eines Kanals maßgeblich zur sichtbaren Interaktionen mit Videos bei.[11] Da es dieser Studie jedoch um das partizipatorische Potenzial für Premium-Inhalte – und weniger um die tatsächliche Ausprägung von Partizipation auf YouTube – geht, setzt die Analyse von Metadaten keinen Fokus auf die Frequentierung von Interaktion, sondern blickt auf die (eingeschränkte) Möglichkeit zur Interaktion mit YouTubes Eigenproduktionen.

6.3 Dezentrale Operationsmöglichkeiten als Beeinflussungsfaktor für Partizipation

Intransparenz ist in Bezug auf Metadaten kein Phänomen, das sich erst bei den YouTube Originals oder durch YouTube Premium offenbart. Richter macht auf ein zentrales Charakteristikum der Einsehbarkeit von Metadaten aufmerksam:

> Bei YouTube obliegt die Eingabe und Bearbeitung der Meta-Daten eines Videos ausschließlich der Person(en), die den Kanal betreibt, auf dem es hochgeladen wird. Die entsprechende Abfrage erfolgt noch im Verlauf des Uploads. Hier liegt die Datenhoheit in dezentralisierter Form bei den Nutzenden, sie ist allerdings strikt zugeteilt und limitiert. Da bei YouTube keine Instanz existiert, die das Hochladen und Beschreiben der Videos redaktionell überwacht, erfolgt auch die Vergabe der Meta-Daten dezentral und damit für jeden Upload individuell.[12]

Wenn im Folgenden herausgestellt wird, dass Metadaten für Originals-Projekte verborgen werden und dass dadurch essentielle Partizipationsmöglichkeiten für die entsprechenden Projekte entfallen, muss dies vor dem Hintergrund gesehen werden, dass das Verbergen von Kommentaren und Likes keine Funktion ist, auf die nur YouTube selbst zugreifen kann. Vielmehr finden sich auch im Bereich der Fremdproduktionen auf YouTube zahlreiche Videos, für die bestimmte Interaktionsmöglichkeiten deaktiviert werden. Wohl beispielsweise hält fest: „Diese [die Kommentarfunktion] kann auch gesperrt werden, was häufig bei Beiträgen von öffentlichen Institutionen oder professionellen Usern geschieht, die weder solche hasserfüllten Kommentare wollen, noch es sich leisten können, diese regelmäßig

---

11 Zu Verhaltensweisen und Gründen für erhöhte Interaktion und Erstellung von eigenen Inhalten bei ‚Ultra-Fans' vgl. Jenkins, Textual Poachers. Vgl. auch Schwier, Jürgen/Fritsch, Oliver: Fankultur und Medienpraxis, in: Fußball, Fans und das Internet, Baltmannsweiler 2003, S. 33–46. Vgl. auch Black, Rebecca: Online Fan Fiction, Global Identities, and Imagination, in: Research in the Teaching of English, 43/4 (2009), S. 397–425. Vgl. auch Hitzler, Ronald/Leichner, Annika: Fandom, in: Brittnacher, Richard/May, Markus (Hg.): Phantastik. Ein interdisziplinäres Handbuch, Stuttgart 2013, S. 263–267.

12 Richter, Fernsehen – Netflix – YouTube, S. 64.

zu überprüfen und zu entfernen."[13] Natürlich schlägt Hass im Internet nicht nur professionellen Akteuren entgegen. Vielmehr kann jeder Videomacher davon betroffen sein, sodass die Möglichkeiten zur Deaktivierung von potenziell verletzenden Kommentaren eine wichtige Funktion für alle Hochladenden darstellen.

Ähnlich verhält es sich mit Blick auf die Bewertungsfunktion, d.i. die Anzeige der Likes und Dislikes, die ein Video erhält, da auch sie deaktiviert werden kann. Im Unterschied zu anderen (sozialen) Onlineplattformen, die die derzeitige Unterhaltungslandschaft dominant bestimmen und gestalten, konstituiert sich YouTubes Like-Funktion nicht nur durch den Like-Button (gefällt mir), sondern auch durch die Möglichkeit zum Ausdruck von Missfallen (gefällt mir nicht). Wenngleich diese Differenz zu anderen Plattformen, deren Medienlogik in hohem Maße durch die ‚Daumen-Demokratie'[14] geprägt wird, auf den ersten Blick nur von marginaler Bedeutung zu sein scheint, muss doch gesagt werden, dass durch die Dislikes ostentativ Drucksituationen mit Blick auf die Performanz und Bewertungen von Videos erzeugt werden, die in dieser Ausprägung auf Plattformen wie Facebook, Instagram oder TikTok nicht zu finden sind.[15] So ist es kein Zufall, dass YouTube im Jahr 2021 Änderungen in Bezug auf die Transparenz seiner Bewertungsfunktion durchführte, durch die Zuschauern lediglich die Likes, nicht aber die Dislikes, die ein Video erhält, angezeigt werden.[16] Den Video*machern* bleiben die Dislikes hierbei jedoch nicht verborgen, sodass die Dislike-Funktion (bis dato) weiterhin Bestand hat und Bewertungen nur dann ausbleiben, wenn man die Be-

---

13 Wohl, Lea: „Kommt, lasst uns alle Juden sein!" Jüdische Gegen-Bilder und antisemitische Kommentare auf YouTube, in: Schumacher, Julia/Stuhlmann, Andreas (Hg.): Videoportale: Broadcast Yourself? Versprechen und Enttäuschung, Hamburg 2011, S. 185–195, S. 225.

14 Ich übernehme den Begriff von Klemm. Vgl. Klemm, Michael: World Wide Web: Politische Kommunikation online gestalten, in: Scheuermann, Arne/Vidal, Francesca (Hg.): Handbuch Medienrhetorik, Berlin 2017, S. 525–544, S. 541.

15 Auf Facebook gibt es neben dem klassischen Like-Button eine Reihe an Icons, die als Form der Bewertung verstanden werden können. Unter anderem gibt es auch einen verärgerten Emoji, der dem Dislike in Bezug auf eine grundsätzlich ablehnende Haltung ähnelt. Allerdings wird dieser Emoji auch verwendet, um auf eine im Video geschilderte Thematik Bezug zu nehmen, sodass damit nicht automatisch eine Aussage über das Video selbst erfolgt (gefällt mir oder gefällt mir nicht). Vielmehr wird der Emoji gesendet, um auf die im Video besprochenen Inhalte zu rekurrieren.

16 Vgl. Lewanczik, Niklas: Keine Dislike-Anzahl bei YouTube: Videoplattform testet neue Designs, in: onlinemarketing.de (2021), abrufbar unter: https://onlinemarketing.de/social-media-marketing/keine-dislike-anzahl-youtube-test (zuletzt abgerufen am 01.11.2022). Vgl. auch Dirscherl, Hans-Christian: YouTube testet: Zahl der Dislikes wird nicht mehr angezeigt, in: PC-Welt (2021), abrufbar unter: https://www.pcwelt.de/news/Youtube-testet-Zahl-der-Dislikes-wird-nicht-mehr-angezeigt-11004971.html (zuletzt abgerufen am 01.11.2022).

wertungsanzeige in den Videoeinstellungen eines Kanals deaktiviert, wobei dann auch keine Like-Bewertungen mehr angezeigt werden.[17]

Daher kann man festhalten, dass die vielbeschriebene ‚mediale Offenheit' von YouTube nicht ohne weiteres gegeben ist, sondern vielmehr erst durch die Bereitschaft von seinen Akteuren zur vollen Entfaltung gelangen kann. In diesem Zusammenhang konstatiert Richter – mit Verweisen auf Distelmeyer – unter der Überschrift ‚Mythen des Digitalen' eine Tendenz zur Stereotypisierung von digitalen und analogen Unterhaltungsangeboten, die oftmals innerhalb starrer Kategorien begriffen würden:

> In den [...] Beschreibungen des *alten* Fernsehens und der *neuen* Umgebungen kommen Vorstellungen zum Ausdruck, die eng mit den Hoffnungen an sowie mit den Annahmen über das Digitale und das Analoge verbunden sind. [...] Distelmeyer hat solche immer wieder formulierten Erwartungen [...] eingehend untersucht und erkennt in Aspekten wie Vernetzung, Freiheit, Aktivität/Partizipation [...] dominante Motive, die dem Digitalen wiederkehrend zugesprochen werden. Im Umkehrschluss wird das (vermeintlich) antonyme Analoge mit Attributen wie Linearität, Beschränktheit, Passivität [...] assoziiert.[18]

Indifferente Attribution und die automatisierte Zuordnung bestimmter Schlagworte berge die Gefahr, (unterkomplexe) Annahmen über Medientypen vorwegzustellen, ohne ihrer spezifischen Medialität Rechnung zu tragen: „Deutlich wird in der Gegenüberstellung zugleich, dass eher holzschnittartige Idealbilder und vereinfachte Archetypen gegeneinander in Stellung gebracht werden. Hier werden Medien, Geräte und Plattformen weniger als komplexe und vielschichtige Anordnungen verhandelt, sondern als feststehende Stereotype."[19] Daher ist es hier wichtig zu betonen, dass ebendiese Stereotype nicht perpetuiert werden dürfen und dass Partizipation auf YouTube nicht als einheitlich vorherrschende Konstante aufgefasst, sondern vielmehr als Summe von individuellen, dezentral getroffenen Entscheidungen einzelner Nutzer verstanden werden muss.

---

17 Die Deaktivierung erfolgt über das Kanalprofil. Im ‚YouTube Studio' führen in der Ansicht aller hochgeladenden Videos die Verlinkungen ‚Details' und ‚Weitere Optionen' zu dem Feld, das die Deaktivierung der Anzeige aller Likes und Dislikes ermöglicht.

18 Richter, Fernsehen – Netflix – YouTube, S. 21. Richter bezieht sich hierbei auf Distelmeyer. Vgl. Distelmeyer, Machtzeichen.

19 Richter, Fernsehen – Netflix – YouTube, S. 21 f.

6.4 Metadatenverbergung und deaktivierte Anschlusskommunikation

Ebenso problematisch wie die naive Affirmation der genannten Stereotype erscheint aber auch die Vorstellung, dass die hier besprochenen Metadaten sowie die Anschlusskommunikation YouTube seit seinen Anfängen[20] nicht in entscheidendem Maße prägen würden. Es lässt sich nicht wegdiskutieren, dass das Fremd- und Selbstbild von YouTube durch die Beteiligung seiner Nutzer mitgestaltet wird sowie auch die algorithmische Ermittlung von Trendvideos in engem Zusammenhang zu diesen Partizipationsformen steht, was Kessler und Schäfer bereits 2009 formulieren: „[...] the commentary section is an integral part of the database and generates metadata that are relevant to the overall functioning of YouTube [...].“[21] Frobenius schlägt vor, dass Zuschauer durch die Möglichkeit des Verfassens von Kommentaren identifiziert werden können,[22] wodurch eine Form der Sichtbarkeit des Zuschauers auf den Plan trete und zum Konstitutionsmerkmal von YouTube avanciere, das sich beispielsweise mit Blick auf Plattformen wie Netflix nicht beschreiben lasse, da „[...] das Interface von Netflix, das anders als bei YouTube keine Möglichkeit eines Austauschs mit den Macher*innen der Serie oder anderen Nutzenden vorsieht.“[23] In der nun folgenden Analyse wird YouTubes Umgang mit einsehbaren Metadaten und mit der Anschlusskommunikation für seine Eigenproduktionen untersucht. Dabei ist es vor allem entscheidend herauszustellen, inwiefern eine Abkehr von einer transparenten Metadatenpolitik erkennbar ist, die sich für den Zeitraum 2016–2020 beschreiben lässt. Mit der Abschaffung der Paywall für alle seit dem Jahr 2020 produzierten Originals lassen sich abermals Veränderungen mit Blick auf die Metadatentransparenz der YouTube Originals beschreiben.

---

20 Hillrichs zeigt beispielsweise auf, dass Bewertungen, Kommentare und Klickzahlen seit der Initiierung der Plattform Bestand hatten. Vgl. Hillrichs, Early YouTube, S. 27.

21 Kessler, Frank/Schäfer, Mirko Tobias: Navigating YouTube: Constituting a Hybrid Information Management System, in: Snickars, Pelle/Vonderau, Patrick (Hg.): The YouTube Reader, Stockholm 2009, S. 275–291, S. 284.

22 Vgl. Frobenius, Pragmatics of Monologue, S. 123.

23 Richter, Fernsehen – Netflix – YouTube, S. 283.

6.4.1 Das Ausbleiben der Likes und Aufrufzahlen bei den YouTube Originals

Die intransparente Darstellungsweise von Likes und Klickzahlen bei den YouTube Originals lässt sich exemplarisch anhand der Originals-Produktion ME AND MY GRANDMA verdeutlichen.

Abbildung 40: Frei einsehbare Pilotfolge von ME AND MY GRANDMA.

Abbildung 41: Episode von ME AND MY GRANDMA hinter der Paywall.

Abbildung 40 zeigt die klassische Videoansicht auf YouTube,[24] über die die Pilotfolge der ersten Staffel von Me and my Grandma abgespielt wird.[25] In Abbildung 41 ist die zweite Episode der ersten Staffel ausgewählt worden. Die Serie, die hier über den Kanal der YouTuberin Eva Gutowski distribuiert wird, stammt aus dem Jahr 2017 und ist dementsprechend nur für Premium-Abonnenten abrufbar.[26] Die Pilotfolge jeder Originals-Produktion konnte und kann jedoch auch ohne Abonnement in voller Länge angesehen werden. In Abbildung 40 erkennt man unterhalb des Videofensters, dass alle gängigen Metadaten vorhanden sind: Der Titel der Episode, über dem sich ein in blau gefasster Serientitel sowie der Verweis auf die Staffel und Episode befindet, wird mit üppiger Schriftgröße versehen und ist über den Metadaten ‚Klickzahl' (320.941.999)[27] und ‚Datum' (22.03.2017) angeordnet. Rechts neben diesen Angaben sind die Likes und Dislikes des Videos eingebettet (971.721 Likes und 339.752 Dislikes). Rechts neben der Anzeige der Likes sind sowohl der ‚Teilen-Button', über den Nutzer den Link zu der ausgewählten Episode verschicken können, als auch die Option zum Speichern des Videos angeordnet. Damit kann für die in Abbildung 40 ausgewählte Pilotfolge festgehalten werden, dass alle auf YouTube üblichen Metadaten einsehbar sind und dass durch die Möglichkeit zum Teilen der Episode zudem essentielle Kriterien der Spreadability nach Jenkins erfüllt werden.

Abbildung 41 (die zweite Episode derselben Serie) zeigt einen anderen Umgang in Bezug auf die Sichtbarkeit der vormals beschriebenen Metadaten: Wenngleich die Oberflächenstruktur und die Anordnung der einzelnen Videofenster und Texte in ihrem Aufbau keinen Veränderungen unterzogen wurden, erhalten die Zuschauer dieser Episode weder eine Angabe über die Klickzahlen noch über die Likes und Dislikes, die die Episode erhalten hat. An die Stelle der Anzeige der Klickzahlen ist ein neues grafisches Element getreten. Hierbei handelt es sich um ein rotes Kästchen, in dessen Mitte der Buchstabe ‚P' angeordnet ist. Rechts neben dem Kästchen befindet sich das Wort ‚Premium', das den Buchstaben im Kästchen erläutert. Das Bewertungssystem für die Originals wurde nicht deaktiviert und es

---

24 Die Produktion wird hierbei nicht über die exklusive Startseite der Originals abgerufen.

25 Anders als es für die erste Startseite der Originals der Fall ist, können die in den Abbildungen festgehaltenen Analysegegenstände auch anhand von Verlinkungen zur jeweiligen Seite auf YouTube nachvollzogen werden. Zur schnelleren Veranschaulichung der jeweiligen Aussage wird weiterhin auf Abbildungen zurückgegriffen.

26 S. zweites Kapitel in dieser Studie.

27 Alle in diesem Kapitel festgehaltenen Zahlen und mathematischen Operationen basieren auf den in den Abbildungen ersichtlichen Zahlen, die sich täglich verändern. Die Abbildungen 40–44 wurden am 23.04.2021 erstellt.

ist Nutzern weiterhin möglich, Likes und Dislikes abzugeben. Allerdings besteht keine Möglichkeit mehr, das bereits abgegebene Bewertungsverhältnis einzusehen. An dieser Stelle kann erneut auf die im letzten Kapitel thematisierte Ähnlichkeit zu Streaming-Anbietern wie Netflix oder Amazon aufmerksam gemacht werden, die nun im Bereich der Metadatenpolitik ersichtlich wird: Auch die zuletzt genannten Anbieter fordern ihre Zuschauer auf, Bewertungen abzugeben, wobei die Summe aller Bewertungen und das Verhältnis positiver und negativer Bewertungen nur für die Betreiber der Plattform einsehbar ist. Mit Blick auf die ‚Teilen-Funktion' lässt sich für das hier gewählte Beispiel – und alle anderen abonnementpflichtigen Episoden auf YouTube – sagen, dass sie zwar weiterhin Bestand hat, in ihrer Funktionalität aber insofern eingeschränkt ist, als nur andere Premium-Nutzer auf den geteilten Link zugreifen können, sodass auch die Spreadability des jeweiligen Inhalts nur in abgeschwächter Form vorhanden ist.[28]

Ein weiteres Beispiel: Die Produktion COBRA KAI. Durch sie kann auf die Varianz im Bereich der Sichtbarkeit von einzelnen Metadaten aufmerksam gemacht werden. Da die Serie im Jahr 2018 veröffentlicht wurde, ist sie ebenfalls nur Premium-Abonnenten zugänglich.

In Abbildung 42 ist die Pilotfolge der Serie ausgewählt worden, bei Abbildung 43 handelt es sich um die dritte Episode der Serie. Wie im vorherigen Beispiel werden den Zuschauern die Metadaten der Pilotfolge angezeigt, die gleichen Daten bleiben jedoch für alle abonnementpflichtigen Episoden verborgen.

Abbildung 44 stellt in Bezug auf die einsehbaren Metadaten der Episode eine ‚semitransparente' Variante dar. Abgebildet ist die zweite Episode der Serie, die ebenfalls ohne Premium-Abonnement angesehen werden kann. Interessant ist hierbei, dass die Aufrufe, die die Episode erhält, verborgen werden, wobei gleichzeitig die Likes und Dislikes sichtbar sind (466.444 Likes und 38.497 Dislikes). Betrachtet man diesen variierenden Umgang mit der Transparenz von Metadaten vor dem Hintergrund von YouTubes Eigenwerbung für die Originals, zeigt sich, dass bestimmte Metadaten für die Produktion hilfreich sind, wenn sie zu einer positiven Kritik beitragen, indem sie als durch Nutzerpartizipation generierter Paratext Zeugnis über das öffentliche Interesse der Episode ablegen, ohne dabei näher darauf hinzuweisen, was genau an der Episode gefällt oder von Interesse ist. Die Wir-

28 Genauer gesagt können auch Zuschauer, die keine Abonnenten sind, auf den Link zugreifen, jedoch wird ihnen nicht die gesamte Episode, sondern lediglich ein bis zu zweiminütiger Ausschnitt aus der Episode angezeigt, der von dem Hinweis begleitet wird, dass diese Episode nur mit einem Abonnement von YouTube Premium angesehen werden kann.

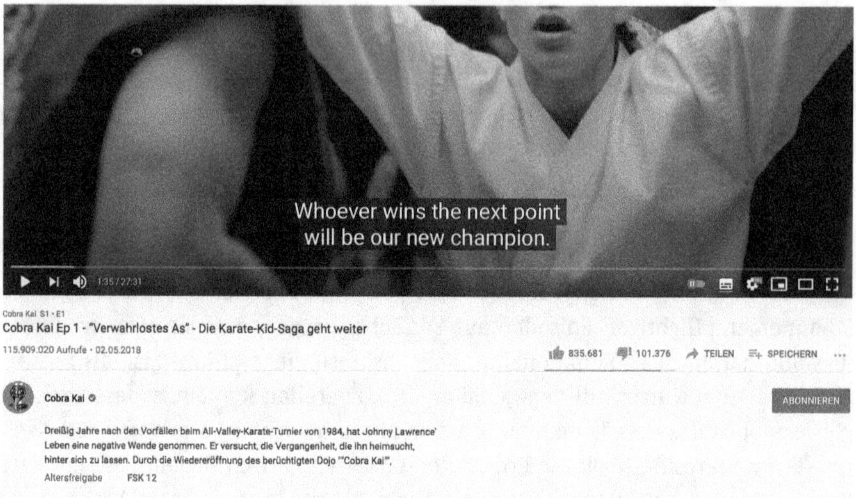

Abbildung 42: Frei einsehbare Pilotfolge von Cobra Kai.

Abbildung 43: Episode von Cobra Kai hinter der Paywall.

kungsmacht, die Metadaten wie Likes haben, bringt Balfanz auf den Punkt, wenn er schreibt: „[...] undurchsichtig bleiben dem Nutzer die maschinellen Aggregationen von Nutzermeinungen z. B. ausgedrückt durch einfache Zustimmungsbekundungen (‚Likes'). Gleichwohl können diese einen stark vorprägenden Einfluss auf

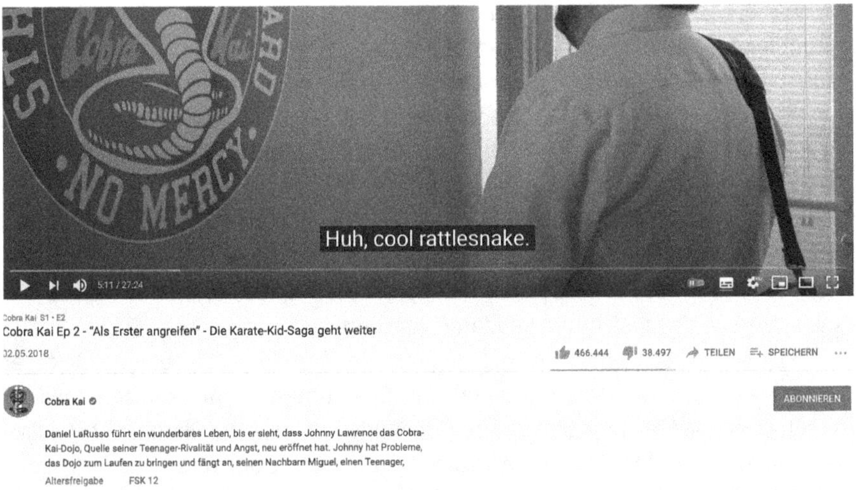

Abbildung 44: Frei einsehbare 2. Episode von Cobra Kai.

die Meinung von neu in einen Kommentierungsthread eingetretenen Personen haben.“[29]

Für die Pilotfolge von Cobra Kai, die über 130.000.000 Aufrufe verzeichnet,[30] stellt die Sichtbarkeit des Metadatums ‚Aufrufe‘ eine potenziell mächtige Werbeform dar, da erkennbar wird, dass es sich bei der Serie um einen großen Erfolg auf YouTube zu handeln scheint. Ähnlich verhält es sich mit dem Verhältnis von Likes und Dislikes: Dividiert man die Likes aus der ersten Episode durch die Anzahl der Dislikes, entspricht der Quotient gerundet 8,24. Für die zweite Episode ergibt sich ein Quotient von 12,11.[31] Das bedeutet, dass auf jede negative Bewertung in etwa acht beziehungsweise 12 positive Bewertungen erfolgen, wobei anzumerken ist, dass die Summe aller Bewertungen der zweiten Episode im Vergleich zur ersten um mehr als 50 Prozent geringer ausfällt.[32]

Die Zahl der Aufrufe wird für die zweite Episode verborgen, während das 12:1-Verhältnis von Likes und Dislikes, das die Serie implizit als äußerst beliebte Produktion bei Zuschauern ausstellt, jedoch sichtbar bleibt. Es ist spekulativ, ob

29 Balfanz, Dirk: Rhetorische Situation und Neue Medien, in: Scheuermann, Arne/Vidal, Francesca (Hg.): Handbuch Medienrhetorik, Berlin 2017, S. 85–106, S. 102 f.

30 Stand Februar 2022.

31 Es wurde auf die zweite Nachkommastelle abgerundet.

32 Alle hier errechneten Zahlen gehen von der Anzahl der Bewertungen aus, die zum Zeitpunkt der Erstellung der Abbildungen vorlagen.

das Verbergen von Metadaten wie den Videoaufrufen dazu dient, Negativtrends auszublenden, da die um mehr als 50 Prozent verringerte Interaktion beispielsweise auf eine allgemeine Abnahme der Klickzahlen hindeutet. Da Spekulationen dieser Art in den Bereich der Medienkritik fallen, wird darauf an dieser Stelle nicht weiter eingegangen. Es ist aber mit Blick auf Abgrenzungsmerkmale zu anderen Streaming-Anbietern von Bedeutung darauf hinzuweisen, dass die hier besprochenen Metadaten – sofern sie einsehbar sind – als Werbemaßnahme für eine Produktion gelten können, was innerhalb der Online-Distribution von Filmen und Serien als Besonderheit einzustufen ist, da Anbieter wie Netflix beispielsweise keine Einsicht in Metadaten gewähren.

Darüber hinaus offenbart sich anhand der hier beschriebenen ‚selektiven Transparenz' der Metadaten abermals das Spannungsfeld, in dem sich YouTube zwischen den 2010er und 2020er Jahren befindet: Das für die Plattform typische[33] Merkmal der Einsehbarkeit von Aufrufen und Bewertungen verschwindet zugunsten einer Annäherung an Funktionsprinzipien von Streaming-Plattformen wie Netflix. YouTubes Metadatenpolitik artikuliert sich als ‚Mittelweg' zwischen der exklusiven, intransparenten und non-partizipatorischen Distributionsvariante auf Netflix und der klassischen Distributionsform auf YouTube, die auf Datentransparenz beruht und auf Zuschauerinteraktion setzt. Durch die uneingeschränkte Sichtbarkeit der Metadaten zu den Pilotfolgen wird die traditionelle Metadatentransparenz auf YouTube perpetuiert, während durch die Paywall nicht nur Filme und Serien, sondern auch ihre dazugehörigen Metadaten verborgen bleiben.

Transparenz in Bezug auf Metadaten von Filmen und Serien im Internet ist nicht nur aus medien- und kommunikationstheoretischer Sicht relevant. Vielmehr kann Transparenz auch zu konkreten Verschiebungen von Produktionsrechten und Distributionslizenzen führen, etwa wenn auch Konkurrenzanbieter Einblicke in die Erfolge bestimmter Produktionen erhalten: Das Serienbeispiel COBRA KAI ist in diesem Zusammenhang besonders interessant. Die ersten beiden Staffeln der Serie sind YouTube Originals, für die dritte Staffel sicherte sich hingegen Netflix die exklusiven Produktions- und Distributionsrechte. Der Streaming-Anbieter erwarb ebenfalls die Ausstrahlungsrechte an den ersten beiden Staffeln, die aber nach wie vor auch auf YouTube abrufbar sind.

Unabhängig davon, welche Beweggründe YouTube, Netflix und andere (Ko-)Produzenten hatten – ob es zu verborgenen Kämpfen um die Produktionsrechte kam oder ob YouTube lediglich nicht länger Interesse an der Weiterführung fiktionaler

---

33 Auch wenn Likes und Kommentare von jedem YouTuber individuell deaktiviert werden können, ist die Bewertungsfunktion im wahrsten Sinne des Wortes auf YouTube respektive in die Programmierung ‚eingeschrieben' und damit elementarer Bestandteil der Plattform.

Inhalte bekundete –, stellt die Einsehbarkeit von Metadaten nicht nur für Zuschauer, sondern auch für konkurrierende Medienunternehmen eine potenziell wichtige Information dar, zumal Konkurrenten von YouTube eine Übersicht zur Beliebtheit der Produktionen erhalten. Ein transparenter Umgang mit Metadaten lässt stets allgemeine Schlüsse zum Erfolg von Produktionen zu, weshalb es wenig verwunderlich ist, dass YouTube für alle hinter der Paywall befindlichen Eigenproduktionen keinerlei Informationen in Bezug auf die zugehörigen Metadaten preisgibt. Durch den Versuch der Wahrung des Selbstbildes auf der einen und der Etablierung von auf dem Streaming-Markt konkurrenzfähigen Eigenproduktionen auf der anderen Seite ergibt sich für YouTube eine Aporie: Allzu große Metadatentransparenz kann die eigene Stellung im Konkurrenzkampf mit anderen Anbietern schwächen, während sich YouTube durch das Verbergen von Metadaten von seiner Transparenzpolitik distanziert und daraufhin auf Widerstand zahlreicher Nutzer stoßen kann, so wie es anhand der ‚YouTube-Premium-Memes' zu Beginn dieses Kapitels geschildert wurde.

6.4.2 Die Kommentarleiste als ‚Premium-Privileg'

Was die Anschlusskommunikation an die YouTube Originals in Form von Kommentaren angeht, zeigt sich ein ähnliches Bild wie bei den Metadaten. Die Pilotfolgen aller Originals können von jedem YouTube-Nutzer mit eigenem Profil kommentiert werden und die Kommentare sind für alle Zuschauer einsehbar.

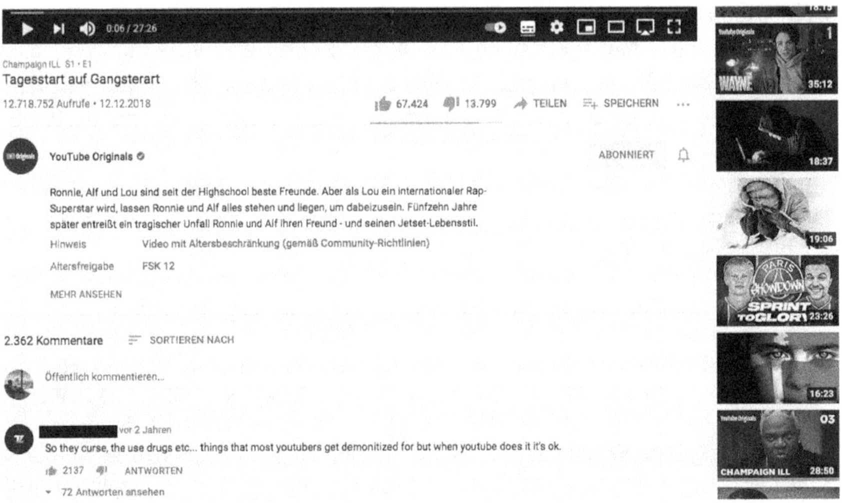

Abbildung 45: Aktivierte Kommentarfunktion bei einer Originals-Produktion.

Abbildung 45 zeigt die Videoansicht der ersten Episode aus CHAMPAIGN ILL. Die Kommentarleiste ist sichtbar, das Textfeld zum Verfassen eines eigenen Kommentars sowie die Gesamtzahl aller bestehenden Kommentare sind einsehbar und können auf herkömmliche Art genutzt werden. Zudem findet sich hier das für YouTube-Kommentare typische Hierarchisierungsprinzip, besonders beliebte Kommentare an oberster Stelle anzuzeigen.[34] Interessant ist an diesem Beispiel, dass der erste sichtbare Kommentar als allgemeine Kritik an YouTubes Inhaltspolitik aufzufassen ist: „So they curse, the use drugs etc ... things that most youtubers get demonitized for but when youtube does it it's ok. [Fehler im Orig.]"[35] Der Verfasser des Kommentars bezieht sich dabei auf intradiegetische Darstellungen von Drogenkonsum und ausfällige Sprache. Die in diesem Kommentar zum Ausdruck gebrachte Frustration gegenüber YouTube als Konzern, der künstlerische Freiheit nur seinen Eigenproduktionen, nicht aber den zahlreichen Fremdproduktionen zugestehe, wird hierbei von YouTube toleriert.[36] Für die Pilotfolge ist Partizipation also auch dann möglich, wenn sie in Form einer kritischen Äußerung artikuliert wird respektive als Anti-Werbung für die Originals aufgefasst werden kann.[37]

Abbildung 46 zeigt einige Kommentare zur vierten Episode von CHAMPAIGN ILL, die – im Unterschied zu den Metadaten Aufrufe, Likes und Dislikes – nach wie vor vorhanden und einsehbar sind. Bei genauerem Hinsehen zeigt sich hier jedoch eine Form der Separation von Nutzergruppen in ‚Premium-Nutzer' und ‚Standard-Nutzer', die durch YouTube Premium erstmals auf der Plattform in Erscheinung tritt. Oberhalb der Kommentarleiste findet sich ein erklärender Hinweis: „Nur YouTube Premium-Mitglieder dürfen kommentieren."[38]

Abbildung 47 hält die gleiche Ansicht der Kommentarleiste zur vierten Episode fest, wobei diesmal kein Login bei YouTube Premium erfolgt ist, weshalb lediglich angezeigt wird, dass die Kommentarleiste deaktiviert wurde. Weitere

---

34 Kommentare können – so wie auch Videos – von anderen Nutzern geliked werden, wodurch sich Hierarchien mit Blick auf die Beliebtheit von Kommentaren ergeben.

35 S. Abbildung 45.

36 Natürlich lässt sich nicht ausschließen, dass es auch zu Kommentaren kommt, die gelöscht werden. Die Tatsache, dass der erste sichtbare Kommentar, der YouTubes grundsätzlichen Umgang mit künstlerischer Freiheit in dieser Form angreift, nicht gelöscht wird, weist exemplarisch auf den toleranten Umgang hin, den YouTube in Bezug auf Zuschauerkommentare zu erkennen gibt. Darüber hinaus lassen sich auch andere kritische Kommentarbeispiele finden, die ebenfalls unterhalb der Episode auffindbar sind.

37 In Anlehnung an die angesprochene Möglichkeit, Metadaten als Werbung für die Produktion zu nutzen, kann mit Blick auf negative Kommentare auch eine gegenteilige Wirkung konstatiert werden.

38 S. Abbildung 46.

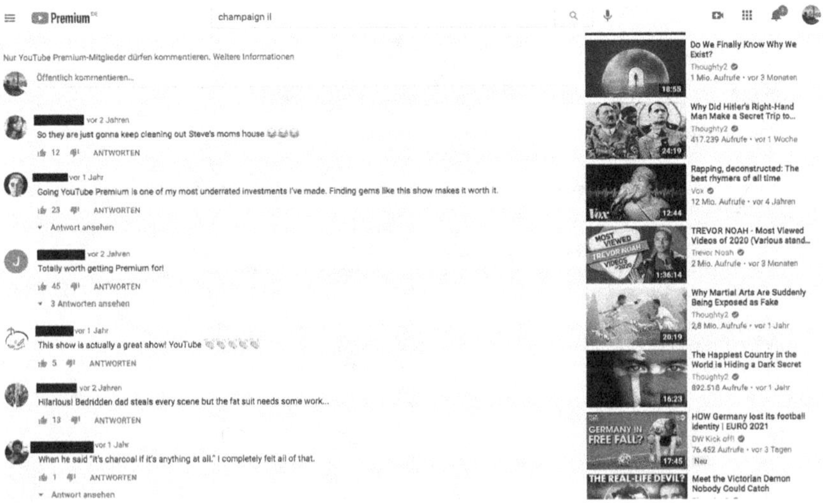

Abbildung 46: Kommentarfunktion nur für Premium-Mitglieder aktiviert.

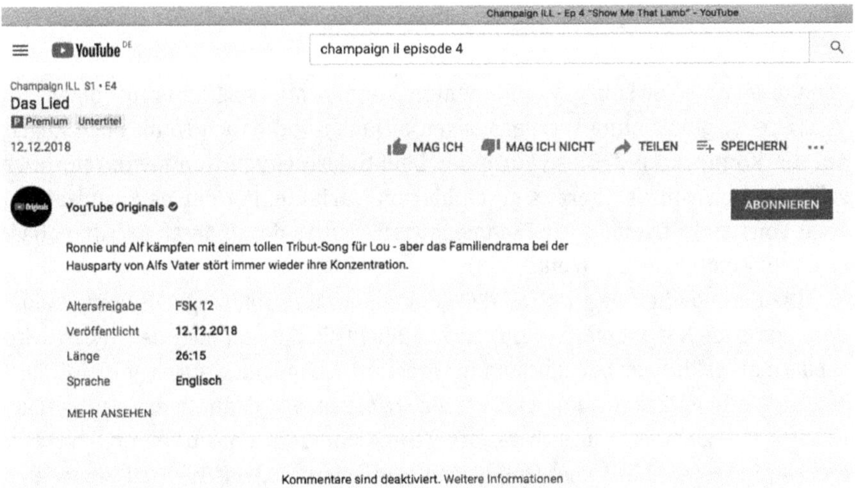

Abbildung 47: Deaktivierte Kommentarfunktion bei einer Originals-Produktion.

Informationen zu dem in Abbildung 46 gegebenen Hinweis zur Kommentarfunktion werden über eine Verlinkung zu einer Hilfe-Seite von Google angeboten (Abbildung 48).

Auf dieser Seite wird weiter erläutert: „Kommentare bei YouTube Originals können nur Nutzer sehen, die Zugang zum kompletten Video haben. YouTube

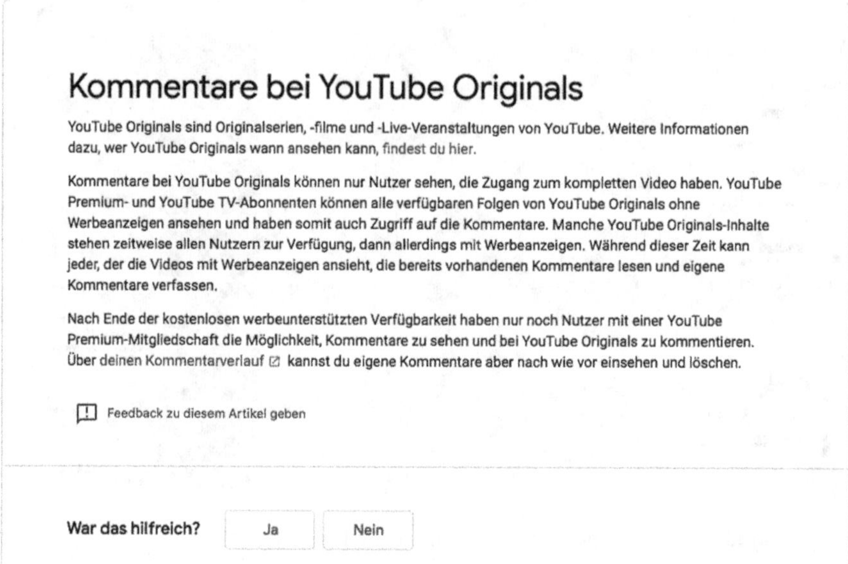
Kommentare bei YouTube Originals

YouTube Originals sind Originalserien, -filme und -Live-Veranstaltungen von YouTube. Weitere Informationen dazu, wer YouTube Originals wann ansehen kann, findest du hier.

Kommentare bei YouTube Originals können nur Nutzer sehen, die Zugang zum kompletten Video haben. YouTube Premium- und YouTube TV-Abonnenten können alle verfügbaren Folgen von YouTube Originals ohne Werbeanzeigen ansehen und haben somit auch Zugriff auf die Kommentare. Manche YouTube Originals-Inhalte stehen zeitweise allen Nutzern zur Verfügung, dann allerdings mit Werbeanzeigen. Während dieser Zeit kann jeder, der die Videos mit Werbeanzeigen ansieht, die bereits vorhandenen Kommentare lesen und eigene Kommentare verfassen.

Nach Ende der kostenlosen werbeunterstützten Verfügbarkeit haben nur noch Nutzer mit einer YouTube Premium-Mitgliedschaft die Möglichkeit, Kommentare zu sehen und bei YouTube Originals zu kommentieren. Über deinen Kommentarverlauf kannst du eigene Kommentare aber nach wie vor einsehen und löschen.

Feedback zu diesem Artikel geben

War das hilfreich? Ja Nein

Abbildung 48: Erläuterung der Kommentarfunktion bei YouTube Originals.

Premium- und YouTube TV-Abonnenten können alle verfügbaren Folgen von YouTube Originals ohne Werbeanzeigen ansehen und haben somit auch Zugriff auf die Kommentare." Diese Form der Deaktivierung von Kommentaren unterscheidet sich von der bereits geschilderten Variante, bei der es grundsätzlich allen YouTubern freisteht, die Kommentarfunktion zu deaktivieren (etwa um hasserfüllten Kommentaren zu entgehen).

Die Besonderheit liegt im Fall der Kommentarleiste von Originals-Produktionen darin, dass die Kommentarfunktion nicht einheitlich aktiviert oder deaktiviert wird, sondern als exklusiver Diskursraum für Premium-Abonnenten angelegt ist. Mit Blick auf das Verhältnis von Autor und Zuschauer ergibt sich dadurch ein auf YouTube neuartiges Phänomen, das sich gegen offene Kommunikationsformen richtet. Balfanz hält in seiner Arbeit über Online-Plattformen fest: „[...] das Web 2.0 [ermöglicht] das Auflösen des Autor/Rezipienten-Verhältnisses. Jeder kann beides sein. Blogs und Wikis sind Beispiele solcher Informationssammlungen die nicht mehr den klassischen, redaktionell erstellen Medien entsprechen und weitgehend dialogisch sind."[39] Neben den von ihm genannten Beispielen lässt sich auch die Kommentarfunktion auf YouTube als Erscheinung beschreiben, bei der die Grenzen zwischen Autor und Rezipient verwischt werden: Der Zuschauer kann durch das Verfassen eines Kom-

39 Balfanz, Neue Medien, S. 93.

mentars zum Autor werden, während der Autor durch das Lesen des Kommentars zum Rezipienten avanciert. Diese Eigenschaft findet sich bei den YouTube Originals nun in einer ‚elitisierten Form', insofern nicht mehr jeder beides sein kann, so wie es Balfanz formuliert. Der Partizipations-Impetus, der der Kommentarfunktion inhärent ist, wird bei YouTube Premium insofern ausgebremst, als nun eine ‚Partizipation der Privilegierten' auf den Plan tritt, die sich gegen die dynamische Qualität des offenen Diskurses auf YouTube richtet. Die vielfach im Kontext von Partizipationskultur genannte Grundbedingung der offenen Zugänglichkeit[40] ist hier nicht gegeben; gleichzeitig hat die Kommentarfunktion an sich jedoch weiterhin Bestand.

Wie es schon im Hinblick auf die Metadaten Aufrufe und Likes herausgestellt wurde, zeigt sich auch im Bereich der Anschlusskommunikation, dass ein Hybrid bestehend aus YouTubes traditionellen Partizipationsstrukturen und Exklusivitäts-Paradigmen – wie sie auf Netflix vorherrschen[41] – beschreibbar wird. Die Exklusivität auf der einen, aber die grundsätzliche Existenz der Kommentarfunktion auf der anderen Seite kann als Diffusion verschiedener Distributionsphilosophien verstanden werden, was in diesem Fall darin mündet, dass der Zuschauer zwar nicht als passiver Akteur begriffen, ihm aber dennoch nur dann eine aktive Rolle zugeschrieben wird, wenn er bereit ist, dafür Gebühren zu entrichten. Es lässt sich hierbei von einer Art Konvergenz sprechen, bei der traditionelle Funktionen auf YouTube mit denen von Streaming-Diensten verschmelzen. Diese Art der Konvergenz unterscheidet sich jedoch drastisch von der von Jenkins postulierten Konvergenzkultur, da Grassroots-Interaktion im Bereich der Anschlusskommunikation an die YouTube Originals an strenge Bedingungen geknüpft ist und keine offenen Räume existieren, in denen Top-Down- und Bottom-Up-Strukturen aufeinander einwirken können.

6.5 Metadaten der YouTube Originals seit dem Jahr 2020

Der oben beschriebenen Tendenz, die sich durch den intransparenten Umgang mit Metadaten und die Einschränkung von Anschlusskommunikation konstituiert, wird seit dem Jahr 2020 wiederum entgegengewirkt, indem sich alle seit diesem Jahr produzierten Originals durch volle Transparenz in Bezug auf alle gängigen Metadaten auszeichnen. Darüber hinaus ist ebenfalls auffällig, dass alle Einschränkungen, die für das Lesen und Verfassen von Kommentaren zu YouTube Originals, die nach dem

40 Vgl. beispielsweise: Jenkins, Convergence Culture. Vgl. auch Jenkins, Spreadable Media.
41 Namentlich das SVOD-Geschäftsmodell.

Jahr 2020 produziert wurden, aufgehoben wurden, was nun exemplarisch anhand von zwei Beispielen verdeutlicht wird.

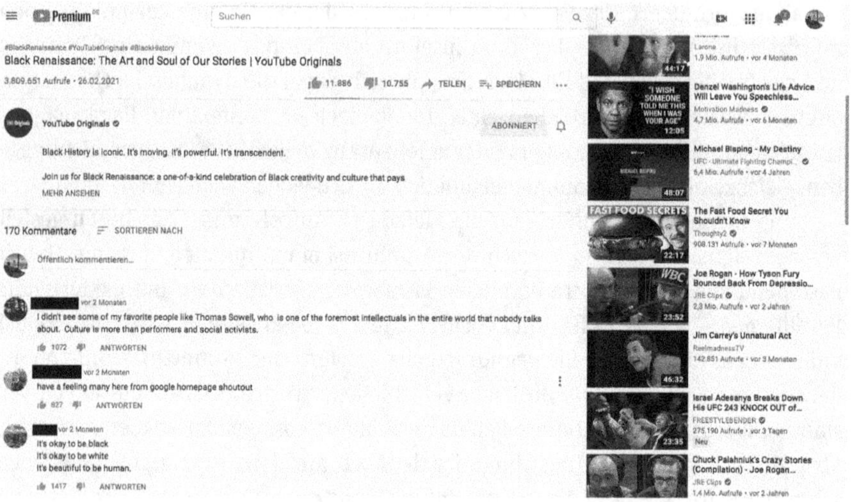

Abbildung 49: Kommentare zu BLACK RENAISSANCE.

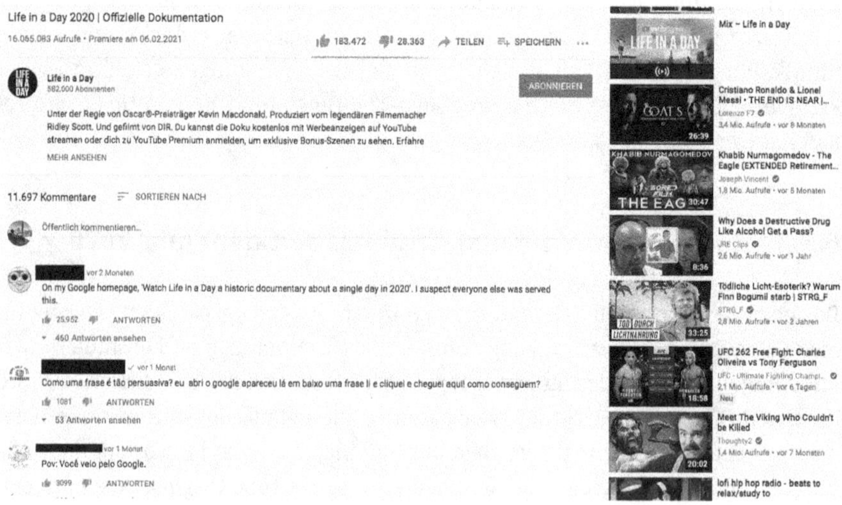

Abbildung 50: Kommentare zu LIFE IN A DAY.

Abbildungen 49 und 50 zeigen die Videoansicht von zwei Originals-Produktionen. Bei Abbildung 49 handelt es sich um eine Episode aus der Dokumentations-Reihe BLACK

RENAISSANCE. Für Abbildung 50 ist die Dokumentation LIFE IN A DAY 2020 ausgewählt worden. In beiden Abbildungen liegt der Fokus auf der Ansicht der einsehbaren Klick- und Like-Zahlen sowie der Kommentarleiste. Ein erneuter Blick auf das Verhältnis von Likes und Dislikes in Abbildung 49 zeigt diesmal, dass 11.886 Likes und 10.755 Dislikes abgegeben wurden, was einem sehr ausgeglichenen Verhältnis entspricht. Die im Beispiel von COBRA KAI angesprochene Möglichkeit zur Eigenwerbung durch eine auffallend positive Resonanz ergibt sich bei diesem Beispiel nicht, vielmehr scheint die Produktion zu polarisieren und kontrovers diskutiert zu werden.

Die ersten drei sichtbaren – und damit meistbewerteten – Kommentare können als Kritik an der Produktion verstanden werden: Während sich der erste Verfasser in dem am höchsten angeordneten Kommentar kritisch darüber äußert, dass der Ökonom Thomas Sowell keinen Platz in der Produktion erhalten habe, bringt ein zweiter Kommentierender sein Gefühl zum Ausdruck, dass die Produktion die ihr zuteil werdende Aufmerksamkeit maßgeblich einer Werbemaßnahme von Google (YouTubes Mutterkonzern) verdanke. Der am dritthöchsten platzierte Kommentator schreibt: „it's okay to be black it's okay to be white it's beautiful to be human."[42] Mit den 1072, 827 und 1417 Likes, die die genannten Kommentare erhielten, treten sie – gerade im Vergleich zur eher gering ausfallenden Interaktionsrate der Episode – als äußerst mächtige und vielgelesene Paratexte in Erscheinung, wobei keiner der genannten Kommentare positiv auf das Projekt eingeht. Da es sich bei BLACK RENAISSANCE um eine Produktion handelt, die auf die Geschichte und Kultur der afroamerikanischen Bevölkerung in den USA aufmerksam machen möchte, sind die angesprochenen Kommentare als besonders problematisch einzustufen, da jeder von ihnen auf unterschiedliche Art und Weise darum bemüht ist, die Signifikanz des Projekts abzuwerten. Es ist interessant zu sehen, dass die auf YouTube gängigen Metadaten und kritischen Kommentare nun in vollem Umfang einsehbar sind.[43] Die bis 2020 allgemein gültige inhaltspolitische Maßnahme der Verbergung von Metadaten der Originals wird mit der erneuten Hinwendung zu Transparenz-Prinzipien abgelöst, wobei die erstarkte Affirmation von Transparenz und Partizipation selbst dann zu beobachten ist, wenn etwa Produktionen mit erhöhter politischer, sozialer und gesellschaftlicher Relevanz abwertend beurteilt werden.

Abbildung 50 zeigt ähnliche Tendenzen, was Kritik in den Kommentaren angeht, wobei im Fall von LIFE IN A DAY 2020 keine derart politische Brisanz begegnet. Die sich aus dem Verhältnis von Aufrufen, Bewertungen und Kommentaren erge-

42 S. Abbildung 49.

43 Gleichwohl ist davon auszugehen, dass – beispielsweise als offen rassistisch eingestufte – Kommentare, etwa von White Supremacy-Anhängern oder ähnlichen Gruppierungen, gelöscht werden.

bende Interaktionsrate der Zuschauer fällt bei dieser Produktion höher aus als beim letztgenannten Beispiel, wobei diesmal die Anzahl der Likes die Summe aller Dislikes bei weitem überwiegt. Unterhalb der einsehbaren Metadaten wird innerhalb der Informationsleiste angezeigt: „Unter der Regie von Oscar®-Preisträger Kevin Macdonald. Produziert vom legendären Filmemacher Ridley Scott. Und gefilmt von DIR."[44] Diese Form der Eigenwerbung, die Hollywoodstars als Autoritäten und Qualitätsgaranten ausweist, und die gleichzeitig das partizipatorische Potenzial sowie die mediale Offenheit der Produktion betont (‚gefilmt von DIR') wird in gewisser Weise durch die unterhalb dieser Eigenwerbung für die Produktion angeordnete Kommentarleiste konterkariert: Alle drei der zuerst sichtbar werdenden Kommentare beziehen sich in verschiedenen Sprachen darauf, dass Google diese Produktion in eminenter Weise beworben habe. Der Vorwurf lautet, dass die Mehrheit aller Zuschauer durch Googles aggressive Werbemaßnahmen auf die Produktion aufmerksam gemacht worden sei.

Diese Art der Kritik ist in keiner Weise vernichtend, gleichwohl ergibt sich anhand dieser Kommentare eine aus medientheoretischer Sicht interessante Perspektive auf YouTube, aus der heraus unterschiedliche Medienlogiken auf der Plattform ersichtlich werden: Die Profilierung als Unternehmen, das professionelle Eigenproduktion mit Stars aus Hollywood realisiert, erfolgt nicht zuletzt durch die Hervorhebung eines Star-Ensembles in der YouTube-nativen Funktion der Informationsleiste. Hinweise auf Stars stellen in Paratexten zu Filmen – wie sie beispielsweise auf Filmplakaten oder auf DVD-Covern zu lesen sind – eine gängige Form der Vermarktung der Produktion dar:

> Einen wichtigen formalen Einschnitt bedeutete das Aufkommen des Starsystems […], das, ausgehend von Hollywood, bis heute beachtlichen Einfluss auf die Filmwerbung hat: Ein Großteil der Filmplakate zeigt einen oder mehrere Hauptdarsteller im Porträt oder in Highlight-Momenten aus dem Film, verstärkt durch die Angabe ihrer Namen in Textform. Seit den 1980er Jahren kommen vermehrt Logos hinzu, z. B. für Film-Preise […].[45]

Für das Beispiel Life in a Day 2020 avancieren die Namen Kevin Macdonald und Ridley Scott zur Werbung für den Film sowie die auffällige Platzierung des Zeichens für den registrierten Begriff ‚Oscars' (®) zusätzlich auf den signifikanten Status der Institution, die die bedeutenden Filmpreise vergibt, hinweist. Der Text in der Informationsleiste auf YouTube weist eine ähnliche semantische Struktur auf, wie sie in Badstübner-Kiziks Aufsatz für das Filmplakat beschrieben wird. Ähnlich verhält es sich mit DVD-Covern, die oftmals durch die Akzentuierung von Schauspielernamen auffallen und darüber hinaus nicht selten durch florale Aus-

44 S. Abbildung 50.
45 Badstübner-Kizik, Filmplakat, S. 61.

schmückungen in Form von Lorbeerblättern, die Hinweise auf Nominierungen, gewonnene Filmpreise oder positive Kritiken darstellen, zum Blickfang werden. Diese Art der Nobilitierung eigener Produktionen findet sich nicht nur im Bereich analoger Texte, sondern auch auf Streaming-Plattformen wie Netflix oder Amazon. Zwar lassen sich auf den zuletzt genannten Seiten nur selten die im analogen Werbesektor oft zum Einsatz kommenden Lorbeerkränze beschreiben, jedoch stellt die Hervorhebung von Stars durch beschreibende Texte ebenfalls eine gängige Art der Vermarktung dar.

Mit Blick auf die YouTube Originals und die Betonung von spezifischen Qualitäten der Produktionen ergibt sich eine Besonderheit, die weder in der analogen Filmindustrie, noch bei digitalen Streaming-Anbietern zu finden ist: Filmplakate, DVD-Cover oder beschreibende Texte und Titelbilder auf Netflix haben allesamt gemein, dass sie als Verweis auf eine Produktion die individuellen Qualitäten der Produktion promovieren, ohne dabei einen Raum für gegenteilige Meinungen zuzulassen. Der Ausschluss von kritischen Positionen scheint in diesem Kontext evident zu sein, da Werbemaßnahmen in der Regel nicht darum bemüht sind, ihr beworbenes Produkt in negativer Weise zu präsentieren. Bei den seit 2020 produzierten YouTube Originals bildet sich ebendiese Möglichkeit zur Kritik heraus, die unmittelbar unterhalb der Eigenwerbung platziert ist. Bei der erneuten Hinwendung zu Transparenz und Partizipationsmöglichkeiten rücken Eigendarstellung (beschreibender Text in der Informationsleiste) und Fremdwahrnehmung (Zuschauerkommentare) wortwörtlich zusammen, da die Kommentarsektion unmittelbar unterhalb der Informationsleiste angeordnet ist. Was für Paywall-geschützte Produktionen nur für Premium-Abonnenten sichtbar war, wird mit der Öffnung der Originals zu einem gängigen Motiv: Die Sichtbarkeit des Zuschauers in Form seiner Kommentare avanciert zum Merkmal der Produktionsreihe der YouTube Originals, die sich anhand dieses Merkmals sowohl von der analogen Film- und Fernsehindustrie als auch von Streaming-Anbietern abgrenzt. Die auf YouTube seit 2020 sichtbar werdende Konvergenz von Streaming-Filmen und -Serien auf der einen und einer offen einsehbaren Bewertungs- und Kommentarfunktion auf der anderen Seite ist nicht ausschließlich aufgrund der Einzigartigkeit dieser Kombination interessant. Vielmehr soll der Eindruck erzielt werden, dass es sich bei den seit 2020 erschienenen Originals um ‚gewöhnliches YouTubing' handele.

Wie bereits bei der Interfaceanalyse zu sehen war, werden alle seit 2020 produzierten Eigenproduktionen neben Fremdproduktionen angeordnet, die vertikal am rechten Bildrand mittels eines Thumbnails dargestellt werden. Verweise auf weitere Episoden von Originals-Serien stehen räumlich in einer Reihe mit anderen YouTube-Videos, sodass der ehemals auf der exklusiven Startseite so prominent hervorgehobene Sonderstatus der Originals seit dem Jahr 2020 abgeschwächt wird.

Ähnlich verhält es sich mit Blick auf die Metadaten: Die für Streaming-Anbieter übliche Intransparenz in Bezug auf Bewertungen und Aufrufe wird bis zum Jahr 2020 übernommen. Dem Zuschauer wird durch Hinweise auf die Exklusivität der Produktionen, wie sie zum Beispiel über das rote ‚Premium-Banner' erfolgen, oder durch deiktische Grafik-Elemente in Kombination mit Aufrufen zum Abschluss eines Premium-Abonnements stets vor Augen geführt, dass es sich hierbei nicht um gewöhnliche Videos handele. Mit der Abschaffung der Paywall, der Reintegration der Einsicht in Bewertungen und Klickzahlen sowie der erneuten Möglichkeit zur Anschlusskommunikation, die auch dann Bestand hat, wenn sie die Produktion selbst in ein unvorteilhaftes Licht rückt, wird ebendiesem Eindruck von Exklusivität und hierarchischer Differenz zu Fremdproduktionen entgegengewirkt. Fremd- und Eigenproduktionen werden nicht nur in der gleichen räumlichen Metapher[46] präsentiert (Interface), sondern sind auch YouTubes Transparenzprinzipien (Einsicht in Aufrufe und Likes) und dem offenen Diskurs (Kommentare) unterworfen.[47]

Natürlich stellen die Originals kein ‚gewöhnliches YouTubing' dar, denn auch wenn sie nicht über den problematischen Status der ‚Professionalität' von anderen Inhalten auf der Plattform abgegrenzt werden sollten, bleibt die Tatsache, dass sie als Eigenproduktion von YouTube auch bei Subordination an plattformnative Funktionsprinzipien nicht in Verbindung mit der ursprünglichen Medienlogik der Plattform gebracht werden können: Eine Eigenproduktion steht im Unterschied zu allen anderen Videos auf YouTube nicht für eine Perpetuierung des Prinzips ‚Broadcast Yourself', sondern lässt sich eher als Proklamation von ‚We Broadcast' auffassen. Gleichwohl wird durch die Eingliederung der Eigenproduktionen auf YouTubes Hauptseite und durch die offene Metadatenpolitik ein gegenteiliger Eindruck erzeugt, da eine Vielzahl sichtbarer Differenzen zwischen Fremd- und Eigenproduktionen abgeschafft wurden. An anderer Stelle artikuliert sich aber eine solche Differenz: Die Adressierung des Zuschauers, die für viele Erfolgsformate auf YouTube einen wichtigen Bestandteil darstellt, bleibt bei den Originals meist aus.

---

46 Vgl. Richter, Fernsehen – Netflix – YouTube, S. 55.

47 Wie bereits geschildert wurde, ist es jedem Nutzer freigestellt, Änderungen in Bezug auf die Einsicht von Metadaten vorzunehmen. Daher bezieht sich diese Aussage auf die *Vor*einstellungen der Videodistribution auf YouTube. Letztgenannte lassen sich verändern, allerdings erhält man dennoch einen Hinweis darauf, dass seitens der Plattform die Absicht besteht, Transparenz zuzulassen, da die Voreinstellungen sonst anderweitig programmiert würden.

6.6 Die Adressierung von Zuschauern im Kontext der Partizipationskultur

> The use of the term *community* [...] to describe active participants on the website, indicates that exchange among the members is essential. Likewise, high view counts and ratings of their videos are frequently thematized by vloggers, leading to the fixed phrase „please comment, rate and subscribe", which frequently occurs in my dataset. This, too, reflects a desire for active participation by the audience.[48]

Frobenius' Hervorhebung des ‚fixed phrase' ist an dieser Stelle von entscheidender Bedeutung. Die von ihr beschriebene Art der Adressierung der Zuschauer gestaltet sich nicht nur im klassischen Vlog, sondern auch bei vielen anderen Formaten als derart standardisierte Abschiedsformel,[49] dass sie als essentieller Teil von YouTubes audiovisueller Kultur beschrieben werden kann. Richter bringt diese Feststellung auf den Punkt, indem er schreibt:

> Eine solche unmittelbare Anrede ist buchstäblich von Anfang an ein bestimmender Teil der spezifischen Ästhetik und Medialität von YouTube, die weiterhin eine flächendeckende Anwendung findet. Ob in Let's Play-Videos, in Tutorials, in Kommentaren, in VLogs oder in Comedy-Clips; ob in den Tagebucheinträgen von „lonelygirl15" oder den Beiträgen von BibisBeautyPalace und ihrem Ehemann Julienco, stetig blicken Menschen frontal in eine Kamera, sprechen ihr Publikum direkt an und bilden in den unzähligen, inhaltlich und ästhetisch heterogenen Videos ein homogenes Muster heraus. Das, so könnte man überspitzen, wird bereits im Namen des Angebots deutlich, der gerade nicht „MyTube" lautet, sondern eine direkte Anrede im Logo trägt.[50]

Richter und Frobenius, die der Adressierung von Zuschauern in ihren Dissertationen über YouTube beide ein Kapitel widmen, weisen ausgiebig auf die Signifikanz dieses Phänomens hin. Der von Frobenius beschriebene Wunsch nach aktiver Partizipation seitens der Zuschauer kann genreübergreifend für alle von Richter hervorgehobenen Videokategorien geltend gemacht werden, da zu bedenken ist, dass aktive Partizipation der Zuschauer die Erfolgsgrundlage von YouTubern darstellt: Durch ihre Interaktionen in Form von Bewertungen und Kommentaren

---

48 Frobenius, Pragmatics of Monologue, S. 98.

49 In den meisten Fällen erfolgt der Aufruf zur Interaktion und Partizipation am Ende eines Videos. Es lassen sich aber auch Beispiele für YouTuber anführen, die bereits zu Beginn des Videos um Bewertungen bitten. Beispielsweise gehen manche YouTuber oftmals schon zu Beginn ihrer Videos auf die Resonanz vergangener Videos ein, wobei oftmals Danksagungen erfolgen sowie gleichzeitig zu abermaliger positiver Resonanz für das gegenwärtige und noch folgende Videos aufgerufen wird. Insgesamt ist diese Form des Appells jedoch eher selten zu beobachten, da davon auszugehen ist, dass die meisten Zuschauer nicht schon vor dem eigentlichen Beginn des Videos eine Bewertung abgeben möchten.

50 Richter, Fernsehen – Netflix – YouTube, S. 297.

wird gewährleistet, dass die Plattformalgorithmen das Video bewerben, wodurch wiederum die Möglichkeit für virale Trendvideos entsteht.[51] Darüber hinaus führt ausgeprägte Partizipation unweigerlich zu einer hohen ‚Engagement Rate'. Hierbei handelt es sich um einen Modebegriff aus der Marketing-Branche, der meist im Kontext bezahlter Werbepartnerschaften mit Influencern verwendet wird. In diesem Zusammenhang kann ausgiebige Partizipation auch ein höheres Einkommen für YouTuber bedeuten, etwa wenn anhand der ‚Engagement Rate' ermittelt wird, dass ihre Art der Kommunikation zu besonders hoher Resonanz führt.[52] Die Adressierung der Zuschauer konnte sich nicht zuletzt vor dem Hintergrund von Wertschöpfungsmöglichkeiten als dominantes Stilmittel in YouTube-Videos durchsetzen.

Ich komme noch einmal zu Richters Überlegungen bezüglich der Adressierung auf YouTube zurück. Insbesondere der von ihm als ‚Überspitzung' bezeichnete Gedanke, bereits im Titel der Plattform sei eine Anrede enthalten, ist mit Blick auf die hier getroffene Aussage über einen unausgesprochen neben ‚Broadcast Yourself' stehenden Slogan ‚We Broadcast' interessant: Das ‚You' in YouTube spielt bei den YouTube Originals lediglich eine marginale Rolle, da durch die Geschlossenheit der Produktionsreihe ‚Originals' kein Appell an die Nutzer von YouTube erfolgt, selbst zum Medienproduzenten zu werden: ‚Broadcast Yourself' ist im Kontext der Originals keine Option für jeden. In diesem Zusammenhang lässt sich einerseits festhalten, dass das Mitwirken an einer Originals-Produktion nur wenigen Akteuren vorbehalten ist. Andererseits zeigt sich auch, dass die typische Adressierungsrhetorik, wie sie von Frobenius beschrieben wird, gegen Ende eines Films oder einer Episode der YouTube Originals mehrheitlich ausbleibt.

Die fiktiven Figuren, die in den Originals geschaffen werden, blicken zum Ende einer Episode nicht in die Kamera, um die Zuschauer darauf hinzuweisen, dass sie einem bestimmten Kanal folgen oder ihre Meinung zu der Episode in Form eines Kommentars abgeben sollen.[53] Ähnlich verhält es sich bei den zahlreichen Originals-Dokumentationen, in denen Politiker, Wissenschaftler, Musik-

---

51 Vgl. viertes Kapitel dieser Studie.

52 Vgl. Jaakonmäki, User Engagement S. 1152 ff.

53 Als Ausnahme hiervon lassen sich Originals mit Tendenzen zur Offenlegung der eigenen Medialität wie zum Beispiel RYAN HANSEN SOLVES CRIMES ON TELEVISION nennen, wobei sich auch bei selbst- und metareflexiven Originals nicht konstatieren lässt, dass Adressierungen als verlässliches und wiederkehrendes Motiv etabliert werden. Weitere Ausnahmen zeigen sich vereinzelt mit Blick auf den Abspann von Originals-Serien: In seltenen Fällen erscheinen einige Schauspieler der Produktion, um die Zuschauer beispielsweise auf weitere Folgen der Produktion hinzuweisen. Ein solcher Fall begegnet dem Zuschauer bei COBRA KAI, da sich gegen Ende der ersten Episode einer der Schauspieler direkt an das Publikum wendet. Neben der Tatsache, dass dieses Beispiel eine äußerst seltene Erscheinung im Kontext der Originals darstellt, wird hier dennoch

oder Filmstars auftreten, ohne die für YouTubes audiovisuelle Kultur typischen Adressierungsformeln zu gebrauchen. Um das Ausbleiben der Ansprache an die Zuschauer mit den gängigen Metadaten auf YouTube in Verbindung zu bringen, kann man festhalten, dass durch das Ausbleiben von Aufforderungen zur Interaktion die allgemeine Signifikanz der Metadaten zu den und Anschlusskommunikation an die Originals abnimmt.

Für das traditionelle YouTubing (Fremdproduktionen) gelten die ‚Call to Actions' (Aufruf zur Bewertung und Kommentierung) als essentieller Bestandteil der Videogestaltung. Für YouTube selbst sind die Metadaten und die Anschlusskommunikation an seine Filme und Serien aus distributionstheoretischer Sicht weniger relevant: Der ‚Flow' in Bezug auf die Produktionserstellung ist für YouTubes Eigenproduktionen ein anderer als für Fremdproduktionen, da Letztgenannte insofern von Likes, Aufrufen oder bestimmten Kommentaren beeinflusst werden, als zukünftige Videos mitunter auf Grundlage einer Auswertung der Metadaten entstehen. Viele YouTuber fragen in ihren Videos gezielt danach, ob eine Fortsetzung eines bestimmten Formats gewünscht werde, sie analysieren mit den speziell für Videomacher erstellten Analyseseiten, die auf YouTube selbst integriert sind, wie gut bestimmte Inhalte angenommen werden oder starten Umfragen, bei denen Zuschauer über künftige Videos abstimmen können. Hierbei kommt den Zuschauern eine aktive Rolle zu, bei der sie – ohne selbst Videos zu erstellen – einen Einfluss auf die Genese von neuen Inhalten auf YouTube nehmen.[54] Bei den Film- und Serienproduktionen, die innerhalb der Reihe der YouTube Originals in Auftrag gegeben werden, ist diese den Zuschauern zukommende Rolle nicht vorhanden. Originals-Filme werden erst in ihrer finalen Version hochgeladen und Originals-Serien

kein Gebrauch von der klassischen Adressierungsrhetorik gemacht, wie sie von Frobenius beschrieben wird.

54 Insbesondere die angesprochenen Abstimmungsverfahren stellen vor dem Hintergrund von Jenkins' Theorien zum ‚aktiven Zuschauer' (s. viertes Kapitel in dieser Studie) ein interessantes Phänomen dar. Jenkins bezieht sich in seinen Publikationen (hauptsächlich in *Convergence Culture*) meist auf die Produktion von (Film-)Texten von Grassroots. Was die Abstimmungen angeht lässt sich daran anknüpfend eine weitere – scheinbar basisdemokratische – Ebene der Produktion konstatieren, bei der viele Akteure keinen eigenen (Film-)Text mehr produzieren, aber dennoch eine Form der kreativen Arbeit verrichten, die sich in der Ideengebung für die kreative Arbeit anderer manifestiert. Somit wird die von Jenkins beschriebene *free labor* von Fans [vgl. Jenkins, Convergence Culture (2008), S. 180] insofern diversifiziert, als dass nicht immer nur audiovisuell greifbare Artefakte entstehen, die mitunter auf bestimmte Urtexte rekurrieren (auf diese Artefakte bezieht sich Jenkins hauptsächlich), sondern dass auch weniger leicht auffindbare Formen der Arbeit beschreibbar werden, anhand derer Medienpraxen des kreativen Ausdrucks amplifiziert werden.

werden als Staffeln in Auftrag gegeben, bei denen die Erzählstruktur eindeutig festgelegt ist und daher nicht durch Zuschauerkommentare modifiziert werden kann.

An dieser Stelle zeigt sich also eine grundsätzliche Differenz mit Blick auf verschiedene Distributionsmodelle, die auf YouTube koexistieren: Das viele Fremdproduktionen prägende Modell der Inhaltserstellung, bei dem Zuschauer einen Einfluss auf künftige Videos auf YouTube-Kanälen nehmen können, steht hierbei auf der einen Seite. Auf der anderen Seiten tritt mit den YouTube Originals ein konkurrierendes Distributionsmodell auf den Plan, das sich durch feststehende Produktions- und Ablaufpläne sowie durch Drehbücher auszeichnet.[55] Aufgrund dieser Geschlossenheit der Produktionen ergeben sich Auswirkungen auf die Zuschauerpartizipation in Form von Anschlusskommunikation: Das angesprochene Ausbleiben von Zuschaueradressierungen bleibt bei den Originals nicht zuletzt deshalb aus, weil Zuschauer einer Originals-Produktion durch ihre Kommentare und Bewertungen[56] schlichtweg keinen Einfluss auf die Produktion nehmen können. Dies zeigt abermals, wie sehr sich die YouTube Originals von anderen YouTube-Formaten unterscheiden: Konnten diese Unterschiede bisher vor allem mit Blick auf Kosten und Zugänglichkeit (zweites Kapitel), Fiktionalität (drittes Kapitel), den Einfluss von (Hollywood-)Stars (viertes Kapitel) sowie Interfaceanordnungen (fünftes Kapitel) offengelegt werden, eröffnet die Thematisierung des Ausbleibens von Adressierungsformeln vor dem Hintergrund der abgeschwächten Signifikanz von Zuschauerinteraktionen eine weitere Perspektive auf die Differenz zwischen Eigen- und Fremdproduktionen auf YouTube. Diese zuletzt angesprochene Differenz hat – im Unterschied zu den anderen – bis dato wei-

55 Wenngleich sich argumentieren lässt, dass YouTube mit Produktionen wie LIFE IN A DAY 2020 durchaus darum bemüht ist, seine Zuschauer in den Produktionsprozess miteinzubeziehen, sind die Filmaufnahmen der Zuschauer austauschbare Variablen, die die Konzeption der Produktion nicht verändern. Überspitzt könnte man daher sagen, dass es für YouTube irrelevant ist, ob beispielsweise ein Farmer in Australien oder ein Bäcker in Österreich private Filmaufnahmen einreicht, da die Assemblage der Aufnahmen, die in hohem Maße zu einem spezifischen Gesamteindruck beiträgt, durch die Produktionsfirma und individuelle Akteure – wie den Regisseur – erfolgt sowie sich das Projekt bereits *vor* dem Einreichen von Zuschauermaterial über eine konzeptuelle Rahmung auszeichnet, sodass eine Art der Inhaltserstellung vorliegt, die sich von den Produktionsparadigmen vieler Fremdproduktionen unterscheidet. Darüber hinaus stellt das Beispiel LIFE IN A DAY 2020 eine Ausnahmeerscheinung im Kontext der Originals dar, zumal sonst keine Produktionen angeführt werden können, die auf die Beteiligung von Zuschauern setzen.

56 Im Hinblick auf Bewertungen ist es zweifelsohne wichtig darauf hinzuweisen, dass positive Rückmeldungen zu der Produktion förderlich für ihren allgemeinen Erfolg sind. Gleichwohl erschöpfen sich YouTubes Möglichkeiten zur Bewerbung der eigenen Produktionen nicht in guten Bewertungen. Verwiesen werden kann hierbei auf die in diesem Kapitel besprochenen Zuschauerkommentare, Google (YouTubes Mutterkonzern) habe verschiedene Originals-Produktionen in eminenter Weise beworben.

terhin Bestand und wurde nicht durch die seit dem Jahr 2020 in Kraft getretenen Veränderungen von YouTube beeinflusst.

Schließlich verweist die ausbleibende Adressierung auf das schon in anderen Kapiteln angesprochene Spannungsfeld zwischen Einflüssen aus Hollywood und dem Silicon Valley. Elsaesser und Hagener halten fest:

> Im klassischen Kino ist der Zuschauer unsichtbarer Zeuge – unsichtbar nämlich für die sich entwickelnde Geschichte, die seine Präsenz nicht anerkennt (wie dies etwa durch direkte Ansprache des Zuschauers oder Blicke in die Kamera möglich wäre) –, und er besitzt [...] als Einziger den Überblick. Damit wird auch die Rolle des Betrachters deutlicher, der einerseits selbst von „außerhalb" nicht eingreifen kann (er sieht nur zu) und andererseits, will er sich nicht gänzlich ausgeschlossen fühlen und seine Wünsche in der Handlung ausagiert sehen [...].[57]

Mit Blick auf YouTubes Fremdproduktionen kann auf Frobenius' Studie aufmerksam gemacht werden, die auf die Sichtbarkeit des Zuschauers bei klassischen YouTube-Videos hinweist,[58] während bei YouTubes Eigenproduktionen eher die von Elsaesser und Hagener hervorgehobene ‚Unsichtbarkeit des Zuschauers' vorherrscht, die oftmals mit dem klassischen Kino – und damit auch Hollywood[59] – assoziiert wird. Die ebenfalls von den Autoren angesprochenen Blicke in die Kamera und Adressierungen, die als wichtiges Merkmal von YouTubes audiovisueller Kultur im Bereich der Fremdproduktionen beschrieben wurden, werden bei den YouTube Originals zugunsten einer Hinwendung zu Hollywoods geschlossener Form nicht übernommen, sodass sich an dieser Stelle davon sprechen lässt, dass ‚SoCal-Einflüsse' innerhalb einer ‚NoCal-Umgebung' dominieren.[60]

Das nun folgende Kapitel setzt sich mit der angesprochenen ‚geschlossenen Form' dezidiert auseinander: In der Formanalyse der YouTube Originals werden Trends und wiederkehrende audiovisuelle Gestaltungsweisen in ausgewählten Originals-Produktionen untersucht, wobei der analytische Fokus auf Montagemustern und Paradigmen im Bereich der Mise en Scène liegt. Hierbei besteht das Ziel, auf Basis konkreter Film- und Serienbeispiele ein besseres Verständnis für filmstilistische Mittel der Produktionsreihe der YouTube Originals zu erhalten.

---

57 Elsaesser, Filmtheorie, S. 30.

58 Vgl. Frobenius, Pragmatics of Monologue, S. 120 ff.

59 Elsaesser und Hagener betonen, dass die Institution Hollywood oftmals mit der Bezeichnung ‚klassischer Filmstil' gleichgesetzt würde, wobei sie darauf hinweisen, dass auch Filmkulturen in anderen Ländern massiv von diesem Stil geprägt seien. Vgl. Elsaesser, Filmtheorie, S. 30. Daher ist es wichtig, diesen Stil nicht ausschließlich Hollywood zuzuschreiben. Wenn hier also eine starke Verbindung zwischen klassischem Kino und Hollywood hergestellt wird, erfolgt dies nicht ohne ein Bewusstsein darüber, dass der ‚klassische Stil' und Hollywood keine exklusive Verbindung für sich beanspruchen können.

60 Vgl. Craig, Social Media Entertainment.

Dadurch lässt sich einerseits die auf YouTube vorherrschende audiovisuelle Diversität besser als bislang begreifen und andererseits kann eine formale Analyse ausgewählter Originals das Spannungsfeld zwischen Bottom-up- und Top-Down-Strukturen auf YouTube abseits struktureller Rahmenbedingungen (Interfaces und Metadatenpolitik) sichtbar machen. Auf Basis des veröffentlichten Materials werden Hinweise auf Manifestationen dieses Spannungsfelds erörtert, durch das YouTubes gegenwärtige audiovisuelle Kultur beeinflusst wird.

7 Formanalyse der YouTube Originals

Im zweiten und vierten Kapitel dieser Studie wird thematisiert, dass sich die YouTube Originals unter anderem durch den Auftritt von Stars aus Hollywood auszeichnen. Das dritte Kapitel hebt die Stärkung von fiktiven Inhalten auf der Plattform hervor, die vor dem Aufkommen der YouTube Originals nur eine marginale Rolle auf YouTube einnahmen. Im fünften Kapitel wird der Einsatz von Filmplakaten veranschaulicht, die als operative Bilder auf der exklusiven Startseite der YouTube Originals kurzzeitig einen Platz fanden und eine Adaption von Artefakten aus der klassischen Filmindustrie sein wollten.

Bislang zeigt sich, dass mit dem Aufkommen von YouTubes Eigenproduktionen sowohl im Bereich individueller Akteure als auch im Hinblick auf die Etablierung von Fiktionalität auf YouTube sowie durch die Emergenz von Bildtypen und durch Formen der Eigenwerbung Elemente und Strukturen aus Hollywood einen Platz auf YouTube für sich beanspruchen konnten und können: Mit YouTube Premium und den Originals zeigen sich ‚SoCal-Strukturen' innerhalb einer ‚NoCal-Umgebung'.[1] Anders als in den letzten beiden Kapiteln liegt der analytische Fokus nun nicht auf dem Abonnementdienst YouTube Premium, sondern auf in den YouTube Originals wiederkehrenden filmstilistischen Mustern, die sich in eminenter Weise von traditionellem YouTubing unterscheiden und sich der Filmsprache Hollywoods annähern, da in vielen Produktionen Continuity-Strukturen dominant in Erscheinung treten, die im klassischen Kino[2] seit Jahrzehnten dominieren.[3]

---

1 Vgl. Craig, Social Media Entertainment.

2 Vgl. Elsaesser, Filmtheorie, S. 29 f.

3 In diesem Zusammenhang ist jedoch wichtig anzumerken, dass das Continuity System im gegenwärtigen Kino an Signifikanz verloren hat. Es lassen sich – wie etwa Bordwell oder Shaviro aufzeigen – insbesondere seit den 2000er Jahren in Hollywoodfilmen Tendenzen im Bereich der Montage ausmachen, bei denen die traditionelle Kontinuitätsmontage ausbleibt. Vgl Bordwell, David: Intensified Continuity: Visual Style in Contemporary American Film, in: Film Quarterly 55/3 (2002), S. 16–28. Vgl. auch Shaviro, Steven: Post-Cinematic Affect, Winchester 2010. Vgl. auch Shaviro, Steven: Post-Continuity: An Introduction, in: Denson, Shane/Leyda, Julia (Hg.): Post Cinema. Theorizing 21st-Century Film, Sussex 2016, S. 51–64. Die Beiträge von Bordwell und Shaviro zu ‚Intensified Continuity' und ‚Post Continuity' werden im Verlauf dieses Kapitels noch öfters herangezogen.

https://doi.org/10.1515/9783111145853-007

7.1 Der Begriff ,Continuity'

Das Continuity System lässt sich als eine Art Vorlage für die Filmerstellung begreifen, an der man sich orientiert, wenn der artifizielle Charakter eines Films zugunsten einer möglichst perfekten Illusion von Realität in den Hintergrund treten soll. Der Begriff ,Continuity' wird oftmals mit dem ,klassischen Stil' oder dem ,klassischen Kino' gleichgesetzt.[4] Elsaesser und Hagener bringen die wichtigsten Merkmale des Continuity Systems auf den Punkt:

> Historisch ist das System der *continuity* seit den 1920er Jahren dominant [...]. Prinzipiell bezieht sich das Continuity-System auf Blicke, zum Teil figurenbasierte innerhalb der Diegese, zum Teil imaginäre; es geht um die Strukturierung des Raums über Sichtachsen. Ein zentrales Element der räumlichen Kohärenz ist die 180°-Regel: Die Kamera bleibt in einer einzelnen Szene konstant auf einer Seite der Handlung. [...] Die Seitenkonstanz ist auch immer eine Richtungskonstanz: Eine Bewegung über einen Schnitt hinweg setzt die (grobe) Bewegungsrichtung fort [...] Zugleich darf allerdings auch ein Schnitt nicht zu eng an der vorherigen Kameraposition liegen: Eine Einstellung sollte um mindestens 30–35° von der vorherigen abweichen, da der Übergang sonst als störender „jump cut" wahrgenommen werden könnte. [...] Eine Sequenz [...] beginnt meist mit einem „establishing shot" [...], meist einer (Halb-)Totalen, die den Ort der Handlung und die Beteiligten in ihrer Umgebung zeigt. [...] Dieser „establishing shot" ist deshalb wichtig, weil wir die impliziten Blickachsen erst dann verstehen, wenn wir die räumliche Konfiguration einer Szene kennen. [...] Innerhalb der Sequenz ist dann die alternierende Schuss/Gegenschuss-Struktur die wohl am häufigsten anzutreffende Montagefigur, in der (zwei) Personen interagieren [...]. Weitere Techniken sorgen dafür, dass die räumliche Kontinuität gewahrt bleibt und die Schnitte durch die Handlung motiviert sind, etwa der so genannte „eyeline match" oder „point-of-view-shot", also die Einstellung einer Person, die (angestrengt) etwas anblickt, gefolgt von einer Einstellung, von der wir als Zuschauer annehmen, dass wir den Blick der Person teilen. [...] Ein Schnitt in die Bewegung, der so genannte „match cut" ist weniger auffällig und störend, weil der Zuschauer über den Schnitt hinweg der Kontinuität der Handlung folgt, also die Fortsetzung von Bewegung stärker wirkt als die Unterbrechung durch den Schnitt.[5]

Die 180°-Regel, Richtungskonstanz, die Integration von Establishing Shots, Schuss-Gegenschuss-Verfahren, Eyeline Matches, POVs und Match Cuts gehören zu den wichtigsten stilistischen Mitteln, die das Continuity System kennzeichnen und die sich im Kontext von Filmanalysen – beispielsweise anhand von Standbildern – gut visualisieren lassen. Die angesprochenen Formen der Kontinuität werden mehrheitlich in der Postproduktion respektive beim Schneiden des Films erzielt. In diesem Zusammenhang ist anzumerken, dass – wenngleich der Fokus beim

---

4 Vgl. Elsaesser, Filmtheorie, S. 113. Für eine Erklärung zum Continuity System vgl. auch Bordwell, Classical Hollywood Cinema, S. 194 ff.

5 Elsaesser, Filmtheorie, S. 114 ff.

Continuity System meist auf der Montage liegt – auch die Mise en Scène eine entscheidende Rolle spielt, um Kontinuität im Hinblick auf die filmische Raumzeit zu erzeugen: Die Einhaltung der ‚Kontinuitätsregeln'[6] ist in Bezug auf Lichtsetzung, Kostüm- und Bühnenbild und die Anordnung der Schauspieler im Bild und deren Laufwege, die wiederum bestimmte Schnitte motivieren können, signifikant, da durch die zuletzt genannten Bereiche und die für sie obligatorischen profilmischen Planungsprozesse dazu beigetragen wird, dass die Erzählung ohne Irritationen für den Zuschauer, die durch etwaige Diskontinuitäten ausgelöst werden können, fortschreiten kann. Daher sind für die hier durchgeführte Formanalyse wiederkehrende Muster in der Mise en Scène der YouTube Originals ebenfalls wichtig zu beschreiben und zu analysieren.

Wie im Folgenden verdeutlicht wird, sind alle aus *Filmtheorie. Zur Einführung* zitierten Facetten des Continuity Systems von großer Bedeutung für die in diesem Kapitel durchgeführte Analyse.[7] Die von den Autoren präzise beschriebenen Aspekte des Systems, auf Basis derer eine kohärente Erzählung erzeugt wird und für den Zuschauer ein Eindruck von raumzeitlicher Kontinuität entsteht, präg(t)en das Hollywoodkino entscheidend und lassen sich auch bei den YouTube Originals erkennen. Bei der Analyse einzelner Originals-Produktionen wird oftmals auf die zuletzt zitierte Passage zurückgegriffen, um einerseits YouTubes Hinwendung zu den traditionellen Filmerstellungsweisen Hollywoods zu veranschaulichen und um andererseits die Differenz zwischen Montagestrukturen des traditionellen YouTubings und den YouTube Originals hervorzuheben: Beispielsweise wird der Jump Cut – wie Elsaesser und Hagener beschreiben – im klassischen Kino oftmals als ‚störend' aufgefasst, während er für das klassische YouTubing ein zentrales Stilelement im Bereich der Montage ist.[8] Daher sind Definitionen der Kontinuitätsmontage nicht

6 Wenn hier von ‚Regeln' die Rede ist, wird damit nicht angedeutet, dass man sich als Filmemacher zwangsläufig an sie halten muss, da es sich hierbei selbstverständlich nicht um Gesetze handelt. Vielmehr soll mit dieser Bezeichnung insbesondere auf Prinzipien wie die 180°-Regel hingewiesen werden. Darüber hinaus kann der Gebrauch des Wortes ‚Regeln' auch dann Verwendung finden, wenn auf andere Publikationen verwiesen wird, in denen von ‚Kontinuitätsregeln' gesprochen wird.

7 An dieser Stelle ist hervorzuheben, dass, obwohl es in der Filmwissenschaft oftmals zu Problemen bei der Findung einheitlicher Begriffsdefinitionen zu bestimmten Phänomenen kommt, im Kontext des Continuity Systems große Einigkeit bezüglich des Gemeinten besteht. Für andere Beschreibungen des Continuity Systems vgl. z. B. Ray, Robert B.: A Certain Tendency of the Hollywood Cinema, 1930–1980, Princeton 1985. Vgl. auch Bordwell, Classical Hollywood. Vgl. auch Bordwell, Film Art. Vgl. auch Monaco, James: Film verstehen. Kunst, Technik, Sprache, Geschichte und Theorie des Films und der Neuen Medien, Hamburg 2012.

8 Die Gründe für die Dominanz des Jump Cuts auf YouTube werden im weiteren Verlauf dieses Kapitels thematisiert.

nur hilfreich, um die filmstilistische Nähe der YouTube Originals zu Hollywoods Filmsprache aufzuzeigen, sondern auch, um das klassische YouTubing (Fremdproduktionen) vom Filmstil der Originals (Eigenproduktionen) abgrenzen zu können.

7.1.1 Abweichungen vom Continuity System

Wenngleich außer Frage steht, dass dem Continuity System nicht nur in Hollywoodfilmen Folge geleistet wurde und wird,[9] so gibt es aber doch eine ganz besondere Verbindung zwischen Hollywood und dem Continuity System, da die im vorherigen Unterkapitel zitierten Kontinuitätsmerkmale in vielen Hollywoodklassikern aus der ersten Hälfte des 20. Jahrhunderts fundiert und befolgt wurden.[10]

Das heißt aber nicht, dass das Continuity System über alle Jahrzehnte der Filmgeschichte hinweg apodiktisch Bestand hatte. Ray macht beispielsweise darauf aufmerksam, dass es vereinzelt – insbesondere bei Star-Regisseuren aus Hollywood wie Ford oder Welles – immer wieder zu avantgardistischen Brüchen mit dem Continuity System gekommen sei,[11] bis in die 1950er Jahre allerdings selten. Bordwell stellt ab dem Beginn der 1970er Jahre in Hollywood Veränderungen in Bezug auf filmstilistische Aspekte wie etwa beschleunigte Montageverfahren, ungewöhnliche Kadrierungen sowie den Einsatz von Handkameras fest.[12] Er spricht sich in diesem Zusammenhang für den Begriff ‚Intensified Continuity' aus, da die klassischen Kontinuitätsmuster in ‚intensivierter Form'[13] weiterhin auffällig in Erscheinung träten.

9 Vgl. Elsaesser, Filmtheorie, S. 29 f.

10 Vgl. Hagener, Malte/Kammerer, Dietmar: Theoretische Aspekte der Montage, der filmischen Verfahren und Techniken, in: Groß, Bernhard/Morsch, Thomas (Hg.): Handbuch Filmtheorie, Wiesbaden 2021, S. 479–496. Vgl. auch Ray, Hollywood Cinema. Vgl. auch Bordwell, Classical Hollywood Cinema. Vgl. auch Dibbets, Karel: Die Einführung des Tons, in: Nowell-Smith, Geoffrey (Hg.): Geschichte des internationalen Films, Stuttgart 2006, S. 197–203.

11 Vgl. Ray, Hollywood Cinema, S. 176.

12 Vgl. Bordwell, Intensified Continuity. Vgl. auch Shaviro, Post-Continuity, S. 54 f.

13 Bordwell spricht in diesem Zusammenhang von einer „[…] intensification of established techniques […].“ (Bordwell, Intensified Continuity, S. 16.) Vgl. auch Shaviro, Post-Continuity.

7.1.2 Post Continuity

Steven Shaviro wiederum zeigt sich kritisch gegenüber Bordwells Einschätzung.[14] In seiner vielbeachteten Publikation *Post-Cinematic Affect*[15] konstatiert Shaviro insbesondere im Hinblick auf Hollywoods Action-Kino der 2000er und 2010er Jahre eine Abkehr von klassischen Kontinuitätsparadigmen, die zugunsten eines akzelerierten, unübersichtlichen Montagestils erfolge. Er schlägt den Begriff ‚Post Continuity'[16] vor, den er folgendermaßen definiert: „I used this term to describe a style of filmmaking that has become quite common in action films of the past decade or so. In what I call the post-continuity style, ‚a preoccupation with immediate effects trumps any concern for a broader continuity – whether on the immediate shot-by-shot level, or on that of the overall narrative [...].“[17]

Im weiteren Verlauf konkretisiert er die Hegemonialstellung unmittelbarer Schockeffekte, aufgrund derer raumzeitliche Kontinuität oftmals ausbleibe, indem er über Filme von Regisseuren wie Bay oder Scott schreibt:

> [...] gunfights, martial art battles, and car chases are rendered through sequences involving shaky handheld cameras, extreme or even impossible camera angles, and much composited digital material – all stitched together with rapid cuts, frequently involving deliberately mismatched shots. The sequence becomes a jagged collage of fragments of explosions, crashes, physical lunges, and violently accelerated motions. There is no sense of spatiotemporal continuity [sic!]; all that matters is delivering a continual series of shocks to the audience.[18]

Wenngleich sich Shaviros Konzept vom ‚Post Continuity-Filmzeitalter' in vielerlei Hinsicht von Bordwells ‚Intensified Continuity' unterscheidet, verdeutlicht Shaviro, dass die Ablehnung von klassischen Kontinuitätsregeln kein Ausdruck einer Rebellion gegen das klassische Kino sei, sondern dass ihnen einfach keine entscheidende Bedeutung mehr zukomme:

> [...] it is not that continuity rules are always being violated or ignored [...]. Rather, [...] continuity has *ceased to be important* [...]. You can still find lots of moments in post-continuity

---

14 Vgl. Shaviro, Post-Continuity, S. 58.

15 Vgl. Shaviro, Post-Cinematic Affect.

16 Jetzt und auch im Folgenden wird, sofern es sich nicht um ein direktes Zitat von Shaviro oder anderen handelt, der Begriff ‚Post Continuity' groß und ohne Bindestrich ausgeschrieben (Shaviro benutzt einen Bindestrich), um einen möglichst einheitlichen Umgang in Bezug auf Schreibweisen von Begriffen aus dem Englischen – wie auch ‚Continuity System' – zu gewährleisten. Anders als Begriffe wie ‚Participatory Culture', die im Deutschen mit ‚Partizipationskultur' durchaus eine geläufige Übersetzung gefunden haben, ist der Begriff ‚Postkontinuität' weniger verbreitet, weshalb hier stets der englische Begriff benutzt wird.

17 Shaviro, Post-Continuity, S. 51.

18 Shaviro, Post-Continuity, S. 51.

> films in which the continuity editing rules are being carefully followed, as well as moments in which they are thrown out the window. [...] the crucial point for post-continuity films is that the violation of continuity rules isn't foregrounded, and isn't in itself significant. [...] Today, neither the use of continuity rules nor their violation is at the center of the audience's experience any longer.[19]

Shaviro bezieht sich nicht nur auf rein formale Aspekte wie Montagerhythmen, sondern für ihn gehen auch grundlegende Paradigmenwechsel im Bereich Filmrezeption und -erfahrung damit einher.[20] Für die hier durchgeführte Analyse sind seine Publikationen vor allem von Interesse, um zu verdeutlichen, dass Hollywoods Filmstil nicht unveränderlich ist, sondern dass er seit Jahrzehnten in Bewegung ist. Insbesondere im zeitgenössischen Digitalfilmzeitalter lässt sich oftmals beobachten, dass vom klassischen Continuity System abgewichen wird. Diese Erkenntnis ist im Hinblick auf die Formanalyse der YouTube Originals von Bedeutung, da nun nachvollzierbar wird, dass etwaige Brüche mit den Kontinuitätsregeln nicht gleich als ‚subversive Maßnahme' oder als ‚bewusste Negierung von Hollywoods Filmsprache' verstanden werden sollten. Vielmehr befindet man sich in einer Zeit, in der – wie Shaviro schreibt – Verstöße gegen die Kontinuitätsregeln nicht länger eine Aussagekraft für sich beanspruchen,[21] worin er einen essentiellen Unterschied gegenüber Filmen der *Nouvelle Vague* im Allgemeinen und Godards AUßER ATEM[22] im Speziellen ausmacht.

Ähnlich wie Shaviro es beschreibt, wird auch hier davon ausgegangen, dass das Continuity System im zeitgenössischen Hollywoodfilm nicht gänzlich abhanden gekommen ist, sondern dass insbesondere filmstilistische Mittel wie der Establishing Shot und auf ihn folgende Einstellungen oder das Schuss-Gegenschuss-Verfahren und Eyeline Matches nach wie vor häufig in der gegenwärtigen Kinolandschaft Hollywoods in Erscheinung treten, ohne sich dabei jedoch als entscheidende Elemente aufzudrängen. Beispielsweise lässt sich häufig beobachten, dass die genannten Verfahren als ausgleichende ‚Ruhemomente' zum Einsatz kommen, etwa wenn sie zwischen zwei spektakuläre Actionszenen montiert werden, in denen nur begrenzt räumliche und zeitliche Orientierung ermöglicht wird. Hierbei lässt sich beispielsweise an Szenen denken, in denen Figuren unter Zeitdruck stehen, verfolgt werden

---

19 Shaviro, Post-Continuity, S. 56 f.

20 Eine Vertiefung letztgenannter Aspekte wird hier zugunsten einer Fokussierung auf formale Aspekte von zeitgenössischen Filmen nicht erfolgen. Zu einer ausführlichen Darstellung unterschiedlicher Bedeutungsebenen von Post Continuity nach Shaviro vgl. Morsch, Thomas: Digitales Kino, Postkinematografie und Post-Continuity, in: Groß, Bernhard/Morsch, Thomas (Hg.): Handbuch Filmtheorie, Wiesbaden 2021, S. 567–585, S. 578 ff.

21 Vgl. Shaviro, Post-Continuity, S. 56 f.

22 AUßER ATEM, R.: Jean-Luc Godard, Frankreich 1960.

oder selbst als jagende Aggressoren aktiv sind. Raumzeitliche Diskontinuität wird dann oft durch schnelle Schnitte und enge Einstellungsgrößen hervorgerufen, die insbesondere im Horrorfilm meist nicht durch weite Einstellungen abgewechselt werden. Nach Ablauf der jeweiligen Handlungssequenz wird ihr nicht selten eine mehrere Sekunden andauernde Totale oder Supertotale entgegengesetzt, die einen neuen Handlungsraum offenbart (zum Beispiel nach einer Flucht) oder die Hinweise auf die Veränderung einer vormals nur rudimentär erschließbaren Umgebung gibt (etwa um das Ausmaß der Verwüstung nach einer Schießerei zu veranschaulichen).[23]

Ähnliches lässt sich für Dialogszenen im Actionfilm beschreiben: Ein traditionelles Schuss-Gegenschuss-Verfahren wird etabliert, das durch einen offenen Master Shot eine räumliche Orientierungshilfe für den Zuschauer bietet. Die Kontinuitätsmontage wird so lange beibehalten, bis der Dialog beendet ist und die nächste aktionsgeladene Szene folgt, in der keine Kontinuitätsstrukturen erkennbar sind.[24] Man kann solche Dialogsequenzen im gegenwärtigen Kino als ‚Raststätte' für den Zuschauer bezeichnen, die angefahren wird, um sich von den audiovisuellen Schockmomenten zu erholen. Mit neu gewonnener Übersicht über die diegetische Welt begibt sich der Zuschauer dann – um im Bild zu bleiben – wieder auf die Autobahn des Bildspektakels, auf der kein Tempolimit existiert. Der Punkt ist, dass das gegenwärtige Hollywoodkino mehr als eine chaotische Aneinanderreihung von Einstellun-

23 Als Beispiel für diese Art der Montage lässt sich die Zombie-Apokalypse-Serie The Walking Dead (The Walking Dead, AMC, USA 2010–) anführen, in der die Figuren oftmals in vielen, schnell aufeinander folgenden und meist engen Einstellungen zu sehen sind, sodass räumliche Orientierung für den Zuschauer bewusst erschwert wird. Beispielsweise wird das Rennen durch Gänge verlassener Häuser häufig ohne ‚Orientierungshilfen' inszeniert. Ein anschließendes Zuschlagen von Türen oder Versperren von Wegen, wodurch eine räumliche Distanz zwischen den Figuren und den Zombies erreicht wird, leitet meist einen Wendepunkt im Bereich der Schnittfrequenz ein: Mit dem Betreten neuer und sicherer Räume verlangsamt sich nicht nur das intradiegetische Lauftempo der Figuren, sondern auch die Geschwindigkeit der Einstellungswechsel. Auch lässt sich beobachten, dass Establishing Shots und andere weite Einstellungsgrößen vermehrt zum Einsatz kommen, um die neue räumliche Situation für den Zuschauer sichtbar zu machen.

24 Hierbei kann beispielhaft auf Werke aus der Mission Impossible- oder James Bond-Filmreihe verwiesen werden (s. Misson Impossible, R.: diverse, USA 1996– u. James Bond, R.: diverse, Vereinigtes Königreich u. USA 1962–). Eine hohe Schnittfrequenz innerhalb von Actionszenen wird nicht selten durch Dialogszenen abgelöst, die zum Beispiel als strategische Gefechtsbesprechung oder auch als humoristischer Zwischenkommentar auf bestimmte Handlungsmomente inszeniert werden, wobei diese Dialogszenen in vielen Fällen durch traditionelle Schuss-Gegenschuss-Verfahren realisiert werden und durch Overshoulder Shots zudem einen Hinweis auf die Figurenkonstellation im filmischen Raum geben.

gen aufbietet.[25] Das Alternieren zwischen verschiedenen Momenten, in denen raumzeitliche Kontinuität teils angestrebt und teils verworfen wird, prägt den Stil vieler derzeitiger Mainstreamproduktionen. Wenn bei den Originals also eine Nähe zum Filmstil Hollywoods konstatiert wird, soll damit nicht zum Ausdruck gebracht werden, dass in den Originals eine minutiöse Einhaltung aller Kontinuitätsprinzipien zu erreichen versucht wird, sondern dass es – wie in den meisten derzeitigen (westlichen) Mainstreamfilmen und -serien – auch bei den YouTube Originals zu Ausbrüchen und Abweichungen vom Continuity System kommt.

7.1.3 Anmerkungen zum Ziel der Analyse

Es ist notwendig, einem möglichen Einwand bezüglich des Arbeitsziels dieses Kapitels zu begegnen: Wenn davon ausgegangen wird, dass sowohl das Befolgen von als auch der Bruch mit Kontinuitätsregeln im gegenwärtigen Hollywoodkino häufige Erscheinungen darstellen, kann schlichtweg jede Form der filmischen Realisation der YouTube Originals als Hinwendung zum Filmstil Hollywoods verstanden werden, da Präsenz und Absenz des Continuity Systems gleichermaßen für ihn konstitutiv zu sein scheinen.[26]

Im Hinblick auf diesen Einwand gilt es klarzustellen, dass das Bemühen von Kontinuitätsstrukturen in den YouTube Originals ein relevantes Themengebiet für die Forschung zur audiovisuellen Kultur YouTubes darstellt, zumal das Continuity System in Videos auf YouTube wissenschaftlich allenfalls marginal erfasst

25 Vgl. Shaviro, Post-Continuity, S. 56. Shaviro bezieht sich an dieser Stelle kritisch auf Storks Begriff ‚chaos cinema‘. Vgl. auch Stork, Matthias: Chaos Cinema [Parts 1 and 2]: The Decline and Fall of Action Filmmaking, in: Press Play (2011).

26 An diesen Einwand schließt sich auch eine wissenschaftstheoretische Frage im Hinblick auf den Umgang mit einem Vergleich zwischen Fremd- und Eigenproduktionen an: Wie lässt sich die Absenz des Continuity Systems in YouTubes Fremdproduktionen behaupten? Bei YouTubes Fremdproduktionen handelt es sich schließlich nicht um eine überschaubare Anzahl an Produktionen, weshalb sie auch nicht zusammengefasst werden können.

Es versteht sich, dass die Abermillionen Videos auf YouTube nicht ausgewertet werden oder gar mit einem – ihnen allen zugrunde liegenden – Stil beschrieben werden können. An dieser Stelle ist der Verweis auf Publikationen, die sich mit beliebten Genres auf YouTube beschäftigt haben, von großer Bedeutung. Ob man Analysen zu Videos der 2000er Jahre auf YouTube heranzieht (vgl. Burgess, Participatory Culture. Vgl. auch Hillrichs, Early YouTube), Beschreibungen zu Videokategorien der 2010er Jahre auf YouTube betrachtet (vgl. Schumacher, Broadcast Yourself) oder jüngst erschienene Beiträge (vgl. Frühbrodt, Netzwerk der Profis) heranzieht, so fällt stets auf, dass Fiktionalität immer nur eine marginale Rolle spielt. Auf dieser Erkenntnis unterschiedlicher Autoren basiert die hier vorangestellte Annahme, dass YouTubes Fremdproduktionen nur selten fiktive Inhalte hervorbringen.

wurde. Die Untersuchung neuartiger medienästhetischer Konvergenzprozesse zwischen dem klassischen Kino und Onlinevideos kann hierbei an die Konvergenztheorien Jenkins' anschließen, wobei diesmal eine gänzlich neue Sichtweise auf YouTube und seine Inhaltspolitik ermöglicht wird.

Es ist offensichtlich, dass der gegenwärtige Hollywoodfilm durch Ausbrüche aus dem Continuity System auffällt, allerdings lässt sich das Continuity System dadurch nicht als grundsätzlich ‚abgelöst' oder ‚absent' bezeichnen. Es hat – wie auch Shaviro nahelegt[27] – lediglich seinen apodiktischen Charakter oder seine Signifikanz für die Konstruktion des filmischen Raum-Zeit-Kontinuums eingebüßt. Daraus ergibt sich jedoch nicht, dass das Continuity System als Analysegegenstand wertlos wird, vielmehr tritt es im gegenwärtigen Hollywoodkino nach wie vor in Erscheinung, jedoch – und das ist das entscheidende Konstitutionsmerkmal – *in Kombination mit* schnellen Montagerhythmen, unzusammenhängenden und engen Einstellungsgrößen, unmotivierten oder irrationalen Schnitten sowie digital erzeugten Bildtransitionen, die unendliche Raumentfaltungen vortäuschen können.[28] Der gegenwärtige Mainstreamfilm sollte daher nicht mit Blick auf die Frage, ob die Kontinuitätsregeln befolgt werden oder ob mit ihnen gebrochen wird, untersucht werden, da gerade die Alternation von raumzeitlicher Kontinuität und Diskontinuität für ihn charakteristisch ist. Mit Blick auf raumzeitliche Diskontinuitäten im Film stellt Shaviro eine Verbindung zum gegenwärtigen Verständnis der Quantenphysik her, die sich von traditionellen Vorstellungen von Raum und Zeit verabschiedet hat: „In classical continuity styles, space is a fixed and rigid container, [...] and time flows linearly, and at a uniform rate [...] But in post-continuity films, this is not necessarily the case. We enter into the spacetime of modern physics; or better, into the ‚space of flows', and the time of mircointervals and speed-of-light transformations [...].“[29] Diese Eigenschaften von gegenwärtigen Digitalfilmen, die im postkinematografischen Diskurs oftmals angeführt werden,[30] sind ebenso wenig mit YouTubes audiovisueller Kultur *vor* der Premium-Ära in Verbindung zu bringen wie die Einhaltung von Kontinui-

---

27 Vgl. Shaviro, Post-Continuity, S. 56 f.

28 Hierbei kann man zum Beispiel an den Film OHNE LIMIT (OHNE LIMIT, R.: Neil Burger, USA 2011) denken, in dem der Protagonist nach dem Konsum einer bewusstseinserweiternden Droge durch New York läuft. Der Weg, den er beschreitet, wirkt dank digitaler Bildtransitionen endlos: Straßen, Häuser und Kreuzungen ziehen mit enormer Geschwindigkeit vorbei, wobei weder ein Zoom noch eine Kamerafahrt klar erkennbar ist. Lediglich das Wissen des Zuschauers über die physikalische Unmöglichkeit einer solchen Kamerafahrt oder eines solchen Zooms gibt einen Hinweis darauf, dass die Szene durch viele digitale Bildtransitionen erzeugt wurde.

29 Shaviro, Post-Continuity, S. 60.

30 Vgl. Morsch, Postkinematografie. Vgl. auch Sucher, Bernd/Seeßlen, Georg (Hg.): Postkinematografie. Der Film im digitalen Zeitalter, Berlin 2013.

tätsregeln in Fremdproduktionen auf der Plattform. Die in diesem Kapitel erfolgende Analyse soll aufzeigen, dass erst mit den Eigenproduktionen Alternationen zwischen raumzeitlicher Kontinuität und Diskontinuität in fiktionalen Filmen und Serien auf YouTube in Erscheinung treten.

7.2 Definitionen der Analysegegenstände

Im Folgenden werden die hier gewählten Analysekategorien ‚Montage' und ‚Mise en Scène' definiert. Beide sind prägend für die Ästhetik von Filmen oder Serien und tragen in eminenter Weise zur Umsetzung von Kontinuitätsprinzipien bei. Ray fasst treffend zusammen:

> The components of the invisible style [der ‚unsichtbare Stil' bezeichnet das hier bereits beschriebene Ziel, den artifiziellen und konstruierten Charakter des (Spiel-)Films so gut wie möglich zu verschleiern und damit einen Eindruck von Kohärenz und Kontinuität zu erwecken] gathered around cinema's two fundamental means: mise en scène and editing. In *mise en scène*, the invisible style evolved what Burch has called the principal of „centering". Lighting, focus, camera angle, framing, character blocking, set design, costuming, and camera distance all worked to keep what the ongoing narrative defined as the main object of interest in the foreground and center of the frame. The inherent discontinuity of editing, on the other hand, was disguised by rules designed to maintain spatial and temporal continuity from shot to shot. Matching successive shots by graphic similarities, continuing action, connecting glances, or commons sounds provided one connecting tactic.[31]

Der Bildaufbau, alle sichtbaren Handlungselemente und Kamerabewegungen tragen in Kombination mit der geplanten Aneinanderreihung verschiedener Einstellungen zum Eindruck von Kontinuität bei, weshalb Mise en Scène und Montage essentiell für das Continuity System sind. Rays Ausführungen geben zu erkennen, dass mitunter verschiedene Begriffe zur Erfassung bestimmter Verfahren der Filmerstellung verwendet werden, was gelegentlich zu Verwirrungen führt. Um eventuellen Missverständnissen vorzubeugen, möchte ich mein Verständnis der Begriffe ‚Montage' und ‚Mise en Scène' kurz erläutern.

---

31 Ray, Hollywood Cinema, S. 38. In den darauffolgenden Sätzen führt Ray weitere Aspekte der Montage an, die bereits im Zusammenhang mit dem Continuity System erläutert wurden und deshalb nicht erneut aufgegriffen werden. Zu Rays Hinweis auf Burch vgl. auch Burch, Noël: To the Distant Observer: Form and Meaning in the Japanese Cinema, Berkeley 1979.

7.2.1 Montage

Es ist auffällig, dass Ray zwar den französischen Begriff ‚Mise en Scène' verwendet, aber nicht den der ‚Montage' (ebenfalls aus dem Französischen stammend). Er benutzt stattdessen das englische Wort ‚editing', das in der englischsprachigen Filmforschung häufig Verwendung findet: „Grundlegend kann man [...] die Betonung auf die Trennung oder auf die Zusammenfügung legen – so verweist das englische ‚editing' eher auf den komponierenden, aufbauenden Moment, das deutsche ‚Schnitt' und die französische ‚découpage' eher auf den analytischen oder fragmentierenden Moment der Montage."[32] Es gibt viele im Zusammenhang mit ‚Montage' genannte Begriffe, die sich jedoch meist auf den mechanischen Akt des Zusammensetzens oder des Zerteilens von Einstellungen beziehen. Auch wenn Autoren wie Gray darauf hinweisen, dass der Begriff im Französischen mitunter als direktes Pendant zum Englischen ‚editing' oder ‚cutting' benutzt werde,[33] wird mit ‚Montage' spätestens seit den Schriften und Filmen der bedeutenden russischen Formalisten respektive Konstruktivisten Eisenstein, Pudovkin, Vertov, Kuleshov und anderen gemeinhin mehr assoziiert als ein mechanischer Akt der Zusammensetzung oder Separation von Einstellungen.[34] Gemeint ist ein künstlerischer Schaffensprozess, der die Ästhetik von Filmen in eminenter Weise prägt. Eisenstein selbst hält – in seinem unverkennbaren Stil – fest:

> Für diejenigen, die etwas davon verstehen: Montage ist das stärkste Kompositionsmittel für die künstlerische Realisierung eines Sujets. Für diejenigen, die von Komposition keine Ahnung haben: Montage ist die Syntax des richtigen Aufbaus aller Einzelfragmente eines künstlerischen Films. Und schließlich für diejenigen, die Filmstücke irrigerweise so zusammenfügen, wie man nach gebrauchsfertigen Rezepten [...] Äpfel mit Preiselbeeren einkocht: Montage ist schlicht und einfach eine elementare Regel filmischer Orthografie.[35]

Es steht außer Frage, dass Eisensteins teils von ihm selbst verworfene oder revidierte[36] Montagetheorien in vielerlei Hinsicht mit Recht kritisiert wurden und werden[37] sowie ebenfalls nicht von der Hand zu weisen ist, dass er mitunter Wi-

---

32 Hagener, Aspekte der Montage, S. 481.

33 Hierbei handelt es sich um eine Anmerkung von Gray zu einem Aufsatz Bazins. Vgl. Bazin, André: What Is Cinema? Volume II (engl. Übersetzung von Hugh Gray), Berkeley/Los Angeles 2005, S. 181.

34 Vgl. Hagener, Aspekte der Montage, S. 481.

35 Eisenstein, Sergej: Über die Reinheit der Filmsprache, in: Diederichs, Helmut H./Lenz, Felix (Hg.): Jenseits der Einstellung. Schriften zur Filmtheorie, Frankfurt 2006, S. 134–144, S. 134.

36 Vgl. Hagener, Aspekte der Montage, S. 482.

37 Hierbei lässt sich an Annahmen zur Vorhersage von bestimmten Zuschauerreaktionen denken. Vgl. Hagener, Aspekte der Montage, S. 482.

dersprüche in seiner eigenen ‚Montagelogik' erzeugte.[38] Gleichwohl ist das im letzten Zitat zum Ausdruck gebrachte Verständnis von Montage von Interesse, um eine Abgrenzung zwischen Montage und dem mechanischen Akt des Schneidens aufzuzeigen. Montage verleiht Filmen Struktur und Rhythmus. Mitunter wird sie auch „[...] als dialektischer Prozess, der eine dritte Bedeutung aus den beiden ursprünglichen Bedeutungen zweier aufeinanderfolgender Aufnahmen schafft [...]"[39] verstanden. Für diese Analyse ist vor allem der ‚System-Charakter' von Montage wichtig: Mit dem Begriff ‚Montage' werden auch – wie es Eisenstein benennt[40] – Montage*regeln* und Montage*systeme* beschreibbar, bei denen nach wiederkehrenden Mustern vorgegangen wird, um bestimmte Effekte zu erzielen. Dass diese Effekte von Zuschauer zu Zuschauer unterschiedlich sein und sich außerhalb kognitiver Verarbeitung auch somatisch artikulieren können, wird von Konstruktivisten und Kognitivsten, die der Auffassung sind, Reaktionen ließen sich gezielt mittels Montage hervorbringen, mitunter negiert.[41] Bei einem weniger radikalkonstruktivistischen Verständnis von Montage kann mit Montage zwar keine konkrete Vorhersage über die Zuschauerrezeption getroffen werden, allerdings lässt sich durch sie ein System wie das Continuity System einrichten, das sich mit anderen Systemen oder Filmstilen vergleichen lässt. Daher blickt die Formanalyse der YouTube Originals nicht auf *Schnitt* als mechanische Filmtechnik, sondern auf *Montage*paradigmen, die Systemparallelen zum Hollywoodkino aufweisen.

7.2.2 Mise en Scène

Neben Montage ist auch die Mise en Scène von entscheidender Bedeutung für die Ästhetik von Filmen. Daher ist es wenig überraschend, dass sich die Filmwissenschaft seit vielen Jahrzehnten ausführlich mit diversen Aspekten der Mise en Scène beschäftigt, wobei hervorzuheben ist, dass sie nicht nur in der klassischen Filmanalyse, sondern auch in jüngeren Forschungszweigen wie der Amateurvideokultur auf Plattformen wie YouTube einen gängigen Untersuchungsgegenstand darstellt.[42] Bordwell und Thompson definieren:

38 Vgl. Elsaesser, Filmtheorie, S. 34 f.

39 Monaco, Film verstehen, S. 232.

40 Vgl. Eisenstein, Reinheit der Filmsprache, S. 134.

41 Vgl. Hagener, Aspekte der Montage, S. 482.

42 Viele Aufsätze in *The YouTube Reader* gehen auf Aspekte der Mise en Scène auf YouTube ein (vgl. Snickars, YouTube Reader). Darüber hinaus wird auch in Hillrichs Dissertation ersichtlich, welchen Stellenwert die Mise en Scène bei Amateurfilmern auf YouTube einnahm und einnimmt (vgl. Hillrichs, Early YouTube). Selbst in Analysen zu Webserien auf YouTube (s. drittes Kapitel)

> In the original French, *mise en scène* [...] means „putting into the scene", and it was applied to the practice of directing plays. Film scholars, extending the term to film direction, use the term to signify the director's control over what appears in the film frame. As you would expect, mise-en-scene includes those aspects of film that overlap with the art of the theater: setting, lighting, costume, and the behavior of the figures. In controlling the mise-en-scene, the director *stages the event* for the camera.[43]

Bühnenbild, Lichtsetzung, Kostümbild und Schauspiel stellen die zentralen Elemente dar, die unter dem Begriff ‚Mise en Scène' subsumiert werden, wobei auch Aspekte wie Kamerabewegungen und Kadrierungen zur Mise en Scène zählen.[44] Während die Montage in den Bereich der Postproduktion fällt, kommt der Mise en Scène während und vor der Aufnahme[45] eine entscheidende Bedeutung zur Gestaltung von (Spiel-)Filmen zu. Dazu Monaco:

> Der Filmmacher sieht sich mit drei Fragen konfrontiert: Was er filmen soll, wie er es filmen soll, wie er die Einstellung präsentieren soll. Die Mise en Scène ist wichtig für die ersten zwei Bereiche, die Montage für den letzten. Die Mise en Scène wird oft als statisch angesehen, die Montage als dynamisch. Aber das ist nicht der Fall. Da wir die Einstellung lesen, sind wir aktiv mit einbezogen. Die Codes der Mise en Scène sind die Mittel, mit denen der Filmmacher unser Lesen der Einstellung verändert und modifiziert.[46]

Wenngleich man anhand der Beschreibung des ‚Lesens von Codes' eine nicht unumstrittene Affirmation des Okularzentrismus[47] im Speziellen sowie kognitivistischer Denkansätze zum Filmverständnis im Allgemeinen unterstellen könnte, erscheint es aus pragmatischer Sicht (unabhängig von speziellen Ideologien zur Wirkung von Filmen) einerseits sinnvoll zu sein, der Mise en Scène das ‚was' (Kostüm, Bühnenbild, Schauspieler) und ‚wie' (Licht, Kadrierung, Kamerafahrt, Einstellungsgröße) zuzuschreiben und andererseits zu bedenken, dass mit der Unterscheidung von Montage und Mise en Scène keine Unterteilung in aktiv/passiv, schnell/langsam oder dynamisch/statisch erfolgt:

---

steht die Mise en Scène beispielsweise dann im Vordergrund, wenn anhand von ihr der amateurhafte Look von Produktionen herausgestellt wird oder wenn ein ebensolcher Look erzielt werden soll, obwohl es sich um eine professionelle Produktion handelt (vgl. Kuhn, Struktur von Webserien, vgl. auch Kuhn, Erzählen im Internet).

43 Bordwell, Film Art, S. 112.

44 Vgl. André Bazin, What Is Cinema, S. 65.

45 Gerade bei großangelegten Spielfilmen stellt die Erstellung, Planung und Aufbereitung von Kostümen, Abläufen und Schauplätzen einen hohen Aufwand dar, sodass nicht nur während, sondern auch vor der eigentlichen Aufnahme bereits viele Arbeitskräfte sowie Arbeitsteilung für die Mise en Scène vonnöten sind.

46 Monaco, Film Verstehen, S. 197.

47 Vgl. Elsaesser, Filmtheorie, S. 138.

Wenngleich in diesem Kapitel insbesondere mit Blick auf die Post Continuity Montage mit Geschwindigkeit und raumzeitlicher (Des-)Orientierung in Verbindung gebracht wird und außer Frage steht, dass Montage den allgemeinen Filmrhythmus in hohem Maße beeinflusst, sind auch der Mise en Scène diese Qualitäten nicht abzusprechen. Die Annahme, im Film bestehe eine Dualität aus Raum und Zeit, wobei die Mise en Scène ausschließlich ein Gefühl von Räumlichkeit und die Montage von Zeitlichkeit erzeuge, wird hier nicht geteilt. Vielmehr können beide eine Auswirkung auf die Wahrnehmung von Raum und Zeit haben. Im Bereich der Mise en Scène lässt sich an Plansequenzen denken, wie sie beispielsweise in Godards WEEKEND[48] oder – um ein aktuelleres Beispiel zu geben – 1917[49] zum Einsatz kommen: Insbesondere die gefühlte Dauer von Sequenzen kann durch Techniken wie Kamerafahrten oder minutiös einstudierte Handlungen von zahlreichen Statisten in hohem Maße beeinflusst werden. In seltenen Fällen können durch die Mise en Scène sogar Schnitte verschleiert werden, etwa wenn sich in Hitchcocks COCKTAIL FÜR EINE LEICHE[50] Schauspieler vor die Kamera stellen oder wenn Kamerafahrten sowie Zooms auf bestimmte Objekte dafür sorgen, dass für wenige Frames kein sichtbares Licht in das Objektiv fällt, sodass ein Schnitt aufgrund einer kompletten Bildschwärze nicht als solcher erkennbar ist. Während die zuletzt genannten Techniken eindeutig in den Bereich der Mise en Scène fallen, kommt es im gegenwärtigen Kino mitunter zu einem Phänomen, bei dem Montage und Mise en Scène scheinbar zusammenrücken:

Mit dem Digitalfilm und seinen unzähligen Bildmanipulationsmöglichkeiten zeigt sich seit einigen Jahren zunehmend ein filmästhetischer Trend, bei dem Montage als Mise en Scène getarnt wird: Blickt man auf das Filmbeispiel OHNE LIMIT, wird deutlich, dass Montage tatsächlich *unsichtbar*[51] sein kann, da heutige Möglichkeiten computergenerierter Bildtransition derart fortgeschritten sind, dass ein klassischer Schnitt nicht länger erkennbar ist und dass etwa eine kurze Bildschwärze, die zwei Einstellungen sichtbar voneinander trennt, ausbleibt. Diese Qualität des Digitalfilms ist im Hinblick auf das Verhältnis von Mise en Scène und Montage von großer Bedeutung, weil – fast wie bei einem Trompe-l'œil – ein Eindruck von räumlicher Tiefe entstehen kann. In manchen Fällen

---

48 WEEKEND, R.: Jean-Luc Godard, Frankreich 1967.

49 1917, R.: Sam Mendes, USA 2019.

50 COCKTAIL FÜR EINE LEICHE, R.: Alfred Hitchcock, USA 1948.

51 Das Continuity System wird oftmals als System mit ‚unsichtbaren Schnitten' bezeichnet. Tatsächlich sind die Schnitte sehr wohl sichtbar und können eindeutig anhand von Filmprotokollen beschrieben werden. Die analoge Kontinuitätsmontage ist lediglich darum bemüht, die Schnitte möglichst unauffällig zu gestalten Die eigentliche *Unsichtbarkeit* von Schnitten wird jedoch erst im Digitalfilm ermöglicht.

wird eine Durchdringung des Raumes mit der Kamera suggeriert, die de facto aber nicht während des Drehprozesses (Mise en Scène), sondern nach dem Drehprozess (Montage) stattfindet.

Hier kommt es aus technischer Sicht nicht zu einer Konvergenz von Montage und Mise en Scène, da auch schnittlose Bildtransitionen als Arbeit der Postproduktion eindeutig der Montage zugeordnet werden können. Dennoch hat man es mit einer aus filmwissenschaftlicher Sicht interessanten Erscheinung zu tun, bei der die sonst so klaren Grenzen zwischen Montage und Mise en Scène, die im analogen Filmzeitalter gezogen wurden, nun beim Digitalfilm hinterfragt werden. Derartige Erscheinungen werden – sofern sie in den YouTube Originals auftreten – zugunsten einer pragmatischen Hinwendung zum Analyseziel stets im Zusammenhang mit Montage besprochen.

Für die Untersuchung der Mise en Scène ist neben dem Aspekt der Gewährleistung raumzeitlicher Kontinuität innerhalb der filmischen Handlung auch der sichtbar werdende Produktionsaufwand, den die meisten Originals für sich beanspruchen können, von hoher Bedeutung. Anhand von Lichtsetzung, Statisten, Bühnen- und Kostümbild, geplanten Kamerafahrten etc. werden Arbeitszeit und -kräfte sichtbar, die sich in diesem Ausmaß nur für wenige Fremdproduktionen auf YouTube beschreiben lassen.

Hillrichs, der sich intensiv mit YouTubes früher Videokultur der 2000er Jahre auseinandersetzt, schreibt in Bezug auf die Mise en Scène in Fremdproduktionen:

> Constructed settings [...] were uncommon in video blogging [...]. The scarcities of money and time were probably the main reason for this. The producers of LONELYGIRL15 did not fully construct a setting either but decorated the apartment of one of them in a „girly" manner [...]. Probably because constructing a profilmic setting was more expensive and time-consuming than creating a virtual mise-en-scene through compositing, the latter technique was in effect as common as the former.[52]

Mit einem Mangel von Geld geht oftmals ein Mangel von Arbeitskraft einher, der für die genannten Bereiche der Mise en Scène essentiell ist. In diesem Zusammenhang ist auf den wichtigsten Drehort von Fremdproduktionen auf YouTube hinzuweisen, der die Mise en Scène vieler Fremdproduktionen in eminenter Weise beeinflusst(e): Gemeint ist das eigene Haus im Allgemeinen und oftmals – wie bei lonelygirl15 markant inszeniert – das Kinderzimmer im Speziellen. Neben Hillrichs weisen auch einige Aufsätze in *The YouTube Reader* auf das Schlaf- oder Kinderzimmer als häufigen Drehort hin, wobei sich Peters und Seier besonders ausführlich mit diesem Phänomen auseinandersetzen und es primär mit jungen Videomachern

52 Hillrichs, Early YouTube, S. 136 f.

in Verbindung bringen.[53] Burgess und Green attestieren in diesem Zusammenhang eine ‚Schlafzimmer-Kultur' (‚bedroom culture'),[54] wenn sie auf die auffallende Häufigkeit, mit der Videos auf YouTube aus dem Kinder- oder Schlafzimmer gedreht werden, eingehen. Auch heute wird beispielsweise anhand von YouTubes Trendseite, auf der besonders erfolgreiche Fremdproduktionen platziert werden, ersichtlich, dass die Dominanz des eigenen Hauses als Drehort keinesfalls auf dem Rückzug ist. Vielmehr kann die Zurschaustellung von privaten Räumen gerade im Zeitalter des Influencer-Marketings als ein Mittel zur Generierung von Authentizität gelten. Wie im vierten Kapitel dieser Studie erläutert, besteht ein entscheidender Unterschied zwischen Influencern und traditionellen Film- oder Musikstars darin, dass Influencer ‚berufsbedingt' darum bemüht sind, eine größtmögliche (emotionale) Nähe oder Bindung zu ihren Fans aufzubauen, um daraufhin Produktwerbungen unter dem Label einer ‚Empfehlung unter Freunden' firmieren lassen zu können. Die Wahl, Videos im eigenen Haus und nicht etwa in einem Studio aufzunehmen, kann entscheidend dazu beitragen, dass Fans ihre Stars und die von ihnen ausgesprochenen Empfehlungen als zuschauer- oder volksnah und authentisch wahrnehmen, weshalb es nicht verwundert, dass private Räume bis heute häufig auf YouTube genutzt und gezeigt werden.

In YouTubes Eigenproduktionen hingegen finden sich kaum noch Elemente dieser ‚Heimvideo-Kultur', weshalb eine Analyse der Mise en Scène der Originals auch im Hinblick auf die klassischen Studio- und Außenset-Drehorte, die nun ebenso Teil von YouTubes audiovisueller Kultur sind, interessant ist.[55] Elemente der Mise en Scène wie aufwändige Kulissenbauten stellen hierbei nur ein Distinktionsmerkmal zu den meisten Fremdproduktionen dar. Auch Aspekte wie die Lichtsetzung sind für die Analyse der Mise en Scène in den YouTube Originals von Bedeutung, da sich viele Fremdproduktionen entweder auf natürliches Licht oder bereits vorhandene Raumbeleuchtung verlassen. Wenngleich seit der Mitte der 2010er Jahre vermehrt beobachtet werden kann, dass sich sog. Ringlichter

53 Vgl. Peters, Kathrin/Seier, Andrea: Home Dance: Mediacy and Aesthetics of the Self on YouTube, in: Snickars, Pelle/Vonderau, Patrick (Hg.): The YouTube Reader, Stockholm 2009, S. 187–203.

54 Vgl. Burgess, Participatory Culture, S. 26.

55 Dabei steht außer Frage, dass beispielsweise beim Format des Reise-Vlogs oftmals Außenaufnahmen gemacht werden, weshalb man nicht davon sprechen kann, dass erst mit den YouTube Originals eine Variabilität der Drehorte einsetzt. Allerdings wird in Kombination mit Aspekten wie Arbeitsteilung hinter der Kamera und zahlreichen Akteuren vor der Kamera, hohen Budgets und ausführlichen Produktionsplanungen, die allesamt bei Originals-Produktionen anfallen, ersichtlich, dass die Außenaufnahmen in den Originals vom Großteil aller Außenaufnahmen in Fremdproduktionen unterschieden werden können, da in Erstgenannten stets Planung, Sicherheit und Kontrolle und in Letztgenannten meist Spontanität und Unberechenbarkeit (Wetterbedingungen, Verkehrsstaus, durch das Bild laufende Personen etc.) vorherrschen.

als externe Lichtquelle im Bereich der Amateurvideoproduktion immer größerer Beliebtheit erfreuen und dass insbesondere Erfolgsakteure auf Internetplattformen mittlerweile durchaus eine aufwändige Ausleuchtung in ihren Videos erkennen lassen (etwa eine Dreipunktausleuchtung), halten mit den YouTube Originals komplexe Formen der Lichtsetzung wie pseudodiegetische Lichtbrechungen in Fensterscheiben bei Autofahrten oder Nachtaufnahmen, bei denen die Akzentuierung einzelner Bildbereiche durch dutzende unsichtbare Lichtquellen gewährleistet wird, Einzug auf YouTube, die vor dem Aufkommen der Eigenproduktionen nur in Ausnahmefällen auf der Plattform zu sehen waren.

Auch was das Kostümbild angeht, zeigt sich, dass mit den YouTube Originals filmästhetische Nova auf YouTube eingeführt werden. Obwohl YouTubes Kultur seit den Anfängen der Plattform reich an Performances wie Imitationen oder das Anlegen von (Rollen-)Identitäten ist,[56] bei denen verschiedene Kostüme zum Einsatz kommen, wird mit den YouTube Originals die Signifikanz des Kostümbildes als wichtiger Teilaspekt von Performanz auf YouTube in besonderer Weise betont: Die Kostüme in den Originals erheben im Unterschied zu den meisten Fremdproduktionen auf YouTube einen naturalistischen Anspruch. Die Berufskleidung einer Krankenschwester oder eines Streifenpolizisten etwa drängt sich in den YouTube Originals nicht als ‚kreatives Highlight' auf, wie es zum Beispiel der Fall wäre, wenn ein YouTuber in einer Fremdproduktion plötzlich eine Rolle annehmen würde, um eine Pointe visuell zu unterstreichen. In den YouTube Originals wird das Kostümbild gerade nicht exponiert, womit einer Doktrin des klassischen Hollywoodfilms gefolgt wird, bei der alle sichtbaren Elemente, die zum Fortlauf der erzählten Geschichte beitragen, die Geschlossenheit der Erzählung aufrechterhalten und sie nicht etwa wie im brechtschen Theater durch Verfremdungseffekte aufbrechen sollen.[57]

7.3 Analyse der Montage in den YouTube Originals

Die im Hollywoodkino am häufigsten in Erscheinung tretendende Technik zur Realisierung von Dialogszenen zwischen zwei oder mehreren Figuren ist das Schuss-Gegenschuss-Verfahren. In Kombination mit der Beachtung der 180°-Achsenregel stellt es einen essentiellen Grundpfeiler des Continuity Systems dar.[58] Ein ‚Gegen-

56 Hillrichs beschäftigt sich dezidiert mit Aspekten der (Rollen-)Identität auf YouTube. Vgl. Hillrichs, Early YouTube. Zu Formen der Inszenierung des ‚Ichs' auf YouTube vgl. auch Peters, Aesthetics of the Self.

57 Vgl. Bordwell, Film Art (2020), S. 121.

58 Vgl. Bordwell, Classical Hollywood Cinema, S. 208 ff.

schuss' wird meist durch das Einsetzen einer Textpassage derjenigen Figur, die in der zuvor sichtbaren Einstellung nicht (oder nur teilweise) zu sehen ist, motiviert. Aufgrund der Dominanz dieses Verfahrens im Hollywoodkino beschäftigt sich der erste Abschnitt der Analyse mit dem Schuss-Gegenschuss-Verfahren in fiktionalen YouTube Originals.

7.3.1 Das Schuss-Gegenschuss-Verfahren

Die bereits mehrfach erwähnte Erfolgsserie Cobra Kai stellt das erste Analysebeispiel dar. In der Pilotfolge der ersten Staffel[59] werden die Protagonisten der Serie eingeführt. Der Zuschauer erhält zu Beginn der Folge Einblicke in das trostlose Leben von Johnny Lawrence, der verkatert in seiner kleinen Wohnung aufwacht und sich binnen kurzem auf den Weg zu seiner Arbeit als Handwerker macht. Vor seiner Wohnung trifft er erstmals auf seinen zukünftigen Karate-Protegé Miguel Diaz (Abbildungen 51 und 52).[60]

Abbildung 51: Teil eines Schuss-Gegenschuss-Verfahrens in Cobra Kai.

59 Ich werde in dieser Analyse meist auf die Pilotfolgen von Originals-Serien eingehen, da sie – im Unterschied zu den weiteren Episoden einer Serie – auch ohne ein Abonnement von YouTube Premium angesehen werden können, was die Überprüfung der hier getätigten Aussagen zu den Serien erleichtern soll.

60 Die Dialogszene spielt in der Episode *Verwahrlostes As* (S1E1) und beginnt ab TC: 00:03:28.

Abbildung 52: Zweiter Teil eines Schuss-Gegenschuss-Verfahrens in Cobra Kai.

Das Gespräch zwischen den beiden stellt die erste Dialogszene der Serie dar, die in einem klassischen Schuss-Gegenschuss-Verfahren realisiert wird und damit bereits einen Hinweis auf den allgemeinen Filmstil der Serie liefert. Um die Enge der Wohnsituation von Lawrence zu betonen,[61] kommen keine Establishing Shots zum Einsatz, allerdings kann sich der Zuschauer durch das Schuss-Gegenschuss-Verfahren, das durch Overshoulder-Perspektiven auch die nicht im Bildzentrum befindliche Person teilweise zeigt, in dem Hinterhof des Apartmentkomplexes räumlich orientieren. Mülltonnen und Gerümpel erscheinen in beiden Einstellungen und reihen sich jeweils nahtlos an die Wand an, die den diegetischen Raum nach hinten abschließt und eine ausgeprägte Raumtiefe unterbindet. Die Kamera verharrt auf der gleichen Sichtachse, sodass die Blickrichtungen der beiden Protagonisten beibehalten werden (Lawrence nach rechts und Diaz nach links).[62]

Eben diese Beibehaltung ist für die Gewährleistung von Kontinuität mit Blick auf den diegetischen Raum von entscheidender Bedeutung, da bei Verletzung der Achsenregel automatisch Fragen nach zeitlichen Sprüngen auf den Plan träten, etwa wenn darüber spekuliert wird, ob die Figuren ihre Positionen geändert haben,

---

61 Diese Enge, die Rückschlüsse auf den sozioökonomischen Status von Lawrence erlaubt, wird im Verlauf der Serie dem hellen, großflächigen Haus von Lawrences Erzrivalen LaRusso gegenübergestellt.

62 Wenn über Richtungsangaben gesprochen wird, erfolgen die Angaben stets aus Zuschauerperspektive.

ohne dass dies durch einen Rücksprung in einen Master Shot angekündigt worden wäre. Abbildungen 51 und 52 zeigen, wie die räumliche Kontinuität durch die angesprochene Overshoulder-Perspektive zusätzlich garantiert wird, da die Blickrichtungen nicht alleine ausschlaggebend dafür sind, dass der Zuschauer die Positionierung der beiden Akteure im Hinterhof erfasst: Die im rechten, beziehungsweise linken Bildrand angeschnittenen Köpfe und Schultern der Protagonisten dienen als Ankerpunkte für einen Überblick über die Figurenkonstellation im diegetischen Raum. Natürlich bietet sich nicht immer die Möglichkeit, eine Overshoulder-Perspektive zu verwenden, um räumliche Orientierung zu gewährleisten. Daher soll das nächste Beispiel aus der gleichen Episode verstärkt auf Blickstrukturen aufmerksam machen, die außerhalb eines Dialoges stattfinden und bei denen ein Blick einer Figur auf ein Objekt einen bestimmten Handlungsfortschritt motiviert.

7.3.2 POV-Aufnahmen

Nach der beschriebenen Einführungsszene fährt Lawrence mit seinem Auto aus dem Wohnkomplex. Das Bild öffnet sich[63] und die vormals beschriebene Enge in Bezug auf die Wohnsituation wird durch weite Einstellungen abgelöst. Lawrence hält an einer Straßenkreuzung an. Man findet eine totale Einstellung vor, die dem Zuschauer einen Überblick über die Straßenkreuzung gewährt, woraufhin ein Schnitt über die bislang eingenommene 180°-Achse erfolgt. Lawrence ist ein einer Nahaufnahme zu sehen, sein nach vorne gerichteter Blick verschiebt sich binnen kurzem und er schaut durch sein Autofenster nach oben (Abbildung 53).

Die nächste Einstellung (Abbildung 54) gibt preis, worauf sein Blick gefallen ist: Es handelt sich um eine Billboard-Leinwand, auf der sein ewiger Rivale LaRusso abgebildet ist. Man kann erkennen, dass LaRusso ein Autohausbetreiber ist, der seine Bindung zum Karate nicht verloren hat, da er – einen Karatetritt ausführend – mit dem Slogan ‚We kick the competition' abgebildet wird.

Abbildung 54 zeigt eine POV-Aufnahme von Lawrence. Der Richtungswechsel seines Blicks nach oben (Abbildung 53) ist in Bezug auf die Motivation der folgenden Einstellung von entscheidender Bedeutung. Elsaesser und Hagener stellen heraus: „Weitere Techniken sorgen dafür, dass die räumliche Kontinuität gewahrt bleibt und die Schnitte durch die Handlung motiviert sind, etwa der [...] ‚point-of-view-shot', also die Einstellung einer Person, die (angestrengt) etwas anblickt, ge-

63 In diesem Fall beendet ein Establishing Shot die Szene, anstatt sie – wie es im klassischen Hollywoodfilm oftmals der Fall ist – zu eröffnen. S. S1E1: TC:00:04:09.

Abbildung 53: Nahaufnahme einer Figur in Cobra Kai.

Abbildung 54: POV-Aufnahme in Cobra Kai.

folgt von einer Einstellung, von der wir als Zuschauer annehmen, dass wir den Blick der Person teilen.“[64]

64 Elsaesser, Filmtheorie, S. 115. Vgl. auch Bordwell, Classical Hollywood Cinema, S. 207.

Lawrences fokussierter Blick aus dem Seitenfenster in Abbildung 53 wird vom Zuschauer wahrgenommen und eröffnet die Frage, worauf der Blick fällt. Der vorausgehenden Einstellung (Establishing Shot der Kreuzung) kann noch nicht entnommen werden, was Lawrence ansieht, sodass erst die in Abbildung 54 festgehaltene Einstellung die Antwort auf diese Frage bringt. Die im Zuschauer geweckte Neugier bezüglich des (noch) Unsichtbaren motiviert Schnitte, die unter anderen Umständen nicht als logisch, sondern vielmehr als auffällig und diskontinuierlich eingestuft werden können. Ray merkt an: „a stylistic device remains disruptive by avoiding motivation. The alienating effect of an extreme overhead angle [...] dissipates immediately when identified as a character's point of view."[65] Die ungewöhnliche Aufsicht in Abbildung 53 und die Untersicht in Abbildung 54 fördern hierbei die räumliche Orientierung des Zuschauers, da durch sie die Positionierungen von Lawrence (im Auto auf dem Boden) und dem Billboard (auf einem Hausdach) innerhalb des diegetischen Raums untermauert werden. Das Wechselspiel von Aufsicht/Untersicht in Kombination mit der Blickrichtung von Lawrence, dessen Position in seinem Auto in dem vorhergehenden Establishing Shot gezeigt wird, tragen zu Kontinuität und räumlicher Orientierung bei und lassen die Schnitte ‚unsichtbar' wirken, obwohl jede der Einstellungen, sofern man sie individuell betrachtet, gänzlich andere Bildinhalte zeigt.

Die bislang angeführten Beispiele für die Techniken des Schuss-Gegenschuss-Verfahrens und der POV-Aufnahme beziehen sich lediglich auf *zwei* im Dialog befindliche Personen oder auf *eine* Person und *ein* Objekt. Die Aufrechterhaltung von Kontinuität gestaltet sich meist dann als komplexes Unterfangen, wenn mehr als zwei Personen und ihre Position im filmischen Raum dargestellt werden sollen. Das nächste Beispiel stammt aus der Originals-Serie CHAMPAIGN ILL und soll darauf aufmerksam machen, dass Beständigkeit in Bezug Blickrichtungen und ‚Eyeline Matches' für die Wahrung von raumzeitlicher Kohärenz entscheidend sind.[66]

7.3.3 Blickrichtungen und Eyeline Matches

In der Pilotfolge *Tagesstart auf Gangsterart* trauern die zwei Protagonisten Ronny und Alf um ihren kürzlich verstorbenen Freund und Musikstar Lou. In der hier beschriebenen Szene betritt der ehemalige Manager von Lou ein Hotelzimmer, in dem er auf Ronny und Alf trifft, die beide zu Beginn der Szene in einem Bett liegen. Man hat es hier mit einer Gesprächsszene zu tun, in der drei Figuren miteinander kom-

65 Ray, Hollywood Cinema, S. 18.
66 Vgl. Bordwell, Classical Hollywood Cinema, S. 207 ff.

munizieren, was jedem der drei eine Ansprache an zwei Akteure ermöglicht. Im Unterschied zu einer Szene, in der nur zwei Figuren miteinander sprechen, avancieren die Blickrichtungen der Figuren aufgrund der Summe an Adressierungsmöglichkeiten zu einer zentralen Technik zur Gewährleistung von räumlicher Orientierung. Die Figurenkonstellation im Hotelzimmer wird – wie es im klassischen Kino so oft der Fall ist[67] – mit einem Master Shot erfasst.[68] Daraufhin wird für mehrere Minuten auf einen erneuten Rücksprung in die gleiche Master-Einstellung verzichtet und es kommen überwiegend Nahaufnahmen und halbnahe Einstellungen zum Einsatz, in denen die Figuren einzeln gezeigt werden (Abbildungen 55–57).

Abbildung 55: Nahaufnahme einer Figur in Champaign Ill.

Da ein erneuter Master Shot erst ab TC: 00:08:56 gezeigt wird (Abbildung 58), wird räumliche Orientierung für den Zuschauer in dieser Szene in hohem Maße durch die Blickrichtungen der drei Figuren ermöglicht, da sie beim Sprechen einander anschauen. Auch lässt sich nicht selten beobachten, dass ein Blick, der auf eine Figur geworfen wird, bereits den folgenden Schnitt ankündigt, der daraufhin ebendiese Person in einer Nahaufnahme zeigt.[69]

67 Vgl. Bordwell Film Art. Vgl. auch Bordwell, Classical Hollywood Cinema.

68 Siehe S1E1: TC: 00:06:44.

69 Zum Beispiel bei S1E1: TC: 00:07:42. Alf beginnt zu sprechen und der im Bild sichtbare Manager Craig wechselt die Blickrichtung nach links, woraufhin ein Umschnitt auf den auf der linken Bettseite befindlichen Alf erfolgt.

Abbildung 56: 2. Nahaufnahme einer Figur in Champaign Ill.

Abbildung 57: 3. Nahaufnahme einer Figur in Champaign Ill.

Die Konstanz im Hinblick auf alle Blickrichtungen, d.i. von Craig nach links auf Alf (Abbildung 55) oder geradeaus auf Ronnie (eine Sekunde nach Abbildung 55 d.i. TC: 00:06:55), von Ronnie auf Craig nach rechts oben (Abbildung 56) oder nach rechts auf Alf sowie Alfs Blickrichtungen nach links auf Ronnie (Abbildung 57) oder nach oben auf Craig ist wichtig, um Verwirrungen bezüglich der

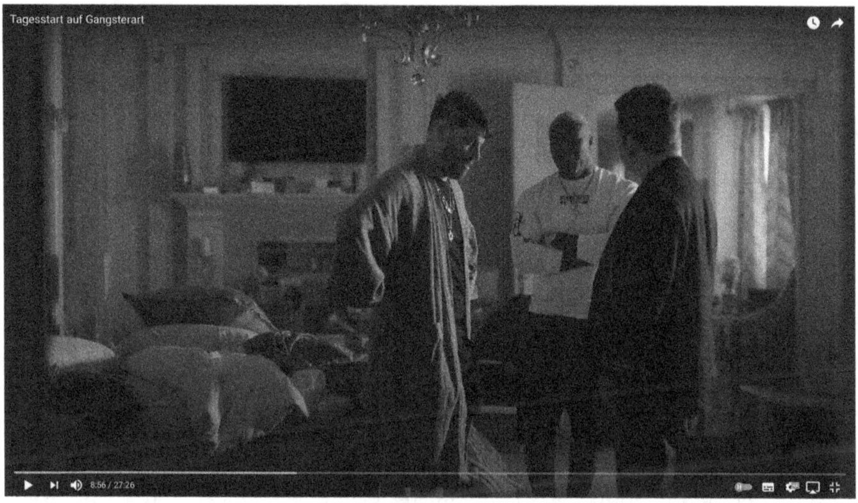

Abbildung 58: Master Shot von Figuren in Champaign Ill.

Positionierungen der Figuren im Raum vorzubeugen: Der zeitlich koordinierte Moment, in dem ein Blick*wechsel* erfolgt, wodurch ein Schnitt auf die angesehene Person erst motiviert wird und ihn unauffällig oder unsichtbar wirken lässt, trägt in Kombination mit der Beibehaltung des Blick*winkels* der jeweils blickenden Figur dazu bei, dass auch über längere Zeiträume Rücksprünge in (halb)totale Einstellungen nicht zwingend notwendig sind, um zum Eindruck räumlicher Kontinuität beizutragen.

Bei CHAMPAIGN ILL handelt es sich um eine Tragikomödie. Die beiden Protagonisten genossen ein Luxusleben, das ihnen ihr zu Beginn der Serie verstorbener Freund ermöglichte. In der hier beschriebenen Szene erkennen sie erstmals, dass mit ihrem Freund Lou auch der Luxus aus ihrem Leben gewichen ist. Es kommt in dieser Szene zu schnellen Schnittfolgen, da sich die Charaktere teilweise ins Wort fallen, etwa wenn sie Anforderungen an Mahlzeiten in Privatjets stellen, denen der (Ex-)Manager Craig nicht gerecht wird, da kein Arbeitsverhältnis mehr zwischen ihm und den Protagonisten besteht. Trotz dieser schnellen Einstellungswechsel, die meist durch verbale Einschübe der nicht in der jeweiligen Einstellung sichtbaren Figur motiviert werden, entsteht keine Ungewissheit bezüglich der Positionierung der Akteure, da die in den Abbildungen 55–57 festgehaltenen Blicke mehrfach wiederholt werden, sodass neben den Aspekten ‚Blickwechsel' und ‚Blickwinkel' auch die Perpetuierung von Einstellungsfolgen als wichtige Hilfestellung zur räumlichen Orientierung beiträgt.

Ein anderes Beispiel, das Blickwechsel und gleichbleibende Blickwinkel im Kontext der Kontinuitätsmontage veranschaulicht, findet sich in der Pilotfolge der Originals-Serie Ryan Hansen Solves Crimes on Television. Wie in vielen YouTube-Eigenproduktionen, orientiert sich auch diese Serie oftmals am Continuity System. Bei der Serie handelt es sich um eine Polizeikomödie, in der häufig der Lebensstil von in Los Angeles lebenden Personen desavouiert wird. Als selbstreflexive Serie spricht der Protagonist Ryan Hansen nicht selten direkt in die Kamera oder über den Fortgang der fiktionalen Serie, in der er sich selbst spielt.[70] In diesem Zusammenhang kommt es mitunter sogar zu Kommentaren zur filmischen Realisation, etwa wenn sich Hansen zu Beginn der Serie mit dem Handy scheinbar selbst im Hochbildformat filmt und dabei anmerkt, dass man sich als Zuschauer keine Sorgen machen müsse, da sich dieser Stil nicht im weiteren Verlauf der Serie durchsetzen werde.[71] Diese Ankündigung bewahrheitet sich, da nach diesem ‚Handyvideo-Prolog', der die filmästhetische Differenz zwischen Hollywood und den Plattformen, die im Silicon Valley beheimatet sind, thematisiert, konventionelle Montagemuster auf den Plan treten. In der hier ausgewählten Szene ermitteln die Kommissarin Mathers und Hansen in einem Mordfall. Um Informationen zu erhalten, sprechen Sie mit einem Hotelangestellten.

Abbildung 59: Master Shot von Figuren in Ryan Hansen solves Crimes on Television.

70 S. S1E1: TC: 00:00:09.
71 S. S1E1: TC: 00:00:30.

Abbildung 60: Nahaufnahme einer Figur in Ryan Hansen solves Crimes on Television.

Abbildung 61: 2. Nahaufnahme einer Figur in Ryan Hansen solves Crimes on Television.

Die Abbildungen 59–62 halten fest, welche Einstellungsgrößen und Bildausschnitte gewählt werden, um das Gespräch der drei Figuren zu inszenieren. Abbildung 59 zeigt einen klassischen Master Shot, der im Unterschied zu dem Beispiel aus CHAMPAIGN ILL diesmal die Szene eröffnet. Mit ihm wird die 180°-Achse definiert, die von der Kamera bis zum Ende der Szene nicht überquert wird. Die Nah-

Abbildung 62: 3. Nahaufnahme einer Figur in Ryan Hansen solves Crimes on Television.

aufnahmen von Hansen (Abbildung 60), dem Hotelangestellten (Abbildung 61) und Mathers (Abbildung 62) sind die am häufigsten zum Einsatz kommenden Einstellungen in dieser Szene. Einerseits wird anhand dieser Nahaufnahmen ersichtlich, dass die imaginäre 180°-Achse nicht überschritten wird, weil trotz geringer Tiefenschärfe die im Master Shot erstmals zu sehenden Raumgegenstände (Swimmingpool, Liegen, Pflanzen und Balkone) an der Stelle im Bild erscheinen, an der sie über die halbnahe Einstellung (Master) eingeführt wurden. Andererseits ist die Blickrichtung der Figuren in den Nahaufnahmen gut sichtbar, was wiederum wichtig ist, um die Eyeline Matches zur Geltung zu bringen. Aufgrund des Master Shots (Abbildung 59) weiß man, dass Hansens Blick nach rechts in Abbildung 60 auf den Hotelangestellten gerichtet ist, und dass der Blick des Hotelangestellten in Abbildung 61 nach links dementsprechend auf Hansen zielt. Wie schon für die Szene aus CHAMPAIGN ILL festgehalten wurde, werden Schnitte meist durch das Sprechen einer nicht sichtbaren Person motiviert, wobei kurz vor einem Umschnitt die im Bild befindliche Person ihren Blick in Richtung der Position der sprechenden Person ausrichtet.[72]

Interessant ist zudem, dass es zu keinem Zeitpunkt zu einem Umschnitt von Hansen (Abbildung 60) auf Mathers (Abbildung 62) kommt, sondern dass stets auf den Hotelangestellten oder auf den Master Shot zurückgegriffen wird, nachdem Hansens oder Mathers' Nahaufnahme gezeigt wurde. Zwar lässt sich im Hinblick

72 Vgl. Bordwell, Classical Hollywood Cinema, S. 207 ff.

auf das Frage-Anwort-Spiel von Hansen/Mathers und dem Hotelangestellten argumentieren, dass alle Fragen an den zuletzt Genannten gerichtet werden und daher keine Motivation für einen Einstellungswechsel von Hansen auf Mathers besteht. Im Kontext der Einhaltung der Kontinuitätsregeln respektive der Vermeidung von ‚auffälligen' Schnitten ist aber auch eine andere Erklärung zulässig: Jump Cuts, d.i. Einstellungsfolgen, bei denen eine perspektivische Verschiebung von weniger als 30° auf der eingenommenen 180°-Achse besteht, gelten als Bruch mit dem ‚unsichtbaren Stil', da die Schnitte aufgrund des Eindrucks eines Bildsprungs meist intensiv wahrgenommen werden.[73]

Sofern die Absicht besteht, Montagestrukturen während einer Gesprächsszene möglichst in den Hintergrund treten zu lassen, ist die Vermeidung von Jump Cuts wichtig. Da sich Hansen und der Hotelangestellte gegenübersitzen, lässt sich ihre Konversation problemlos mit einer perspektivischen Differenz von 90° oder mehr filmisch realisieren, sodass keine Jump Cuts entstehen (Abbildung 60 und 61). Betrachtet man die Bildmitte der Perspektive im Master Shot (Abbildung 59) als Mittelpunkt (90°) der imaginären 180°-Achse, liegt die Nahaufnahme des Hotelangestellten bei ca. 30°. Hansens Nahaufnahme lässt sich bei ca. 150° verzeichnen, während Mathers' Nahaufnahme nur leicht vom Mittelpunkt des Master Shots entfernt ist. Die räumliche Distanz zwischen der Position der Kamera von Mathers' und Hansens Nahaufnahme fällt weitaus geringer aus als die Distanz der Nahaufnahmen von Hansen und dem Angestellten sowie Mathers und dem Angestellten, was Abbildungen 63 und 64 näher veranschaulichen.

Diese von mir erstellten Markierungen erheben keinen Anspruch auf Korrektheit im Hinblick auf die exakte Positionierung der Kamera(s), aus der sich die hier angenommenen Zahlen ergeben.[74] Vielmehr sollen Abbildungen 63 und 64 veranschaulichen, dass die Nahaufnahmen von Mathers und Hansen räumlich gesehen unweit voneinander aufgenommen wurden. Es stellt ein Risiko dar, die Nahaufnahme von Hansen an die von Mathers zu schneiden, da – wie Abbildung 64 aufzeigt – aufgrund der geringen räumlichen Distanz zwischen den Einstellungen Bildsprünge auftreten können.

An dieser Stelle zeigt sich der Planungsaufwand, der für die fiktionalen Originals-Produktionen typisch ist. Die minutiöse Einhaltung von Kontinuitätsstrukturen ist nicht für alle Szenen dieser und auch anderer Produktionen konstitutiv, da manchmal auch eine Abkehr vom Continuity System erkennbar ist. Allerdings zeigt

---

73 Vgl. Elsaesser, Filmtheorie, S. 113. Vgl. auch Bordwell, Classical Hollywood Cinema, S. 194 ff.

74 Die Gradzahlen und verwendeten geometrischen Formen sind nicht vermessen worden. Da keine exakten Daten bezüglich der während des Drehs entstandenen Positionierung der Kameras vorliegen, handelt es sich hierbei um eine Schätzung.

Abbildung 63: Master Shot von Figuren in Ryan Hansen solves Crimes on Television mit selbsterstellter Grafik einer 180°-Achse.

Abbildung 64: Master Shot von Figuren in Ryan Hansen solves Crimes on Television mit selbsterstellter Grafik zur Verletzung der Continuity-Regeln.

dieses Beispiel, dass, sofern die Absicht besteht, sich am Continuity System zu orientieren, ein profundes Verständnis für die gelungene Realisierung des ‚unsichtbaren Stils' gegeben ist. In Anbetracht der Tatsache, dass die YouTube Originals von professionellen Produktionsteams erstellt werden, ist dies nicht verwunderlich. Allerdings ist es mit Blick auf YouTubes Videokultur wichtig, ebendiese Form der Produktionsstandards zu benennen, da vor dem Aufkommen der YouTube Originals nur wenige Videos auf der Plattform hochgeladen wurden, in denen das Continuity System derart prominent in Erscheinung trat und in denen Kontinuitätsstrukturen wie aus dem Lehrbuch zu finden waren.[75]

7.3.4 Establishing Shots und Einstellungsfolgen

Eine häufige Erscheinung in den meisten fiktionalen Originals-Produktionen ist der Gebrauch von Establishing Shots zum Beginn einer neuen Sequenz oder Szene. Dem Zuschauer wird in totalen oder supertotalen Einstellungen die Möglichkeit gewährt, einen räumlichen Überblick über den aktuellen Aufenthaltsort der Figuren zu erhalten. Manchmal werden auch Zeitsprünge in der Handlung[76] anhand von Establishern bildlich repräsentiert.[77] Während Establishing Shots in Spielfilmen (auch außerhalb Hollywoods) überaus gängig sind, stellen sie auf YouTube vor dem Erscheinen der YouTube Originals eine Ausnahmeerscheinung dar. Zwar lässt sich in non-fiktionalen Formaten wie dem Reise-Vlog durchaus beobachten, dass solche Aufnahmen verwendet werden, um bestimmte Reiseziele einzuführen, innerhalb der (Trend-)Genres wie Gameplays, Kosmetik-Tipps, Reviews, Reactions, Unboxings, Prank-Videos etc. wird jedoch meist auf Establishing Shots verzichtet.[78]

---

75 Von dieser Bemerkung ausgenommen sind Raubkopien von Spielfilmen, die widerrechtlich auf YouTube hochgeladen werden. Die Aussage bezieht sich vielmehr auf die gängigen Videokategorien auf YouTube, die unter anderem von Burgess und Green, Craig und Cunningham oder Frühbrodt und Floren diskutiert werden. Videos, in denen YouTuber eine kreative Eigenleistung erbringen, beeinflussen YouTubes audiovisuelle Kultur maßgeblich, wobei in diesen Fremdproduktionen genreübergreifend nur sehr selten Einflüsse des Continuity Systems beschrieben werden können. Vgl. Burgess, Participatory Culture. Vgl. auch Craig, Social Media Entertainment. Vgl. auch Frühbrodt, Netzwerk der Profis.

76 Hierbei kann man an das Filmen von Sonnenaufgängen denken, die einen Hinweis darauf liefern, dass ein neuer Tag beginnt.

77 Vgl. Bordwell, Classical Hollywood Cinema, S. 198 ff.

78 Viele der in dieser Studie angeführten Publikationen zu YouTubes Formaten beschäftigen sich mit Einstellungsgrößen, wobei auffällt, dass Establishing Shots nur in Ausnahmefällen genannt werden. Eine solche Ausnahme liegt bei Hillrichs Dissertation vor, in der er auch auf Establishing Shots in Vlogs eingeht (vgl. Hillrichs, Early YouTube, S. 157 f.). Allerdings ist in diesem Zusammenhang bezeichnend, dass ein Teil der Beschreibung von Establishing Shots in YouTube-Videos anhand des Beispiels von lonelygirl15 erfolgt, womit wieder eine direkte Verbindung zur Fiktionalität vorliegt (vgl. Hillrichs, Early YouTube, S. 251). Vor allem vor dem Hintergrund, dass viele YouTuber das eigene Haus als Drehort verwenden, ist es interessant zu beobachten, dass

In YouTubes Eigenproduktionen kommen sie häufig zum Einsatz, wobei sich ihr Gebrauch auf unterschiedliche Weise interpretieren lässt, was anhand der folgenden Beispiele verdeutlicht werden soll.

In der bereits behandelten Pilotfolge von Cobra Kai gerät der Protagonist Lawrence in eine Schlägerei, in der seine anscheinend kaum eingerosteten Karatefähigkeiten unter Beweis gestellt werden. Obwohl er dem in Not geratenen Jugendlichen Diaz helfen wollte, nachdem dieser von einer Gruppe Randalierer angegriffen worden war, ist es Lawrence, der in die Bredouille gerät: Polizisten erscheinen am Ort der Auseinandersetzung und sprühen Lawrence Pfefferspray in die Augen, da sie ihn aufgrund seiner physischen Überlegenheit für den Aggressor halten. Die Nachtszene wird mit einem Schlag der Polizisten auf Lawrences Körper beendet. Daraufhin bleibt das Bild für zwei Sekunden schwarz.[79]

Abbildung 65: Establishing Shot einer Stadt in Cobra Kai.

das Haus selbst fast nie in totalen Einstellungen gezeigt wird. In den genannten Videokategorien spielt der Ort der Aufnahme nur selten eine Rolle (eine Ausnahme ist der Reise-Vlog), sodass ein stärkerer Fokus auf den Akteuren und ihren Handlungen liegt. Hinzu kommt, dass die meisten Videos auf YouTube nicht fiktional sind und selten eine Länge von 30 Minuten überschreiten, weshalb sich grundsätzliche Differenzen zwischen Fremd- und Eigenproduktionen bezüglich der Notwendigkeit zur Etablierung von Räumen und zur Erklärung von Raumwechseln ergeben (letztere werden in Fremdproduktionen oftmals durch eine verbale Erklärung oder einen Text-Insert angekündigt).

79 S. S1E1: TC: 00:11:23. Szene beginnt ab TC: 00:08:28.

Abbildung 66: Halbnahe Einstellung einer Figur in Cobra Kai.

Die auf diese Szene folgenden beiden Einstellungen sind in Abbildungen 65 und 66 festgehalten. Man sieht eine supertotale Stadtaufnahme und ein leicht im Nebel befindliches Bergmassiv, hinter dem die Sonne aufgeht, wobei die ersten Sonnenstrahlen des Tages bereits in das Objektiv fallen. Die nächste Einstellung zeigt einen sichtlich geräderten Lawrence, der aus einem Polizeirevier herauskommt. Durch einen Aufkleber auf der Tür wird ersichtlich, dass es sich um das Los Angeles Police Department handelt. Einerseits wird mit der Supertotalen der Ort der Handlung eingeführt, der durch den Aufkleber in der folgenden Einstellung konkretisiert wird. Andererseits wird durch den Sonnenaufgang auch ein Zeitsprung in der Handlung angedeutet: Da es in Filmen nur selten zu Fällen einer Deckung von erzählter Zeit und Erzählzeit kommt, sind zeitliche Ellipsen überaus gängig. Abbildung 65 zeigt, dass durch den Establisher nicht nur eine Einführung des Handlungsortes erfolgt, sondern dass durch das Festhalten bestimmter Tageszeiten auch zeitliche Sprünge oder neue Zeitabschnitte in der diegetischen Welt markiert werden können. Der diegetische Zeitfluss erscheint in diesem Beispiel kontinuierlich, da der Sonnenaufgang an eine Nachtszene montiert wird, sodass durch die zeitliche Differenz von Tag und Nacht ein Verstreichen der erzählten Zeit andeutet wird.

Ein anderes Beispiel findet sich in der zum Teil bereits analysierten Episode *Tagesstart auf Gangsterart* der Serie CHAMPAIGN ILL. Der Protagonist Alf kehrt in sein Elternhaus zurück, um seinen Vater zu treffen.

Abbildung 67: Establishing Shot eines Hauses in Champaign Ill.

Abbildung 67 zeigt einen klassischen Establishing Shot des Hauses seines Vaters, wobei das Auto, das ihn in der vorherigen Szene vom Flughafen abgeholt hatte, noch im Bild sichtbar ist und so als kontinuitätsstiftendes Element fungiert, das es dem Zuschauer auf einfache Art ermöglicht, eine zeitliche Verbindung zwischen den Szenen herzustellen. Zunächst steigt Alf mit seinem Freund aus dem Auto aus und beide wundern sich darüber, wie klein das Haus ist, da sie es anders in Erinnerung hatten.[80] Durch den darauffolgenden Establisher wird jedoch deutlich, dass das freistehende Haus über eine Auffahrt, einen großen Garten sowie ein Obergeschoss verfügt. Alfs Abhängigkeit von einem Luxusleben, das sich nicht zuletzt durch temporäre Aufenthalte in großflächigen Hotelsuiten und Villen auszeichnete, wird beim Anblick eines Hauses der Mittelschicht deutlich. Neben der Möglichkeit zur räumlichen Orientierung wird in diesem Beispiel durch den Establishing Shot also auch Alfs prätentiöse Sicht auf allgemeine Lebensstandards und Erwartungen verdeutlicht.

Im Zusammenhang mit Blickrichtungen und POVs ist zudem interessant zu beobachten, dass dem Establishing Shot ein skeptischer Blick (Abbildung 68) von Alf auf sein Elternhaus vorausgeht, auf den jedoch *keine* POV-Aufnahme folgt, wie es oft der Fall ist, nachdem eine Figur etwas anblickt. Bewusst erfolgt der Umschnitt in den Establishing Shot, in dem auch Alf selbst zu sehen ist, sodass die

---

80 S. S1E1: TC: 00:14:03.

Abbildung 68: Halbtotale Einstellung von zwei Figuren in Champaign Ill.

Kamera auf Alfs Aussage hin, das Haus sei klein, gerade nicht Alfs intradiegetische Perspektive wiedergibt, sondern eine trägerlose Wiedergabeposition anstrebt. Die Kamera *distanziert* sich wortwörtlich mittels der Establisher-Totalen von Alfs Eindruck bezüglich der unzureichenden Größe des Hauses.

Als letztes Beispiel für dieses Unterkapitel wird ein Establishing Shot in der Pilotfolge der Serie ORIGIN analysiert. In der Serie erhalten Menschen mit krimineller Vergangenheit die Chance auf einen Neustart für ihr Leben, indem sie sich einer Weltraummission zur Kolonisierung eines fremden Planeten anschließen. Die Episode *Auf Abwegen* wird durch zahlreiche Rückblenden des Protagonisten Kenzaki und dessen Vergangenheit als Yakuza-Verbrecher in Tokio geprägt.

Abbildung 69 zeigt eine Supertotale eines futuristischen Tokios bei Nacht, das sich durch gigantische Gebäude, grelle Lichter, Smog und fliegende Fahrzeuge auszeichnet.[81] Durch die Supertotale wird der Zuschauer mit dem hier entworfenen Zukunftsbild der japanischen Großstadt vertraut gemacht; deutlich sind visuelle Anlehnungen an BLADE RUNNER[82] oder an andere Zukunfts-Dystopien. Die Einstellung ist aufschlussreich, um den enormen Arbeitsaufwand einordnen zu können, der erforderlich ist, um dieses Stadtbild mittels CGI-Technik zu erzeugen:

81 Die Szene beginnt ab S1E1: TC: 00:09:50.

82 BLADE RUNNER, R.: Ridley Scott, USA 1982.

Abbildung 69: Establishing Shot einer Stadt in Origin.

Die extrem weite und gleichsam äußerst detailreiche Einstellung[83] ruft aufgrund der außergewöhnlichen Bildinhalte, der zur Schau gestellten Gigantomanie und der damit verbundenen Vision zum Fortbestand der Menschheit zur Reflexion über ebendiesen auf. Auffällig – und nicht im Sinne des Continuity Systems[84] – ist, dass es zu zwei Establishing-Aufnahmen kommt, die hintereinander montiert werden.

Das Bild springt leicht, der Fokus auf das Stadtpanorama wird gesteigert, die Dauer der Einstellung erscheint ungewöhnlich lang. Elegische extradiegetische Musik und futuristische intradiegetische Motoren- und Turbinengeräusche intensivieren das visuelle Licht- und Smog-Spektakel, das von dem in dieser Szene präsentierten Tokio der Zukunft ausgeht. Durch den Bildaufbau in den Establishing Shots gelingt es, Eindrücke von Hektik und Chaos im Bildhintergrund (Skyline) sowie Ruhe und Ordnung im Bildvordergrund (Tempelgebäude/Grabstätte) zu

83 Insbesondere die vielen Fahrzeuge und ihre Fahrbahnen stellen einen besonders hohen Rechenaufwand dar.

84 Diese zu einem Bildsprung führende Dopplung von Establishern lässt sich mit Shaviros Überlegungen zum gegenwärtigen (Digital-)Film in Verbindung setzen, da sich zeigt, dass die Einhaltung der Kontinuitätsprinzipien nicht länger von Bedeutung für die filmische Realisation ist. Vgl. Shaviro, Post-Continuity, S. 56 f. Alle weiteren Einstellungen der Szene zeigen jedoch auf, dass der klassische Stil angestrebt wird, womit ein Wechsel zwischen Kontinuitätsmontage und ‚Post Continuity-Momenten' in der Originals-Serie Origin sichtbar wird.

visualisieren und zu kontrastieren (Abbildung 69). Das sich als Grabstätte entpuppende Gebäude im vorderen Bildzentrum stellt in dieser Szene den Handlungsort dar. Im Hinblick auf die Kontinuitätsmontage und die Frage danach, wie Einstellungsfolgen von einer Supertotalen hin zu einem Dialog in halbnahen und nahen Aufnahmen erfolgen können, ohne dass ein Eindruck von raumzeitlicher Kontinuität verloren geht, stellt die hier gewählte Szene ein interessantes Analysebeispiel dar, zumal die zwischen dem Establishing Shot (Abbildung 69) und dem einsetzenden Dialog (Abbildung 72, s. S. 227) eingesetzten Einstellungen zunehmend enger werden.

Zunächst zeigt sich bereits im Establishing Shot, dass Montage und Mise en Scène gemeinsam zu räumlicher Orientierung beitragen: Bei den vielen Details in Abbildung 69 sticht blaues Licht im Bildzentrum in der Dunkelheit hervor. Ebendieses Element der Mise en Scène fungiert als Ankerpunkt zur Orientierung, da diese Lichtquelle auch in allen folgenden Einstellungen dominant hervortritt.

Abbildung 70: Halbtotale Einstellung einer Figur in Origin.

In Abbildung 70 sieht man, wie Kenzaki in einer halbtotalen Einstellung auf einen in kaltem Blau erstrahlenden Raum zugeht. Eben diese Farbtemperatur wird bereits im Establishing Shot sichtbar und dort werden auch die Treppen erkennbar, die Kenzaki in Abbildung 70 besteigt.

In der Supertotalen werden essentielle Merkmale der Mise en Scène der folgenden Einstellungen angekündigt. Dadurch wird es dem Zuschauer erleichtert, die Halbtotale mit dem Establishing Shot in Verbindung zu setzen, was wiederum die Montage als solche in den Hintergrund treten respektive den gesetzten Schnitt unauffällig wirken lässt, da die Einstellungen trotz einer deutlichen Veränderung des Bildausschnitts und der Bildinhalte über die genannten visuellen Ankerpunkte verfügen, die räumliche Kontinuität erzeugen. Interessant an Abbildung 70 ist, dass exakt im Zentrum der blauen Lichtquelle die Silhouette einer Person erkennbar wird, die erneut als Ankerpunkt für die darauffolgende Einstellung aufgefasst werden kann.

Abbildung 71: Halbnahe Einstellung von zwei Figuren in Origin.

In Abbildung 71 verengt sich das Bild abermals; in einer nunmehr halbnahen Einstellung betritt Kenzaki den Tempel, der neben den ominösen blauen Lichtern auch einen Altar beinhaltet.[85] Die schon in Abbildung 70 erkennbare Person erscheint nun größer im Bild. Ihre Anwesenheit verwundert nicht, da sie bereits in der vorherigen Einstellung eingeführt wurde, sodass diesmal die Positionierung eines Schauspielers den Aspekt der Mise en Scène bildet, der dazu beiträgt, dass trotz eines Schnittes keine Verwirrung entsteht, da die in der vorhergehenden Einstellung festgelegte Position der Figur im Tempel beibehalten und so räumliche Kohärenz erzielt wird.

Die in Abbildung 71 festgehaltene halbnahe Einstellung fungiert gewissermaßen als Master Shot, der die Übersicht über die exakte Positionierung der Figuren

85 Bei genauerer Betrachtung wird auch der Altar schon in Abbildung 70 teilweise angekündigt, da das von ihm ausgehende rötliche Licht hinter der Figur aufleuchtet.

und Objekte im Raum gewährleistet, sodass der darauffolgende Dialog zwischen Kenzaki und seinem Bruder (wie man in der Szene erfährt) beginnen kann, ohne dass Unklarheiten bezüglich der Lichtquellen[86] oder Akteure auftreten.

Abbildung 72: Nahaufnahme einer Figur in Origin.

Der Dialog selbst wird mit Nahaufnahmen der Brüder (Abbildung 72) in einem klassischen Schuss-Gegenschuss-Verfahren realisiert, so wie es hier bereits an anderer Stelle beschrieben wurde. Es liegen zwei Einstellungen unterschiedlicher Größen (halbtotal Abbildung 70 und halbnah Abbildung 71) zwischen dem Establishing Shot und der Nahaufnahme. Wie aus dem Lehrbuch findet hier eine Annäherung an die Figuren statt, wobei ein Eindruck von räumlicher Kohärenz aufgrund der sich in weiten Einstellungen ankündigenden Elemente der Mise en Scène, die sich in der jeweils engeren Einstellung konkretisieren, nie verloren geht.

Dieses Beispiel zeigt auf, dass Establishing Shots nicht nur einen basalen Überblick über einen Handlungsort geben oder in der Lage sind, körperliches Unwohlsein beim Zuschauer durch die Schilderung einer dystopischen Zukunftsvision hervorzurufen. Vielmehr werden durch die detailreiche und aufwändige Generierung[87] des Establishers und aller in ihm sichtbaren Elemente kontinuierli-

86 Das blaue Licht stellt sich als eine Art digitale Grabstehle heraus. Kenzaki und sein Bruder blicken unter anderem auf das ‚Grab' von Kenzakis Frau.

87 Ich spreche von einer ‚Generierung', da einige Bildelemente nicht real existieren und am Computer erzeugt wurden.

che und unauffällige Einstellungsfolgen erst ermöglicht, da jede auf den Establishing Shot folgende Einstellung bereits vorher angedeutete Bildinhalte näher erfasst und gleichzeitig neue Elemente hinzufügt, sodass stets eine Motivation für eine weitere Annäherung besteht, wobei der Anfangspunkt dieser ‚Motivationskette' durch den Establisher gesetzt wird. Innerhalb von fünf Einstellungen gelingt es, einen kleinen blauen Punkt in der Dunkelheit als ‚digitale Grabstätte' zu etablieren, ohne dass dabei die Montage und die realitätsfremde Situation[88] an sich in den Vordergrund treten würden.

Es lässt sich festhalten, dass der Einsatz von Establishing Shots in den hier genannten Beispielen so eingesetzt wird, wie es auch im klassischen Kino der Fall ist. Bislang zeigt sich, dass die fiktionalen YouTube Originals in formaler Hinsicht keine Differenzen zu gegenwärtigen Kinofilmen oder Eigenproduktionen anderer Streaming-Dienste aufweisen. Eine formale Differenz wird nur zwischen YouTubes Eigenproduktionen und YouTubes Fremdproduktionen deutlich, da in Letztgenannten nur selten Establishing Shots zum Einsatz kommen, während sie in Netflix- oder Amazon-Produktionen sowie im internationalen Kinofilm ein wichtiges Element für die Darstellung von Handlungsräumen sind.

7.3.5 Post Continuity in den YouTube Originals

Nachdem einige wichtige Aspekte der Kontinuitätsmontage am Beispiel verschiedener YouTube Originals analysiert wurden, ist es wichtig, dass auch Abweichungen vom Continuity System sichtbar werden, wodurch Anachronismen ausbleiben (etwa indem man einem klassischen Hollywoodstil der 50er oder 60er Jahre folgen würde). Es zeigt sich ein moderner Filmstil, bei dem auch unzusammenhängende Einstellungsfolgen vorkommen und bei dem die spatiotemporale Ordnung mitunter bewusst außer Kraft gesetzt wird. Es wird deutlich, dass die strenge Einhaltung der Kontinuitätsstrukturen nicht von Bedeutung für die filmische Realisation der YouTube Originals zu sein scheint.[89] In einigen Fällen ist gerade der Ausbruch aus der Kontinuitätsmontage wichtig für die spezielle Ästhetik des Films oder der Serie.

Blickt man erneut auf die Pilotfolge der Serie Champaign Ill, fällt auf, dass zwischen den klassischen Schuss-Gegenschuss-Verfahren, Establishern oder POVs auch Montagestrukturen auf den Plan treten, die sich vom Continuity System distanzieren. Bei der Einführung in das Luxusleben von Rapper Lou und den beiden

88 Es bleibt unklar, wie genau diese Grabstätte funktioniert, ob das Bewusstsein der Verstorbenen digitalisiert wird oder lediglich ein digitales Andenken in einer schließfachartigen Vorrichtung aufbewahrt wird.

89 Vgl. Shaviro, Post-Continuity, S. 56 f.

Protagonisten Alf und Ronny findet ein vorgetäuschter Wechsel der Filmgattung statt: Auf eine Dialogszene folgt unvermittelt ein Musikvideo, in dem die drei Protagonisten mitspielen.[90] Später erfährt der Zuschauer, dass es sich hierbei um einen Musikvideodreh handelt, bei dem Lou ums Leben kommt. Dieser Dreh wird jedoch nicht etwa durch einen Establishing Shot einer Kulisse angekündigt, vielmehr wird der Zuschauer direkt mit dem Musikvideo konfrontiert und es wirkt so, als sehe man ein bereits fertiggestelltes Video, sodass der Zuschauer nur aufgrund seiner Kenntnis darüber, dass dieses Musikvideo innerhalb einer fiktionalen Serie wiedergegeben wird, wissen kann, dass es sich immer noch um die gleiche Gattung (d.i. den Spielfilm) handelt und nicht etwa ein automatischer Videowechsel auf YouTube vollzogen wurde. Während des Videodrehs, der aber nicht als solcher gekennzeichnet wird, stürzt Lou von einer prunkvollen Balustrade einer Villa und verstirbt noch vor Ort.[91] Ebenso abrupt wie die unterlegte Rapmusik endet auch das Musikvideo selbst und der dem Zuschauer vermittelte Eindruck, er sehe ein eigenständiges Musikvideo. Zudem löst sich mit Lous Fall auch die ‚Pseudo-Mise en Abyme-Struktur' auf: Die Protagonisten sind nicht länger Darsteller in einem Musikvideo, sondern ‚nur' noch fiktive Figuren, die fortan ohne ihren Star-Freund Lou und sein Geld auskommen müssen.

Diese Szene ist in mancherlei Hinsicht interessant: Erstens wird der ‚Musikvideo-Modus' nicht angekündigt, sodass raumzeitliche Kohärenz nicht gegeben ist und die Möglichkeit zur Orientierung in der diegetischen Welt für den Zuschauer grundsätzlich erschwert wird. Zweitens kommt auch die Beendigung der als Musikvideo wahrgenommenen Szene gänzlich unvermittelt: Der Prozess der Postproduktion wurde scheinbar durchlaufen, doch dann entpuppen sich die dem Zuschauer präsentierten Einstellungen des Musikvideos als noch nicht abgeschlossene Aufnahmen, die mit dem Tod einer Figur ‚beendet' werden. Man kann von einer Unzuverlässigkeit der Bilder sprechen, da dieses Musikvideo aufgrund des Todes der Figur natürlich innerdiegetisch nie erscheinen wird, gleichzeitig wirkt es zu Beginn der Musikvideo-Szene aber so, als würde man das Video als abgeschlossene Einheit innerhalb der Diegese sehen. Hier liegt keine kontinuierliche Erzählstruktur vor[92] und weder zu Beginn noch mit der Beendigung der Musikvideo-Szene wird Kohärenz mit Blick auf Raum und Zeit gewährleistet.

Drittens ist das Musikvideo selbst von Interesse, da die Regeln der Kontinuitätsmontage nicht befolgt werden. Die meisten gegenwärtigen Musikvideos streben kei-

90 S. S1E1: TC: 00:05:06.

91 S. S1E1: TC: 00:06:05.

92 Vgl. Kuhn, Markus: Filmnarratologie. Ein erzähltheoretisches Analysemodell (zugl. Univ. Diss. Hamburg), Berlin 2013. S. insbesondere S. 300 ff. u. S. 365 ff.

nen ‚unsichtbaren' Montagestil an,[93] somit ist der Stil des Musikvideos innerhalb der Diegese nicht ungewöhnlich. Für die Makrostruktur der gesamten Serie bedeutet das jedoch, dass die durchgängige Befolgung der Kontinuitätsmuster kein Anliegen darstellt, sondern dass gänzlich unterschiedliche Filmstile miteinander kombiniert werden, auch wenn dadurch die spatiotemporale Orientierung für den Zuschauer erschwert wird.[94]

Abbildung 73: Halbtotale Einstellung von mehreren Figuren in Champaign Ill.

Abbildungen 73 und 74 halten zwei aufeinanderfolgende Einstellungen aus dem Musikvideo fest. Es liegt jeweils eine Untersicht vor und die drei Protagonisten befinden sich in beiden Einstellungen im Bildzentrum und werden frontal gefilmt, wobei in Abbildung 73 zusätzlich mehrere Frauen am Bildrand erkennbar werden. Die drei Hauptakteure bleiben im Bild, die Umgebung, in der sie agieren, hat sich jedoch verändert. Es liegt keine Einstellung vor, die den Ortswechsel

93 Zur Geschichte und Ästhetik des Musikvideos und seiner Differenz gegenüber dem Hollywoodstil vgl. Lilkendey, Martin: 100 Jahre Musikvideo. Eine Genregeschichte vom frühen Kino bis YouTube (zugl. Univ. Diss. Koblenz), Bielefeld 2017.

94 An dieser Stelle ist es wichtig zu betonen, dass hier nicht von einem ‚orientierungslosen' Zuschauer ausgegangen wird, der nicht in der Lage ist, dem Fortlauf der Serie zu folgen oder von den raschen Bildwechseln überwältigt ist, so wie es manchmal Filmzuschauern des späten 19. Jahrhunderts zugeschrieben wird. Die Aussage bezieht sich lediglich auf die Tatsache, dass hier keine Form der Kontinuität vorliegt, wie sie eingangs in diesem Kapitel beschrieben wurde.

Abbildung 74: Halbnahe Einstellung von drei Figuren in Champaign Ill.

oder die veränderte Beleuchtung erläutert, auch ist nicht klar, welche zeitliche Distanz zwischen den Einstellungen liegt. Schnell wird erkennbar, dass hier keine Form der Motivation für Einstellungswechsel vorliegt, wie sie in den vorhergehenden Beispielen geschildert wurde. Es besteht kein Anliegen, Erklärungen bezüglich des Raums und der Zeit abzugeben. Es ist nicht wichtig, wer die Frauen sind und woher sie kommen oder warum sich die Akteure in der Villa aufhalten. Es spielt ebenso keine Rolle, wer wen zur welcher Zeit anblickt und welche folgende Einstellung damit motiviert werden kann. Diese für die Gewährleistung von Kontinuität wichtigen Aspekte werden im Zusammenhang mit dem Musikvideo obsolet. Das in dieser Szene präsentierte Musikvideo ist lediglich darum bemüht, den hohen sozioökonomischen Status der Akteure visuell zu manifestieren: Durch Goldketten und Zigarren (Abbildung 74), einen lässigen Kleidungsstil (Abbildung 73) sowie das nach außen vorgegebene Bewohnen eines großen Hauses demonstrieren die Figuren ihren Reichtum. Durch die leicht bekleideten Frauen wird ein hoher sexueller Erfolg nahegelegt. Diese Demonstration des sozioökonomischen Status' erfolgt einerseits für einen imaginären Zuschauer innerhalb der Diegese (der das Video sehen könnte, sofern es fertiggestellt werden würde) und andererseits für uns respektive den realen Zuschauer, der ebenso erfahren soll, welchen hohen Stellenwert das Luxusleben für die drei Akteure einnimmt.

Die Hervorhebung des prätentiösen Verhaltens der Figuren und ihre Faszination für teure Artefakte ist wichtig, um den Fortgang der Serie und die sich für die Protagonisten Alf und Ronny ergebenden Probleme begreifen zu können. Dass diese Hervorhebung bewusst nicht im Sinne des Continuity Systems erfolgt, sondern durch die Inszenierung eines Musikvideos erzielt wird, das in sich schon unvollständig ist, ist hierbei von besonderer Bedeutung, da mit dem Ende des Videos (Lous Tod) auch das Ende des Luxuslebens der Figuren einhergeht, das wiederum durch Musik (daher auch der Fokus auf das *Musik*video als Darstellungsform) erst ermöglicht wurde. Unabhängig von dieser Interpretation zeigt sich anhand dieser Szene, dass das Befolgen der Kontinuitätsregeln nicht von Bedeutung für die Serie ist, wie es Shaviro für viele andere gegenwärtige Filme ebenfalls herausstellt: „[...] although these rules continue to function [...] they have lost their systematicity; and – even more – they have lost their centrality and importance."[95] CHAMPAIGN ILL weist an vielen Stellen klassische Kontinuitätsmuster auf, allerdings wird keine feste Bindung an das Continuity System erkennbar.

Das nächste Beispiel stammt aus der Serie ORIGIN. Ähnlich wie anhand von CHAMPAIGN ILL aufgezeigt wurde, gilt auch für ORIGIN, dass das Continuity System nicht abgelehnt wird, da die klassische Kontinuitätsmontage in weiten Teilen der Serie präsent ist. Allerdings offenbart sich schon mit Blick auf die erste Szene der Pilotfolge,[96] dass das Continuity System nicht wichtig ist.

Abbildung 75: Großaufnahme einer liegenden Figur in Origin.

95 Shaviro, Post-Continuity, S. 57.
96 S. S1E1: TC: 00:00:13.

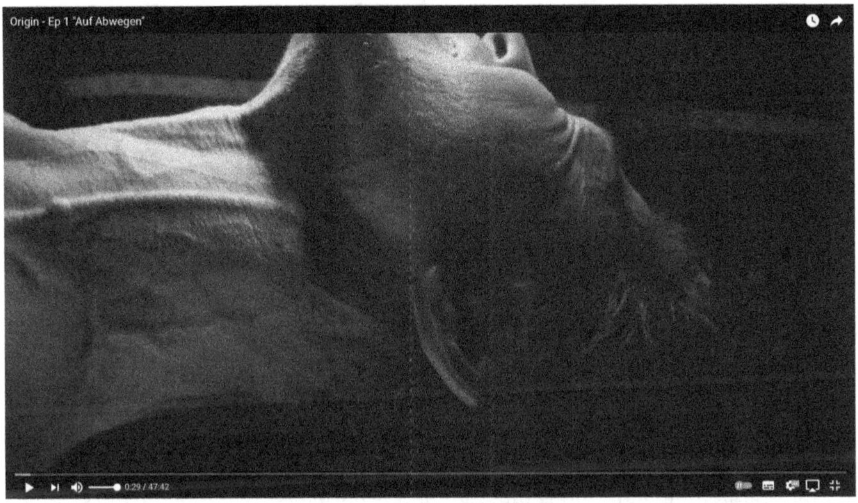

Abbildung 76: 2. Großaufnahme einer liegenden Figur in Origin.

Die Serie wird mit einer Reihe von Detail- und Nahaufnahmen eröffnet, die entweder Teile einer (geschlossenen) Umgebung (Abbildung 75) oder Körperteile der in der Szene auftretenden Figur zeigen (Abbildung 76). Aufgrund einer reduzierten Ausleuchtung ist es schwer zu erkennen, wo genau die Szene stattfindet. Man blickt auf einen leidenden Menschen, der in einem engen Tank oder einer Röhre gefangen zu sein scheint. Er ist darum bemüht, sich unter großer körperlicher Anstrengung zu befreien. Zahlreiche Adern am Hals dehnen sich sichtbar aus und es kommt zu Jump Cuts, die seine Befreiungsversuche von den mittlerweile sichtbar gewordenen Fesseln zeigen. Es liegt eine hohe Schnittfrequenz vor (14 Schnitte innerhalb einer Minute), wobei einige Einstellungen nur eine Sekunde lang sichtbar bleiben, bevor eine neue Nah- oder Detailaufnahme folgt. Der Tank wird mit einer Flüssigkeit geflutet, der Protagonist droht zu ertrinken und bei steigendem Wasserstand im Tank sowie aufkommendem Schaum sind die folgenden Einstellungen kaum noch in der Lage, neue Bildinhalte zu zeigen, da der Bildraum zunehmend von einströmender Flüssigkeit eingenommen wird.

Nach exakt einer Minute Erzählzeit (wie viel Zeit für die Figur vergangen ist, bleibt unklar, es kann jedoch von einer weitgehenden Zeitdeckung ausgegangen werden) endet die Tortur für den Protagonisten, den man später als Kenzaki kennenlernt. Eine halbtotale Einstellung beendet die Aneinanderreihung von Nah- und Detailaufnahmen: Der Protagonist wird aus dem Tank geschleudert, er fällt auf den Boden und die Flüssigkeit, die ihn beinahe getötet hätte, fließt ab. Er kann wieder atmen und auch bei Zuschauern – insbesondere denjenigen mit

Klaustrophobie – kann nach Beendigung der dargestellten Enge, die in Kombination mit Schreien und der Gefahr des Ertrinkens besonders verheerend wirkt, durch den Einstellungswechsel in die weite Halbtotale ein Gefühl der Erleichterung entstehen.

Diese Szene, die die Serie ORIGIN eröffnet, bricht mit mehreren Kontinuitätsprinzipien: Es besteht oftmals keine große perspektivische Differenz zwischen verschiedenen Einstellungen, daher kommt es zu Jump Cuts, die besonders auffällig in Erscheinung treten und keinen ‚unsichtbaren Stil' ermöglichen.[97] Darüber hinaus wird zunächst auf Establishing Shots verzichtet, die räumliche Orientierung ermöglichen würden. Der ausschließliche Einsatz von Detail- und Nahaufnahmen respektive von den kleinstmöglichen Einstellungsgrößen, die dem Zuschauer eine Minute lang präsentiert werden, trägt dazu bei, dass Unklarheiten bezüglich des Raums und der vergangenen Zeit[98] bis zum Wechsel in die Halbtotale bestehen bleiben. In gewisser Weise ist das Leiden Kenzakis ein Leiden, das er mit dem Zuschauer teilt, da die Darstellung der Unterbindung von körperlichen Grundbedürfnissen nach Sauerstoff auch den Zuschauer *in Atem hält*, der der Situtation wie Kenzaki ohne Privilegierung in Bezug auf die räumlichen und zeitlichen Rahmenbedingungen, die für die Beendigung der Luftnot ausschlaggebend sind, ausgesetzt ist. Establisher oder Master Shots würden dem Zuschauer dieses Privileg gewähren und ihn davon entbinden, Kenkazis Gefühl von Enge zu teilen. Die Kontinuitätsmontage wird in dieser Szene nicht aufgegeben, weil damit eine ‚filmstilistische Auflehnung' zum Ausdruck gebracht werden soll,[99] sondern weil Diskontinuität, Unklarheit und Beengtheit in dieser Szene wichtig für die Darstellung des körperlichen Befindens der Figur sind. In einer weiteren Szene der gleichen Episode wird die besondere Qualität des Digitalfilms im Hinblick auf Bildmanipulationen ersichtlich, durch die mechanisch unausführbare räumliche Durchdringungen ermöglicht werden. Im Hinblick auf ORIGIN sind die Möglichkeiten des Digitalfilms besonders aussagekräftig, da die Serie im Weltall spielt und es mitunter zu Reisen in ‚Überlichtgeschwindigkeit' kommt, wodurch die in Einsteins spezieller Relativitätstheorie beschriebenen Vorstellungen von Raum, Zeit und Dauer hinfällig werden.

---

97 Vgl. Elsaesser, Filmtheorie, S. 114.

98 Gerade durch Einstellungsfolgen, in denen der gleiche Bildinhalt mehrfach gezeigt wird, entstehen Fragen bezüglich zeitlicher Ellipsen.

99 Eine Auflehnung wäre es ohnehin nicht mehr, bedenkt man, dass in vielen Filme und Serien seit Jahrzehnten ähnliche Brüche vollzogen werden. Auf die Tatsache, dass die Loslösung von Kontinuitätsprinzipien eben keine Besonderheit in der gegenwärtigen Film- und Serienlandschaft darstellt, wird im Fazit dieses Kapitels erneut Bezug genommen.

Abbildung 77: Nahaufnahme einer Figur in Origin.

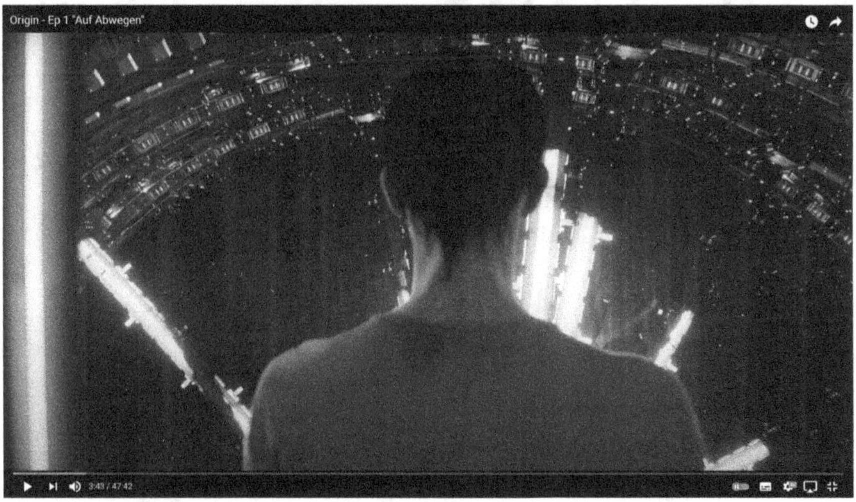

Abbildung 78: 2. Nahaufnahme einer Figur in Origin.

Abbildung 77 zeigt Kenzaki, der, nachdem er aus dem Tank geworfen wurde, nun das Raumschiff erkundet.[100] Er blickt auf etwas: dem Zuschauer ist jedoch nicht klar, worauf sein Blick fällt. Abbildung 77 gibt eine Einstellung wieder, auf

100 S. S1E1: TC: 00:03:37.

die im klassischen Hollywoodfilm oftmals eine POV-Aufnahme der blickenden Figur folgt. Eben diese klassische duale Struktur aus ‚Ansehen und Angesehenem' tritt hier nur in Ansätzen auf, da die nächste Einstellung (Abbildung 78) zwar teilweise preisgibt, worauf Kenzaki blickt, allerdings bleibt Kenzaki selbst im Bild, sodass es sich nicht um die von ihm eingenommene Perspektive handelt.

Da man es mit einer Nahaufnahme von Kenzakis Rücken zu tun hat, wird noch nicht klar, was er sieht. Bis zu diesem Zeitpunkt wird lediglich deutlich, dass sich große räderartige Maschinen im Weltraum drehen. Die Kamera fährt zurück und bevor man erkennen kann, inwiefern diese Räder mit dem Raumschiff in Verbindung stehen, endet die Einstellung. Auf sie folgt eine andere außerhalb des Raumschiffs. Der Zuschauer kann nun in das Raumschiff hineinsehen und Kenzaki hinter der Sicherheitsscheibe des Raumschiffs ausmachen (Abbildung 79).

Abbildung 79: Halbnahe Einstellung einer Figur in Origin.

Es wird ein Eindruck einer Kamerafahrt nach hinten erweckt,[101] wobei die immensen Ausmaße des Raumschiffs mit zunehmender Länge der Einstellung (sie ist insgesamt 20 Sekunden lang) betont werden. Schon nach wenigen Sekunden ist das Aussichtsfenster nur noch vage zu erkennen (Abbildung 80). Schließlich mündet die vorgetäuschte Kamerafahrt in einer supertotalen Einstellung, in der das gesamte Raumschiff zu sehen ist. In gewisser Hinsicht ist diese digitale Animation eine Technik, die dafür sorgt, dass dem Zuschauer eine Orientierungshilfe mit Blick auf den

101 De facto handelt es sich hierbei um computergenerierte Bilder.

Abbildung 80: Supertotale eines Raumschiffs in Origin.

Handlungsraum gewährt wird. Die spezielle Art und Weise mittels derer die Einstellung in einem ‚Quasi-Establishing Shot' endet, hebt sich von den herkömmlichen Filmtechniken des analogen Films ab und demonstriert die Qualitäten des Digitalfilms: Abbildung 78 zeigt, dass auf ein klassisches POV-Muster bewusst verzichtet wird und die Kamera keine Figurenperspektive einnimmt. In der folgenden Einstellung rast sie scheinbar rückwärts durch das Weltall, ohne dabei an physikalische Gesetze gebunden zu sein, da sowohl der Ort als auch die Geschwindigkeit der Bewegung als auch etwaige Kollisionen mit Raumschiffsteilen keine Rolle spielen. Es wird suggeriert, dass die von ihren mechanischen Grenzen entbundene Kamera in der Lage ist, sich über das filmische Raum-Zeit-Kontinuum hinwegzusetzen. Die Flüssigkeit, Bildschärfe und Geschlossenheit dieser digitalen Animation sind ausschlaggebend dafür, dass der Eindruck erweckt wird, eine tatsächliche Kamera könne diese Bilder präsentieren.

Wurde bislang vermehrt auf schnelle und auffällige Schnitte aufmerksam gemacht, zeigt sich anhand des letztgenannten Beispiels, dass durch die Möglichkeiten, die der Digitalfilm im Hinblick auf – in mechanischer Hinsicht – unmögliche Kamerafahrten besitzt, eine Filmästhetik möglich wird, die im analogen Filmzeitalter nicht realisierbar war. Nicht zuletzt aufgrund technischer Möglichkeiten wie der hier beschriebenen digitalen Animation wird das im analogen Film dominierende Paradigma der Kontinuitätsmontage obsolet, da die Notwendigkeit des klassischen Schnittes bei Computerbildern nicht mehr besteht und weil nicht länger verschiedene Einstellungen benötigt werden, um von einer halbnahen Einstellung (Abbildung 79) zu einer Supertotalen zu gelangen (Abbildung 80). Die speziellen Eigenschaften des Digitalfilms, die sich vor allem im Hinblick auf eine im Vergleich zum Analogfilm veränderte Filmästhetik und Filmerfahrung niederschlagen und die in Beiträgen zur Postkinematografie[102] ausführlich geschildert werden, zeigen sich mitunter auch in den Produktionen der YouTube Originals.[103]

7.4 Abschließende Bemerkungen zur Analyse der Montage

Anhand aller bislang angeführten Beispiele wird deutlich, dass die YouTube Originals als äußerst konventionell produzierte Filme und Serien auffallen, die sich in formaler Hinsicht nicht von der gegenwärtigen (westlichen) Streaming- und Kinolandschaft abgrenzen lassen. Die in der Formanalyse gewonnenen Erkenntnisse weisen nicht auf filmstilistische Besonderheiten hin. Im Gegenteil wird durch die Analyse von Elementen wie POVs, Establishing Shots oder dem Schuss-Gegenschuss -Verfahren ersichtlich, dass die besprochenen Filme und Serien viele klassische Kontinuitätsmuster aufgreifen. Gleichzeitig wird ebenfalls deutlich, dass das Continuity System für die filmische Realisation der YouTube Originals nicht entscheidend ist, und dass Abweichungen von dem System keine Besonderheit darstellen. Ebendiese Tendenzen werden auch mit Blick auf gegenwärtige Mainstream-Filme und -Serien ersichtlich, sodass sich in formaler Hinsicht nicht davon sprechen lässt, dass die YouTube Originals vom Distributionsort YouTube und formalästhetischen Besonderheiten der Amateurvideokultur geprägt werden. Anhand des Beispiels Cobra Kai wird zudem ersichtlich, dass die Serie – nachdem sie als YouTube Original startete – später auf Netflix fortgeführt wurde, was die Beliebigkeit oder die Austauschbarkeit des Distributionsorts verdeutlicht.

Richtet man den Blick jedoch nicht auf Produktionsfirmen von Spielfilmen und Serien, sondern lediglich auf YouTube, ist festzuhalten, dass sich die in diesem Kapitel beschriebene Art der Montage in hohem Maße von den meisten Montageparadigmen in YouTubes Fremdproduktionen unterscheidet. Es kommt nur äußerst vereinzelt zu wissenschaftlichen Beiträgen, die sich mit Fremdproduktionen auf der Plattform beschäftigen, um in diesem Zusammenhang auf Einflüsse des Continuity Systems hinzuweisen. Wie schon oben erwähnt wurde, verwundert es kaum, dass derartige Untersuchungen beinahe überhaupt nicht zustande kommen, da die meisten Fremdproduktionen auf YouTube nicht fiktional sind und es

102 Vgl. Shaviro, Post-Cinematic Affect. Vgl. auch Morsch, Postkinematografie. Vgl. auch Seeßlen, Postkinematografie.

103 An dieser Stelle muss man jedoch betonen, dass nur vereinzelt Produktionen durch CGI-Bilder wie die hier analysierten auffallen.

besteht auch für die audiovisuelle Umsetzung von Trendthemen auf YouTube (Gaming, Kosmetik, Reaction etc.) keine Priorisierung dahingehend, dass man etwa das eigene Haus in einem Establishing Shot ankündigt, bevor man sich daraufhin darin schminkt oder ein Computerspiel spielt. Ähnliches gilt für Bildsprünge: Während Jump Cuts in Originals-Produktionen eher selten auftreten, fallen sie im Bereich von YouTubes Fremdproduktionen als dominantes Stilmittel auf, das seit YouTubes Frühphase Bestand hat. Hillrichs hebt in seiner Untersuchung zu YouTubes früher Videokultur (2005–2007) Jump Cuts als zentrales Montageparadigma hervor.[104] Auch im Hinblick auf aktuelle Videos auf YouTube wird der Jump Cut als wichtiges Stilmittel verstanden, was beispielsweise in der jüngst von Richter vorgelegten Studie zu YouTube erkennbar wird: „Gerade in Video-Blogs hat sich mit der exzessiven Nutzung von Jump Cuts geradezu ein eigenes ästhetisches Stilmittel herausgebildet, welches fest mit dem Angebot verbunden wird. Es ist ein Montageverfahren, das Anschlussfehler absichtlich erzeugt und Zeitsprünge explizit ausstellt."[105] An dieser Stelle zeigt sich eine große Differenz zwischen YouTubes Fremd- und Eigenproduktionen, da in letzteren – auch wenn sie sich dem Continuity System nicht gänzlich verschreiben und durchaus von ihm abweichen – meist auf Bildsprünge verzichtet wird und Motivationen für Schnitte bewusst erzeugt werden. YouTubes audiovisuelle Kultur der späten 2010er und frühen 2020er Jahre wird durch die Originals sichtbar diversifiziert. Wenn man auch betonen muss, dass YouTubes Expansion im Bereich der Entfaltung fiktiver Inhalte im Jahr 2020 vorerst gestoppt wurde, stellen die vier Jahre, in denen fiktionale Eigenproduktionen gedreht wurden, einen wichtigen Abschnitt in YouTubes noch junger Geschichte dar, durch den das Spektrum des audiovisuellen Angebots der Plattform nachhaltig erweitert wurde.

7.5 Analyse der Mise en Scène in den YouTube Originals

Nach der Analyse der Montage folgt nun eine Analyse der Mise en Scène. Aspekte wie Lichtsetzung, Kostüm- und Bühnenbild sowie Requisiten in den YouTube Originals rücken in den Fokus der Untersuchung. In diesem Zusammenhang wird es einerseits wichtig sein herauszustellen, wie auch außerhalb der Montage räumliche und zeitliche Kontinuität in YouTubes Eigenproduktionen erzeugt wird. Andererseits soll die Analyse der Mise en Scène auf den allgemeinen Arbeitsaufwand sowie auf den Aspekt der Arbeitsteilung aufmerksam machen. Der zuletzt genannte Punkt

104 Vgl. Hillrichs, Early YouTube, S. 237 ff.

105 Richter: Fernsehen – Netflix – YouTube, S. 243.

ist vor allem wichtig, um die Differenz zwischen YouTubes Fremd- und Eigenproduktionen zu verstehen, wobei sich diese Differenz diesmal nicht im Bereich der Postproduktion (Montage, digitale Bildnachbearbeitung), sondern bereits während des Drehprozesses oder als Planung vor dem Drehprozess zeigt.

7.5.1 Lichtsetzung in den YouTube Originals

Die Lichtsetzung ist ein fundamentaler Teilbereich der Mise en Scène sowie Licht an sich eine der entscheidenden Grundbedingungen dafür ist, dass Film existieren kann. Verschiedene Ausleuchtungstechniken oder aber der bewusste Verzicht auf künstliche Beleuchtung werden in der Filmwissenschaft seit Jahrzehnten beschrieben und mit Blick auf verschiedene Wirkungen untersucht.[106]

Eine große Differenz gegenüber dem Amateurfilm zeigt sich im Bereich der Lichtsetzung bei professionellen Filmen und Serien oftmals bei Nachtaufnahmen, bei denen man nicht auf natürliches Licht zurückgreifen kann. Um ein Bildrauschen zu vermeiden, gilt es gerade bei dunklen Szenen dafür zu sorgen, Licht- und Kamerawerte korrekt einzustellen und Lichtquellen exakt zu setzen, um ein gut sichtbares Bild zu erzeugen. Gleichzeitig sollen im klassischen Kino diese Lichtquellen nicht hinterfragt werden und sich dem Zuschauer nicht aufdrängen. Ebendieser Aspekt der Lichtsetzung, mit *unnatürlichen* Mitteln ein *natürlich wirkendes* Bild zu kreieren, erfordert Fachwissen, Planung und Arbeitsteilung und ist daher im Bereich von YouTubes Amateurvideokultur nur selten zu beobachten. Anhand zweier Originals-Produktionen soll nun auf diese komplexen gestalterischen Prozesse aufmerksam gemacht werden. Die erste analysierte Szene eröffnet die Pilotfolge der französischen Serie LES EMMERDEURS, die zur Zeit der nationalsozialistischen Besatzung in Frankreich spielt.[107] Es ist Nacht, auf einer beinahe leeren Straße sieht man zwei deutsche Soldaten patrouillieren. Die Kamera filmt sie aus erhöhter Position durch das Fenster eines Wohnhauses. Die zwei Soldaten marschieren von rechts nach links und ihre Bewegungsrichtung motiviert einen Kameraschwenk nach links. Die geringen Ausmaße des Fensters, durch das man sie sehen kann, sorgen dafür, dass die Soldaten binnen kurzem nicht mehr im Bild erkennbar sind. Der Schwenk wird dennoch fortgeführt und fokussiert sich nun auf den Innenraum. Die gesamte Szene wird scheinbar nur

---

106 Besonders prominent werden mögliche Wirkungen in Standardwerken von Bordwell et al. oder in Monacos *Film Verstehen* erläutert. Vgl. Bordwell, Film Art. Vgl. auch Bordwell, Classical Hollywood. Vgl. auch Monaco, Film Verstehen.

107 S. S1E1: TC: 00:00:31.

durch eine einzige Lichtquelle – namentlich eine Straßenlaterne (Abbildung 81) – beleuchtet.

Abbildung 81: Halbtotale einer Straße mit Gebäuden in Les Emmerdeurs.

Die charakteristische Farbtemperatur der Straßenlaterne findet sich beim Schwenk in den Innenraum auf einer Wand wieder, sodass über die Farbtemperatur räumliche Verbindungen zwischen dem Innen- und Außenraum erzeugt werden. Manche Objekte an der Wand bleiben aufgrund der Schatten, die durch den Fensterrahmen geworfen werden, unbeleuchtet und sind nur vage erkennbar (Abbildung 82).

Exakt zwischen zwei Schatten wird ein Holzkreuz mit einer Plastik oder Skulptur des gekreuzigten Jesus Christus sichtbar (Abbildung 82). Dass dieses Kreuz genau zwischen zwei Schatten angeordnet ist, ist hier kein Zufall, sondern bedarf einer genauen Berechnung und Planung der Schattenwürfe. Die Sichtbarkeit des Kreuzes ist für die Handlung wichtig, da durch sie ein erster Hinweis auf die Eigenschaften der Figur erfolgt, die im Folgenden eingeführt wird (in diesem Fall der christliche Glaube eines Geistlichen). Noch bevor der Protagonist Pierrot durch ein Kostüm oder Dialoge näher beschrieben werden kann, wird bereits durch die spezielle Lichtsetzung sein christlicher Glaube hervorgehoben.[108]

108 Das Kreuz nimmt in der ersten Szene zudem eine wichtige Funktion im Hinblick auf eine komische Pointe ein, da Pierrot später das Kreuz verhüllt, um ‚ungestört' masturbieren zu können, ohne dass dies ‚vor den Augen' des gekreuzigten Jesus erfolgt.

Abbildung 82: Nahaufnahme eines Kreuzes und Bildes in Les Emmerdeurs.

Der Schwenk wird fortgesetzt und trifft auf eine im Dunkeln liegende Wand. Schließlich fällt erneut Licht in das Kameraobjektiv. Mehrere Holzbögen in der Wohnung werden erkennbar und avancieren zu inneren Kadrierungen, durch die eine Staffelung verschiedener Raumabschnitte sichtbar wird. Aus der Tiefe des Raumes erscheint Pierrot (Abbildung 83).

Abbildung 83: Halbtotale einer Figur in Les Emmerdeurs.

Er hält eine Kerze und bewegt sich mit ihr auf die Kamera zu. Die Kerze in seiner Hand erhellt den vorderen Raumteil, während der Hintergrund lediglich durch eine nicht näher erkennbare Lichtquelle aus einem anderen Raum aufgehellt wird. Er stellt die Kerze ab und holt eine Kiste hervor, aus der er eine Bibel entnimmt, in der er wiederum ein erotisches Bild einer Frau versteckt hält. Er beginnt zu masturbieren und wird einige Minuten später durch eine sich parallel zutragende Handlung unterbrochen, bei der ein weiterer Protagonist angeschossen wird. Die Lichtverhältnisse ändern sich, als Pierrot mit der Kerze den Handlungsraum betritt. Die Kerze, die er auf einem Tisch abstellt, bildet fortan das Hauptlicht, das von links auf sein Gesicht trifft (Abbildung 84).

Abbildung 84: Nahaufnahme einer Figur in Les Emmerdeurs.

Die andere Hälfte seines Gesichts erscheint wesentlich dunkler und wird von Zeit zu Zeit durch die Reflexion des Kerzenflackerns aufgehellt, die von einer Wand ausgeht. Als Hintergrundlicht tritt abermals das an eine Wand geworfene Licht der Straßenlaterne auf, das teilweise durch die Fensterrahmen gebrochen wird. Abbildung 84 zeigt eine klassische Ausleuchtungssituation, so wie sie beispielsweise von Bordwell und Thompson in *Film Art* ausführlich beschrieben wird.[109] Die sog. Dreipunktausleuchtung, die sich durch das ‚key light' (hier die Kerze, linke Gesichtshälfte), das ‚fill light' (Kerzenflackern, rechte Gesichtshälfte) und das ‚back light' (Straßenlaterne,

109 Vgl. Bordwell, Film Art (2020), 126 ff.

Wand) konstituiert, zählt zu den Standard-Ausleuchtungsverfahren im klassischen Spielfilm, wobei bei diesem Beispiel eine Besonderheit vorliegt:

In dieser Szene hat man es mit pseudodiegetischen Lichtquellen zu tun. Es wird der Eindruck erzeugt, als wären die in der Diegese auftretenden Lichtquellen, die dem Zuschauer beide (sowohl die Laterne als auch die Kerze) gezeigt werden, die einzigen Lichtquellen, die für die in der Szene sichtbare Lichtstimmung ausschlaggebend sind. Bordwell et al. halten für den fiktionalen (Hollywood-)Film fest: „Most fictional films [...] use extra light sources to obtain greater control of the image's look. Typically the table lamps and streetlights you see in a set aren't strong or varied enough to create a powerful image. Still, the filmmaker will usually create a lighting design that seems consistent with the sources in the setting."[110]

Auch in Les Emmerdeurs ist es äußerst unwahrscheinlich, dass für den Dreh nur die Laterne und die Kerze für eine wie aus dem Lehrbuch konstruierte Ausleuchtungssituation verantwortlich sind. Die Hintergrundbeleuchtung sorgt in diesem Fall für einen Eindruck der Raumtiefe, der als Element zur Bewahrung der Orientierung über den Handlungsort fungiert. Neben der von der Straßenlaterne angestrahlten Wand bleibt auch das durch einen Türspalt dringende Licht des Raumes, aus dem Pierrot mit der Kerze kommt, auf Höhe seines Halses erkennbar (Abbildung 84), sodass auch bei engen Einstellungsgrößen der räumliche Überblick über die Wohnung gewahrt bleibt. Der Schatten, der auf Pierrots Gesicht entsteht, hüllt eine Gesichtshälfte in Dunkelheit (Abbildung 84) und repräsentiert auf visueller Ebene zwei Seiten der Figur, die einerseits zur Enthaltsamkeit und Keuschheit verpflichtet ist, aber andererseits erotische Bilder in der Bibel versteckt. Das Flackern der Kerze erfolgt wiederkehrend und beinahe rhythmisch, was dazu beiträgt, dass sich die Lichtstimmung und die bei der Masturbation entstehenden repetitiven Bewegungen gewissermaßen ‚synchronisieren'.

Insbesondere im Zusammenhang mit unzuverlässigen Lichtquellen wie Kerzen, bei denen man sich nicht darauf verlassen kann, dass es zu jedem gewünschten Zeitpunkt zu einem Flackern kommt, besteht die Notwendigkeit, Formen der Beleuchtung zu wählen, die die diegetische Lichtquelle im Hinblick auf ihre speziellen Eigenschaften zwar nachahmen, die de facto aber anders funktionieren, damit eine größtmögliche Planungssicherheit am Set gewährleistet wird.[111] Die hier als Beispiel gewählte Szene setzt auf extradiegetische Beleuchtung, die wie intradiegetisches Licht wirken soll. Besonders hervorzuheben ist der Aspekt der Arbeitsteilung, der –

110 Bordwell, Film Art (2020), S. 127.

111 Im Fall des Kerzenflackern lässt sich an eine Leuchte denken, die in regelmäßigen Abständen mit Folien zugedeckt wird oder an eine Lichtquelle, bei der ein Flackereffekt elektrisch erzeugt wird.

wie anhand dieser Szene sichtbar wird – für YouTubes Eigenproduktionen von zentraler Bedeutung ist. Die Koordinierung von unterschiedlichen Arbeitsbereichen wie dem Bühnenbild, der Positionierung des Schauspielers sowie dem Maskenbild mit der Lichtsetzung ist wichtig, um das gewünschte Bild kreieren zu können. In diesem Fall sollen die tatsächlichen Lichtquellen nicht hinterfragt werden und natürlich wirken, was jedoch nur dann gelingen kann, wenn in unterschiedlichen Arbeitsbereichen am Set die jeweils notwendigen Vorkehrungen getroffen und aufeinander abgestimmt werden.

Der Aspekt der Koordinierung von verschiedenen Teilbereichen der Mise en Scène zur Kreierung einer speziellen Lichtstimmung lässt sich auch anhand einer Szene aus The Thinning verdeutlichen. In einem dystopischen Zukunftsszenario müssen Schüler in den USA jedes Jahr eine Prüfung ablegen, bei der die schlechtesten des Jahrgangs scheinbar exekutiert werden.[112] In der nun besprochenen Szene[113] befinden sich Schüler in einem Klassenzimmer, in dem die Prüfung abgelegt werden soll. Die Schüler werden instruiert und müssen ein Tablet aktivieren, auf dem sie die Prüfung absolvieren. Mit dem Beginn der Prüfung ändert sich die Lichtstimmung abrupt: Das vormals weiße Deckenlicht, das für die Innenbeleuchtung von Highschools nicht unüblich ist (Abbildung 85), wird ausgeschaltet und der gesamte Raum erstrahlt in einem kalten Blauton (Abbildung 86), durch den die bedrückende Grundstimmung, die im Klassenraum vorherrscht, intensiviert wird.

Grünliche und weiße Lichtakzente entstehen aufgrund der Aktivierung der Tablets, die als diegetische Lichtquellen die Gesichter der Figuren aufhellen. Auffällig ist die Abstufung verschiedener Blautöne, aufgrund derer die Raumtiefe betont wird: Während im Bildvordergrund von Abbildung 85 ein dunkler Blauton die ersten Sitzreihen dominiert, erstrahlt die den Raum abschließende Wand in einem Türkiston. Durch die Differenz der Farbgebung im Bildvorder- und Bildhintergrund wird ein Verständnis für das Ausmaß des Raumes erleichtert, da die Begrenzung des Raumes leicht zu erkennen ist. Interessant ist ferner die Doppelfunktion der Tablets: Einerseits sind sie wichtig für den Fortlauf der Handlung, da durch sie die angesprochene Prüfung abgelegt wird und andererseits dienen sie als Ausleuchtungsgegenstand, der diesmal – anders als im vorherigen Beispiel – tatsächlich diegetisch ist. Alle von den Tablets angestrahlten Figuren sind zwischen dem im Vordergrund dominierenden Dunkelblau und der türkisen Wand im Hintergrund positioniert. Aufgrund der Sitzreihenstaffelung, bei der

112 Tatsächlich werden sie in unterirdische Arbeitslager deportiert, um dort elektronische Geräte zu bauen.
113 S. TC: 00:13:20.

Abbildung 85: Halbtotale von Figuren in The Thinning.

Abbildung 86: 2. Halbtotale von Figuren in The Thinning.

jede Sitzreihe höher liegt als die jeweils vor ihr befindliche Reihe, wird die Anzahl der im Raum befindlichen Schüler erkennbar.

Anhand dieses Beispiels lässt sich von einer komplexen Lichtchoreografie sprechen, die mit der intradiegetischen Aufforderung, die Prüfung zu beginnen, einsetzt. Hinzuweisen ist hierbei vor allem auf den Abstand zwischen Tablet und

Gesicht, der nicht zu groß sein darf, damit das Gesicht der jeweiligen Figur noch innerhalb des weitgehend dunklen Raums erkennbar ist. Die präzise getimten Aktionen der Schauspieler und die exakt einzuhaltenden Abstände zwischen Requisiten (Tablets) und den Gesichtern tragen in dieser Szene maßgeblich zur Lichtstimmung bei. Neben der ohnehin recht aufwändigen und ungewöhnlichen Ausleuchtung, die wohl dem dystopischen Ausgangsszenario geschuldet ist, zeigt sich erneut, wie sehr die Lichtsetzung von dem Prinzip der Arbeitsteilung – sowohl vor als auch hinter der Kamera – abhängt. Hier fallen unter anderem Arbeitsprozesse von Requisiteuren (Präparierung der Tablets), dutzenden Schauspielern (Aktivierung der Tablets im richtigen Moment) Instruktionen gebenden Regieassistenten (Probe, Koordination von Schauspielern), Lichtgestaltern (Lichtsetzung im Hintergrund und Vordergrund), dem lichtsetzenden Kameramann sowie dem Regisseur (Abnahme des Bildes) zusammen, damit die in Abbildung 85 festgehaltene Lichtstimmung entstehen kann.

Wie schon bei der Montageanalyse festgehalten wurde, stellen diese Analyseergebnisse keine Besonderheit im Zusammenhang mit dem klassischen Spielfilm dar. Für gegenwärtige Kino- oder Streamingfilme wäre vielmehr eine ‚One-Man-Produktion' ohne Arbeitsteilung kaum denkbar. Eine Besonderheit wird daher nur mit Blick auf das audiovisuelle Angebot der Plattform YouTube ersichtlich, da die hier beschriebenen komplexen Lichtsetzungsverfahren in YouTubes Fremdproduktionen nur in Ausnahmefällen begegnen, während sie für YouTubes Eigenproduktionen überaus gängig sind.

7.5.2 Kostüme und Requisiten in den YouTube Originals

Wenngleich der Begriff ‚Qualität' im Bereich der wissenschaftlichen Auseinandersetzung mit Filmen und Serien problematisch ist,[114] sind Distinktionen zwischen verschiedenen Produktionsverhältnissen von Inhalten auf YouTube unerlässlich, um die Diversität von YouTubes audiovisueller Kultur überhaupt erfassen zu können. Mit Blick auf Kostüme und Requisiten in den YouTube Originals fällt allgemeinhin auf, dass in beinahe allen Produktionen ein Anspruch besteht, naturalistische Kostüme und Requisiten zu verwenden. Daraus lässt sich einerseits ableiten, dass für die meisten Produktionen hohe Budgets freigegeben werden müssen, zumal – je

---

114 Zum ‚Qualitätsdiskurs' und zur Kritik bezüglich des Begriffs in der Medienwissenschaft im Allgemeinen und in der Fernsehwissenschaft im Speziellen, vgl. Logan, Elliott: ‚Quality Television' as a Critical Obstacle: Explanation and Aesthetics in Television Studies, in: Screen, 57/2 (2016), S. 144–162. Vgl. auch Borsos, Stefan: Nach dem ‚Quality TV': Anatomie und Kritik eines Diskurses, in: MEDIENwissenschaft. Rezensionen. Reviews, 1 (2017), S. 8–25.

nach Filmthema – realitätsnahe Kostümierungen oder originalgetreue Nachbildungen von Gegenständen erst angefertigt werden oder (teils in großer Stückzahl) angefragt und ausgeliehen werden müssen. Andererseits offenbart der Anspruch naturalistischer Darstellungen auch, dass Kostüme und Requisiten meist nicht als solche exponiert werden, sondern als unauffälliger Beitrag zur Kreierung einer möglichst perfekten filmischen Illusion gelten sollen. An dieser Stelle lässt sich erneut eine Verbindung zur Doktrin des klassischen Hollywoodkinos herstellen, bei der zeittypische Kostüme und Requisiten die Abgeschlossenheit der Handlung oftmals unterstreichen und unauffällig zur Entfaltung und zum Fortgang der Geschichte beitragen.[115]

In der Pilotfolge von LES EMMERDEURS werden Pierrot und Lorraine (eine weitere Protagonistin) von deutschen Wehrmachtssoldaten umstellt (Abbildung 87).[116]

Abbildung 87: Halbtotale von Figuren in Les Emmerdeurs.

Während die Kleidung von Pierrot und Lorraine keinen eindeutigen Hinweis auf die 1940er Jahre gibt, wird durch die Wehrmachtskostüme der historische Kontext unmittelbar erkennbar. Die Kostüme der drei in Abbildung 87 erkennbaren Soldaten bestehen aus schwarzen Stiefeln, der charakteristischen grün-grauen Uniform, bei der die Feldbluse eng durch einen Gürtel zusammengezogen wird sowie einem Stahlhelm. Beim Helm ist interessant, dass es sich um einen M42 Stahlhelm zu han-

115 Vgl. Bordwell, Film Art (2020), S. 121.
116 S. S1E1: TC: 00:06:14.

deln scheint,[117] der ab dem Jahr 1942 eingesetzt wurde,[118] während in den Jahren zuvor andere Modelle verwendet wurden.

Die Serie spielt im Jahr 1942, sodass man hier einen Blick für Details und Realitätstreue erkennen kann, was auch an den Gewehren erkennbar ist. Die in Abbildung 87 sichtbaren Gewehre, die aller Wahrscheinlichkeit nach dem Modell ‚Karabiner 98k' nachempfunden sind, und auch alle anderen in der Serie vorkommenden Gewehre und Maschinenpistolen wie die ‚MP 40'[119] treten als realitätsnahe Requisiten in Erscheinung. Anhand von Serienbeispielen wie LES EMMERDEURS werden sowohl Fachwissen im Hinblick auf die korrekte historische Darstellung von Kleidung und Gegenständen als auch die monetären Mittel zur Realisierung dieser Darstellung deutlich.

Für Serien, die zu einer bestimmten Zeit in der Vergangenheit spielen, lässt sich historische Korrektheit, auf Basis derer man eine gewissenhafte Arbeit oder eine hohe Produktionsqualität ableiten kann, leicht ermitteln. Eine gänzlich andere Ausgangssituation liegt vor, wenn man es mit Science Fiction-Erzählungen zu tun hat, bei denen Kleidung und Gegenstände präsentiert werden, die in der realen Welt (noch) nicht existieren. In der Originals-Serie WEIRD CITY wird eine Zwei-Klassen-Gesellschaft dargestellt: ‚Above the line' und ‚below the line'. Alle Bürger ‚über der Linie' gelten als bessergestellt und zukunftsorientiert, während die Menschen ‚unterhalb der Linie'[120] als minderwertig und rückständig angesehen werden. Tatsächlich entspricht der Lebensstandard unterhalb der Linie in etwa dem eines US-amerikanischen Haushalts der Mittelschicht. Menschen unterhalb der Linie leben weitgehend mit der gleichen Technologie wie sie derzeit in der realen (westlichen) Welt vorhanden ist, während sich die Gesellschaft oberhalb der Linie als Science Fiction-Dystopie beschreiben lässt, in der die Menschen zwar alle sehr vermögend sind, gleichsam aber kaum noch eigenständig respektive ohne digitale Körperextensionen und neuronale Verknüpfungen mit Computern existieren. Um die Werte und die Technologie der Gesellschaft oberhalb der Grenze bestmöglich verdeutlichen zu können, kommen besondere Requisiten zum Einsatz, die sowohl eine Zukunftsvision von Technologie andeuten als auch die Differenz zwischen dieser Technologie und der uns heute zugänglichen Technologie unterstreichen sollen.

Abbildung 88[121] zeigt eine in der Serie häufig vorkommende Requisite. Dabei handelt es sich um eine Art semitransparentes Monokel, das viele Funktionen des

---

117 Eine von mir durchgeführte Gegenüberstellung von historischen Bildern des M42-Stahlhelms und dem in der Serie vorkommenden Modell ergab eine große Übereinstimmung.

118 Vgl. Tubbs, Floyd/Clawson, Robert: Stahlhelm. Evolution of the German Steel Helmet, Kent 2000.

119 S. S1E1: TC: 00:07:31.

120 Die Stadt, in der sich die Handlung zuträgt, wird durch eine Grenze zweigeteilt.

121 Aus der Episode *Der (die) Richtige).*

Abbildung 88: Nahaufnahme einer Figur in Weird City.

heutigen Smartphones ersetzt. Man setzt es auf, um bestimmte Informationen über seine Umwelt zu erhalten und kann es – ähnlich wie *Siri* oder *Alexa* – befragen, etwa um eine Wegweisung zu erhalten. Die Benutzeroberfläche des Geräts, das einem in zahlreichen POV-Aufnahmen präsentiert wird,[122] ist nicht länger wie ein Touchscreen bedienbar. Sie rückt so nah an das menschliche Auge, dass man sie als Teil der sichtbaren Welt wahrnimmt, womit technikphilosophische Überlegungen bezüglich technologiebasierter Körperextension, Organprojektionen sowie Konvergenzen zwischen Mensch und Maschine auf den Plan treten.[123] Die Requisite ist selbstverständlich nicht in der geschilderten Weise funktionsfähig, gleichwohl hat man es hierbei aber nicht nur mit einem Stück weißem Plastik zu tun, das man sich vor das Auge schnallt. Wie in Abbildung 88 erkennbar wird, erstrahlt eine semitransparente, rechteckige Fläche vor dem Auge des Protagonisten Stu in einem hellen Blauton, der sein Gesicht in der nächtlichen Umgebung hervorhebt. Es ist davon auszugehen, dass dieser Halbbrille ein LED-Licht implementiert wurde, das den Eindruck erzeugt, es mit einem Mini-Computer zu tun zu haben.

---

122 S. S1E1: TC: 00:01:30.

123 Hierbei kann man etwa an die Technikphilosophie Ernst Kapps denken. Vgl. Kapp, Ernst: Grundlinien einer Philosophie der Technik. Zur Entstehungsgeschichte der Cultur aus neuen Gesichtspunkten, Braunschweig 1877. Vgl. auch Cassirer, Ernst: Form und Technik, in: Orth, Ernst Wolfgang et al. (Hg.): Symbol, Technik, Sprache. Aufsätze aus den Jahren 1927–1933, Hamburg 1985, S. 39–89.

Wenngleich es sich hierbei nur um ein kleines Detail handelt, das auf die Technologiefixierung und die technokratische Einstellung der Bewohner oberhalb der Linie hinweist, wird anhand von Beispielen wie diesem ersichtlich, dass Requisiten in besonderer Weise präpariert werden, um die diegetische Welt präzise zu definieren. Für diese Präparierung werden wiederum die Aspekte des Planungsaufwands und der Arbeitsteilung ersichtlich. Ferner erfordern gerade ungewöhnliche Requisiten für eine detailreiche Ausstattung ein hohes Produktionsbudget.

Auch in THE THINNING zeigt sich, dass Kostümbildner und Requisiteure in hohem Maße dafür verantwortlich sind, dass das dystopische Überwachungsstaatsszenario glaubhaft vermittelt werden kann. In diesem Zusammenhang ist vor allem auf die zahlreichen schwarzen Kostüme des ‚Schul-Sicherheitsdienstes' hinzuweisen (Abbildung 89), die durch Körperpanzerungen und Masken sowie elektrische Schlagstöcke auffallen und so die Exekutive eines autoritären Regimes visualisieren. Die insbesondere im gegenwärtigen Kino frequentierten ‚Bilder der Überwachung',[124] bei denen zum Beispiel Einstellungen, die – wie dem Zuschauer glaubhaft vermittelt wird – von Überwachungskameras oder Handyvideos stammen, einen wichtigen Bestandteil des Films bilden, oder Einstellungen, bei denen ein diegetischer Überwachungsapparat geschildert wird, sind für die Handlung von THE THINNING von zentraler Bedeutung. Nicht selten erscheint der anonyme Sicherheitsdienst mit Geräten zur Überwachung in derselben Einstellung (Abbildung 89, s. Kameras im Hintergrund) und auch der Chef des Sicherheitsdienstes tritt oftmals als Bildschirmkontrolleur und Aufseher aller Ereignisse in Erscheinung.[125]

Die Kostümierung respektive die schwarze Kleidung, die Kampfpolsterungen und die Masken, durch die ihre Träger zur entindividualisierten Exekutivkraft werden, tragen maßgeblich dazu bei, dass der Eindruck des alptraumhaften ‚Überwachungsmikrokosmos Highschool' entstehen kann.

Wie schon in WEIRD CITY fällt auch in THE THINNING die Benutzung ungewöhnlicher Gegenstände auf, anhand derer spezielle Situationen oder Lebensumstände in der diegetischen Welt verdeutlicht werden.

Abbildung 90 zeigt, wie eine Schülerin, die die Prüfung nicht bestanden hat, mit einer Giftspritzenvorrichtung (scheinbar) getötet wird. Diese Szene, die nicht nur für Menschen mit Trypanophobie schwer anzusehen ist, wirkt nicht zuletzt aufgrund der ungewöhnlichen Größe und dem Aufbau der Spritzvorrichtung besonders verstörend. Bemerkenswert am Aufbau dieser Spritze ist – neben der ca. 15 Zentimeter langen Einstechnadel – die sichtbare toxische Injektionsflüssig-

124 Vgl. Shaviro, Post-Cinematic Affect. Vgl. auch Morsch, Postkinematografie.
125 S. TC: 00:40:26.

Abbildung 89: Halbnahe Einstellung von Figuren in The Thinning.

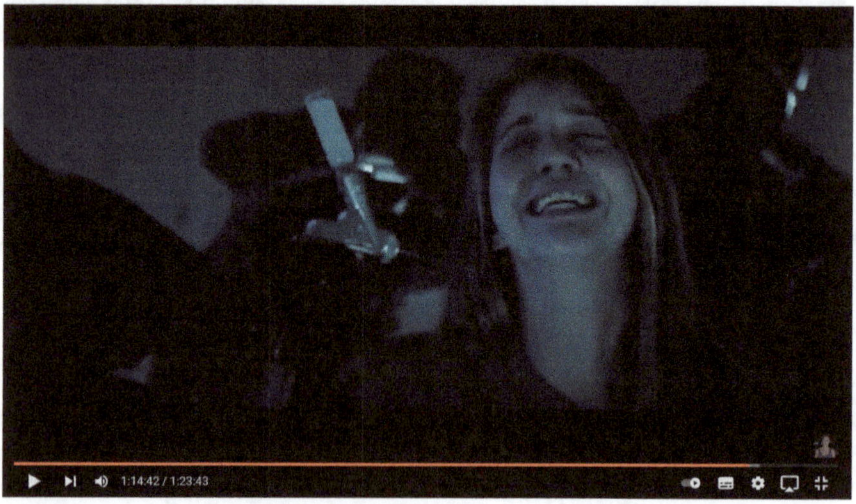

Abbildung 90: Nahaufnahme einer Figur in The Thinning.

keit, die in einem wohl anschraubbaren und transparenten Behältnis an der Metallvorrichtung der Spritze befestigt ist und weiß-bläulich schimmert (Abbildung 90). Zwar ist nicht auszuschließen, dass solche Spritzen tatsächlich existieren und benutzt werden, um Großwild oder Ähnliches zu betäuben. Unabhängig davon, ob sie existieren oder nicht, bedeutet der Einsatz dieser Requisite im Hinblick auf den Produktionsaufwand, dass sie entweder in hoher Stückzahl bestellt[126] oder extra gebaut werden mussten, um daraufhin in Abstimmung mit anderen Bereichen der Mise en Scène[127] wirkungsvoll eingesetzt zu werden. Natürlich ist es höchst unwahrscheinlich, dass das Requisit tatsächlich funktionsfähig ist. Der Aufbau und die ‚Benutzung' der Requisite werden jedoch glaubhaft umgesetzt, da die Flüssigkeit beim vermeintlichen Einstich aus dem Behältnis sichtbar abfließt, was mit einem Soundeffekt eines betätigten Knopfes unterlegt wird.[128]

Um dieser Szene und der detailreich gestalteten Spritze ein Beispiel aus einer Fremdproduktion auf YouTube gegenüberzustellen, möchte ich auf eine Szene einer fiktionalen vierteiligen Videoreihe des Deutschrappers Kollegah aufmerksam machen. In einer Szene der zweiten Episode[129] soll einem Soldaten eine Spritze verabreicht werden, wobei die Spritze – ähnlich wie in THE THINNING – eine enorme Größe aufweist und für Menschen gänzlich ungeeignet zu sein scheint.[130] Vergleicht man die beiden Spritzen, die jeweils aufgrund ihrer Größe beängstigend wirken sollen, offenbart sich eine Differenz im Hinblick auf die Glaubhaftigkeit der Funktionalität der Requisiten, die sich primär durch die Materialbeschaffenheit ausdrückt. Während in Kollegahs Video eine Plastikspritze verwendet wird, auf der Zentiliter-Markierungsstände wie auf einem Messbecher aufgedruckt sind, rufen in THE THINNING die sich farblich von der Umgebung abgrenzende toxische Flüssigkeit und das kalt anmutende Metall der Einstechnadel, das vom Licht getroffen wird, ein wesentlich intensiveres körperliches Unwohlsein hervor, was zweifellos mit der hohen Qualität der Requisite zu tun hat. Freilich kann ein einzelnes Beispiel einer Fremdproduktion auf YouTube nicht repräsentativ für die Gesamtheit aller Fremdproduktionen sein. Das Beispiel der Videoreihe von Kollegah soll lediglich verdeutlichen, dass selbst Fremdproduktionen, für die hohe Budgets vorhanden sein müssen (seine Videoreihe ist wesentlich aufwändiger produziert als die meisten YouTube-Videos), im Hinblick auf Requisiten in der Regel nicht in der Lage sind, sich den Qualitätsstandards der YouTube Originals anzunähern.

Man kann festhalten, dass für YouTubes Eigenproduktionen keine finanzielle Knappheit besteht. *Knappheit* ist im Zusammenhang mit YouTubes Fremdproduktionen besonders ausführlich von Hillrichs behandelt worden, der in ihr ein zentrales videoästhetisches Element von YouTubes (früher) audiovisueller Kultur sieht: „One way of making sense of the overall aesthetics of videos on vlogs would

126 Mehrere dieser Spritzen kommen gleichzeitig zum Einsatz.

127 Durch die Lichtsetzung wird die toxische Flüssigkeit in dieser Szene besonders hervorgehoben.

128 S. TC: 01:14:46.

129 KOLLEGAH DER BOSS (DER OFFIZIELLE FILM) PART 2/4, abrufbar unter: https://www.youtube.com/watch?v=a9tvC8eYdDw, (zuletzt abgerufen am 01.11.2022).

130 S. TC: 00:16:50.

be in terms of an aesthetics of scarcity and responding to scarcity."[131] In der Zusammenfassung seiner Analyse zu verschiedenen Videobloggern gelangt er zu folgender Feststellung: „The scarcity of personnel in front of and behind the camera was fundamental for organizing production. Multitasking, for example by playing a variety of characters in the same video oneself, was one type of response."[132] Hierbei tritt der bereits genannte Aspekt der Arbeitsteilung erneut auf den Plan. Während Arbeitsteilung – in diesem Fall in Form von Kostümbildnern und Requisiteuren, die mit ihrer Arbeit zur Produktion beitragen – für YouTubes Eigenproduktionen selbstverständlich ist, können nur wenige YouTuber auf ein Team zur Erstellung ihrer Videos zurückgreifen.

7.5.3 Setbauten und Bühnenbild in den YouTube Originals

Als letzter Analyseteil der Mise en Scène werden Setbauten und das Bühnenbild thematisiert. Hier zeigen sich durchaus große Unterschiede zwischen einzelnen Produktionen, da Großprojekte wie CORBA KAI, ORIGIN, STEP UP: HIGHWATER, RYAN HANSEN SOLVES CRIMES ON TELEVISION oder die beiden Teile von THE THINNING durch aufwändige Sets auffallen, während die zahlreichen ‚Mini-Serien' meist nur über ein recht reduziertes Bühnenbild verfügen.

Trotzdem zeigt ein Blick auf die in YouTubes Kurzserien zum Einsatz kommenden Kulissen und Schauplätze, dass auch scheinbar unauffällige Drehorte wie ein Haus in besonderer Weise präpariert werden. Ein Beispiel für eine Originals-Mini-Serie ist DO YOU WANT TO SEE A DEAD BODY?,[133] bei der es sich um eine Art surreale Komödie handelt. In der Pilotfolge *A Body and a Puddle (with Adam Scott and Terry Crews)* wird der Protagonist Rob von einem Bekannten in einem Auto angefahren, der unachtsam aus seiner Einfahrt fährt (Rob wirft sich jedoch absichtlich vor das Auto). Der Geschädigte erpresst den Autofahrer Adam daraufhin und fordert verschiedene Gefallen ein. Für den Fortlauf der Handlung ist die Differenz des sozioökonomischen Status' der beiden Protagonisten entscheidend. Rob hat keine Krankenversicherung und kommentiert mehrfach, welche (geldbedingten) Probleme in seinem Leben bestehen. Ihm gegenübergestellt wird der wohlhabende Adam, der in einer Vorstadtsiedlung wohnt, ein teures Auto fährt und in finanzieller Hinsicht keinerlei Sorgen hat. Der Status der Figur Adam wird bereits in der ersten Einstellung der Serie durch das Setting betont.[134]

131 Hillrichs, Early YouTube, S. 89.
132 Hillrichs, Early YouTube, S. 375.
133 DO YOU WANT TO SEE A DEAD BODY?, YouTube Premium, USA 2017.
134 Die Szene beginnt ab S1E1: TC: 00:00:12.

Abbildung 91: Totale eines Hauses in Do You Want to See a Dead Body?.

Abbildung 91 zeigt Adams Haus, das sich als pittoresk-überzeichnetes Symbol für das Leben des amerikanischen Traums beschreiben lässt: Ein schneeweißer Gartenzaun separiert die häusliche Idylle von der Straße und eine überaus gepflegte Vorgartenwiese sowie in Rechtecken getrimmte Heckenabschnitte verweisen auf die Signifikanz von Gepflegtheit und Ordnung. Das großflächige zweigeschossige Haus, dessen babyblauer Anstrich durch die hell strahlende Sonne voll zur Geltung kommt, erzeugt den Eindruck von Wohlstand und Erfolg. Dem Zuschauer werden Häuser dieser Art seit Jahrzehnten in Serien wie DESPERATE HOUSEWIFES[135] oder Filmen wie AMERICAN BEAUTY[136] präsentiert und gelten allgemeinhin nicht als ‚außergewöhnlicher Drehort'.

Es ist daher nicht abwegig davon ausgehen, dass das Vorstadthaus als Symbol für den amerikanischen Traums mittlerweile ‚en passant' verstanden wird. Damit diese Symboldekodierung jedoch gelingt, müssen bestimmte Kriterien erfüllt sein.[137] Die Farbschicht des weißen Gartenzauns ist an keiner Stelle abgebröckelt und Verwitterungserscheinungen existieren nicht, was ebenso für die hellblaue

135 DESPERATE HOUSEWIFES, ABC, USA 2004–2012.

136 AMERICAN BEAUTY, R.: Sam Mendes, USA 1997.

137 Erinnert man sich beispielsweise an das in Abbildung 67 (s. S. 222) gezeigte Haus, das ebenfalls zweigeschossig ist und einen Vorgarten hat, und stellt es dem Haus aus Abbildung 91 gegenüber, fallen einige Unterschiede auf, die dafür sorgen, dass das Haus in Abbildung 67 nicht mit dem Mythos des amerikanischen Traums assoziiert wird.

Farbschicht auf der Außenverkleidung des Hauses gilt. Die Grünanteile des Rasens und der kleinen Heckenstücke sind derart kräftig, dass sie beinahe künstlich wirken[138] und die geometrischen Heckenabschnitte werfen allgemeine Fragen zur enormen Pflegebedürftigkeit des Gartens auf.

Das Haus respektive die Hauskulisse entzieht sich allen Phänomenen, die durch Zeit und Witterung im echten Leben auftreten würden, wodurch der *zeitlose* Symbolcharakter des Hauses verstärkt wird. Um diesen Eindruck erwecken zu können, ist der Aspekt der Arbeitskraft und Arbeitsteilung von höchster Bedeutung, da das Herrichten eines solchen Drehorts durchaus aufwändig ist. Selbst wenn es sich hierbei um eine Kulisse handelt, die in einem Filmstudio steht (wovon ich in diesem Fall ausgehe), ist die Aufbereitung des Sets mit hohem Arbeitsaufwand verbunden, da eine Rohkulisse in der Regel nicht einfach abgefilmt, sondern individuell angepasst wird.[139]

Der entscheidende Punkt ist, dass dieser Aufwand nicht hervorgehoben wird, da der Schauplatz nach ca. zwei Minuten wechselt. Für den klassischen Spielfilm liegt darin keine Besonderheit. Die filmästhetische Differenz zwischen YouTubes Fremd- und Eigenproduktionen lässt sich anhand des Aspekts der Drehortwechsel abermals aufzeigen: Wenn ausnahmsweise in YouTubes Fremdproduktionen ein vergleichbarer Arbeitsaufwand erkennbar wird und an einem besonderen Schauplatz gedreht wird, dann ist dieser Schauplatz meist ein zentrales Element der Handlung und wird nicht binnen kurzem abgelöst. Dafür ein Beispiel: Die Sketch-Comedy von der YouTuber-Gruppe Bullshit TV generiert mit Videos wie FLUGGÄSTE, DIE JEDER KENNT[140] Millionen Aufrufe. In diesem Video wird in einem echten Flugzeug gedreht, um eine möglichst authentische Darstellung lustiger Verhaltensweisen von Fluggästen zu erzielen. Bezeichnenderweise sprechen die drei YouTuber gegen Ende des Videos in die Kamera und bedanken sich dafür, dass sie das Video an diesem besonderen Drehort realisieren konnten.[141] Die Kulisse ‚Flugzeug' ist in diesem Fall Dreh- und Angelpunkt der Handlung und wird so-

---

138 Tatsächlich erscheint es durchaus möglich, dass alle sichtbaren Pflanzen aus Plastik oder ähnlichen Materialien bestehen.

139 In Filmstudios ist es nicht unüblich, dass für verschiedene Filme an denselben Kulissen gedreht wird. Allerdings wird der Schauplatz jeweils von Bühnenbildnern angepasst, damit nicht auffällt, dass der Drehort bereits in zahlreichen Filmen verwendet wurde. Ein Beispiel hierfür ist das sog. Courthouse Square, das sich in den Universal Studios in Los Angeles befindet. Dieses Set wird seit Jahrzehnten für Filme unterschiedlicher Genres verwendet und dient sowohl in WER DIE NACHTIGALL STÖRT (WER DIE NACHTIGALL STÖRT, R.: Robert Mulligan, USA 1962) als auch in ZURÜCK IN DIE ZUKUNFT (ZURÜCK IN DIE ZUKUNFT, R.: Robert Zemeckis, USA 1985) als Kulisse.

140 FLUGGÄSTE, DIE JEDER KENNT, abrufbar unter: https://www.youtube.com/watch?v=0RLNTkVTpfQ (zuletzt abgerufen am 01.11.2022).

141 S. TC: 00:08:15.

wohl von den Videomachern als auch von den Zuschauern und Fans des Trios als Besonderheit eingestuft, während aufwändige Kulissen in den YouTube Originals oftmals nach kurzer Zeit abgelöst und nicht als ‚außergewöhnlich' inszeniert werden.

Diese Tendenz zeigt sich auch bei einer Szene in der Episode *Der (die) Richtige* in WEIRD CITY.[142] Die Protagonisten Stu und Burt gehen scheinbar in einem Park spazieren, man sieht grüne Bäume und hört Vögel zwitschern. Als Stu und Burt den Bildraum betreten, wird der Drehort unmittelbar in Frage gestellt, da die Proportionen von Bäumen und Menschen nicht zusammen zu passen scheinen. Ein Schnitt offenbart die digital erzeugte Illusion: Die beiden spazieren nicht durch einen Park, sondern gehen an einem riesigen LED-Bildschirm vorbei, auf dem Bilder eines Parks abgespielt werden. Die Größe des Bildschirms wird in Abbildung 92 erkennbar.

Abbildung 92: Halbnahe Einstellung von zwei Figuren in Weird City.

Hinter dem Bildschirm befindet sich ein Wohnhaus, an dem ein Baugerüst befestigt ist. Damit wird angedeutet, dass die hoch technisierte Welt, in der sie leben, stark bebaut ist und keine grünen Flächen mehr besitzt, sodass auf Projektionen und Filmclips von Parks und Wäldern zurückgegriffen wird. Diese Pointe wird binnen weniger Sekunden erzählt und der gigantische Bildschirm spielt im weiteren Verlauf der Serie keine Rolle mehr.

142 Die Szene beginnt bei TC: 00:14:00.

Der Arbeitsaufwand und die Arbeitsteilung, die vonnöten sind, um einen solchen Bildschirm zu beschaffen, die Parkbilder zu erstellen und das Ablaufen der Bilder mit den Bewegungen und dem Spiel der Schauspieler zu koordinieren, ist beträchtlich. An dieser Stelle lässt sich erneut auf Hillrichs Bemerkungen zur Knappheit hinweisen,[143] die sich in YouTubes Fremdproduktionen als ‚Knappheit der Geldmittel' oftmals zeigt. Wie das Beispiel der aufwändigen Videoinstallation, die nur für wenige Sekunden sichtbar bleibt, verdeutlicht, liegt ebendiese Form der Knappheit bei YouTubes Eigenproduktionen nicht vor, womit der fundamentale filmästhetische Unterschied zwischen den YouTube Originals und YouTubes Fremdproduktionen auch anhand der Setbauten und des Bühnenbilds ersichtlich wird: „[...] tactics of responding to scarcity shaped decisions and emerging conventions of production, setting [sic!], performance, use of audiovisual techniques, and distribution/exhibition."[144] Wenngleich man festhalten muss, dass kein Film und keine Serie der YouTube Originals Budgets in Höhe von Produktionen wie GAME OF THRONES, THE WALKING DEAD oder HOUSE OF CARDS erhielt beziehungsweise erhält, wird anhand aller bei der Analyse der Mise en Scène hervorgehoben Aspekte deutlich, dass monetäre Knappheit kein Merkmal von YouTubes Eigenproduktionen ist und dass hohe Produktionsbudgets – neben der Bezahlung von Stars – genutzt werden, um zahlreiche Arbeitskräfte zu beschäftigen, die gemeinsam detailreiche fiktive Welten kreieren, die vor dem Aufkommen von YouTubes Eigenproduktionen auf YouTube keinen Platz auf der Plattform fanden.

7.6 Zusammenfassung der Ergebnisse der Formanalyse

Es ist bekannt, dass YouTube und sein Mutterkonzern Google über immense monetäre Mittel verfügen, auf Basis derer Budgets für Film- und Serienproduktionen freigegeben werden können. Es ist allerdings wichtig hervorzuheben, dass die Entscheidung getroffen wurde, die zur Verfügung stehenden Geldmittel überhaupt einzusetzen, um qualitativ hochwertige Filme und Serien zu produzieren: Wenn man Hillrichs Gedanken akzeptiert, dass sich Knappheit video- und genreübergreifend in der Ästhetik der meisten Fremdproduktionen niederschlägt, wird durch die Entscheidung, konventionelle Spielfilme und Serien zu drehen, die genauso auf anderen Streaming-Plattformen oder im Kino laufen könnten, mit einem zentralen ästhetischen Paradigma auf YouTube gebrochen. Die fiktionalen YouTube Originals beziehen sich in formaler Hinsicht wenig bis gar nicht

143 Vgl. Hillrichs, Early YouTube, S. 88 ff.
144 Hillrichs, Early YouTube, S. 89.

auf die audiovisuelle (Amateurvideo-)Kultur der Plattform, die sich seit dem Jahr 2005 stetig entfaltet.[145] Stattdessen kommt man sowohl mit Blick auf die Analyse von Montagestrukturen als auch in Bezug auf Trends im Bereich der Mise en Scène zu dem Schluss, dass die fiktionalen YouTube Originals in hohem Maße von Hollywood und den Filmstilen gegenwärtiger Mainstreamproduktionen auf Netflix, Amazon oder Disney + sowie aktuellen (westlichen) Kinoblockbustern beeinflusst werden.

Diese Erkenntnis lässt sich sowohl mit den Thesen aus Craigs und Cunninghams Publikation *Social Media Entertainment* als auch mit Henry Jenkins' Prognosen in *Convergence Culture* in Verbindung bringen.[146] Beide weisen auf Konvergenzerscheinungen verschiedener Mediensysteme hin, wobei gerade YouTube als eine Plattform wahrgenommen wird,[147] auf der Inhalte, Filmstile und Ideologien unterschiedlicher Systeme aufeinandertreffen. Im Fall der YouTube Originals wird eine Form der Mediensystemkonvergenz deutlich, bei der formale Paradigmen aus Südkalifornien innerhalb eines nordkalifornischen Distributionskontexts auftreten. Die Besonderheit hierbei liegt im Unterschied zur Sparte *YouTube Filme und Shows* darin, dass YouTube als Repräsentant des Silicon Valleys nicht Filme anderer vertreibt, sondern selbst als Film- und Serienproduzent die Entscheidung trifft, mit YouTubes traditioneller Formalästhetik zu brechen und sich stattdessen an Hollywoods Formsprache zu orientieren.

Dem bereits seit den späten 2000er Jahren geführten Diskurs[148] über die Koexistenz von professionellen Videos und Amateurclips auf YouTube, der seit dem Aufkommen der Influencer mit neuen definitorischen Problemen konfrontiert ist,[149] wird mit den YouTube Originals eine neue Ebene hinzugefügt, wobei sich

---

145 Vereinzelt lassen sich Momente finden, in denen Jump Cuts und Handyvideoaufnahmen integriert werden, um Amateurvideos nachzuahmen. Hierbei handelt es sich jedoch um Pointen, die metareflexiv auf den Distributionskontext hinweisen und die nicht weitergeführt werden. S. hierfür beispielsweise RYAN HANSEN SOLVES CRIMES ON TELEVISION, s. auch BAD INTERNET.

146 *Social Media Entertainment* wird in hohem Maße durch Jenkins' *Convergence Culture* beeinflusst.

147 *Social Media Entertainment* beschäftigt sich fast ausschließlich mit YouTube. In den nach 2006 erschienenen Auflagen von *Convergence Culture* gibt es ebenfalls ein Kapitel, das sich auf YouTube bezieht.

148 Burgess und Green gehen beispielsweise schon 2009 auf unterschiedliche Videoproduzenten und ihre (institutionellen) Hintergründe ein, wobei deutlich wird, dass sowohl professionell erstellte Videos als auch das Amateurvideo die audiovisuelle Kultur von YouTube prägen. Vgl. Burgess, Participatory Culture, vgl. auch Burgess, Entrepreneurial Vlogger.

149 S. viertes Kapitel in dieser Studie. Damit ist an dieser Stelle gemeint, dass die Festlegung von Grenzen zwischen ‚Amateur' und ‚Profi', die an sich schon nicht unproblematisch ist, im Hinblick auf die Influencer-Kultur zusätzlich herausgefordert und erschwert wird, da ein Teil der Berufsausübung

die professionelle Produktion der Originals diesmal klar benennen lässt. Trotz der Integrierung von YouTube-Stars wie Logan Paul in THE THINNING, Anna Akana in YOUTH AND CONSEQUENCES, Eva Gutowski in ME AND MY GRANDMA oder der Gruppe Bullshit TV in BULLSPRIT lassen sich die YouTube Originals aufgrund der in diesem Kapitel hervorgehobenen formalen Aspekte deutlich von den Fremdproduktionen unterscheiden, die die genannten Akteure tagtäglich hochladen. Hinzu kommt, dass der Einfluss von Stars aus Hollywood wie Terry Crews und Adam Scott in DO YOU WANT TO SEE A DEAD BODY, Ralph Macchio und William Zabka in COBRA KAI oder Ryan Hansen in RYAN HANSEN SOLVES CRIMES ON TELEVISION dazu beiträgt, dass eine Abkehr vom klassischen YouTubing und Internetstardom auch durch die Präsenz von (Hollywood-)Stars in den YouTube Originals erfolgt.

Interessanterweise lässt sich in diesem Zusammenhang aber nicht beobachten, dass YouTubes Fremdproduktionen in irgendeiner Weise durch die Eigenproduktionen beeinflusst wurden und werden. Natürlich kommt es vereinzelt zu Videos, in denen YouTuber auf YouTube Originals reagieren oder zu Ankündigungen von YouTubern, die als Schauspieler selbst in einer Originals-Produktion mitwirken. Allerdings lässt sich bis dato keine allgemeine Tendenz erkennen, dass fiktionale Fremdproduktionen auf YouTube stärker verbreitet würden, was dafür spricht, dass die YouTube Originals – und mit ihnen YouTubes Hinwendung zum fiktionalen Film – nicht dazu geführt haben, dass YouTubes Nutzer vermehrt fiktionale Videos sehen oder selbst erstellen möchten. Wenn hier also Reflexionen über die Auswirkungen der YouTube Originals auf die audiovisuelle Kultur der Plattform erfolgen, ist es wichtig, nicht von einer radikalen Kultur*transformation* auszugehen, durch die die Plattform fundamental verändert wird. Vielmehr erscheint es angebracht, von einer Kultur*erweiterung* zu sprechen, die insofern einzigartig ist, als es sich bei den YouTube Originals zum ersten Mal in YouTubes Geschichte um von YouTube selbst produzierte Inhalte handelt, die in formaler Hinsicht keinerlei Verbindung zur Grassroots- und Amateurvideokultur aufweisen. Die Grenzen zwischen Amateur und Profi werden dem Zuschauer einer Originals-Produktion durch die formalästhetische Anlehnung an den klassischen Spielfilm ins Gedächtnis gerufen und das für die analoge Unterhaltungslandschaft über Jahrzehnte unangetastete Rollenverhältnis von ‚Produzent und Konsument' erfährt durch die Originals ausgerechnet auf der Plattform eine Stärkung, die als das ‚Partizipations-Supermedium' schlechthin gilt und die so häufig als Beispiel

---

von Influencern darin besteht, sich nicht als Profi, sondern als ‚gewöhnlicher Partizipierender im Netz' zu geben, um eine möglichst starke Bindung zu der adressierten Zuschauergruppe aufzubauen.

für die Beendigung dieses Rollenverhältnisses im digitalen Zeitalter angeführt wurde und wird.[150]

Auch wenn spekulativ bleibt, welche inhaltspolitischen Entscheidungen ausschlaggebend dafür waren und sind, dass YouTube seit dem Jahr 2020 keine fiktionalen Eigenproduktionen mehr in Auftrag gibt, ist es zweifelsohne wichtig, auf die Medienumgebung, in der die Originals hochgeladen werden, hinzuweisen. Exklusive und abonnementpflichtige Spielfilme und Serien lassen sich nicht mit dem in ‚Broadcast Yourself' eingeschriebenen Partizipations-Impetus und Community-Gedanken in Einklang bringen. Daher verwundert es nicht, dass mit der Abschaffung der Paywall, die den Aspekt der Exklusivität auf YouTube erneut schwächte, auch eine Distanzierung von fiktionalen Produktionen einherging, da diese Assoziationen mit dem non-partizipatorischen und – wie Jenkins formuliert – sich durch ‚Stickiness' auszeichnenden[151] Top-Down-Distributionsmodell aus Hollywood hervorrufen.

Mit der seit 2020 zu beobachtenden Hinwendung zu non-fiktionalen Originals verschwindet auch der Einfluss des Continuity Systems, der in vielen Eigenproduktionen prominent in Erscheinung tritt. Elemente wie das Schuss-Gegenschuss-Verfahren oder Establishing Shots sind zwar in vielen dokumentarischen Originals präsent,[152] allerdings liegt ihrem Einsatz eine gänzlich andere Motivation zugrunde, da es nicht länger ein Anliegen darstellt, Diegesen zu entwerfen und die verwendeten Filmtechniken dabei möglichst unauffällig anzuwenden. Die Zukunft wird zeigen, ob YouTube erneut als Produzent von fiktionalen Filmen und Serien in Erscheinung treten wird oder ob die YouTube Originals – sofern sie nicht gänzlich eingestellt werden – in den kommenden Jahren ausschließlich als dokumentarische Produktionsreihe auffallen werden. Zum jetzigen Zeitpunkt kann festgehalten werden, dass die Expansion im Bereich fiktionaler Produktionen auf YouTube nach nur vier Jahren gestoppt wurde (2016–2020), wobei sich in diesen vier Jahren eine Kulturerweiterung auf YouTube zugetragen hat, die insbesondere vor dem Hintergrund verschiedener formalästhetischer Paradigmen aus Hollywood und dem Silicon Valley auffällt und die sich zweifelsohne an die Medienkonvergenztheorien von Jenkins anschließen lässt.

---

150 Vgl. Burgess, Participatory Culture. Vgl. auch Jenkins, Convergence Culture.
151 Vgl. Jenkins, Spreadable Media.
152 S. LeFloid Vs. The World, s. auch The Age of A.I.

8 Inhaltsanalyse der YouTube Originals

In diesem Kapitel wird eine Inhaltsanalyse der YouTube Originals durchgeführt. Anders als im letzten Kapitel erfolgt hier keine (film-)theoretische Bezugnahme auf Systeme wie das Continuity System, um produktionsübergreifende thematische Leitmotive in den Originals auszumachen. Das bedeutet jedoch nicht, dass sich die Analyse als werkimmanente Auseinandersetzung mit einzelnen Produktionen gestaltet. Vielmehr ist es ein Anliegen, erkennbare inhaltliche Trends und thematische Leitmotive stets vor dem Hintergrund von YouTubes inhaltspolitischer Agenda sowie seiner Konkurrenzabsicht gegenüber anderen Medienunternehmen und -institutionen zu begreifen: Wurde im vorherigen Kapitel eine formalästhetische Nähe zum gegenwärtigen Hollywoodfilm oder zu Streaming-Serien festgestellt, wird nun eine gegenteilige Tendenz beschrieben. In thematischer Hinsicht sind YouTubes Eigenproduktionen um eine *Distanzierung* von Hollywood bemüht, wobei diese Distanzierung mittels der Frequentierung bestimmter Themen und inhaltlicher Verläufe erfolgt.

Die Analyse wird in drei Abschnitte unterteilt. Zunächst findet eine Auseinandersetzung mit der filmischen Repräsentation von ‚Jugendkultur' sowie Problemen während der Adoleszenz in den YouTube Originals statt. Sodann rückt das Thema ‚Digitalkultur' in den Fokus der Untersuchung, wobei sich zeigen wird, dass Jugend- und Digitalkultur in den YouTube Originals oftmals als konvergierende Phänomene dargestellt werden.[1] Im dritten Abschnitt werden die Darstellungen von (Alltags-)Rassismus und Privilegierungen von Weißen im Speziellen sowie strukturelle Ungerechtigkeiten gegenüber marginalisierten Gruppen im Allgemeinen untersucht. Durch das häufige Aufgreifen dieser Themen intendiert YouTube, sein Selbstbild auf folgende Weise zu profilieren: YouTube möchte eine Distanzierung von Ideologien und Strukturen seines südkalifornischen Nachbarn Hollywood hervorheben und sich als progressiven, politisch korrekten, (links-)liberalen Medienkonzern mit einem nativen Verständnis für digitale Kulturen[2] sowie für (Identitäts-)Probleme während der Adoleszenz gerieren.

1 Natürlich wird Jugend- und Digitalkultur nicht nur in den YouTube Originals als zusammenhängend beschrieben. Vielmehr wird auch außerhalb von Darstellungen in Filmen und Serien ersichtlich, dass sich Jugendkultur im 21. Jahrhundert in hohem Maße durch Sichtbarkeit und Partizipation im Netz auszeichnet. Vgl. Aufenanger, Stefan: Digitale Medien und Bewegung – Kontexte einer medialen Jugendkultur, in: Theis, Christian et al. (Hg.): Bewegte Freizeiten als Referenzen institutioneller Bildung, Baden-Baden 2020, S. 15–26. Vgl. auch Nagler, Daniel: YouTube und seine Jugendkultur, in: Medienimpulse, 55/4 (2017), S. 2–41.

2 YouTubes Kultur ist von Digitalkultur nicht zu trennen. Im Unterschied zu Hollywood besteht für YouTube kein Drang nach einer Digitalisierung der Angebote, da der Silicon Valley-Konzern

https://doi.org/10.1515/9783111145853-008

In diesem Zusammenhang sei gesagt, dass ich nicht versuche, dieses Selbstbild zu dekonstruieren oder es zu bestätigen. Die Analyse versucht vielmehr darauf hinzuweisen, wie dieses Selbstbild durch wiederkehrende inhaltliche Fortläufe und thematische Trends in den YouTube Originals kreiert wird. Auf Basis der Erkenntnisse der Inhaltsanalyse lässt sich die medienästhetische Hybridität der YouTube Originals benennen, die sich einerseits formal an Hollywood orientieren, die aber andererseits aufgrund der Themenwahl um eine Distanzierung von Hollywood bemüht sind.

Es wäre unsinnig zu behaupten, Hollywood sei nicht in der Lage, Filme zu produzieren, die sich mit Jugend- und Digitalkultur auseinandersetzen oder in denen die Lebensumstände von marginalisierten und diskriminierten Gruppen geschildert werden. Gleichwohl gehe ich davon aus, dass YouTube seine junge Hauptzielgruppe[3] und seinen hohen Stellenwert in der digitalen Medienlandschaft als Abgrenzungsmerkmal zu Hollywood versteht, da Hollywood seinen weltweiten Einfluss und seine Vormachtstellung im Unterhaltungssektor im analogen Medienzeitalter ausbaute, das von gänzlich anderen Distributionsstrukturen geprägt war. Zudem ist Hollywoods Art der Adressierung von Jugendlichen eine andere als die, die sich bei den YouTube Originals zeigt: Wenn auch unstrittig ist, dass Hollywood insbesondere in den 2010er Jahren durch die Produktion zahlreicher Superheldenfilme nicht nur Erwachsene Comic-Helden-Enthusiasten, sondern auch Kinder und Jugendliche anspricht, sind die Protagonisten in diesen Filmen doch meist Erwachsene, die das 30. Lebensjahr überschritten haben. In den zahlreichen Highschoolfilmen und -serien der YouTube Originals ist der Großteil der Protagonisten wesentlich jünger, sodass das Alter der Filmcharaktere und Adressaten auf YouTube weitgehend deckungsgleich ist. Letztlich spielt auch das Image der jeweiligen Medieninstitution eine große Rolle: Die von den Sexualverbrechen von Hollywoodproduzent Harvey Weinstein ausgehende ‚#MeToo-Bewegung'[4] sowie die seit Jahren bestehenden ‚#OscarsSoWhite-Proteste'[5] sind zwei wichtige Gründe dafür, dass Hollywood mitunter als eine von weißer, patriarchaler Unterdrückung geprägte Institution wahrgenommen wird, wodurch das Image der ‚Traumfabrik'[6] insbesondere in den 2010er Jahren massiv beschädigt wurde.

---

seit seiner Entstehung ausschließlich digitale Artefakte distribuiert und daher eine natürliche und ursprüngliche Verbindung zur Digitalkultur aufweist.

3 Vgl. Frühbrodt, Netzwerk der Profis. Vgl. auch Nagler, Jugendkultur.

4 Vgl. Boyle, Karen: #MeToo, Weinstein and Feminism, Cham 2019.

5 Vgl. Chattoo, Caty Borum: Oscars So White: Gender, Racial, and Ethnic Diversity and Social Issues in U.S. Documentary Films (2008–2017), in: Mass Communication and Society, 21/3 (2018), S. 368–394.

6 ‚Traumfabrik' ist seit vielen Jahrzehnten ein Spitzname für die Kinoindustrie im Allgemeinen und manchmal auch für Hollywood im Speziellen. Vgl. Ehrenburg, Ilja: Die Traumfabrik. Chronik des Films, Berlin 1931. Vgl. auch Schweinitz, Jörg: Film und Stereotyp. Eine Herausforderung für das Kino und die Filmtheorie. Zur Geschichte eines Mediendiskurses, Berlin 2006, S. XI u. S. 173.

An eben dieser Stelle setzt YouTube mit seinen Eigenproduktionen in thematischer Hinsicht ein Statement: Der Digitalkonzern aus dem Silicon Valley soll die ‚eigentliche' Traumfabrik sein, in der nicht nur die Träume weißer, heterosexueller Männer realisiert werden. Um dieses Vorhaben umzusetzen, setzt YouTube nicht nur im Hinblick auf die Rollenbesetzung auf Diversität, sondern versucht auch durch wiederkehrende Motive, (fiktive) Geschichten zu erzählen, in denen Lebensrealitäten von Menschen geschildert werden, die im Hollywoodfilm eher selten einen Platz fanden und finden.

Ironischerweise kann YouTube diese Ziele nur mittels Top-Down-Strukturen (die YouTube Originals) verfolgen, die für Hollywood typisch sind: Wenn eine Plattform durch Bottom-Up-Strukturen und Partizipationsmöglichkeiten geprägt wird, bedeutet das für das Inhaltsangebot der Plattform, dass keine einheitliche (politische) Haltung zum Vorschein gelangen kann, da das Inhaltsangebot von Abermillionen Nutzern tagtäglich beeinflusst wird, wobei jeder dieser Nutzer eine eigene Meinung vertritt. YouTube als passive Distributionsplattform für Fremdproduktionen bringt nicht nur linksliberale YouTube-Stars hervor. Vielmehr werden auch Akteure wie Jordan Peterson[7] oder Ben Shapiro,[8] die sich gegen politische Korrektheit aussprechen, durch eigene YouTube-Videos und durch Auftritte auf beliebten Kanälen wie *PowerfulJRE*[9] zu Internetstars, deren Beiträge millionenfach angesehen werden. Der Punkt ist, dass YouTube aufgrund seines in ‚Broadcast Yourself' angelegten Demokratieversprechens und seines Partizipations-Impetus' nicht in der Lage ist, seine eigene politische (Konzern-) Haltung effektiv zu vermitteln. Um ebendiese Haltung zum Ausdruck bringen zu können, ist eine partielle Neuausrichtung als aktiver Medienproduzent nötig, um selbst Inhalte zu erstellen, die die Konzernhaltung widerspiegeln.

Es ist zwar eine unterkomplexe Annahme davon auszugehen, dass YouTube seine Eigenproduktionen lediglich zur Demonstration einer bestimmten Konzernhaltung in Auftrag gibt.[10] Gleichwohl ist der Aspekt der Sichtbarkeit von YouTubes Interessenprofil nicht zu unterschätzen, da durch die Originals nun auch außerhalb von schriftlichen oder mündlichen Konzern-Statements audiovisuelle

---

7 S. https://www.youtube.com/c/JordanPetersonVideos (Kanal von Peterson, 4,18 Millionen Abonnenten. Zuletzt abgerufen am 01.11.2022).

8 S. https://www.youtube.com/c/BenShapiro (Kanal von Shapiro, 3,78 Millionen Abonnenten. Zuletzt abgerufen am 01.11.2022).

9 S. https://www.youtube.com/c/joerogan (Kanal von Rogan, 11,2 Millionen Abonnenten. Zuletzt abgerufen am 01.11.2022).

10 Beispielsweise ist in mehreren Kapiteln dieser Studie darauf aufmerksam gemacht worden, dass eine Konkurrenzabsicht gegenüber anderen Streaming-Anbietern erkennbar wird und dass YouTube mit den Originals einen festen Platz auf dem Streaming-Markt für sich beansprucht.

Artefakte vorliegen, die in unmittelbarer Verbindung zu YouTube stehen und die somit auch Aufschlüsse über inhaltspolitische Präferenzen der größten Videoplattform der Welt geben.

8.1 Jugendkultur in den YouTube Originals

Den Begriff ‚Jugendkultur' zu definieren, ist eine stete Herausforderung, da mit ihm keine gleichbleibenden Phänomene erfasst werden können. Was beispielsweise vor 50 Jahren als wichtiges Konstitutionsmerkmal der Jugendkultur angesehen wurde, hat heutzutage in vielen Fällen an Signifikanz verloren. Technologische Entwicklungen und strukturelle gesellschaftliche Veränderungen tragen in hohem Maße dazu bei, dass individuelle Phänomene der Jugendkultur einer Generation häufig nicht für Folgegenerationen beschreibbar sind.[11] Trotz des ephemeren Charakters einzelner Konstitutionsmerkmale von Jugendkultur wird unabhängig von den speziellen Tendenzen innerhalb einer Generation mit dem Begriff meist auf Orte, Institutionen, Artefakte, gesellschaftliche Bewegungen oder Ideologien verwiesen, die das Alltagsleben von Jugendlichen prägen, wobei andere Altersgruppen nicht in der gleichen Weise von den genannten Lebensbereichen oder Denkmustern beeinflusst werden.[12]

Meine Analyse blickt vor allem auf die filmische Darstellung der Institution ‚Schule' und das Artefakt ‚Smartphone' sowie durch Smartphones – und auch andere internetfähige Geräte – erstellte virtuelle Räume, die als Gegenentwurf zur und teilweise auch als Auflehnungswerkzeug gegen den realen Raum ‚Schule' fungieren. An die filmische Repräsentation der Opposition von realem und virtuellem Raum schließt sich der Aspekt der Machtausübung beziehungsweise Machtlosigkeit an: In vielen YouTube Originals zeigt sich, dass die Schule als Ort dargestellt wird, an dem Schüler machtlose Akteure sind. Isoliert betrachtet ist diese Darstellung nicht ungewöhnlich. Machtstrukturen in verschiedenen Institutionen werden bei-

11 Hierbei kann man an das Medienkonsumverhalten von Jugendlichen denken. Vor dem Siegeszug von Unternehmen wie YouTube, Facebook und TikTok und vor dem Aufkommen von internetfähigen Handys bestanden gänzlich andere Notwendigkeiten im Hinblick auf zeitliche und räumliche Organisation (lineares Fernsehen vs. Streaming).

12 Vgl. Gebhardt, Winfried: Jugendkultur, Jugendsubkultur, Jugendszene. Zur Soziologie juveniler Vergemeinschaftung, in: Altenburg, Detlef/Bayreuther, Rainer (Hg.): Musik und kulturelle Identität. Band 1: Öffentliche Vorträge, Roundtables und Symposien A, Kassel 2012, S. 490–498. Vgl. auch Holfelder, Ute/Ritter, Christian: Handyfilme als Jugendkultur, Köln 2017. Vgl. auch Aufenanger, Jugendkultur.

spielsweise intensiv von Foucault analysiert.[13] Es finden sich Publikationen, in denen Foucaults Machttheorien gezielt auf die Institution ‚Schule' bezogen werden.[14] Machtstrukturen in Unternehmen, Beziehungen, Gefängnissen oder auch Schulen werden seit Jahrzehnten in (Hollywood-)Filmen thematisiert. Interessant an der Darstellung von Macht im Schulkontext ist bei den YouTube Originals, dass sich die Machtverhältnisse in von Schülern geschaffenen oder genutzten virtuellen Räumen umkehren: Machtlos ist im virtuellen Raum meist der Akteur, der im realen Raum die Macht ausübt. Das native Verständnis für digitale Technologie und ihre Nutzung wird in vielen Originals als Ermächtigungsgrundlage präsentiert, wobei die Macht im virtuellen Raum die Macht im realen Raum meist dominiert beziehungsweise als ‚entscheidende' Form der Macht angelegt ist. Auf subtile Weise wird angedeutet, dass digitale Plattformen und die Partizipation an ihnen einen Machtzuwachs für Jugendliche bedeuten kann, deren Alltag sonst von (verlorenen) Machtkämpfen mit Eltern, Lehrern oder anderen Autoritätspersonen geprägt wird.

8.1.1 Das ‚Highschool-Leben'

Wie im zweiten Kapitel bereits erwähnt, lassen sich auffallend viele YouTube Originals dem (Sub-)Genre des Highschool-Films zuordnen. Mit der Institution Schule wird sogleich eine Verbindung zu Jugendlichen hergestellt, deren Leben durch den täglichen Schulbesuch in eminenter Weise geprägt wird. Originals-Filme wie Ghostmates,[15] in denen eine Highschool zwar inhaltlich eine Rolle spielt, bei denen aber nicht auf das Leben von Jugendlichen an Highschools eingegangen wird, sind für diese Analyse nicht von Interesse. Vielmehr rücken Originals-Serien und -Filme wie Youth and Consequences, Step up: Highwater, The Thinning, The Thinning: New World order, Foursome,[16] Wayne,[17] Hyperlinked[18] und Impulse in den Fokus der Untersuchung, da die Highschool in diesen Produktionen ein frequentierter Ort ist, an dem entweder Persönlichkeitsentwicklungen von Jugendlichen erkennbar werden oder an dem sich für Jugendliche traumatische Er-

---

13 Vgl. Foucault, Michel: Analytik der Macht, Frankfurt 2005. Vgl. auch Foucault, Michel: Überwachen und Strafen: Die Geburt des Gefängnisses, Frankfurt 1993. Vgl. auch Foucault, Michel: Dispositive der Macht: Über Sexualität, Wissen und Wahrheit, Berlin 2008.

14 Vgl. Grabau, Christian/Rieger-Ladich, Markus: Schule als Disziplinierungs- und Machtraum. Eine Foucault-Lektüre, in: Hagedorn, Jörg (Hg.): Jugend, Schule und Identität. Selbstwerdung und Identitätskonstruktion im Kontext Schule, Wiesbaden 2014, S. 63–79.

15 Ghostmates, R.: Jack Henry Robbins, USA 2016.

16 Foursome, YouTube Premium, USA 2016–2018.

17 Wayne, YouTube Premium, USA 2019.

18 Hyperlinked, R.: Kimmy Gatewood, Amelia French, USA 2017.

lebnisse ereignen. In jedem Fall ist der Schulalltag in vielen YouTube Originals ein Anlass für eine von Jugendlichen ausgehende ‚Revolution' gegen ein bestehendes System, die teilweise durch digitale Technologie ermöglicht wird.

In diesem Unterkapitel werden zunächst unterschiedliche Darstellungen der Institution Schule beschrieben. In Kapitel 8.1.2. wird auf Basis dieser Beschreibungen herausgearbeitet, welche Machtstrukturen sich daraus ergeben und in Kapitel 8.1.3. wird schließlich analysiert, wie die in den YouTube Originals auftretenden Schüler diese Machtstrukturen annihilieren.

Um mit den wohl extremsten beiden Highschool-Filmen aus der Produktionsreihe der Originals zu beginnen, kann man in Bezug auf die Filme THE THINNING und THE THINNING: NEW WOLRD ORDER festhalten, dass Schule nur in Kombination mit Prüfungen, Prüfungsangst, Strafen,[19] Faschismus, Totalitarismus sowie – wie im zweiten Teil erkennbar wird – Sklaverei dargestellt wird. Dass Schüler, die eine Prüfung nicht bestehen, scheinbar getötet, de facto aber als Arbeitssklaven in unterirdischen Lagern ausgebeutet werden, ist als düstere Allegorie auf das US-amerikanische Bildungssystem zu deuten: In den Filmen wird ein würdevolles Leben wegen des Scheiterns in Schulprüfungen verwehrt. Die dystopische Schulpolitik wird hierbei vom Staat, der durch Gouverneur Redding repräsentiert wird, als notwendige Maßnahme für eine funktionierende Gesellschaft angesehen.[20] In THE THINNING ist die Schule ein Ort, an dem Jugendliche in Angst leben und an dem eine freiheitliche Entfaltung individueller Stärken ausbleibt. Ebenso gibt es keine außerschulischen Aktivitäten, durch die Jugendkulturen gefördert werden können, da die Schule in THE THINNING der zentrale diegetische Handlungsraum ist, der zudem im Verlauf des Films verschlossen wird und so zu einem Gefängnis mutiert.[21]

In YOUTH AND CONSEQUENCES ist die Highschool ebenfalls ein dominanter Handlungsraum, wobei allerdings das Schulleben in dieser Serie nicht von einem autoritären Regime kontrolliert wird. Vielmehr sind es hier die Schüler selbst, die während außerschulischer Aktivitäten Intrigen planen, Allianzen gründen und Sabotageakte gegen andere Schüler – und teilweise auch Lehrer – avisieren.[22] Der Ort Schule wird in YOUTH AND CONSEQUENCES zum Schlachtfeld, auf dem die außerhalb der Schulzeit geschmiedeten Pläne zum Macht- und Einflussgewinn in die Tat umgesetzt werden. Dabei rückt der tatsächliche Unterricht an der Schule oftmals in den Hintergrund, während Sozialdynamiken sowie Macht- und Beliebt-

19 Hierbei lässt sich erneut eine Verbindung zu Foucaults Machttheorien herstellen, wobei evident ist, dass die Strafen in THE THINNING so hart ausfallen, dass sie nicht realitätsnah sind und nur im dystopischen Film einen Platz finden können. Vgl. Foucault, Überwachen und Strafen.

20 S. TC: 00:36:26.

21 S. TC: 00:24:52.

22 S. S1E1: TC: 00:18:00–00:21:11.

heitshierarchien von Schülern in der Serie besonders prominent verhandelt werden. Teilweise wird in YOUTH AND CONSEQUENCES die stereotype Filmdarstellung von amerikanischen Highschools perpetuiert, bei der (sexuelle) Beziehungen und Machtdemonstrationen unter Schülern zentrale Elemente der Handlung sind. Allerdings ist in dieser Serie die in diesen Filmen oftmals in Erscheinung tretende konservative Autoritätsfigur des Lehrers, der die sexuelle Entwicklung der Schüler zu unterbinden sucht,[23] nicht präsent.

Eine ähnliche Tendenz zeigt sich bei der Originals-Serie FOURSOME, die weniger sexuelle Inhalte bereithält, als es der Titel vermuten lässt. Gleichwohl spielt der Aspekt der Unterdrückung von Sex und Liebesbeziehungen hier eine wichtige Rolle: Wie schon in THE THINNING spielt YouTuber Logan Paul auch in dieser Serie einen Highschool-Schüler, der diesmal versucht, seine Schwester vor intimen Beziehungen zu ‚beschützen'.[24] In die sexuelle Entwicklung wird abermals nicht durch Lehrer eingegriffen, vielmehr sind es Schüler, die sich untereinander manipulieren. Lehrer fallen in FOURSOME eher als inkompetente Akteure auf, die insbesondere im Hinblick auf den Umgang mit (digitaler) Technologie Kompetenzlücken aufweisen.[25]

Dieses Motiv zeigt sich auch in der Serie HYPERLINKED, in der junge Mädchen viel Zeit mit der Erstellung von Onlinevideos und anderen Internetbeiträgen verbringen. Trotz ihres jungen Alters wird eine unumstrittene Kompetenz im Hinblick auf die Erstellung dieser Videos behauptet, die die Digitalkompetenzen aller Erwachsenen in der Serie bei Weitem übersteigt. Insgesamt fällt auf, dass der Lehrkörper in den YouTube Originals auf unterschiedliche Weise als inkompetent dargestellt wird. Selten lässt sich produktive Lehre beobachten, da die meisten inhaltliche Verläufe dazu führen, dass die Schüler ohne die Hilfe von Lehrern oder anderen Erwachsenen Problemlösungsstrategien entwickeln und sich in gewisser Weise ‚selbst erziehen'.[26]

In STEP UP: HIGHWATER stellt eine Kunstschule besonderer Art einen hochfrequentierten Ort dar, an dem benachteiligte Schüler, deren Eltern über ein geringes oder ungeregeltes Einkommen verfügen, eine künstlerische Ausbildung erhalten können. Dabei stehen die Bereiche Tanz und Musik im Vordergrund, einige Schüler spezialisieren sich aber auch auf Bühnenbild und Lichtsetzung. Der Schulgründer und Rapstar Sage Odom, der von dem US-amerikanischen Sänger Ne-Yo gespielt wird, gibt sich nach außen hin stets als Philanthrop, der insbesondere afroamerikanischen Ju-

23 Als Beispiel hierfür lässt sich die Serie SEX EDUCATION anführen. S. SEX EDUCATION, Netflix, Vereinigtes Königreich 2019–.

24 S. S1E1: TC: 00:12:05.

25 S. S1E2: TC: 00:18:40.

26 Das autodidaktische Lernen wird oftmals mit digitaler Technologie in Verbindung gesetzt. Dieser Punkt wird in den folgenden Unterkapiteln weiterführend erörtert.

gendlichen eine gute Zukunft und künstlerischen Erfolg ermöglichen möchte. Tatsächlich entpuppt er sich im Verlauf der Serie jedoch als egozentrischer Karrierist, der das kreative Potenzial seiner Schüler ausnutzt, um seinen Star-Status zu festigen und um seine kreative Krisenphase zu beenden. In STEP UP: HIGHWATER kommt es zu zahlreichen Szenen, in denen Schüler Musik- und Tanzkonzepte entwickeln oder Werbeverträge abschließen, für die hauptsächlich Odom Anerkennung[27] oder Geld[28] erhält. In dieser Serie ist die Figur des Lehrers oder Mentors nicht inkompetent, jedoch ist Odoms Erfolg eng an das kreative Potenzial seiner Schüler gebunden.

Die Darstellung eines inkompetenten Lehrers, so wie man sie in FOURSOME und teilweise auch in YOUTH AND CONSEQUENCES vorfindet, offenbart sich auch in der Serie WAYNE. Es geht um einen aggressionsgestörten Jugendlichen, der in einer Identitätskrise steckt. Der Protagonist Wayne besitzt einen ausgeprägten Sinn für Gerechtigkeit, allerdings versucht er stets, Gerechtigkeit durch physische Auseinandersetzungen zu erzwingen, weshalb er bereits in der ersten Episode der Schule verwiesen wird.[29] Der Schuldirektor erweist sich im persönlichen Gespräch mit Wayne als Figur, die einerseits über keinerlei Autorität verfügt[30] und die andererseits auch nicht in der Lage ist, Waynes traumatische familiäre Situation[31] im Kontext seiner Wutausbrüche zu begreifen. Nach dem Schulverweis ist Wayne gewissermaßen auf sich allein gestellt und beginnt einen Roadtrip durch verschiedene Bundesstaaten der USA. Das Ziel seiner Reise ist es, ein Auto zu finden, das seinem Vater vor dessen Tod gestohlen wurde. Wenngleich WAYNE keine klassische Highschool-Serie ist, findet sich auch hier ein Motiv, bei dem die Institution Schule im Allgemeinen und der Lehrkörper im Speziellen nicht in der Lage sind, eine stabile psychosoziale

27 In der zweiten Staffel der Serie wird eine Musiktour für Odoms Comeback geplant, die in der letzten Episode der Serie beginnt. Odom betont immer wieder, welche Chancen sich für die Jugendlichen bieten, wenn sie an der Tour als Tänzer teilnehmen. In Wahrheit beutet er die Schüler aus und profitiert primär selbst davon, viele talentierte Tänzer für seine Tour gewinnen zu können.

28 Beispielsweise gibt Odom bei einem Wettbewerb, bei dem ein Werbevertrag gewonnen werden kann, der weißen Protagonistin Odalie den Vorzug gegenüber der afroamerikanischen Protagonistin Poppy, obwohl letztere eine bessere Leistung erbracht hatte. Odom argumentiert, dass sich mehr Geld verdienen lasse, wenn weiße Menschen für Produkte werben. Er profitiert persönlich von diesem Werbevertrag, wodurch sich seine Vision, strukturell benachteiligten Menschen zu helfen, als aufgesetzte Imagepolitik herausstellt. S. S2E10: TC: 00:42:40. Auf diese Szene wird erneut im dritten Abschnitt dieses Analysekapitels eingegangen werden, wenn die Darstellung struktureller Benachteiligung von PoCs in den YouTube Originals thematisiert wird.

29 S. S1E1: TC: 00:12:25.

30 Beim Betreten des Büros des Direktors ist es Wayne, der zwei Schüler dazu auffordert, das Büro zu verlassen. Der Direktor widerspricht, allerdings hören die Schüler nicht auf den Direktor und folgen stattdessen Waynes Anweisungen.

31 Sein Vater stirbt an Krebs. Diese ‚Ungerechtigkeit des Lebens' kann man als Teilgrund dafür ansehen, dass Wayne in Situationen, die er als ungerecht empfindet, stets die Beherrschung verliert.

Erziehung von Jugendlichen zu garantieren. An die Stelle der Schulbildung und -erziehung tritt eine Form der Selbsthilfe durch Selbstfindung, die unter anderen Vorzeichen auch in der Serie IMPULSE deutlich wird.

In IMPULSE erhält man Einblicke in das Leben der Highschool-Schülerin Henrietta Coles, die sich in der Pilotfolge auf ein verbales Gefecht mit einem ihrer Lehrer einlässt. Abermals zeigt sich hier das Motiv der Inkompetenz des Lehrkörpers, da sie vor der gesamten Klasse aufdeckt, dass ihr Lehrer – entgegen seiner Selbstbetitelung – niemals promoviert wurde, sodass es nicht angebracht sei, ihn mit ‚Doktor' ansprechen zu müssen.[32] Der Lehrer verliert alle Autorität, seine akademische Ausbildung entpuppt sich als Fassade und sein intellektuelles Potenzial wird in Abrede gestellt. Er ist unfähig, souverän mit dieser Situation umzugehen und zieht Henrietta am Arm.[33] Daraufhin erleidet sie scheinbar[34] einen epileptischen Anfall, der für den weiteren Handlungsverlauf entscheidend ist. Nachdem durch den Vorfall mit dem Lehrer gezeigt wurde, dass sie in Stresssituationen von speziellen Anfällen heimgesucht wird, erfolgt ein zweiter Anfall in einer Szene, in der sie Opfer von sexueller Gewalt wird: Sie ist in einem Auto mit einem Jugendlichen aus ihrer Schule und es kommt zu einer Kussszene. Der Jugendliche Clay beginnt daraufhin, Henrietta an intimen Stellen zu berühren. Sie versucht, sich dagegen zu wehren, jedoch lässt Clay nicht von ihr ab. Diese traumatische Situation sorgt für einen weiteren Anfall, wobei diesmal das gesamte Auto durch ihre (noch unkontrollierten) telekinetischen Kräfte demoliert wird. Kurz bevor das Auto implodiert, teleportiert sich Henrietta aus dem Auto, wobei der Aggressor Clay von ihrer Kraft schwer verletzt wird und sich eine irreparable Lähmung zuzieht.[35]

Henrietta berichtet zunächst keinem von dem Vorfall, da sie (berechtigte) Sorgen hat, dass ihr niemand glauben wird. In diesem Zusammenhang ist es interessant zu beobachten, dass – in physikalischer Hinsicht – unmögliche Kräfte mit sexueller Gewalt in Verbindung gebracht werden: Viele Opfer sexueller Gewalt entscheiden sich dagegen, die Täter anzuzeigen, da sie befürchten, dass man ihnen nicht glaubt. Das Motiv der ‚unglaubwürdigen Opfergeschichte' wird durch Henriettas Superkräfte in besonderer Weise verstärkt, da es in diesem Fall zusätzlich er-

32 S. S1E1: TC: 00:07:28.

33 S. S1E1: TC: 00:07:55.

34 De facto entwickeln sich bei unangenehmen Berührungen und Stresssituationen telekinetische Kräfte, die sie im Verlauf der Serie zu beherrschen lernt.

35 Die Szene beginnt ab S1E1: TC: 00:24:56.

schwert wird, jemandem davon zu berichten, ohne dabei alle gängigen Vorstellungen von Physik zu widerlegen.[36]

Ihre telekinetischen Kräfte lassen sich als ausdrucksstarkes Symbol für ein körperliches Befinden begreifen, das von Erwachsenen nicht verstanden werden kann. Es liegt nahe, dass sie mit ihrem heranwachsenden Teenager-Körper auf sich allein gestellt ist, da keine Autoritätspersonen (Lehrer, Ärzte und ihre Eltern) in der Lage sind, ihre ‚Anfälle' zu erklären.[37] Die einzigen, die glauben, dass sie über besondere Kräfte verfügt, sind andere Teenager, die sich somit von allen erwachsenen Figuren in der Serie unterscheiden. Das ‚Anderssein', das nicht selten mit einer moralischen Überlegenheit gegenüber den Erwachsenen verbunden wird, ist – wie Gebhardt betont – oftmals ein zentraler Aspekt der Selbstidentifikation von Jugendlichen: „‚We are different!' ist eine der Kernaussagen, die dem Selbstverständnis der Jugend Kontur geben. Sie diente – in dieser oder einer anderen Form – Jugendlichen schon immer dazu, sich gegen die ‚Welt' der Erwachsenen abzugrenzen, und das tut sie auch noch heute."[38] In IMPULSE kommt Henrietta zunächst keine Hilfe aus der ‚Welt' der Erwachsenen zu, womit auch in dieser Produktion ein Versagen erwachsener Autoritäten angedeutet wird.[39]

Man kann festhalten: Erwachsene im Allgemeinen und Lehrer im Speziellen werden in ihrer konkreten Vorbild- und Lehrfunktion in vielen Originals als erfolglos dargestellt. Entweder sind sie unfähig, die Bedürfnisse von Jugendlichen zu erkennen (WAYNE, IMPULSE) oder sie werden als entscheidender Störfaktor in der Entwicklung von Jugendlichen (STEP UP: HIGHWATER, THE THINNING) inszeniert. Hinzu kommt, dass ihnen oftmals ein Mangel an (digitalen) Kompetenzen zugeschrieben wird (FOURSOME, HYPERLINKED, YOUTH AND CONSEQUENCES), weswegen sie augenscheinlich nicht in der Lage sind, Jugendliche des 21. Jahrhunderts zeitgemäß zu erziehen beziehungsweise ihnen essentielle Risiken digitaler Welten frühzeitig aufzuzeigen. Die Autoritätsfigur ‚Lehrer' verliert ihre Autorität in einer von digitaler Technologie geprägten Welt, weil in den Filmen und Serien zum Ausdruck gebracht wird, dass sie keinen nativen Zugang zu dieser Welt habe. Die Schule wird in den YouTube Originals als Ort präsentiert, an dem zwei Welten

36 Zusätzlich findet eine Umkehr der Opfer-Täter-Beziehung statt: Da der Jugendliche Clay gelähmt wird, starten Schüler Spendenaktionen für ihn und sehen ihn als Opfer eines mysteriösen Vorfalls an, für den es keine nähere Erklärung gibt. S. S1E1: TC: 00:37:00.

37 Im Verlauf der Serie werden ihre Kräfte enthüllt und es wird deutlich, dass sie sie von ihrem Vater geerbt hat. Das Motiv der Unkenntnis über den Körper ist jedoch in vielen Episoden stark präsent.

38 Gebhardt, Jugendkultur, S. 490.

39 Tatsächlich gibt es eine Polizistin, die Henrietta helfen möchte. Zunächst ist Henrietta jedoch skeptisch und traut sich nicht, ihre Geschichte einer Erwachsenen zu erzählen, da sie fürchtet, nicht ernst genommen zu werden.

aufeinandertreffen: Die ‚Welt der Erwachsenen' trifft auf die ‚Welt der Jugendlichen',[40] wobei sich Problemstellungen für Jugendliche meist durch den Einfluss respektive den Druck ergeben, den die ‚Erwachsenenwelt' auf ihre Welt ausübt.

8.1.2 Die Darstellung von Machtlosigkeit

Das zentrale Problem, dass Jugendliche an Highschools in den YouTube Originals erfahren, ist ihre Machtlosigkeit im realen Raum (an der Schule), wobei vielfach nahegelegt wird, dass sie durch diese Machtlosigkeit daran gehindert werden, eine von Traumata befreite Adoleszenz zu durchleben.[41] Unabhängig von ihrer moralischen Autorität im realen Raum (THE THINNING, THE THINNING: NEW WORLD ORDER, IMPULSE, STEP UP: HIGHWATER) sind sie klassischen Hierarchiestrukturen unterworfen, wobei diese Strukturen oftmals nicht auf Basis von Kompetenz organisiert sind. Dass Jugendliche im virtuellen Raum Jugendszenen[42] angehören (HYPERLINKED, FOURSOME, YOUTH AND CONSEQUENCES), in denen sie die Autoritätspersonen sind, wird im realen Raum nicht gewürdigt und teilweise als Gefahr für die Ordnung des realen Raums angesehen, womit auf ein grundsätzliches Phänomen der Jugendkultur angespielt wird:

> In der Vergangenheit wurden diese jugendlichen ‚Sonderwelten' oftmals als Subkulturen bezeichnet, in denen sich die jugendspezifische Anti-Haltung zu einer ‚gesellschaftskritischen' Lebensform mit alternativen Werten, Verhaltensformen und kulturell-ästhetischen Präferenzen verdichtete – einer Lebensform, die oftmals ideologisch (links wie rechts) unterfüttert wurde mit in der Regel eher diffusen Utopien eines ‚besseren' und ‚gerechteren' Lebens. Auch deshalb wurden sie oftmals von den Erwachsenen als Bedrohung und als Gefahr für die etablierte Ordnung eingeschätzt und die für sie typischen Verhaltens- und Praxisformen als deviantes oder abweichendes Handeln abqualifiziert.[43]

40 Vgl. Gebhardt, Jugendkultur, S. 490.

41 An dieser Stelle sei darauf hingewiesen, dass in YouTubes Eigenproduktionen eine klare Haltung bezüglich traditioneller Autoritätsfiguren bezogen wird, da diese oftmals als hinderlich für die Entwicklung von Jugendlichen angesehen werden. Eine alternative Darstellung, bei der man betont, dass Figuren wie Lehrer oder Eltern aufgrund ihrer Lebenserfahrung und ihres Wissensvorsprungs gegenüber Jugendlichen eminent wichtig sind, gibt es nur in Ausnahmefällen (zum Beispiel die Polizistin in IMPULSE oder eine Lehrerin in THE THINNING, die den Schülern hilft, sich der ‚Todesstrafe' zu entziehen).

42 Vgl. Gebhardt, Jugendkultur, S. 493 ff.

43 Gebhardt, Jugendkultur, S. 491. Gebhardt weist in einem auf das Zitat folgenden Abschnitt darauf hin, dass das von ihm beschriebene Phänomen der ‚Anti-Haltung' heutzutage nicht mehr so stark erkennbar sei. Vgl. Gebhardt, Jugendkultur, S. 491. Diese Position wird hier nicht in Frage gestellt, vielmehr geht es um die Darstellung einer ‚Gegenkultur' in den YouTube Originals (und nicht in der realen Gesellschaft). In den YouTube Originals ist die von ihm beschriebene ‚Anti-

Freilich gibt es die hier beschriebenen Schulstrukturen und die Charakterisierungen von Lehrerfiguren nicht erst seit den YouTube Originals. Vielmehr ist das Motiv einer ‚erwachsenen Welt', die auf eine ‚jugendliche Gegenwelt' trifft seit vielen Jahren in zahlreichen Highschool-Filmen präsent.[44] Interessant ist im Hinblick auf die YouTube Originals – neben der Tatsache, dass es zu einer auffallend hohen Anzahl an Produktionen von Highschoolfilmen und -serien kommt –, dass oftmals ein Umsturz der Machtverhältnisse und Werteordnungen in der realen Welt durch einen aus dem digitalen Raum hervorgehenden Impuls erfolgt, der aufgrund der im 21. Jahrhundert vorherrschenden Verflochtenheit von virtuellem und realem Raum problemlos die Gesetze des realen Raums außer Kraft zu setzen vermag. Digitale Medien, die ein zentrales Element der Jugendkultur darstellen,[45] fungieren häufig als Werkzeuge, mittels derer die analoge Welt mitsamt ihren Dogmen demontiert wird. Das folgende Unterkapitel zeigt auf, wie Jugend- und Digitalkultur in den YouTube Originals konvergieren und auf welche Weise Jugendliche durch ihren nativen Zugang zu digitalen Medien die Möglichkeit zur Selbsthilfe und Selbsterziehung erhalten.

8.1.3 Die Konvergenz von Jugend- und Digitalkultur

In The Thinning zeigt sich, dass ein Wendepunkt im dystopischen Ausgangsszenario durch die Fähigkeiten von Jugendlichen eingeleitet wird, digitale Technologie vorteilsbringend zu nutzen: Eine Schülerin verschafft sich Zugang zum zentralen Computerraum und kommuniziert mit einem Schulfreund, der gebeten wird, sich in das Überwachungssystem der Schule zu hacken, um belastendes Material über die illegalen Praktiken des ‚Schulsicherheitsdienstes' zu verbreiten.[46] Mittels seines Smartphones kann sich der im Hinblick auf digitale Technologie versierte Schüler Zugang zu den Datenbänken des autoritären Schulregimes verschaffen und Aufnahmen veröffentlichen, die den Sicherheitsdienst und das gesamte Programm der ‚Schüler-Ausdünnung' (daher der Name ‚The Thinning') vor erhebli-

Haltung' durchaus erkennbar und jugendliche Parallelwelten werden oftmals als Gefahr für die reale Welt und die Ordnung in ihr angesehen.

44 Viele von diesen Filmen sind Komödien, in denen die sexuelle Entwicklung von Jugendlichen im Vordergrund steht. S. z. B.: Superbad (Superbad, R.: Greg Mottola, USA 2007) oder Nicht noch ein Teenie-Film (Nicht noch ein Teenie-Film, R.: Joel Gallen, USA 2001.) oder die American Pie Filmreihe (American Pie, R.: diverse, USA 1999–2020).

45 Vgl. Aufenanger, Jugendkultur.

46 S. TC: 01:02:15. Der Schulfreund hat die Prüfung bestanden und befindet sich auf einer Schulfeier. Er verfügt daher über ein Smartphone und wird nicht wie viele andere Schüler in der gleichen Weise kontrolliert und überwacht.

che Probleme stellen.[47] Interessant ist, dass ausgerechnet Aufnahmen der Überwachung und Handyvideos ausschlaggebend dafür sind, dass die zum Beginn des Films als unumstößlich eingeführten Unterdrückungsstrukturen aufgebrochen werden: Die audiovisuelle Technologie, mit der der Sicherheitsdienst die Schüler beobachtet und kontrolliert, wird ihm schließlich selbst zum Verhängnis.

Es zeigt sich, dass die Schüler aufgrund ihres nativen Zugangs zu digitaler Technologie besser in der Lage sind, den (in Teilen) von dieser Technologie abhängigen Überwachungsmikrokosmos zu begreifen als die einer älteren Generation angehörigen Unterdrücker (Sicherheitsdienst, Gouverneur Redding). Das Smartphone des Schülers, mit dem er Enthüllungsaufnahmen an eine Journalistin außerhalb der Schule schickt, avanciert zum zentralen Handlungselement, durch das systematische Ungerechtigkeit und willkürliche Gewaltakte aufgedeckt werden. Damit wird einerseits auf das Phänomen des Grassroots-Journalismus angespielt, der nicht zuletzt dank Plattformen wie YouTube zu einem wichtigen Werkzeug des Widerstands gegen autoritäre Regime herangewachsen ist.[48] Andererseits wird damit auch auf die Signifikanz von Smartphones im Allgemeinen sowie auf den Handyfilm und seinen Stellenwert in der Jugendkultur[49] im Speziellen hingewiesen:

> Handyfilme und Jugendliche. Dieses Begriffspaar ruft noch immer negative Assoziationen hervor. „Der Jugend" wird dabei pauschal unterstellt, Handyfilme als Machtmittel in Fällen von sogenanntem „Cybermobbing" oder für die Herstellung und den Konsum von pornografischen Inhalten zu nutzen. Für Jugendliche selbst sind Handyfilme dagegen ein selbstverständlicher Teil ihres Alltags und haben sehr viel weniger mit „Sex & Crime" zu tun, als die entsprechenden Schlagzeilen in den Massenmedien unterstellen.[50]

Holfelder und Ritter eröffnen ihre Publikation *Handyfilme als Jugendkultur* durch das Aufgreifen eines Vorurteils gegenüber Jugendlichen. Interessanterweise wird in THE THINNING eine größtmögliche Distanzierung zu diesem sonst weit verbreiteten Vorurteil hergestellt. Das Handy lässt sich als – wie Holfelder und Ritter betonen – *Machtmittel* begreifen, allerdings kann es nur aufgrund der Tatsache, dass die notwendigen kulturellen Rahmenbedingungen existieren, zum Instrument der Macht werden, was sich beispielsweise anhand von Hannah Arendts vorgelegten Theorien zu Macht und Gewalt näher erläutern lässt.[51] Arendt führt aus:

> Zu den entscheidendsten Unterschieden zwischen Macht und Gewalt gehört, dass Macht immer von Zahlen abhängt, während die Gewalt bis zu einem gewissen Grade von Zahlen unabhängig ist, weil sie sich auf Werkzeuge verläßt [sic!] [...] Der Extremfall der Macht ist gegeben in der

47 S. TC: 01:04:28. S. auch TC: 01:06:28.
48 S. Kapitel 4.1.1.
49 Vgl. Holfelder, Handyfilme.
50 Holfelder, Handyfilme, S. 7.
51 Vgl. Arendt, Hannah: Macht und Gewalt, München 2008.

> Konstellation: Alle gegen Einen, der Extremfall der Gewalt in der Konstellation: Einer gegen Alle. Und das letztere ist ohne Werkzeuge, d. h. ohne Gewalt*mittel* niemals möglich.[52]

Anders als die Werkzeuge des Schulsicherheitsdienstes (Schlagstöcke, Spritzen, Pistolen) handelt es sich beim Smartphone nicht um ein *Gewalt*werkzeug, das einen inhaltlichen Wendepunkt markiert. Vielmehr wird durch das mediale Potenzial des Smartphones und des Internets die Möglichkeit eröffnet, Macht auszuüben. Begreift man The Thinning vor dem Hintergrund von Arendts Machttheorien, gelangt man zu dem Schluss, dass ein Jugendlicher mit seinem Smartphone einen Umsturz bewirken kann, weil die Adressaten dieser Bilder (Journalisten, Politiker, Bevölkerung) den Akteuren an der Highschool zahlenmäßig überlegen sind.[53] Dass dieser Umsturz durch einen *einzelnen* Akteur ohne Gewalt- und Stärkeanwendungen sowie Anzeichen von Autorität[54] eingeleitet werden kann, steht hierbei in engem Zusammenhang mit dem Potenzial der digitalen Technologie des 21. Jahrhunderts, da durch sie die Reproduzierbarkeit und Distribution von audiovisuellem Material einerseits schnell erfolgt und andererseits nicht durch physische Hindernisse wie Wände, Gitter oder die körperliche Stärke von Akteuren aufgehalten werden kann. Zudem ist es im Hinblick auf Arendts Verbindung zwischen Macht und zahlenmäßiger Überlegenheit wichtig zu betonen, dass die Anzahl von Adressaten im Internet, durch die Machtverhältnisse essentiell beeinflusst werden, nicht durch traditionelle Begrenzungen (wie Platzmangel an öffentlichen Orten, an denen man sich einfinden muss, um eine Information zu erhalten) limitiert wird, sodass Machtausübung via Internet teilweise schneller und effizienter stattfinden kann, als es im realen Raum der Fall ist.[55] Der entscheidende Punkt ist, dass internetfähige Geräte in den Händen von Jugendlichen in den YouTube Originals oftmals als Machtmittel inszeniert werden, wobei dieser ‚digitalen Macht' in mehreren Fällen ‚analoge Gewalt' gegenüberge-

52 Arendt, Macht, S. 43.

53 Ebendieser Aspekt der zahlenmäßigen Überlegenheit spielt bei Arendts Machttheorien eine entscheidende Rolle. Vgl. Arendt, Macht, S. 43.

54 Arendt setzt sich neben den Begriffen ‚Macht' und ‚Gewalt' auch mit ‚Stärke' und ‚Autorität' auseinander und grenzt sie voneinander ab. Vgl. Arendt, Macht, S. 45 f.

55 Man stößt auf Probleme, Arendts Überlegungen zu Macht und Gewalt mit heutiger Technologie in Einklang zu bringen, sobald man sich mit dem Aspekt der Ermächtigung auseinandersetzt: Im Zeitalter der Internetdistribution bedarf es keiner traditionellen Form der Ermächtigung eines Einzelnen durch ‚die Vielen', da der Einzelne auch ohne Zustimmung aller anderen Internetnutzer Inhalte veröffentlichen kann. Am ehesten fällt Internetdienstleistern wie Google und Anzeigealgorithmen die Rolle des ‚Machtgebers' zu, wobei es sich hierbei schon teilweise nicht mehr um Menschen, sondern Computerprogramme handelt. Vgl. Arendt, Macht, S. 45. Mir erscheint der Verweis auf Arendts Publikation in diesem Kontext sinnvoll, da man durch ihre Differenzierungen zwischen Macht und Gewalt besser verstehen kann, weshalb das Smartphone und das Internet *Macht*mittel sind, die es von *Gewalt*werkzeugen zu unterscheiden gilt.

stellt wird. Hierbei variiert die Stärke der Ausprägung dieses Motivs von Produktion zu Produktion erheblich. Nichtsdestotrotz findet es sich in vielen Filmen und Serien wieder, sodass man eindeutig von einer produktionsübergreifenden Inhaltstendenz sprechen kann.

THE THINNING einmal ausgeklammert lässt sich feststellen, dass teilweise auch in Serien wie IMPULSE, in denen eigentlich *kein* thematischer Fokus auf digitaler Technologie liegt, digitale Kompetenzen von Schülern als subversive Kräfte genutzt werden, um die Machtverhältnisse im realen Raum umzukehren: Die in Kapitel 8.1.1. angesprochene Desavouierung des Lehrers, auf die er lediglich mit analoger Gewalt (dem Ziehen an Henriettas Arm) zu reagieren vermag, wird durch eine Suche im Internet ermöglicht. Die Annahme des Lehrers, im Schulraum über Macht zu verfügen, wird durch digitale Technologie, die von einer Schülerin bedient wird, konterkariert. Dass in diesem konkreten Fall aufgedeckt wird, dass der Lehrer nie promoviert wurde, ist im Kontext der Lehre besonders pikant, da damit implizit die Autorität und Integrität der Institution ‚Schule' an sich infrage gestellt wird.

Bei STEP UP: HIGHWATER handelt es sich ebenfalls um eine Schul-Serie, in der digitale Medien nicht im Mittelpunkt stehen. Trotzdem fällt auf, dass der inhaltliche Fortlauf der Serie maßgeblich von Ereignissen in virtuellen Räumen beeinflusst wird: Der Protagonist Odom wird Opfer eines ‚Shitstorms' auf Twitter,[56] weil er angeblich Schulden bei verschiedenen Menschen hat, die er nicht zurückzahlen kann oder will. Dieser Vorfall ist ausschlaggebend dafür, dass der in seiner Ehre gekränkte Odom eine Musiktour plant, durch die er sich erneut positive Schlagzeilen erhofft. Auch sieht er in der Tour eine Möglichkeit, seine prekäre finanzielle Situation zu verbessern. Die Planung dieser Tour sowie die Genese neuer Lieder und Choreografien wird in allen weiteren Episoden der ersten und zweiten Staffel erzählt, sodass sie als zentrales Handlungselement einzustufen ist.

In mehreren Episoden wird auf die Signifikanz der Partizipation auf sozialen Netzwerken verwiesen, wobei angedeutet wird, dass eine erfolgreiche Karriere als Sänger oder Tänzer auf einer realen Bühne nur dann möglich ist, wenn ihr eine gelungene Online-Präsenz vorausgeht. Ein Beispiel hierfür ist ein Livestream-Musikvideo von Odom,[57] dessen Klickzahlen im Internet als Indikator für Odoms Beliebtheit in der Gesellschaft gelten. Ein anderes Beispiel wird anhand der Figur Tal Baker ersichtlich. Der schüchterne Jugendliche ist in sozialen Netzwerken weitgehend inaktiv und wird von dem Social-Media-Manager Johnny One darüber belehrt, dass eine Online-Identität obligatorisch für eine Tänzerkarriere sei. Als die beiden ein Video aufnehmen, durch das Tal lernen soll, vor einer Kamera zu spre-

56 S. S1E5: TC: 00:04:50.
57 S. S1E5: TC: 00:38:10.

chen, und das ihm bei der erfolgreichen Gestaltung einer Internetpräsenz helfen soll, spricht er erstmals über seine Homosexualität sowie über Probleme und Schicksalsschläge in seinem Leben.[58] Erst im Zusammenhang mit digitaler Aufnahmetechnologie und im Kontext von Onlinedistribution fasst Tal den Entschluss, bislang unterdrückte Gefühle zu kommunizieren. Während der Videoaufnahme tritt eine entscheidende Entwicklung im Leben des Jugendlichen in Kraft, die weder durch Eltern noch durch Lehrer angeregt werden konnte.[59] An dieser Stelle tritt das Motiv der Selbsthilfe und Hilfe unter Jugendlichen in den Vordergrund, wobei anzumerken ist, dass der Auslöser für die Entwicklung der Figur in unmittelbarem Zusammenhang mit digitaler Technologie steht. Wenngleich man insgesamt betonen muss, dass in STEP UP: HIGHWATER die Entwicklung und Ausbildung von Jugendlichen vor allem in der *realen* Welt thematisiert wird, ist es doch auffällig, dass mehrere Schlüsselmomente bestehen, in denen Einflüsse aus der virtuellen Welt den (Schul-)Alltag in der realen Welt fundamental verändern.

Der hohe Stellenwert virtueller Räume im Leben von Jugendlichen wird auch in HYPERLINKED und FOURSOME ausgiebig thematisiert. In beiden Serien wird nahegelegt, dass Kompetenzen im Umgang mit digitalen Medien im Allgemeinen sowie die Distribution von Inhalten im Internet im Speziellen einen Machtgewinn und Beliebtheitszuwachs in der realen Welt bedeuten. Schülern wird im Zusammenhang mit digitalen Medien eine Art ‚Wissenshoheit' zugesprochen, wodurch eine grundsätzliche Umkehrung der klassischen ‚Lehrer-Schüler-' respektive ‚Erwachsenen-Kind-Beziehung' erfolgt, bei der erstere einen Wissensvorsprung für sich beanspruchen können und in der Pflicht stehen, ihr Wissen verantwortungsvoll weiterzugeben. Anhand von HYPERLINKED und FOURSOME zeigt sich, dass ‚Digital Natives' mit ihren Digitalkompetenzen Paradigmen des realen Raums durchbrechen und die etablierten Macht- und Hierarchiestrukturen, die sich in HYPERLINKED und FOURSOME mitunter durch Wissensvorsprünge artikulieren, in ihren Grundfesten erschüttern.

Letztgenannter Aspekt wird in der Originals Produktion YOUTH AND CONSEQUENCES besonders prominent verhandelt. Wie in keiner anderen Eigenproduktion von YouTube steht in dieser Serie eine Verflochtenheit von Adoleszenz, Macht und digitalen Medien im Vordergrund. Bereits in der Pilotfolge wird diese Verflochtenheit ausdrucksstark in Szene gesetzt: Der Alltag an der Highschool wird in hohem Maße durch eine Art digitale Schülerzeitung geprägt, durch die jedoch lediglich Skandale und Geheimnisse von Schülern und Lehrern enthüllt werden.[60] Diese Enthüllungsplattform, die den anzüglichen Namen ‚The Crotch'

58 S. S1E7: TC: 00:32:42.

59 Im Gegenteil fürchtet Tal ein Gespräch über seine Homosexualität mit seinem Onkel, der das Sorgerecht für ihn hat, da er befürchtet, verstoßen zu werden.

60 S. S1E1: TC: 00:01:12.

trägt, wird von Schülern gleichermaßen affirmiert wie gefürchtet. Jeder an der Highschool lebt mit der ständigen Angst, in einem Artikel diffamiert zu werden, sodass man davon sprechen kann, dass die Plattform das Verhalten und die sozialen Aktivitäten der Schüler maßgeblich beeinflusst. Jeder Schüler ist zu Beginn der Serie darum bemüht, alle Neuigkeiten, die über ‚The Crotch' verbreitet werden, schnellstmöglich zu konsumieren. Ablehnung der oder gar Aufbegehren gegen die Plattform gibt es zunächst nicht. Eine Besonderheit ist, dass die Plattform von einem einzelnen Schüler betrieben wird, der stets anonym bleibt. Nach jedem Schuljahr wechselt der Betreiber der Plattform, sodass theoretisch jeder Schüler zum Autor der Artikel avancieren kann. Interessant ist, dass die Plattform von der Protagonistin Farrah zu Beginn der Serie als ‚Entität' bezeichnet wird,[61] was eine ungewöhnliche Bezeichnung für eine Onlineplattform ist. Der Plattform wird eine Art Eigenleben oder Eigendynamik zugeschrieben. Wichtig ist in diesem Zusammenhang der Aspekt der (scheinbaren) Unkontrollierbarkeit der Plattform, da ein Urheber der Artikel für Schüler und Lehrer unbekannt ist, wodurch menschliches Handeln in den Hintergrund tritt und die Plattform mitunter als lebender, autonom agierender Akteur und eben nicht als leb*loses* digitales Artefakt angesehen wird.[62]

Ebenfalls interessant ist die Tatsache, dass die Schuldirektorin nicht in der Lage ist, den Autor von ‚The Crotch' ausfindig zu machen.[63] Obwohl sie Zeit und Mittel investiert, um den Computer, von dem aus die Artikel erstellt und distribuiert werden, zu lokalisieren, gelingt es ihr nicht, die *Entität* aus dem Schulalltag zu verbannen. Aussagen von ihr wie „I hate the Crotch"[64] oder „I really hate it [...] that they [die Schüler] are smarter than us"[65] tragen maßgeblich zum Eindruck der Ohnmacht des Lehrkörpers bei, so wie sie bereits in WAYNE im Hinblick auf den Direktor geschildert wurde. In YOUTH AND CONSEQUENCES ist es eine Ohnmacht, die sich in Form mangelnder Kontrolle über digitale Räume artikuliert. Die Absenz von digitaler Kompetenz macht es der Direktorin unmöglich, ihre Machtposition im realen Raum auf den virtuellen Raum zu übertragen. ‚The Crotch' wird

---

61 S. S1E1: TC: 00:01:12.

62 Diese Lebhaftigkeit eines scheinbar leblosen Artefakts lässt sich beispielsweise vor Theorien des Neuen Materialismus diskutieren. Hierbei spielt die Aktivität und Eigendynamik von Objekten und Materie eine zentrale Rolle. Vgl. beispielsweise Bennett, Jane: Vibrant Matter: A Political Ecology of Things, Durham 2010. Dieser Aspekt wird bei der Serie YOUTH AND CONSEQUENCES prominent verhandelt, da mehrfach die Machtlosigkeit von Menschen gegenüber dem Digitalartefakt betont wird.

63 Dem Zuschauer wird zu Beginn der Serie eröffnet, dass ihr eigener Sohn die Plattform betreibt.

64 S. S1E1: TC: 00:04:20.

65 S. S1E1: TC: 00:07:00.

als Herzstück der Jugendkultur präsentiert, das wichtiger zu sein scheint als alle im realen Raum stattfindenden Ereignisse. Ein Beispiel hierfür wird in einer Szene ersichtlich, in der die Direktorin nach dem Tod eines Lehrers eine Sonderveranstaltung anberaumt, bei der sie psychologische Hilfe für diejenigen Schüler anbietet, die durch den Tod des Lehrers traumatisiert wurden.[66] Ihre Ansprache wird schließlich durch dutzende, gleichzeitig ertönende Handyklingeltöne und Vibrationsgeräusche unterbrochen: Es handelt sich um einen neuen Post auf ‚The Crotch', der für eine Benachrichtigung auf den Handys aller Schüler sorgt. Ungeachtet des Traueranlasses reagieren alle Schüler augenblicklich auf die Benachrichtigung und blicken auf ihre Handys. Die Schlagzeile auf ‚The Crotch' lautet, dass sich der verstorbene Lehrer erhängt habe.

Diese Szene steht sinnbildlich für die in vielen Originals Produktionen verhandelte Kollision des realen und virtuellen Raums: Digitale Technologie durchdringt den realen Raum durch auditive Signale (Klingeltöne) und weist auf ein Ereignis im virtuellen Raum hin, der daraufhin von den Jugendlichen sofort aufgesucht und als entscheidender Informationsraum verstanden wird. Die Hegemonialstellung des virtuellen Raums frustriert die Direktorin und schürt ihre Ängste bezüglich eines Kontrollverlusts im realen Raum, was sie zum Ausdruck bringt, indem sie sagt: „How are we expected to govern without secrets?"[67] Es wird deutlich, dass jedem intradiegetischen Akteur bewusst ist, wie mächtig die Schülerplattform ist, da die Konsequenzen, die sich durch Posts ergeben, nicht isoliert im virtuellen Raum getragen werden, sondern sich auch im Schulalltag manifestieren.

Schließlich ist auch die in YOUTH AND CONSEQUENCES von Schülern geäußerte Wahrnehmung von ‚Realität' nennenswert. In der Pilotfolge hört man eine Voiceover von Farrah: „People talk about you, and perception is reality. [...] The key is managing perception."[68] Die Aussage der Figur bezieht sich hierbei auf die Plattform ‚The Crotch', durch die Lästereien unter Schülern angeregt werden. ‚Perception is reality' bringt ein essentielles Paradigma der Jugendkultur in den Originals auf den Punkt, bei dem die Art, wie man im Internet wahrgenommen wird, ausschlaggebend für die Lebensrealität und Lebensqualität im Allgemeinen ist. ‚The key is managing perception' lässt sich nicht nur als intradiegetischen Aperçu, sondern als Kommentar begreifen, durch den die Grenzen zwischen der Figur Farrah und der sie verkörpernden YouTuberin Anna Akana verwischt werden: Als YouTube- und Instagram-Influencer ist es gewissermaßen ein Teil von Akanas Beruf, ihre öffentliche Wahrnehmung zu *managen*, sodass man hier auf eine interessante

66 S. S1E1: TC: 00:02:52.
67 S. S1E1: TC: 00:06:35.
68 S. S1E1: TC: 00:03:50.

Form der Selbstreferentialität stößt, wobei sowohl auf diegetischer Ebene als auch außerhalb der Erzählung der Versuch, die Wahrnehmung der eigenen Person zu kontrollieren, eng an den Auftritt im Internet gebunden ist.

8.2 Digitalkultur in den YouTube Originals

Jenseits von Schulfilmen und -serien fällt auf, dass in vielen Originals eine selbstreferentielle Auseinandersetzung mit YouTube und anderen Onlineplattformen stattfindet, die interessanterweise auch in Kombination mit einer Gegenüberstellung der medialen Differenz von YouTube und diversen Fernsehformaten erfolgt. Damit ist gemeint, dass der digitale Distributionskontext der YouTube Originals überdeutlich hervorgehoben wird, wobei diese Hervorhebung nicht selten mit einer Desavouierung von klassischen Fernsehformaten wie dem ‚Reality TV' einhergeht, mittels derer die Unterschiede der Medienästhetik des Fernsehens und der Medienästhetik von YouTube aufgezeigt werden. Mir scheint, dass YouTube sein eigenes ‚medienästhetisches Territorium' durch eine Markierung der medialen Differenz zwischen YouTube und dem Fernsehen abstecken möchte, wobei in diesem Zusammenhang eine gewisse Widersprüchlichkeit auf den Plan tritt, zumal YouTubes fiktionale Eigenproduktionen in formaler Hinsicht (s. siebtes Kapitel) nicht von anderen Fernseh- oder Streamingserien sowie Kinofilmen unterschieden werden können, sodass sich die hier angesprochene Artikulation von medialer Differenz zwischen verschiedenen Medieninstitutionen lediglich auf inhaltlicher Ebene niederschlägt.

8.2.1 Selbstreferenzen und Metareflexion

Viele Eigenproduktionen von YouTube setzen sich mit Internet- und Digitalkultur auseinander, wobei das YouTubing als Tätigkeit selbstreferentiell und in einigen Fällen auch metareflexiv aufgegriffen wird.[69] Anhand der Produktionen RYAN HAN-

69 Für Unterschiede zwischen (Selbst-)Referentialität und Metareflexion vgl. z. B. Naschert, Guido: Referenz, in: Müller, Jan-Dirk (Hg.): Reallexion der deutschen Literaturwissenschaft Band III, Berlin 2007, S. 239–241. Vgl. auch Fricke, Harald: Potenzierung, in: Fricke, Harald (Hg.): Reallexion der deutschen Literaturwissenschaft Band II, Berlin 2007, S. 144–147. Vgl. auch Kuhn, Filmnarratologie. Für diese Studie ist die Unterscheidung zwischen Selbstreferentialität und Metamedialität wichtig. Es gibt einerseits fiktionale Produktionen, in denen das YouTubing einen Bestandteil der Handlung darstellt, ohne dass dies in der Serie als Besonderheit markiert wird (z. B. JINGLE BALLIN'). Andererseits gibt es aber auch Serien wie RYAN HANSEN SOLVES CRIMES ON TELEVISION, in denen die Abgeschlossenheit der diegetischen Welt ständig durchbrochen wird, indem Figuren darauf hinweisen, dass sie selbst in einer YouTube-Serie mitwirken. Im ersten Fall verweist YouTube auf sich selbst

SEN SOLVES CRIMES ON TELEVISION, LIZA ON DEMAND, ME AND MY GRANDMA, BAD INTERNET, SIDESWIPED, JINGLE BALLIN' und BULLSPRIT wird erörtert, wie in den YouTube Originals Phänomene im Bereich der Internet(-video-)kultur inszeniert werden. Dabei wird insbesondere hervorgehoben, wie YouTube oftmals auf sich und den eigenen Stellenwert in der gegenwärtigen Medienlandschaft verweist, wodurch einerseits eine Profilierung der ‚Marke YouTube' angestrebt wird und andererseits ein Erkennungsmerkmal der Eigenproduktionen kreiert werden soll: Als Digitalkonzern aus dem Silicon Valley setzen sich auch die Produktionen dieses Konzerns in thematischer Hinsicht gezielter mit digitaler Kultur auseinander als das südkalifornische Hollywood, das seine Wurzeln im analogen Medienzeitalter hat. Damit soll nicht angedeutet werden, dass Hollywood in der Zeit stehengeblieben ist oder dass intradiegetische Digitalkultur keine Rolle in Hollywoodfilmen spielt. Insbesondere seit den 2010er Jahren lässt sich vermehrt beobachten, dass fiktive Figuren in Hollywoodproduktionen – unabhängig vom Filmgenre – häufig digitale Medien nutzen. Der entscheidende Unterschied zwischen der Inszenierung von Digitalkultur in Hollywoodfilmen und in den YouTube Originals ist aber, dass sie im Fall von YouTube mit Selbstreflexion verbunden ist. Diese Differenzierung ist wichtig, da Selbstreflexion auch Aufschlüsse über das Selbstbild gibt, das der Konzern YouTube von sich zeichnet.

8.2.1.1 Cameo-Auftritte von YouTubern

Am Beispiel der Produktionen BULLSPRIT und ME AND MY GRANDMA und soll zunächst auf eine Auffälligkeit bei (Cameo-)Auftritten von YouTubern hingewiesen werden. In BULLSPRIT tritt beispielsweise das YouTuber-Duo Die Lochis auf.[70] Die jungen YouTuber spielen sich selbst in zwei Szenen, durch die nicht nur auf sie als YouTuber, sondern auch auf ihr junges Alter hingewiesen wird: Mit (sichtbar) angeklebten Bärten betreten die zwei die Tankstelle, an der ein Großteil der Serie spielt. Durch die Bärte erhoffen sie sich, als volljährig angesehen zu werden, da sie für eine Feier Alkohol kaufen möchten. Der Kassierer Nick erkennt die beiden und verkauft ihnen den Alkohol nicht, stattdessen bietet er ihnen höhnisch ein paar Lutscher an. Einige Minuten später betreten zwei attraktive Frauen die Tankstelle, um Alkohol zu kaufen. Sie steigen in eine Mercedes-Limousine ein und es stellt sich heraus, dass ihre Begleiter und die Fahrer des Autos Die Lochis sind, die nun über Umwege doch an Alkohol gekommen sind. Dieses Beispiel ist

---

und sein Starsystem (Selbstreferenz), wobei die Diegese nicht davon beeinflusst wird. Im zweiten Fall findet eine Überschreitung der Erzählebene statt, durch die die Fiktionalität und die Einbettung der Serie auf YouTube offengelegt werden (Metareflexion).

70 S. S1E4: TC: 00:07:42.

weniger aufgrund der Pointe, sondern vielmehr wegen des zum Ausdruck gebrachten Verständnisses von YouTube-Stars interessant: Die YouTube-Stars werden durch eine Kontrolle ihres Alters als Jugendliche eingeführt. Trotz ihres jungen Alters werden ihnen durch ihre Begleiterinnen und das teure Auto ein hoher sexueller Erfolg sowie finanzieller Wohlstand zugeschrieben. In dieser Eigenproduktion wird also auf das Starsystem der eigenen Plattform verwiesen und gleichzeitig erfolgt eine selbstironische Einschätzung bezüglich (stereotyper) Charakteristika von YouTube-Stars.

Eine ähnliche Tendenz besteht bei der Serie ME AND MY GRANDMA. Auf einer Filmpremierenfeier für einen YouTube Originals Film[71] – womit bereits ein starkes selbstreflexives Motiv eingeführt wird – begegnen die zwei Protagonistinnen der YouTuberin Gigi Gorgeous. Die Großmutter, die den Entschluss gefasst hat, Influencerin zu werden, fragt Gorgeous nach Tipps für eine erfolgreiche Influencer-Karriere. Auf die Antworten: „I just like to let my personality shine“[72] und „Honey, you just have to be yourself“[73] reagiert die Großmutter verwundert und leicht verärgert, indem sie sagt: „That's all you got?“.[74] Man kann diesen Cameo-Auftritt lediglich als lustige Pointe auffassen. Er ist aber mehr und macht abermals auf eine (selbstironische) Bewertung von YouTubes Starsystem aufmerksam, bei der diesmal – stärker als im vorherigen Beispiel – die Differenz zum ‚gewöhnlichen' (Hollywood-)Stardom betont wird. In ihrem Aufsatz zu *Star Studies* hebt Weingart hervor:

> Mit dem Fokus auf Phänomene von *online celebrity*, aber auch auf die Verflechtung der auf die öffentliche Sichtbarkeit von Personen gerichteten Konstruktionsprozesse über verschiedene Medien hinweg, reagieren die Celebrity Studies auf die Tatsache, dass zuletzt die digitalen Social Media einen Paradigmenwechsel begünstigt haben, mit dem das Versprechen einer ‚Demokratisierung' von Berühmtheit [...] eingelöst scheint.[75]

Eben dieser Paradigmenwechsel im Hinblick auf Möglichkeiten, zu Berühmtheit zu gelangen, wird in dieser Szene auf humoristische Weise verhandelt: Die Großmutter ist nicht vertraut mit digitalen Plattformen und ihren Stars und bezieht sich mit ihrer Frage nach Tipps eher auf Ratschläge, die man bei traditionellen Castings oder Ähnlichem befolgen sollte. Weingart führt aus: „Wurde [...] der Zugang mittels Casting-Verfahren noch durch das Gatekeeping der Sender reguliert, so haben die Möglichkeiten öffentlicher Selbstinszenierung, die Plattformen wie YouTube (‚Broadcast

71 Man sieht eine Leinwand, auf der man das ‚YouTube Red-Logo' sowie den Filmtitel einer YouTube Red-Produktion erkennen kann. S. S1E2: TC: 00:12:00.

72 Der Dialog startet bei S1E2: TC: 00:13:10.

73 S. vorheriger Timecode.

74 S. vorheriger Timecode.

75 Weingart, Star Studies, S. 603.

yourself') bereitstellen, neben teils nachträglich als solchen identifizierten Produktionen der Medienindustrien auch veritable *self made*-Celebrities hervorgebracht."[76] Der Großmutter sind die mediale Offenheit von YouTube und die Absenz von Gatekeeping-Institutionen, wie Weingart sie hervorhebt, (noch) unbekannt. Sie kennt lediglich die Zugangshürden der analogen Unterhaltungsindustrie, die auf Internetplattformen wie YouTube nicht existieren.

Ein selbstironisches Element wird zudem anhand der ‚Tipps' ersichtlich, die Gorgeous erteilt: Bei ihren Aussagen handelt es sich um standardisierte ‚Influencer-Phrasen', die stets auf die Signifikanz der Authentizität verweisen (s. viertes Kapitel in dieser Studie). ‚Sei einfach du selbst' ist ein vielgenannter Hinweis im Kontext der Profilierung der eigenen Person im Internet. Auf diesen Satz folgt meist: ‚Der Erfolg kommt dann von selbst'. Hierbei handelt es sich selbstverständlich um ein leeres Versprechen, das nur in Ausnahmefällen für wenige Menschen erfüllt wird, die über Jahre hinweg diszipliniert Inhalte veröffentlichen. Gleichwohl hat sich dieses Versprechen erfolgreich verfestigt und ist zum Dogma für alle aufstrebenden Videomacher geworden. Ebendieses Dogma wird selbstreflexiv in der angesprochenen Szene zum Ausdruck gebracht. Die Unterschiede zwischen traditionellem Ruhm, der auf Basis eines Schaffensprozesses außerhalb der Inszenierung der eigenen Person liegt, und dem Phänomen der Internetberühmtheit werden deutlich:

> Mit Blick auf DIY-Websites [...] hat Graeme Turner [...] diese zunehmenden Partizipationsmöglichkeiten ‚der Leute' als „demotic turn" beschrieben, ohne ihnen deshalb ein demokratisierendes Potenzial per se ab- (oder zu-) zu sprechen. Demgegenüber geht mit der Diagnose einer solchen Wende auch in der Forschung häufig die Feststellung einher, dass die dadurch hervorgebrachten Formen von Berühmtheit (im Unterschied zum verdienten Ruhm) sich nicht mehr besonderen Leistungen, einem herausragenden Talent oder einem ‚Werk' außerhalb ihrer Person verdankten, sondern der autoreferenziellen Produktivität von Medien: „famous for being famous", wie dieser Mangel an Substanz [...] gerne auf den Punkt gebracht wird.[77]

Ist es für eine Schauspielerkarriere im südkalifornischen Hollywood wichtig, gut darin zu sein, jemand anderen verkörpern zu können, ist es für eine Influencer-Karriere auf Plattformen des nordkalifornischen Silicon Valleys entscheidend, erfolgreich ‚man selbst' zu sein. Dass die Profilierung der eigenen Person im Internet scheinbar die einzige Herausforderung darstellt, um zu Berühmtheit zu gelangen, wird in ME AND MY GRANDMA in Form des von der Großmutter geäußerten

---

76 Weingart, Star Studies, S. 603.

77 Weingart, Star Studies, S. 603. Vgl. auch Turner, Graeme: Ordinary People and the Media: The Demotic Turn, London 2010.

Metakommentars auf YouTubes Starsystem ‚That's all you got?' in besonderer Weise hervorgehoben.

8.2.1.2 Online-Identität und Internetdienstleister

Neben den Cameo-Auftritten von YouTubern ist auffällig, dass sich viele Originals in thematischer Hinsicht mit Internetplattformen im Allgemeinen und YouTube im Speziellen auseinandersetzen. In SIDESWIPED steht beispielsweise das Online-Dating über die Plattform Tinder im Vordergrund. In dieser Komödie beschließt die von ihrem Liebesleben frustrierte Protagonistin Olivia, die Dating-App auf exzessive Weise zu nutzen,[78] indem sie jedem ‚Match' auf Tinder nachgeht und versucht, so viele Dates wie möglich wahrzunehmen. Hier stehen die durch digitale Plattformen ermöglichten Paradigmenwechsel im Hinblick auf (sexuelle) Beziehungen im Vordergrund: Die zeitlichen und räumlichen Hürden, die im realen Alltagsleben bei der Partnersuche bestehen, entfallen im virtuellen Raum und ein Kennenlernen von hunderten Personen wird durch ein Wischen mit dem Finger in die richtige Richtung (daher der Titel *Sideswiped*) ermöglicht. Der Prozess des Kennenlernens sowie die Inszenierung der eigenen Person auf Profilfotos werden als standardisierte Verfahren dargestellt, wobei an mehreren Stellen die Diskrepanz zwischen Online-Beschreibungen und Fotos sowie der – als enttäuschend dargestellten – Wirklichkeit im Vordergrund steht.[79] Auf Basis dieser Diskrepanz wird der Druck im Hinblick auf die soziale und sexuelle Performanz im realen Leben thematisiert, der entsteht, weil die Konstruktion der Online-Identität stets einer Konstruktion eines optimierten Selbstbildes entsprechen soll, der die Akteure im realen Leben nicht nachkommen können.[80]

In der Serie LIZA ON DEMAND stehen die von YouTuberin Liza Koshy gespielte Liza (sie spielt jedoch nicht sich selbst) und ihre instabile Berufssituation im Vordergrund. Liza hat mehrere Jobs, bei denen sie unter anderem als Fahrerin, Möbelpackerin und Lieferbotin zu sehen ist. Das im Serientitel genannte ‚on demand' bezieht sich darauf, dass Liza jeden Arbeitsauftrag über Handy-Apps erhält. Ihre Lebens-

78 Nachdem sie die App am Abend ihres Geburtstags installierte, wacht Olivia mit 252 Matches auf. S. S1E1: TC: 00:23:55.

79 Ein Beispiel ist ein Date mit einem Fitnesstrainer, der von sich behauptet, niemals seine Zehen- oder Barfußschuhe auszuziehen und somit ein recht ungewöhnliches und unhygienisches Bild von sich abgibt, das über die Dating-App nicht vermittelt wurde. S. S1E2: TC: 00:07:10.

80 Beispielsweise wenn ein gestandener Arzt während des ersten Dates zu weinen beginnt, weil er lieber Cartoon-Zeichner werden wollte und von seinen Eltern dazu gedrängt wurde, Arzt zu werden (s. S1E4: TC: 00:21:02) oder wenn Olivia Unsicherheiten bezüglich ihrer Intimbehaarung zu erkennen gibt, da ein Mann, mit dem sie schläft, mehrfach auf ihre Behaarung hinweist. S. S1S2: TC: 00:20:48.

grundlage basiert auf diesen mobilen Applikationen von Lieferfirmen oder Fahrdiensten, sodass man schnell begreift, wie abhängig sie von digitaler Technologie ist. Anders als im vorherigen Beispiel wird in LIZA ON DEMAND nicht das Privatleben, sondern das Berufsleben in eminenter Weise durch Prozesse im digitalen Raum beeinflusst. Besonders hervorzuheben ist Lizas ständiges Verlangen nach guten Bewertungen ihrer Dienste, da sie mit besseren Bewertungen auch bessere Aufträge und mehr Geld erhält. Schon in der ersten Szene in der Pilotfolge wird ein Bild einer Gesellschaft gezeichnet, die panische Angst vor schlechten Bewertungen auf Online-Plattformen hat, weil die Konsequenzen dieser Bewertung Auswirkungen auf das Leben im realen Raum haben.[81] So kommt es beispielsweise zu einem ‚Showdown', bei dem Liza und ein Kunde – anders als im Westernfilm – keine Revolver, sondern ihre Smartphones in den Händen halten und sich argwöhnisch darauf verständigen, zum exakt gleichen Zeitpunkt beide eine Fünf-Sterne-Bewertung für den jeweils anderen einzugeben.[82] Abermals findet man ein dominantes Motiv, bei dem der digitale Raum starke Auswirkungen auf das Alltagsleben hat. Die Figuren sind einem konstanten Leistungsdruck ausgesetzt, der durch Anforderungen entsteht, die mit der Nutzung digitaler Technologie und der Partizipation auf Online-Plattformen einhergehen.

Eine ähnliche thematische Leitlinie findet man in der Anthologie-Serie BAD INTERNET vor. In jeder Episode werden auf überspitzte Weise die Auswirkungen digitaler Technologien auf die Gesellschaft verhandelt. So setzt sich beispielsweise eine Episode mit Amazon und Kaufvorschlägen für neue Produkte auseinander.[83] Hierbei wird ein Algorithmus thematisiert, der in der Lage ist, Wunschkäufe von Kunden vorherzusehen, bevor diese überhaupt wissen, dass sie ein bestimmtes Produkt haben möchten oder brauchen. Unter dem Label ‚Amazon Foresight – You don't even have to ask'[84] wird der wachsende Einfluss von Algorithmen auf den Alltag dargestellt, wobei man durchaus davon sprechen kann, dass eine äußerst kritische Grundhaltung bezüglich der Algorithmuskultur besteht, die sich auch in anderen Episoden zeigt.

In der Folge YOUR SEARCH HISTORY REVEALED werden die Google-Suchanfragen aller Menschen durch einen Cyberterroristen veröffentlicht. Im Mittelpunkt der Folge steht eine Familie, die nach der Veröffentlichung aller Suchanfragen heftig zu streiten beginnt, da viele pikante Details, Wünsche und Vorlieben über die einzel-

---

81 Hierbei findet man eine ähnliche Art der Darstellung vor, wie sie für zahlreiche Highschool-Filme und -Serien bereits beschrieben wurde.

82 Für die Szene s. S1E1: TC: 00:01:15. Für die gleichzeitige Bewertung s. S1E1: TC: 00:02:10.

83 S. S1E2.

84 S. S1E2: TC: 00:01:25.

nen Familienmitglieder ans Licht kommen, für die sie sich rechtfertigen müssen.[85] Schließlich versöhnt sich die Familie, doch gegen Ende der Episode sieht man Fernsehbilder, die preisgeben, dass ein Atomkrieg ausgebrochen ist, da aufgrund der Suchanfragen-Leaks Feindschaften auf der ganzen Welt ausbrechen.[86] Wenngleich das gesamte Szenario sowie der familiäre Streit auf humoristische Weise inszeniert werden und nicht mit der Ernsthaftigkeit von dystopischen Erzählungen in Anthologie-Serien wie Black Mirror[87] verglichen werden können, wird auch hier der Aspekt der Macht der Internetdienstleister auf die Gesellschaft kritisch reflektiert.

8.2.1.3 YouTubing in den YouTube Originals

In der Episode YouTube Death Battle Showdown (S1E4) der Serie Bad Internet wird auf die Plattform YouTube und ihr Starsystem Bezug genommen. In einem an die Filmreihe Die Tribute von Panem[88] angelehnten Szenario, bei dem YouTuber gegeneinander kämpfen und sich töten müssen, um daraufhin neue Abonnenten zu erhalten, wird die Plattform YouTube selbstreferentiell inszeniert, wobei vor allem unterschiedliche Typen von YouTubern vorgestellt werden, die an dem Todeskampf teilnehmen: Von Beauty-Vloggerinnen[89] über Let's Play-Videomacher[90] bis hin zu machohaften Comedy-YouTubern[91] wird eine Vielzahl an Stereotypen präsentiert, die allesamt ihre besonderen Talente einsetzen, um alle anderen Konkurrenten auszuschalten. So wird beispielsweise ein Koch-Tutorial einer fiktiven YouTuberin inszeniert, bei dem die Köchin eine Rezeptur für eine Art ‚Kriegs-Amphetamin' mit ihren ‚Fans' teilt, das sie im Kampf gegen die anderen Teilnehmer einnimmt, um eine bestmögliche Chance auf den Sieg zu erhalten.[92] Ähnlich den geschilderten Cameo-Auftritten wird auch hier selbstironisch auf Genres und Stars auf YouTube angespielt, womit einerseits ein starker Verweis auf die mediale Verortung und den Distributionskontext erfolgt und wodurch andererseits Eigenheiten von YouTubes Starsystem und der allgemeinen Konkurrenzsituation von YouTube-Stars deutlich werden.

In dieser Episode werden neben einer stereotypen Darstellung von YouTubern auch die – von vielen als Ärgernis empfundenen – Community-Richtlinien der Plattform YouTube humorvoll offengelegt: Zum Ende des Kampfes kommt es zum Show-

85 S. S1E3: TC: 00:07:07.
86 S. S1E3: TC: 00:10:20.
87 Black Mirror, Channel 4, Vereinigtes Königreich 2011–2019.
88 Die Tribute von Panem, R.: diverse, USA 2012–.
89 S. S1E4: TC: 00:02:25.
90 S. S1E4: TC: 00:03:36.
91 S. S1E4: TC: 00:03:42.
92 S. S1E4: TC: 00:03:18.

down zwischen zwei YouTubern, wobei einer der beiden sichtlich im Vorteil ist. Während er eine Waffe auf die am Boden liegende und unbewaffnete YouTuberin richtet, streamt er die Hinrichtung *auf YouTube* und konfrontiert seine Kontrahentin damit, eine gescheiterte Schauspielerin zu sein, die Geld und Ruhm über YouTube erlangen wolle.[93] Sie ist in der Lage, das Blatt zu wenden, indem sie ein Artefakt hervorholt, das im ersten Moment wie eine Granate wirkt. Tatsächlich handelt es sich dabei um ein Gerät, über das sie das Lied *Uptown Funk* von Mark Ronson und Bruno Mars abspielt. Der YouTuber, der die Hinrichtung streamt, wird panisch und fordert sie auf, das Abspielen zu unterlassen. Sein Livestream wird abrupt beendet und es erscheint eine Nachricht von YouTube, die den gesamten Bildschirm ausfüllt: „This Video is not available because it contains music that violates YouTube's Terms of Service." Begleitet wird diese Nachricht von dem bekannten Emoji, das in dem Rotton von YouTubes Logo gehalten ist und das stets erscheint, wenn ein Video auf der Plattform nicht verfügbar ist (Abbildung 93).

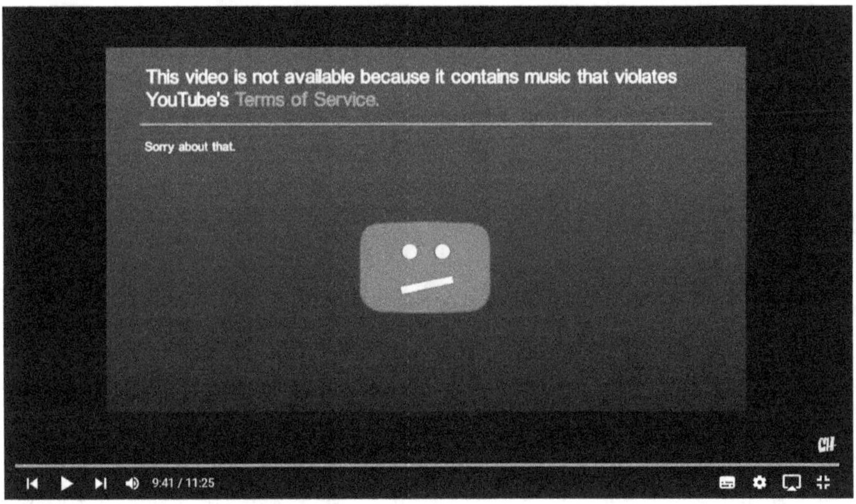

Abbildung 93: Grafik und Infotext in einer Episode in Bad Internet.

93 Er sagt, habe eine Recherche betrieben, bei der herausgekommen sei, dass sie eigentlich keine ‚echte' YouTuberin sei, sondern eine klassische Schauspielerin. Damit wird auf die Differenz zwischen Schauspiel und YouTubing verwiesen und es fällt auf, dass der anschuldigende YouTuber die Schauspielerin nicht als mit Leidenschaft für das YouTubing agierende Person ansieht, womit angedeutet wird, dass YouTubes Starsystem kein Einflüsse anderer Starsysteme dulde. S. S1E4: TC: 00:09:08.

Da während des Livestreams ein Musikstück abgespielt wird, für das keine Lizenzrechte vorliegen, wird der Stream beendet und der YouTuber, der sich seines Sieges sicher war, wird disqualifiziert. Hier hat man es mit einem autoreferenziellen Kommentar bezüglich der Plattformregeln zu tun. YouTube nimmt offensiv und selbstironisch Stellung zu seiner Musikverwertungspolitik. Man kann festhalten, dass in zahlreichen YouTube Originals auf den Distributionsort YouTube hingewiesen wird, wobei keine Zurückhaltung bezüglich einer humorvollen Selbstkritik besteht.

Es wird die Absicht deutlich, inhaltliche Erkennungsmerkmale zu kreieren, anhand derer Zuschauer die Originals als eine Produktion von YouTube wahrnehmen, die – zumindest in diesem Fall – auch nur im Zusammenhang mit Vorwissen über YouTubes mediale Eigenschaften in Gänze verstanden werden kann, da der selbstironische Metakommentar unverständlich für diejenigen Zuschauer ist, die über kein Wissen bezüglich YouTubes Musiklizenzanforderungen verfügen.

In S1E7 der Serie Bad Internet steht die Plattform YouTube abermals im thematischen Fokus. Die Präsidentin der USA ruft die Bevölkerung zu einer landesweiten Evakuierung auf, da in sechs Tagen ein Meteor auf die Erde treffen werde, wodurch weite Teile des Planeten unbewohnbar würden.[94] Diese präsidiale Ansprache an das Volk wird über den YouTube-Kanal der Präsidentin hochgeladen. Zur Verwunderung der Präsidentin erreicht das Video nur 207 Aufrufe. Auf ihre Frage hin, wie viele Menschen, die die Ansprache im Fernsehen gesehen haben, evakuiert werden konnten, erwidert eine Beraterin, dass über das Fernsehen nur alte weiße Menschen erreicht worden seien, weil außer ihnen niemand mehr fernsehe.[95] Damit wird die Signifikanz der Plattform YouTube intradiegetisch hervorgehoben und man kann gleichermaßen einen Seitenhieb gegen traditionelle Medieninstitutionen und ihre Wirkung auf die Bevölkerung im 21. Jahrhundert feststellen.

Um mehr Aufmerksamkeit auf YouTube zu generieren, versucht die Präsidentin auf Basis der Ratschläge ihres Medienteams, einen typischen ‚YouTube(r)-Look' zu imitieren, indem sie ihre Gesten und ihr Sprachverhalten massiv verändert, um juvenil zu wirken.[96] Zudem verändert sich das zweite Video, das sie auf YouTube hochlädt, auch in formalästhetischer Hinsicht: An die Stelle einer einzigen Einstellung, die für Ansprachen an die Nation allgemeinhin üblich ist, treten zahlreiche Jump Cuts, die zu einer zentralen Montagetechnik in YouTube-Videos zählen. Auf die Frage der Präsidentin, was es mit diesen Jump Cuts auf sich habe, entgegnet ein Berater: „Trust us, this is how all the most popular web videos look."[97] Trotz meh-

94 S. S1E7: TC: 00:00:27.
95 S. S1E7: TC: 00:01:55.
96 S. S1E7: TC: 00:02:24.
97 S. S1E7: TC: 00:02:50.

rerer Versuche[98] gelingt es der Präsidentin nicht, auch nur 1000 Aufrufe zu generieren, obwohl das Schicksal der Welt von ihren Worten abhängt.[99] Dass sich niemand für die Ansprache interessiert, lässt sich einerseits als Kritik auf das Medienkonsumverhalten der Gesellschaft des 21. Jahrhunderts begreifen, da zum Ausdruck gebracht wird, dass nur noch Unterhaltungsformate von öffentlichem Interesse seien. Andererseits kann man auch eine Kritik an YouTube und seinen Algorithmen erkennen, da ernste Themen trotz ihrer Signifikanz nicht an Zuschauer herangetragen beziehungsweise prominent auf der Plattform platziert werden. An einer Stelle wird sogar der Account der Präsidentin gelöscht, weil sie angeblich ‚Cyberterrorismus' betreibe, sodass sie sich einen neuen Account zulegen muss.[100] Hier wird auf die teilweise willkürlich auftretenden Abmahnungen und Kontolöschungen angespielt, die auf YouTube auf Basis von Algorithmen und nicht auf der Grundlage von menschlichem Handeln getroffen werden.

Auf intradiegetischer Ebene wird deutlich gemacht, dass die Präsidentin auf YouTube nicht erfolgreich ist, weil sie keinen Status der digitalen Nativität für sich beanspruchen kann. Einer ihrer Berater kritisiert sie scharf mit den Worten: „The internet hates you."[101] Das Team engagiert daraufhin den meistabonnierten YouTuber, um einen Digital Native die Ansprache an das Volk durchführen zu lassen.[102] Auch er ist nicht in der Lage, das Video viral gehen zu lassen. Frustriert filmt der Erfolgs-YouTuber daraufhin ein anderes Video, in dem er sich einen Pickel auf der Schulter ausdrückt, das binnen weniger Stunden 500 Millionen Aufrufe generiert.[103] Lediglich unfreiwillig gelingt es der Präsidentin schlussendlich, alle US-Amerikaner zu warnen, indem sie frustriert und angetrunken von ihrem Schreibtisch im Oval-Office fällt, während sie über den Meteoreinschlag spricht.[104] Ein Berater filmt ihren Fall und lädt ihn auf YouTube unter dem Label eines ‚Fail-Videos' hoch, das dazu dient, die Präsidentin bloßzustellen. Erst durch ihren – als peinlich dargestellten – Unfall wird das Video zum viralen Hit, durch den alle Menschen über den Meteor informiert werden und sich in die vorgesehenen Bunkeranlagen begeben. Überaus deutlich wird damit die Kritik geäußert, die Gesellschaft des 21. Jahrhunderts im Allgemeinen und Zuschauer auf YouTube im Speziellen interessierten sich ausschließlich für seichte

98 Sie versucht unter anderem auch, einen Hund ins Bild zu holen und Videospiele zu spielen, während sie die Ansprache hält, womit ein Verweis auf den Erfolgs-YouTuber PewDiePie erfolgt, der in seinen Videos Spiele spielt und dabei manchmal einen Mops auf seinem Schoß sitzen lässt.
99 Insgesamt fällt auf, dass es zahlreiche inhaltliche Parallelen zwischen dieser Episode und der Netflix-Erfolgsproduktion DON'T LOOK UP gibt (DON'T LOOK UP, R.: Adam McKay, USA 2021).
100 S. S1E7: TC: 00:04:34.
101 S. S1E7: TC: 00:05:50.
102 S. S1E7: TC: 00:06:02.
103 S. S1E7: TC: 00:07:19.
104 S. S1E7: TC: 00:07:58.

Unterhaltungsthemen,[105] während ernste Nachrichten nur dann wahrgenommen würden, wenn sie in Kombination mit Unterhaltung auftreten.[106]

In der Horror-Anthologie-Serie 12 Deadly Days wird neben mehreren Cameo-Auftritten von YouTubern[107] vor allem in der neunten und zehnten Episode das YouTubing als Tätigkeit thematisiert. Ähnlich der vierten Episode der ersten Staffel in Bad Internet, in der verschiedene YouTube-Sparten und stereotype Verhaltensweisen von YouTubern inszeniert werden, kommt es auch in 12 Deadly Days zur überspitzten Darstellung des ‚Food-Vloggings' und des ‚Prank-Videos' auf YouTube. Anders als bei allen vorherigen Beispielen handelt es sich bei 12 Deadly Days jedoch nicht um eine Komödie, sondern um eine Horrorserie, in der es mitunter zu ungewöhnlichen Gewaltdarstellungen und nicht jugendfreien Schockmomenten kommt. In der neunten Episode wird einem Food-Vlogger, der ein bekannter YouTuber ist, ein Fruchtkuchen zugeschickt, den er während eines Bewertungsvideos auf YouTube testet.[108] Seine Kritik ist ein heftiger Verriss und der YouTuber ist bemüht darum, seine Worte möglichst drastisch zu wählen, um seinen Zuschauern die größtmögliche Unterhaltung zu bieten. Es stellt sich heraus, dass der Kuchen verflucht war. Der Fluch sorgt dafür, dass jedes weitere Lebensmittel, das der Food-Vlogger zu sich nehmen möchte, in seinem Mund zu Asche zerfällt. Überzeugt davon, dass er bald sterben wird, nimmt der YouTuber einen Livestream via YouTube auf. Er führt die Auswirkungen seines Fluchs vor und verabschiedet sich von seinen Fans.[109] Er wird daraufhin von einer von den Toten auferstandenen Frau heimgesucht und gezwungen, den gleichen Fruchtkuchen erneut zu essen und ihn diesmal – anders als in seinem Verriss-Video – mit einer exzellenten Bewertung zu versehen.[110]

In der zehnten Episode der gleichen Serie kauft ein YouTuber, dessen Inhalte sich auf das Streichespielen konzentrieren, eine gruselige Puppe, die er seinem klei-

---

105 Vgl. Frühbrodt, Netzwerk der Profis.

106 Interessanterweise lässt sich diese Kritik durchaus mit Handlungen des ehemaligen US-amerikanischen Präsidenten Barack Obama in Verbindung setzen: Es ist auffällig, dass Obama in zahlreichen – teils vulgären – Unterhaltungsformaten wie Between two Ferns (Between two Ferns, Funny or Die, USA 2008–) auftrat, um dort, nachdem er – wie es für die Show üblich ist – mehrfach persönlich beleidigt wurde, für den Abschluss einer Krankenversicherung zu werben. S. President Barack Obama: Between two Ferns with Zach Galifianakis, https://www.youtube.com/watch?v=UnW3xkHxIEQ (zuletzt abgerufen am 01.11.2022). Obamas Medienteam schien ebenfalls davon überzeugt zu sein, dass eine erfolgreiche Werbung für *Obama-Care* nur im Zusammenhang mit Unterhaltungsformaten möglich ist.

107 Beispielsweise tritt Anna Akana in der fünften Episode der ersten Staffel auf.

108 S. S1E9: TC: 00:00:05.

109 S. S1E9: TC: 00:17:09.

110 S. S1E9: TC: 00:20:10.

nen Bruder schenkt.[111] Der Bruder ist oftmals ein Opfer seiner Streiche, da seine Internetzuschauer diese Streiche besonders schätzen.[112] Der nächste Streich, den der YouTuber spielt, läuft jedoch anders als erhofft: Sein Bruder entwickelt eine intensive Beziehung zu der Puppe, die ein bösartiges Eigenleben besitzt und den YouTuber, der sich als Täter wähnte, fortan in eine Opferrolle drängt. Am Ende ersticht die Puppe den YouTuber mit einem Messer, der das gesamte Haus mit versteckten Kameras versah, um seine Streiche bestmöglich präsentieren zu können. Viele dieser Kameras, die ihm zu hohen Klickzahlen verhelfen sollten, zeichnen schließlich seine Panik und seinen Todeskampf auf.[113] Am Ende der Episode lebt die gesamte Familie in ständiger Angst vor den Entscheidungen des kleinen Bruders, der erkannt hat, dass er seine ‚Mörderpuppe' als Handlanger einsetzen kann, um Gehorsam von seinen Eltern zu erzwingen.[114]

Sowohl der Food-Vlogger als auch der ‚Prankster' werden als moralisch verwerflich handelnde Menschen dargestellt, die für eine Steigerung der Beliebtheit ihrer Online-Inhalte stets Grenzen überschreiten. Erstgenannter verschwendet Lebensmittel und äußert sich gerne abwertend über liebevoll zubereitete Speisen. Letztgenannter schadet wiederholt dem psychischen Wohlbefinden seines Bruders, um seinen schadenfreudigen Abonnenten die von ihnen präferierten Inhalte zeigen zu können. Erneut wird hier eine Form der Kritik ersichtlich, die sich diesmal auf die Entscheidung oder Grundeinstellung bezieht, Klickzahlen und Abonnenten mehr Bedeutung zu geben als moralischen Werten.

Eine Kritik an YouTubern wird auch in dem Originals-Film JINGLE BALLIN' ersichtlich: In dieser Produktion wird ein pseudomoralisches und -gewissenhaftes Bild von YouTubern gezeigt, die vorgeben, bestimmte Aktionen für ‚gute Zwecke' durchzuführen. Eigentlich sind sie darum bemüht, positive Schlagzeilen zu verbuchen und anderen YouTubern zu schaden. Unter dem Titel ‚The milk bucket challenge – for children's safety' werden mehrere fiktive YouTuber inszeniert, die eine gesamte Kanne Milch trinken oder sie sich über den Körper schütten, um damit auf die Sicherheit von Kindern aufmerksam zu machen.[115] Das exzessive Trinken von Milch hat mit Kindersicherheit offensichtlich nichts zu tun, wodurch diese Online-Herausforderung ins Lächerliche gezogen wird. Hinzu kommt, dass keiner der dargestellten YouTuber in der Lage ist, zu erläutern, was es mit ‚children's safety' überhaupt auf sich hat. In einem Zusammenschnitt verschiedener Aussagen von YouTubern zu dieser Herausforderung wird die Unwissenheit seitens der YouTuber

111 S. S1E10: TC: 00:02:33.

112 S. S1E10: TC: 00:02:07.

113 S. S1E10: TC: 00:20:07 u. TC: 00:21:09.

114 S. S1E10: TC: 00:21:46.

115 S. TC: 00:06:47.

deutlich, die durch leere Aussagen wie „raising awareness about children [...] in unsafe situations",[116] „I'm really passionate about childern and their safety"[117] oder (nach dem Konsum einer Kanne) „and now, all the children will be safe"[118] hervorgehoben wird. Die YouTuber erhalten nach dem Abschluss einer Herausforderung das Recht, andere Personen des öffentlichen Lebens für diese Herausforderung zu nominieren. Die fiktive YouTuberin *iBrowseEyebrows*, durch deren Nutzernamen aperçuhaft sowohl ein Hinweis auf die Tätigkeit des Stöberns im Internet als auch auf das Interesse an Kosmetik(-videos) gegeben wird, nominiert einen YouTuber, der allergisch auf Kuhmilch reagiert, wobei ihr unterstellt wird, sie wisse von seiner Allergie und nominiere ihn nur wegen persönlicher Animositäten.[119]

Mit der ‚milk bucket challenge' wird auf das reale Internetphänomen der ‚ice bucket challenge' im Jahr 2014 angespielt, bei der sich bekannte Persönlichkeiten einen Eimer Eiswasser über den Kopf gossen, um auf die Krankheit Amyotrophe Lateralsklerose (ALS) aufmerksam zu machen. Viele YouTuber nahmen damals an der Challenge teil, wobei mitunter kritisiert wurde, dass weniger die Krankheit, sondern das – von vielen als lustig wahrgenommene – körperliche Unwohlsein der Partizipierenden im Vordergrund stand und dass die Herausforderung oftmals als Möglichkeit zur Steigerung der eigenen Beliebtheit im Internet genutzt wurde. Anders als bei der echten ‚ice bucket challenge' finden bei der ‚milk bucket challenge' keine Spendenaufrufe statt, sodass die ominöse Zielsetzung ‚for children's safety' als Vorwand aufzufassen ist, um Klickzahlen und Abonnenten zu generieren. Abermals zeigt sich, dass bei einer Originals-Produktion kritisch auf das moralische Fehlverhalten von Internetpersönlichkeiten Bezug genommen wird.

8.2.1.4 Zusammenfassung der geäußerten (Selbst-)Kritik

Es lassen sich unterschiedliche Formen der Kritik im Zusammenhang mit Internet- und Digitalkultur beschreiben: Einerseits wird an mehreren Stellen deutlich, dass große Medienkonzerne einen stetig wachsenden Einfluss auf das Alltagsleben ausüben (SIDESWIPED, LIZA ON DEMAND), wobei sich YouTube selbst durchaus nicht von dieser Kritik ausnimmt und teilweise auch die Macht seines Mutterkonzerns Google kritisch reflektiert (BAD INTERNET). Andererseits werden auch das Starsystem auf YouTube und die Influencer-Kultur an sich als bedenklich eingestuft. In Originals-Serien wie BULLSPRIT, BAD INTERNET, 12 DEADLY DAYS oder JINGLE BALLIN' zeigt sich, dass Influencer auf YouTube als junge, prätentiöse und erfolgsgierige Akteure in-

116 S. vorheriger Timecode.
117 S. vorheriger Timecode.
118 S. TC: 00:32:12.
119 S. TC: 00:07:48.

szeniert werden, die für einen Zuwachs an Abonnenten bereit sind, amoralisch zu handeln oder Gesetze zu brechen. Im Fall von Cameo-Auftritten ist die Selbstkritik nicht derart heftig, gleichwohl wird auch in Serien wie ME AND MY GRANDMA auf standardisierte ‚Influencer-Phrasen' angespielt, womit eine Reflexion über die Verhaltens- und Ausdrucksweisen von Influencern erfolgt, die stets betonen, dass Authentizität die Basis für eine gelungene Online-Karriere sei.

Im Hinblick auf den im vierten Kapitel dieser Arbeit diskutierten Aspekt der Authentizität kann man festhalten, dass der ‚Authentizitäts-Impuls' in vielen YouTube Originals dekonstruiert wird. Damit ist gemeint, dass YouTubes Eigenproduktionen die Selbstinszenierung und die Lebensweise von Influencern sowie ihre Aussagen und Absichten (JINGLE BALLIN', BAD INTERNET) gerade nicht als authentische Handlungen, sondern als Fassaden in Szene gesetzt werden, hinter denen sich lediglich monetäre Absichten und teilweise pathologische Persönlichkeitsstrukturen (12 DEADLY DAYS) befinden. Es wird stets vermieden, Influencer im Kontext von ‚Grassroots-Kreativität'[120] darzustellen. Vielmehr werden sie als Geschäftsleute[121] und Blender inszeniert, die sich nicht für Partizipation in ‚ihren' Communities interessieren. Sie beabsichtigen, möglichst viele reißerische Videos hochzuladen, um eine größtmögliche Aufmerksamkeit auf sich zu ziehen. Diese Eigenevaluation des Starsystems auf YouTube ist besonders interessant, da zahlreiche YouTube-Influencer an den Originals mitwirken, die durch ihre Partizipation an den Produktionen selbstkritisch auf die Schattenseiten ihrer Berufe aufmerksam machen. Dabei ist es für die hier durchgeführte Untersuchung irrelevant, ob man diese Selbstkritik wiederum als authentisch auffasst oder nicht, da hier lediglich das von YouTube zum Ausdruck gebrachte Selbstbild von Interesse ist: Ist zu Beginn dieses Kapitels davon gesprochen worden, dass sich YouTube durch das häufige Aufgreifen von Themen im Bereich der Digitalkultur als Medienunternehmen mit einem nativen Verständnis für gegenwärtige Phänomene auf Internetplattformen auszeichnen möchte, lässt sich auf Basis der genannten Beispiele festhalten, dass sich dieses Verständnis nicht durch eine allgemeine und naive Affirmation von Digitalkultur konstituiert. Vielmehr wird eine differenzierte Sichtweise auf Internetdienstleister und Online-Starsysteme angestrebt, auf Basis derer ein holistischer Überblick über das konstruktive *und* destruktive Potenzial digitaler Kulturen gewährleistet werden soll. Dass YouTube in vielen Eigenproduktionen auf sich selbst und sein Starsystem verweist, ist neben einer Evaluation der Wirkungsmacht von digitalen Plattformen auch ein Mittel, um die You-

120 Vgl. Jenkins, Textual Poachers, vgl. auch Jenkins, Convergence Culture, vgl. auch Jenkins, Spreadable Media.
121 Vgl. Burgess, Entrepreneurial Vlogger.

Tube Originals mit einem Erkennungsmerkmal zu versehen und sie an YouTube als Distributionsort zu binden.[122]

8.2.2 Darstellungen von Fernsehformaten in den YouTube Originals

Das Verhältnis zwischen YouTube und dem Fernsehen wird in vielen wissenschaftlichen Publikationen untersucht. Richter, Rudolph, Craig und Cunningham, Uricchio und Christian sind nur einige der Autoren,[123] die im Zuge von Medienanalysen Parallelen und Unterschiede im Hinblick auf Medialität, Medienlogik und spezielle ästhetische Charakteristika der jeweiligen Institution hervorheben, wobei durchaus divergente Meinungen im Hinblick auf mediale Differenzen bestehen.[124] Im nun folgenden Unterkapitel wird auf ein bislang nicht beachtetes Phänomen eingegangen: YouTube bezieht sich bei seinen fiktionalen Eigenproduktionen explizit auf Paradigmen der Fernsehunterhaltung und profiliert dabei gleichzeitig die Medienästhetik seiner eigenen Plattform.

8.2.2.1 Anlehnungen an das Reality TV

Scare PewDiePie ist eine der ersten Originals-Serien, die im Jahr 2016 veröffentlicht wurde. Hierbei handelt es sich um eine semifiktionale ‚Survival-Serie', wobei letztlich nur die an der Produktion beteiligten Akteure wissen, bis zu welchem Grad die aufgenommenen Ereignisse fiktiv sind. Der mit ca. 110 Millionen Abonnenten[125] als weltweit größter individuell agierender YouTuber PewDiePie wird zu Beginn jeder Folge von einem Kamerateam und einem Serienproduzenten abgeholt, um ein Horror-Abenteuer zu durchleben, das seitens des Produktionsteams im Vorfeld geplant

---

122 Im siebten Kapitel wird festgehalten, dass sich die Originals in formaler Hinsicht nicht von Produktionen anderer Streaming-Anbieter differenzieren lassen. Der Versuch, ein Alleinstellungsmerkmal zu kreieren, durch das man die Produktionen als Eigenproduktion von YouTube erkennt, erfolgt vorwiegend auf inhaltlicher Ebene.

123 Vgl. Richter, Fernsehen – Netflix – YouTube. Vgl. auch Rudolph, YouTube und Fernsehen. Vgl. auch Craig, Social Media Entertainment. Vgl. auch Uricchio, Future of a Medium. Vgl. auch Christian, Open TV.

124 Wenngleich kein Zweifel darüber besteht, dass man es bei YouTube und dem Fernsehen grundsätzlich mit verschiedenen Medientypen zu tun hat, divergieren die Fragestellungen, denen die angeführten Publikationen nachgehen. Beispielsweise wird die im Titel von Rudolphs Publikation gestellte Frage nach einer Konkurrenzsituation von Craig und Cunningham nicht gestellt, da letztgenannte Autoren eher auf Konvergenzerscheinungen zwischen dem Fernsehen und YouTube blicken.

125 Stand vom Februar 2022 S. https://www.youtube.com/channel/UC-lHJZR3Gqxm24_Vd_AJ5Yw (zuletzt abgerufen am 01.11.2022).

wurde.[126] Bei diesen als ‚Survival-Abenteuer' fungierenden Szenarien, die Kjellberg (der bürgerliche Name von PewDiePie) durchläuft, handelt es sich um an Computer- und Konsolenspiele angelehnte Horrorspiele, die er – anders als auf seinem YouTube-Kanal – nicht als Spiele in virtuellen Welten, sondern in der Realität durchleben muss. Man erkennt den Versuch, die spezifische Medialität des Computerspiels und des Films konvergieren zu lassen. Domsch schreibt in einem Aufsatz über Computerspiele: „Das Ziel dieser Strategien [vorgetäuschte Wahlmöglichkeiten eines Spielers] ist es, beim Spieler ein ‚cineastisches' Gefühl auszulösen, die visuelle Erfahrungsweise des Spiels an die eines Spielfilms anzugleichen."[127]

Bei SCARE PEWDIEPIE hat man es mit einem umgekehrten Phänomen zu tun, da hier innerhalb eines cineastischen Kontextes ein Gefühl des ‚Gamings' erzeugt werden soll, wobei dem Zuschauer eine ähnliche Rolle zukommt wie dem Zuschauer eines ‚Let's play-Videos' auf YouTube, bei dem man YouTubern dabei zusieht, wie sie Computer- und Konsolenspiele spielen. Jede Episode hält ein neues ‚Level' für Kjellberg bereit,[128] von dem er mutmaßlich keine Kenntnis hat. Hier drängt sich die Frage auf, über welche Informationen Kjellberg tatsächlich verfügt. Ferner weiß man nicht, ob seine Reaktionen auf die geschilderten Ereignisse mehrfach aufgenommen werden oder tatsächlich spontan erfolgen.

Neben diesen Unklarheiten gibt es jedoch einige Serienelemente, die eindeutig fiktional sind. Beispielsweise stellt sich am Ende der ersten Staffel heraus, dass der ‚Produzent' der Serie eigentlich ein Schauspieler ist, dessen Aufgabe darin besteht, Kjellberg auch nach Abschluss eines ‚Levels' weiteren Horrorszenarien auszusetzen.[129] Ähnliches lässt sich für eine Setpraktikantin festhalten, die ebenfalls von einer Schauspielerin gespielt wird. Sie gibt sich als Fan von PewDiePie aus und fängt an, Kjellberg zu stalken. Auch nachdem sie entlassen wurde, sucht sie Kjellberg nach dem Abschluss der ‚Level' auf und gesteht ihm ihre Liebe.[130] In der letzten Episode der ersten Staffel wird zudem deutlich, dass viele Ereignisse gezielt inszeniert werden: Die Stalkerin wird scheinbar vom Produzenten erschossen. Halten anfangs noch (pseudo-)dokumentarische Bilder die Eskalation eines Streits zwischen den beiden fest, wird spätestens beim Anblick einer Zeitlupen-Detailaufnahme der auf die Stalke-

126 Insbesondere der Produzent der Serie erscheint oftmals im Bild. Er nimmt eine wichtige Rolle ein, die im weiteren Verlauf der Analyse erläutert wird. S. S1E1: TC: 00:01:37.

127 Domsch, Spielerfreiheit im Computerspiel, S. 201.

128 Ein digitaler Textinsert erscheint am Ende einer Folge, durch den jeder Episode eine Level-Nummer zugeschrieben wird. So erscheint am Ende der ersten Folge die Anzeige „Level 1. Completed". S. S1E1: TC: 00:22:45.

129 S. S1E10: TC: 00:14:14.

130 S. S1E10: TC: 00:09:58.

rin treffenden Pistolenkugel[131] ersichtlich, dass die Serie auch fiktionale Anteile aufweist, die bewusst als solche eingesetzt werden.

Interessant ist neben diesem ungewöhnlichen Aufeinandertreffen von (scheinbar) dokumentarischen und eindeutig fiktionalen Elementen vor allem die Entscheidung, für eine der ersten Eigenproduktionen ein ‚Survival-Format' zu wählen, das man primär mit dem Fernsehen assoziiert. Die ‚Level', die Kjellberg absolviert, halten mitunter Herausforderungen wie ‚Schleimbäder' für ihn bereit,[132] die Zuschauern in ähnlicher Form aus Sendungen wie ICH BIN EIN STAR – HOLT MICH HIER RAUS![133] bekannt sind. Hervorzuheben ist im Zusammenhang mit SCARE PEWDIEPIE auch, dass die bewusste Zurschaustellung eines Kamerateams und ihrer Arbeit Authentizität im Hinblick auf den Drehprozess suggerieren soll. Viele Bild- und Tonaufnahmen, die teilweise verwackelt und undeutlich ausfallen, erheben den Anspruch, als nonfiktionale Bilder wahrgenommen zu werden. Ebendieser Anspruch besteht auch bei zahlreichen Fernsehformaten, bei denen rasche und unkoordiniert wirkende Handkameraaufnahmen unvorhergesehene Ereignisse schnellstmöglich einzufangen versuchen. Hierbei kann man an Sendungen denken, die häufig mit dem Label ‚Trash TV'[134] versehen werden: Emotionale Ausbrüche sowie Handgreiflichkeiten unter Protagonisten sind Beispiele für Situationen, bei denen das Kamerateam schnell reagieren muss, sodass es mitunter zu verwackelten Bildern und Reißzooms kommt. Diese Phänomene werden auch in SCARE PEWDIEPIE ersichtlich, allerdings lässt sich der Serie eine wesentlich höhere Planungssicherheit als Fernsehsendungen wie FRAUENTAUSCH[135] zuschreiben. Trotz dieser Planungssicherheit sind inhaltliche und formale Anlehnungen an das Fernsehen ersichtlich, wobei diese ästhetische Ausrichtung mit dem Versuch gekoppelt wird, ein beliebtes YouTube-Format (das Gameplay-Video) in den realen Raum zu übertragen. Hierbei wird stets auf Kjellbergs Status als Star-YouTuber verwiesen, da man ihn vor Beginn jeder Episode im Serienvorspann sagen hört: „This show takes what I already do – getting scared of horror games – taking it to the next level. [...] a really fucked up level."[136]

Vor jeder Episode wird der Zuschauer daran erinnert, dass der inhaltliche Fortlauf der Serie in engem Zusammenhang zu Kjellbergs Tätigkeiten als YouTuber steht. Dadurch wird – jenseits aller transmedialer Verweise auf Paradigmen der Fernsehunterhaltung – deutlich gemacht, dass der Versuch, absolute Spielimmersion zu erzielen, indem das ‚Spiel' in die Realität verlagert wird, erst durch Kjell-

131 S. S1E10: TC: 00:10:29.
132 S. S1E1: TC: 00:00:39.
133 ICH BIN EIN STAR – HOLT MICH HIER RAUS!, RTL, Deutschland 2004–.
134 Vgl. Frizzoni, Trash-TV.
135 FRAUENTAUSCH, RTL II, Deutschland 2003–.
136 S. S1E1: TC: 00:00:29.

bergs Gaming-Videos auf YouTube motiviert wird, sodass eine starke Bindung zwischen der Serie und ihrem Distributionsort festzustellen ist.

Ein ähnliches Phänomen wird in der Originals-Serie ESCAPE THE NIGHT sichtbar. Die Handlung wird hier nur in Ansätzen wiedergegeben, da sie einerseits recht verwirrend und andererseits für die Analyse nicht entscheidend ist: Der YouTuber Joey Graceffa spielt sich selbst in einer Art Parallelwelt der 1920er Jahre, in der er ein Schloss geerbt hat.[137] Er lädt zahlreiche YouTuber auf sein Schloss ein, die sich ebenfalls alle selbst spielen. Um zu dem Schloss zu gelangen, müssen sie eine Zeitreise vornehmen und es wird ihnen verboten, moderne Gegenstände wie Smartphones oder Tablets mitzunehmen. Alle YouTuber behalten ihre Namen, sie verleihen sich selbst aber eine fiktive Rollenidentität, die – wie nahegelegt wird – jeweils typisch für die 1920er Jahre sei.[138] Das Schloss entpuppt sich als verflucht und bereits in der ersten Episode verstirbt ein YouTuber. Sie erhalten kryptische Botschaften und müssen Rätsel lösen, um zu überleben und um in ‚ihre Welt' des Jahres 2016 zurückkehren zu können.

Bemerkenswert in ESCAPE THE NIGHT ist der vorgetäuschte (Film-)Gattungswechsel: Die ersten Minuten der Pilotfolge werden dem Zuschauer als eindeutig fiktive Ereignisse präsentiert und man nimmt zunächst an, eine konventionell erzählte, fiktionale Serie zu sehen, die sich Erzählstrukturen des klassischen Spielfilms bedient. Nach ca. drei Minuten Laufzeit wird mit diesem Eindruck jedoch gebrochen: Man sieht eine Interview- oder ‚O-Ton-Aufnahme' der YouTuberin Justine Ezarik, in der sie Stellung zu der Ausgangssituation der Serie nimmt und die bisherigen Geschehnisse zusammenfasst (Abbildung 94).

Diese O-Ton-Aufnahme, mittels derer die spatiotemporale Ordnung der bisherigen Diegese durchbrochen wird, markiert den ab diesem Zeitpunkt eintretenden dominanten Einfluss der ‚Reality TV-Ästhetik', durch die diese Serie massiv geprägt wird. Dabei ist vor allem die Tatsache, dass Ezarik nicht direkt in die Kamera blickt, charakteristisch für das Reality TV, da der Blick der interviewten Person meist auf einen Fernsehredakteur fällt, der seitlich neben der Kamera positioniert ist. Darüber hinaus ruft auch die auffällige digitale Bauchbinde Assoziationen mit dem Fernsehformat hervor, da Name und Funktion sowie – in manchen Fällen – emotionale Zustände der interviewten Person oftmals in dieser speziellen Textform wiedergegeben werden. Ihre Aussagen zeigen, dass Mechanismen des Reality TV entlarvt werden sollen: Sie wiederholt genau diejenigen Informationen, die dem Zuschauer nur wenige Sekunden vor der Interviewsituation bereits mitgeteilt wurden. Damit wird

137 S. S1E1: TC: 00:00:05. In den ersten beiden Minuten wird das fiktionale Ausgangsszenario erklärt.

138 Ein YouTuber tritt als Gangster auf, andere sind Kartenspieler oder Jazz-Sänger.

Abbildung 94: Nahaufnahme einer Figur in Escape the Night.

auf das Klischee angespielt, die Zuschauer von Reality TV-Formaten verfügten nicht über eine hinreichende intellektuelle Kapazität oder über eine nur begrenzte Aufmerksamkeitsspanne, sodass alle bereits erfolgten Ereignisse stets zusammengefasst werden müssten, um einer Verwirrung des Zuschauers vorzubeugen. Die Tendenz, dass Aussagen in O-Ton-Aufnahmen genau das wiederholen, was zuvor bereits sichtbar war, zeigt sich im Verlauf der Serie mehrfach.[139] Zudem wird erkennbar, dass Streitereien über Interviews gewissermaßen ‚konstruiert' werden, was ebenfalls einem Vorwurf entspricht, der dem Reality TV mitunter gemacht wird: Räumlich und zeitlich voneinander getrennt äußern sich zwei YouTuber in O-Tönen kritisch über den jeweils anderen. Eine Fehde zwischen den beiden wird durch das Potenzial der Montage ermöglicht, zwei in unterschiedlichen Situationen aufgenommene Aussagen aneinanderzureihen, sodass der Eindruck eines lebhaften Streits entsteht, obwohl es de facto (noch) zu keiner tatsächlichen Auseinandersetzung kam.[140]

Seitenhiebe gegen das Reality TV im Speziellen und das Fernsehen im Allgemeinen sind in ESCAPE THE NIGHT an zahlreichen Stellen zu finden. Dabei ist vor allem interessant zu beobachten, dass parallel zu der intendierten Desavouierung des Fernsehens ständig Verweise auf das YouTubing erfolgen: So kommt es beispielsweise schon vor der ersten O-Ton-Aufnahme zu einer Szene, bei der die

139 S. z. B. S1E1: TC: 00:10:25.
140 S. S1E1: TC: 00:15:03.

YouTuber nacheinander das Schloss betreten. Das Bild friert jeweils kurz ein, um eine Standbildaufnahme desjenigen YouTubers, der gerade das Schloss betreten hat, mit einem digital erzeugten Paratext zu versehen, durch den die Information erteilt wird, über welchen Kanal die Person ihre YouTube-Videos hochlädt.[141] Dadurch werden die Aktivitäten des jeweils gezeigten Akteurs auf YouTube deutlich gemacht und es wird im Grundsätzlichen auf die Plattform verwiesen, wodurch – neben Anlehnungen an den klassischen Spielfilm und das Reality TV – YouTube als dritte Medieninstanz auf den Plan tritt.

An vielen Stellen verweisen die YouTuber auf ihre Tätigkeit. So fällt beim Versuch, ein Rätsel zu lösen, das besonders komplex anmutet, zum Beispiel der Satz: „We are YouTubers, we are not mathematicians."[142] Als ein YouTuber des Mordes an einem anderen verdächtigt wird, fragt der Beschuldigte nach dem Motiv, das man ihm unterstelle. Darauf wird erwidert, dass der Ermordete mehr Follower auf YouTube habe. Der mutmaßliche Mörder wird daraufhin als ‚YouTube-Killer' bezeichnet.[143] Ebenfalls skurril mutet ein Dialog zwischen zwei YouTuberinnen an, die beim Anblick der Leiche ihres Plattformkollegen über seinen ‚Nachlass' verhandeln, wobei es ihnen nicht um materielle Werte, sondern lediglich um seine Social-Media-Konten geht. Die beiden einigen sich darauf, dass die eine seinen Instagram-Account übernehmen werde und die andere im Gegenzug sein Twitter-Profil erhalte.[144] Wie schon anhand des Beispiels Scare PewDiePie gezeigt, ist es auch im Hinblick auf diese Produktion letztlich nicht klar, welche Szenen auf Basis eines Drehbuchs inszeniert wurden und an welchen Stellen eine Improvisation vorliegt. Deutlicher noch als im letzten Beispiel zeigen sich in Escape the Night eindeutig fiktionale Elemente, auf Basis derer sich die Handlung entfaltet. Gleichzeitig wirken manche Dialoge vor dem Hintergrund des Fortlaufs der Serie derart unmotiviert, dass man von Improvisationen seitens der YouTuber ausgehen kann, die in diesen Momenten tatsächlich so agieren, als ob sie in einer non-fiktionalen Fernsehshow aufträten.

8.2.2.2 Anlehnungen an Talkshow und Sitcom

Eine Originals-Serie, die sich dezidiert mit dem Fernsehformat der Talkshow und Gameshow auseinandersetzt und dabei gleichzeitig den eigenen Distributionsort hervorhebt, ist Neuland, in der der deutsche YouTuber Phil Laude die Hauptrolle spielt. Schon in den ersten Sekunden der Pilotfolge wird auf Laude, der sich selbst

141 S. S1E1: TC: 00:02:15.
142 S. S1E1: TC: 00:14:40.
143 S. S1E1: TC: 00:16:30.
144 S. S1E1: TC: 00:17:08.

spielt, und seinen Status als YouTuber verwiesen: „YouTube braucht dich“[145] und „die YouTube Legende, der Ikarus des Internets“[146] sind zwei Sätze, durch die Laude in der Serie als YouTube-Star eingeführt wird. Nachdem er zwei Wochen lang keine Internetbeiträge mehr veröffentlicht hatte, lebt Laude scheinbar zurückgezogen in der Wildnis. Es wird darauf hingewiesen, dass ein Interaktionsstopp von zwei Wochen im Internet einer Ewigkeit gleichkomme, da Influencer üblicherweise jeden Tag Inhalte veröffentlichten.[147] Das Verstreichen dieser ‚gefühlten Ewigkeit‘ wird dadurch verdeutlicht, dass Laude ein langer Bart gewachsen ist. Mit dieser Pointe wird auf die Schnelllebigkeit von Beiträgen und Starsystemen im Internet angespielt. Laude wird gefragt, ob er ein Comeback starten und eine große Show auf YouTube moderieren möchte. Anlass für diese Show sei die Tatsache, dass YouTubes Kultur gefährdet sei: „Seit es Y-Titty [eine YouTuber-Gruppe, der Laude angehörte] nicht mehr gibt, ist YouTube nur noch wüstes Ödland. Es geht nur noch ums Geld. Blondierte Dummbratzen verkaufen ihre Kosmetik an unschuldige Kinder.“[148] An dieser Stelle wird abermals ein kritischer Kommentar auf YouTubes derzeitige audiovisuelle Kultur ersichtlich. Erneut werden Influencer auf YouTube als geldgierige Akteure inszeniert.

Laude übernimmt die Moderation der Show, die als Talkshow konzipiert ist[149] und trifft sich mit dem Produzenten der Sendung, der als intrigante und manipulative Figur auffällt.[150] Der Produzent, der für die Firma ‚Sellout Studios‘ arbeitet,[151] lässt sich hierbei als Personifikation von Gatekeeping-Instanzen begreifen, die im Kontext der *Fernseh*unterhaltung üblich sind. Im Zusammenhang mit dem YouTubing und offenen Partizipationsmöglichkeiten ist eine solche Instanz jedoch ungewöhnlich, weshalb Laude ihm auch mit Argwohn begegnet, nachdem der Produzent Laude darauf hingewiesen hat, dass es zu einer Doppelmoderation zwischen ihm und David Hasselhoff kommen solle. Laude wehrt sich vehement gegen Hasselhoff als Partner und möchte die Show alleine moderieren.

Der vorgeschobene Grund für diese Doppelmoderation ist, dass man mit der Kombination aus einem Digital Native und einem „[...]Entertainer der alten Schule [...]“[152] eine größtmögliche Gruppe an Zuschauern anspreche. Tatsächlich ist der

145 S. S1E1: TC: 00:00:05.

146 S. S1E1: TC: 00:00:56.

147 S. S1E1: TC: 00:04:17.

148 S. S1E1: TC: 00:01:53.

149 In jeder Episode erscheint in Form eines Cameo-Auftrittes ein Gaststar, der in die Talkshow eingeladen wird.

150 Im weiteren Verlauf dieses Unterkapitels wird erläutert, auf welche Weise sich diese Charakterzüge äußern.

151 S. S1E1: TC: 00:05:05.

152 Aussage des Produzenten, s. S1E1: TC: 00:05:36.

Produzent eine Art Handlanger Hasselhoffs, der gegen Ende der Pilotfolge erstmals in Erscheinung tritt. Der Produzent versichert Hasselhoff: „Das [die Show mit Laude] ist Ihr Ticket in die Zukunft, ihr Ticket ins Internet.“[153] Hasselhoff wird daraufhin im Stil eines James Bond-Antagonisten inszeniert. Er dreht sich in einem schwarzen Ledersessel, wodurch er an den Bond-Widersacher Ernst Stavro Blofeld erinnert. Es wird darüber gesprochen, dass er die Show an sich reißen und Laude ausbooten werde.[154] Abseits der komischen Pointe, dass David Hasselhoff als durchtriebener Antagonist in einer deutschen YouTube-Produktion mitwirkt, lässt sich diese Szene als Allegorie auf gegenwärtige Machtkämpfe zwischen der analogen und digitalen Medienindustrie verstehen: Hasselhoff stellt hierbei die personifizierte ‚alte' und analoge Medienwelt dar, während Laude für die ‚neuen' und digitalen Medienplattformen wie YouTube steht. Hasselhoff erkennt, dass er umdenken und seine Präsenz auf Internetplattformen ausweiten muss, um weiterhin Erfolg haben zu können. Der traditionellen Film- und Fernsehindustrie wird hier unterstellt, am Erfolgskurs der Unternehmen des Silicon Valley teilhaben zu wollen, indem sie ihre Angebote digitalisieren. Im Verlauf der Serie entwickelt sich ein handfester Streit zwischen Hasselhoff und Laude, den man ebenfalls als Allegorie auf Konkurrenzverhältnisse verschiedener Medienunternehmen interpretieren kann.

Als Laude zum ersten Mal das Fernsehstudio betritt, in dem die Show stattfinden soll, ist er zunächst von der veralteten Ausstattung enttäuscht. Binnen kurzem hat er jedoch eine Idee, diese Ausstattung bestmöglich einzusetzen: „Wir bauen das ein. Ja, son' Retro-Ding. Vintage, oldschool [...].“[155] Diese Aussage ist doppeldeutig, da sich Laude auf diegetischer Ebene auf die Studioausstattung bezieht, während man seinen Satz gleichzeitig auch als Metakommentar auf das Konzept der Serie verstehen kann: Mit dem ‚Retro-Ding' ist das Fernsehen als Medieninstitution gemeint, die von Laude als Erscheinung des letzten Jahrhunderts eingestuft wird. Typische Fernsehformate wie die Talkshow erscheinen in einem neuen Kontext (in einer Eigenproduktion auf YouTube) und werden wie ein Kleidungsstil vergangener Jahrzehnte (Laude spricht von ‚vintage') präsentiert. Neben SCARE PEWDIEPIE und ESCAPE THE NIGHT zeigt sich auch anhand von NEULAND, dass die thematische Auseinandersetzung mit Fernsehformaten mehrfach in Erscheinung tritt, wobei parallel dazu stets eine Akzentuierung des Distributionsorts YouTube sowie des Starsystems der Plattform erkennbar wird. Interessant ist im Hinblick auf NEULAND, dass angedeutet wird, das Fernsehen sei ein Relikt einer vergangenen Zeit, dessen Stars (Hasselhoff) und Arbeiter (der Produzent) neidvoll auf die Hegemonialstel-

153 S. S1E1: TC: 00:09:57.
154 Der Auftritt Hasselhoffs beginnt ab TC: 00:10:00.
155 S. S1E1: TC: 00:08:22.

lung von Silicon Valley-Unternehmen in der gegenwärtigen Unterhaltungslandschaft blickten.

Ebenfalls von Interesse ist in diesem Zusammenhang die Serie RYAN HANSEN SOLVES CRIMES ON TELEVISION. Bereits der Titel der Serie ist bemerkenswert, da es sich um einen unzuverlässigen Titel handelt: Der Hollywoodschauspieler Ryan Hansen, der sich selbst verkörpert, löst in seiner Rolle als ‚Celebrity-Polizist' gerade keine Fälle im *Fernsehen*, sondern auf *YouTube Premium*. Die Unzuverlässigkeit des Titels ist symptomatisch für die gesamte Serie, die ein stetiges Spiel mit unterschiedlichen medialen Darstellungsformen ist. Ryan Hansen wird von einem Kamerateam begleitet, das man – im Unterschied zu SCARE PEWDIEPIE – aber nie sieht. Es soll der Eindruck eines Reportage-Formats erzeugt werden, in dem Hansen als berühmter Schauspieler seine Kontakte in Hollywood einsetzt, um an der Aufklärung von Verbrechen mitzuwirken. Er arbeitet mit der Kommissarin Mathers zusammen, die sich zunächst überrascht über das Kamerateam zeigt, das Hansen begleitet.[156]

In den meisten Szenen weicht der Look einer Handkamera-TV-Reportage aber der klassischen Kontinuitätsmontage (s. siebtes Kapitel). Auch in dieser Serie lassen sich ein hohes Maß an Selbstironie im Hinblick auf den Distributionsort sowie gezielt gesetzte Seitenhiebe gegen das Fernsehen feststellen. Als die Kommissarin Hansen fragt, ob die Aufnahmen des (intradiegetischen) Kamerateams tatsächlich im Fernsehen laufen werden, entgegnet Hansen: „It's more of a internet-webisode thing at the moment. It's gonna be on YouTube Red."[157] Mathers unterbricht ihn: „Wait, the porn site?", woraufhin Hansen klarstellt: „No no no, you are thinking of RedTube or YouPorn. Weird, right? Because those are both like super popular online pornography sites. Seems like somebody should have checked on that." Tatsächlich kommt es vereinzelt zu Scherzen im Internet, dass die Umbenennung von ‚YouTube Red' zu ‚YouTube Premium' unter anderem erfolgte, weil der Name ‚YouTube Red' zu stark an die zitierten Internetpornoseiten erinnere. Unabhängig davon, ob man es hierbei mit einem tatsächlichen Beweggrund für die Namensänderung zu tun hat, wird in RYAN HANSEN SOLVES CRIMES ON TELEVISION mehrfach selbstreferentiell auf den Distributionsort verwiesen, wobei diese Verweise stets an eine humorvolle Kritik an der Abonnement-Sparte auf YouTube gebunden sind, was sich exemplarisch anhand eines Dialogs zwischen Hansen und einem seiner Schauspielkollegen aus Hollywood zeigen lässt.

Hansen beschreibt den Distributionsort der Serie: „It's YouTube Red. It's exactly like YouTube, but it's not free."[158] Während er ‚not free' sagt, bewegt er schwungvoll

156 S. S1E1: TC: 00:01:37.

157 S. S1E1: TC: 00:03:09. Die folgenden Zitate aus der gleichen Szene schließen unmittelbar an den genannten Timecode an.

158 S. S1E1: TC: 00:07:25.

seinen Arm nach vorne und lächelt, sodass der Eindruck entsteht, der Aspekt der Kostenpflicht sei ein – wie auch immer gearteter – Vorteil. Sein Gesprächspartner entgegnet daraufhin schroff: „Wow, that seems like a fantastic business model." In dieser Szene wird die gesamte Medienlogik der Plattform und der Selbstanspruch von YouTube, für Transparenz, barrierefreie Partizipation und mediale Offenheit einzustehen,[159] kritisch hinterfragt. Hansens Kollege äußert sich ironisch, da man auf Basis von Hansens Beschreibung von YouTube Red gerade nicht zu dem Schluss gelangt, dass es sich hierbei um ein gelungenes Geschäftsmodell handelt.

Neben Formen der geschilderten Eigenkritik mokieren sich die Figuren auf intradiegetischer Ebene aber auch über das Fernsehen. Als Hansens selbstverliebter Kollege die Kommissarin begrüßt, sagt er: „You have seen me on TV."[160] Daraufhin erwidert sie abrupt: „Network Television is creatively bankrupt." Weiterhin ungewöhnlich ist, dass Hansens Zuhause als Sitcom-Kulisse mit Live-Publikum eingeführt wird.[161] Nach seiner Arbeit betritt Hansen die Kulisse, in der seine Familie auf ihn wartet. Die ‚häuslichen Szenen' enthalten zahlreiche humoristische Pointen, über die das Live-Publikum lacht, sodass neben der klischeehaft inszenierten Wohnzimmerkulisse, die über keine vierte Wand verfügt, auch durch auditive Erkennungsmerkmale der Sitcom (Lachen des Publikums) eine Verbindung zu diesem Fernsehformat hergestellt wird. In der Pilotfolge kommt es zudem zu einem Cameo-Auftritt von Hollywoodstar Jon Cyrer, der für viele Jahre als Schauspieler an der Sitcom TWO AND A HALF MEN[162] mitwirkte.[163]

Als Kommissarin Mathers die Kulisse betritt, zeigt sie sich geschockt darüber, dass Hansen in einer Sitcom ‚lebt' und richtet einen Satz an Hansen und das Produktionsteam der Serie: „Man, you guys really need to figure out your format."[164] Indem eine Figur eine Ansprache an die Serienmacher richtet, tritt eine metaleptische Struktur auf den Plan, durch die die filmästhetische Hybridität der Produktion auf intradiegetischer Ebene hinterfragt wird, wobei die Implikation von Mathers' Aussage weit über eine einzelne Originals-Produktion hinausreicht: Anhand ihrer Forderung, YouTube solle sich im Hinblick auf Formate festlegen, wird auf den Sonderstatus der Originals auf YouTube verwiesen. Wie bereits im siebten Kapitel analysiert, sind viele fiktionale Originals in formaler Hinsicht nicht von fiktionalen Filmen und Serien anderer Medienproduktionsunternehmen zu unterscheiden. Gleichzeitig wird durch die in diesem Kapitel besprochenen Beispiele ersichtlich,

---

159 Vgl. Burgess, Participatory Culture. Vgl. auch Jenkins, Convergence Culture.
160 S. S1E1: TC: 00:08:40.
161 S. S1E1: TC: 00:22:43.
162 TWO AND A HALF MEN, CBS, USA 2003–2015.
163 S. S1E1: TC: 00:23:30.
164 S. S1E1: TC: 00:24:34.

dass durch die häufige thematische Auseinandersetzung mit Phänomenen der Internetkultur und dem YouTubing ein starker Bezug zur eigenen Plattform intendiert ist. Mathers' intradiegetische Ansprache an YouTubes Produzenten lässt sich vereinfacht gesagt auf die selbstreflexive Frage reduzieren: Was für eine Textsorte sind die YouTube Originals respektive wie positionieren sie sich in der gegenwärtigen Medienlandschaft?

8.2.3 Medientheoretischer Blick auf YouTubes Darstellung von Digitalkultur

Im Anschluss an Giltrows und Steins vielzitierte Frage: „Is it possible for a traditional genre in the spoken or written media to migrate into the Internet without loss of identity"[165] kann man mit Blick auf die YouTube Originals fragen: Welche mediale Identität schreibt man traditionellen Film- und Fernsehgenres zu, die von YouTube (teil-)produziert und auf YouTube relokalisiert werden?

Serien wie RYAN HANSEN SOLVES CRIMES ON TELEVISION avancieren freilich nicht zu einer Sitcom, nur weil eine intradiegetische Anlehnung an das Format der Sitcom erfolgt. Ähnlich verhält es sich auch bei allen anderen Beispielen, die eine Einbettung von Fernsehformaten in einen fiktiven Kontext zeigen. Gleichwohl entsteht durch die häufigen Verweise auf Hollywood und die Fernsehindustrie bei gleichzeitiger Betonung der eigenen Medienumgebung YouTube ein produktionsübergreifendes Gesamtbild, das die YouTube Originals als hybride Medienartefakte kennzeichnet, deren Hybridität ein essentieller Teil ihrer medialen Identität ist. Interessanterweise ist diese Hybridität im Kontext von narrativen Internetgenres kein Novum. Nünning und Rupp halten bereits im Jahr 2011 fest: „[...] angesichts der zunehmenden Vermischung verschiedener Genres und Medien sowie der Vernetzung digitaler Medien [ist] zu fragen, welche hybriden Genres sich aus dem Dialog ‚alter' und ‚neuer' Formate entwickeln."[166] Die in diesem Kapitel beschriebene Tendenz, Fernsehformate dem YouTubing gegenüberzustellen (NEULAND, RYAN HANSEN SOLVES CRIMES ON TELEVISION, ME AND MY GRANDMA), kann man als ebensolchen ‚Dialog alter und neuer Formate' bezeichnen.

In diesem Zusammenhang sei darauf hingewiesen, dass die Hervorhebung der eigenen Medienumgebung in Internetvideos ebenfalls seit vielen Jahren Teil der medienwissenschaftlichen Diskussion ist. Dazu Kuhn:

165 Giltrow, Genres in the Internet, S. 9. Vgl. auch Knapp, Lore: Christoph Schlingensiefs Blog: Multimediale Autofiktion im Künstlerblog, in: Nünning, Ansgar et al. (Hg.): Narrative Genres im Internet. Theoretische Bezugsrahmen, Mediengattungstypologie und Funktionen, Trier 2012, S. 117–132, S. 118.

166 Nünning, Genres im Internet, S. 8.

> In fiktionalen Webserien wird häufig intradiegetische Medienkommunikation repräsentiert. Die Figuren benutzten Kameras, Handys, kommunizieren mit Videobotschaften, SMS, E-Mails und haben verschiedene Profile im *social web* [...]. Aufgrund der Einbettung in Portale wie YouTube und der strukturellen Nähe zu Videoblogs kommt es bei pseudo-authentischen Webserien häufig zur die Grenze der fiktionalen Welt überschreitenden Gesprächen der Figuren mit dem angenommenen Publikum, vergleichbar mit Formen der Webcam-Kommunikation [...]. Ein mutmaßlicher Effekt der Nähe von Webserien zum *social web* ist die Jugendlichkeit der Hauptfiguren: In den meisten Webserien sind die Hauptfiguren sehr jung, oft zwischen 15 und 30 Jahre alt.[167]

Alle von Kuhn beschriebenen Aspekte spielen in vielen fiktionalen YouTube Originals eine wichtige Rolle. Sowohl die intradiegetische Mediennutzung (SIDESWIPED, BAD INTERNET, LIZA ON DEMAND, JINLGE BALLIN', 12 DEADLY DAYS, ME AND MY GRANDMA) als auch Metalepsen, die sich in Form von Ansprachen an Zuschauer oder Serienmacher richten (RYAN HANSEN SOLVES CRIMES ON TELEVISION, ESCAPE THE NIGHT, NEULAND) stellen gängige Erscheinungen dar. Auch die von Kuhn beschriebene Jugendlichkeit der Figuren zeigt sich in vielen Fällen.[168] Zudem lässt der auffallend hohe Anteil an selbstreflexiven Originals-Produktionen, in denen das Thema Digitalkultur kritisch verhandelt wird, eine Verbindung zur medienwissenschaftlichen Forschung zu Internetgenres zu: „Neben dieser Funktion als reintegrierender Interdiskurs können zwei weitere Funktionen neuer narrativer Genres aber ebenso gut darin bestehen, dass ihre Auseinandersetzung mit den Formaten, Themen und Inszenierungsverfahren der Neuen Medien selbst als eine Form von Medienkritik [sic!] erscheint."[169] Noch deutlicher formulieren Nünning und Rupp diese Tendenz, indem sie schreiben: „Narrative Genres im Internet setzen sich in vielfältiger Weise selbstreflexiv mit gesellschaftlichen und kulturellen Entwicklungen und Problemlagen auseinander, die durch die Digitalisierung und umfassende Medialisierung sämtlicher Lebensbereiche entstanden sind."[170]

Ebendiese Tendenz, kritisch auf Digitalisierungsprozesse und ihre Auswirkungen auf den Alltag einzugehen (BAD INTERNET, SIDESWIPED, LIZA ON DEMAND), findet sich in zahlreichen Originals-Produktionen. Somit lässt sich sagen, dass die von Nünning und Rupp vor mehr als einem Jahrzehnt publizierten Aussagen bezüglich charakteristischer Eigenschaften von Internetformaten anhand der YouTube Originals eine Bestätigung finden. Ein Grund[171] für die selbstkritische Auseinandersetzung mit Digi-

167 Nünning, Genres im Internet, S. 57.
168 S. dazu das Kapitel 8.1.: Analyse der Highschoolfilme und -serien.
169 Nünning, Genres im Internet, S. 33.
170 Nünning, Genres im Internet, S. 34.
171 Diese Gründe können für jedes Artefakt und seinen Distributionskontext anders ausfallen. Der hier genannte denkbare Grund bezieht sich ausschließlich auf die Produktionsreihe der YouTube Originals und nicht auf die in Nünnings und Rupps Publikation besprochenen Internetphänomene.

talkultur könnte darin bestehen, dass YouTube als Silicon Valley-Unternehmen ein natives Verständnis für Prozesse in digitalen Räumen zu erkennen geben möchte. Indem gerade keine naive Affirmation von Digitalkultur erfolgt, beabsichtigt YouTube zu demonstrieren, dass dem Unternehmen das Gefahrenpotenzial von digitalen Medien bewusst ist, wobei Bewusstsein die Basis für verantwortungsvolle Konzernhandlungen ist.[172]

8.3 Die Darstellung von Rassismus und Unterdrückungsstrukturen in den YouTube Originals

Die dritte und letzte Analyse von häufig inszenierten Themen setzt sich mit YouTubes Darstellung der Unterdrückung marginalisierter Gruppen, Privilegierungen von Weißen sowie strukturellem Rassismus auseinander. Wenngleich dieser Abschnitt weniger umfangreich ausfällt als die vorhergehende Analyse der Darstellung von Digitalkultur, ist es im Hinblick auf ein Verständnis von YouTubes Selbstbild wichtig, auch auf diesen Bereich einzugehen. In vielen Originals wird nahegelegt, die Filmindustrie Hollywoods sei im besten Fall eine wertkonservative sowie eine – im Hinblick auf politische Korrektheit – ignorante Industrie und im schlechtesten Fall eine von Unterdrückung und strukturellem Rassismus gekennzeichnete Institution. Durch das häufige Aufgreifen dieser Missstände in Hollywood im Besonderen und dem westlichen Showgeschäft im Allgemeinen erfolgt nicht nur eine Kritik an YouTubes südkalifornischem Nachbarn. Vielmehr kann man die häufige Inszenierung der genannten Themen auch als Manifestation einer hohen Sensibilität im Hinblick auf das Ausmachen von Unterdrückungsstrukturen begreifen, die sich YouTube gewissermaßen selbst zuschreibt. Es wird ein Profilierungsversuch deutlich, der sich darin äußert, dass YouTube als ‚junges' Medienunternehmen einen progressiven und politisch korrekten Gegenentwurf zur ‚alten' und analogen Medienindustrie darzustellen beabsichtigt.

172 Zweifelsohne wäre es interessant, eine an YouTubes Selbstkritik anschließende Metakritik zu entwerfen, bei der man sich damit auseinandersetzt, inwiefern YouTube auf Basis seiner Eigenanalyse Schritte zum *digital wellbeing* auch tatsächlich einleitet. Da es hier jedoch ausschließlich um Interpretationen von YouTubes Selbstbild und -verständnis geht, erfolgt ein solcher Versuch hier nicht.

8.3.1 Diversität in den YouTube Originals

Viele fiktionale Originals-Produktionen fallen durch eine hohe ethnische Diversität im Hinblick auf die Rollenbesetzungen auf.[173] Darüber hinaus lassen sich auch Produktionen finden, in denen keine[174] oder nur wenige[175] Hauptrollen von weißen Schauspielern besetzt werden. Diese Produktionen lassen sich womöglich weniger unter dem Label der ‚Diversität' anführen und eher im Zusammenhang mit dem von YouTube entworfenen Konzept ‚#YoutubeBlack'[176] nennen, bei dem es sich einerseits um einen Hashtag sowie andererseits um eine spezielle virtuelle Interessengemeinschaft und Startseite auf YouTube handelt, auf der ausschließlich Videos von schwarzen YouTubern oder Künstlern gezeigt werden.

Abseits der Stärkung der Repräsentation von PoCs fällt auf, dass in einigen fiktionalen Originals alle Hauptfiguren Mädchen oder Frauen sind,[177] was folgenden Schluss im Hinblick auf YouTubes inhaltspolitisches Profil zulässt: YouTube intendiert eine größtmögliche Distanzierung von filmischen Repräsentationsparadigmen, bei denen primär weiße, heterosexuelle Männer im Zentrum der Filme oder Serien stehen. Hollywoods Film- und Fernsehindustrie wird seit Jahrzehnten vorgeworfen, lediglich eine ‚Traumfabrik' für letztgenannte darzustellen, während alle anderen Menschen abwertend dargestellt, auf ihre Hautfarbe reduziert[178] oder wegen ihres Geschlechts als visuelles Vergnügen für heterosexuelle Männer inszeniert würden.[179] Allerdings kann YouTube kein ‚Monopol' auf die Distanzierung von Diskriminierung für sich beanspruchen, da auch andere Streaming-Anbieter in

---

173 Einige Beispiele hierfür sind: YOUTH AND CONSEQUENCES, ORIGIN, RYAN HANSEN SOLVES CRIMES ON TELEVISION, BODIED, SOBREVIVÍ, MUSEO (MUSEO, R.: Alonso, Ruiz Palacios, Mexiko 2018), ME AND MY GRANDMA, ESCAPE THE NIGHT.

174 S. beispielsweise: BROKE (BROKE, YouTube Premium, USA 2017), LIZA ON DEMAND, JINGLE BALLIN.

175 S. STEP UP: HIGHWATER.

176 S. https://www.youtube.com/hashtag/youtubeblack (zuletzt abgerufen am 01.11.2022).

177 S. zum Beispiel: SIDESWIPED, HYPERLINKED, OVERTHINKING WITH KAT & JUNE.

178 Es ließen sich zahlreiche Publikationen anführen, die sich auf unterschiedliche Weise mit rassistischen Strukturen in Hollywood auseinandersetzen. Interessant für dieses Kapitel sind insbesondere die Arbeiten von Richard Dyer. Vgl. vor allem Dyer, Richard: The Matter of Whiteness, in: Rothenberg, Paula S. (Hg.): White Privilege: Essential Readings on the Other Side of Racism, New York 2005, S. 9–14. Vgl. auch Dyer, Richard: White, London/New York 1997.

179 Es gibt zahlreiche Arbeiten zur feministischen Filmtheorie. Für einen Überblick über einige Publikationen vgl. Klippel, Heike: Feministische Filmtheorie, in: Felix, Jürgen (Hg.): Moderne Filmtheorie, Mainz 2007, S. 168–185. Vgl. auch Klippel, Heike: Feministische Filmtheorie und Genderforschung, in: Groß, Bernhard/Morsch, Thomas (Hg.): Handbuch Filmtheorie, Wiesbaden 2021, S. 101–118. Die hier verwendete Formulierung ‚visuelles Vergnügen' bezieht sich auf einen der bekanntesten Aufsätze im Bereich der feministischen Filmtheorie. Vgl. Mulvey, Laura: Visual Pleasure and Narrative Cinema, in: Screen, 16/3 (1975), S. 6–18.

den letzten Jahren sichtlich darum bemüht sind, die Anzahl von Produktionen, in denen beispielsweise (ethnische) Diversität und die Zentrierung von Frauenfiguren erkennbar wird,[180] zu erhöhen. Auch Hollywood würde man vorschnell verurteilen, ginge man davon aus, dass die südkalifornische Filmmetropole nicht in der Lage sei, nachhaltige Änderungen im Bereich von Inszenierungsformen verschiedener Personengruppen durchzusetzen.

Gleichwohl muss man hervorheben, dass es bis heute nur sehr wenige PoC-Stars gibt, die in Hollywood mit Preisen für ihre Leistungen ausgezeichnet werden, wobei diese Kritik meist auf die Oscar-Verleihungen gerichtet ist. Hierbei handelt es sich um die ‚#OscarsSoWhite-Proteste',[181] die seit Jahren kritisieren, dass Hollywood primär weiße Filmschaffende würdige, während die Filmkunst nicht-weißer Schauspieler, Regisseure, Produzenten etc. keine ausreichende Sichtbarkeit und Wertschätzung erhalte. Eben hier setzt YouTube ein Statement, indem bei den Originals eine erhöhte Sichtbarkeit von afro- und lateinamerikanischen sowie asiatischen Schauspielern auf den Plan tritt. Diese Tatsache kann man neben dem Aspekt, dass sich YouTube als progressiver Medienkonzern mit einem Verständnis für strukturelle Ungerechtigkeit und Rassismus profilieren möchte, auch mit YouTubes Partizipationsversprechen verknüpfen:

In ‚Broadcast Yourself' ist auch die Absenz von Gatekeeping-Institutionen – wie sie in Hollywood bestehen – angelegt, durch die es unter anderem ermöglicht wird, weiße Menschen bevorzugt zu behandeln und zu fördern. Die niedrigen Zugangshürden der Plattform YouTube gewähren nicht zuletzt strukturell benachteiligten Personengruppen die Möglichkeit, ihre Lebensrealitäten und Probleme im virtuellen Raum für Abermillionen Menschen sicht- und hörbar zu machen. In diesem Zusammenhang darf man wiederum nicht außer Acht lassen, dass durch die YouTube Originals gerade diejenigen Gatekeeping-Institutionen, die in Hollywood bestehen und die vielfach kritisiert werden, nun auch auf YouTube Einzug halten, da nur ausgewählte (YouTube-)Stars an den YouTube Originals mitwirken, wodurch eine offene Partizipation an einer Eigenproduktion ausgeschlossen ist. Diese aktuelle mediale Konstellation auf YouTube bezeichne ich als ‚Partizipations-

180 Vgl. Garrido, Rocío/Zaptsi, Anna: Archetypes, Me Too, Time's Up and the Representation of Diverse Women on TV, in: Comunicar, 69/29 (2021), S. 22–32. In diesem Aufsatz werden mehrere Netflix-Serien angeführt, die sich durch Diversität und weibliche Hauptrollen auszeichnen. Wenngleich mitunter kritisch auf das Aufgreifen bestimmter Stereotypien rekurriert wird, zeigen die in dem Aufsatz genannten Beispiele auch auf, dass in den letzten Jahren vermehrt Serien und Filme auf der Streaming-Plattform Einzug halten, in denen nicht weiße, heterosexuelle Männer im Zentrum der Handlung stehen.

181 Vgl. Chattoo, Caty Borum: Oscars So White: Gender, Racial, and Ethnic Diversity and Social Issues in U.S. Documentary Films (2008–2017), in: Mass Communication and Society, 21/3 (2018), S. 368–394.

Repräsentations-Dilemma', da die vom Konzern intendierte Sichtbarkeit bestimmter Personengruppen nur dann mit Sicherheit erzielt werden kann, wenn man Gatekeeping-Instanzen einführt, die diese Sichtbarkeit zwar garantieren, die aber gleichzeitig gegen die ursprüngliche Medienlogik und den originären Selbstanspruch der Plattform, d. h. die Gleichstellung aller Partizipierenden, verstoßen.[182]

Für ein Verständnis von YouTubes Selbstbild der frühen 2020er Jahre ist es zweifelsohne von Belang, Diversität in Bezug auf Rollenbesetzungen in den YouTube Originals hervorzuheben. Allerdings handelt es sich hierbei nicht um ein produktionsübergreifendes Motiv, wie es mit der Jugend- oder Digitalkultur vorliegt. Das folgende Unterkapitel beschäftigt sich mit YouTubes Darstellung von Privilegien weißer Menschen und ihrer Ignoranz oder Unwissenheit, was diese Privilegien angeht.

8.3.2 Die Inszenierung weißer Ignoranz und Unkenntnis

Der Begriff ‚weiße Ignoranz' wird unterschiedlich ausgelegt.[183] Ich beziehe mich hier auf Darstellungen von weißen Menschen (überwiegend Männer) in den Originals, die über kein oder nur ein bedingtes Reflexionsvermögen bezüglich ihrer – von anderen Personengruppen als rassistisch (und teils misogyn) empfundenen – Handlungen und/oder Aussagen verfügen. Das ‚Ignorieren' ist hierbei selten ein Ignorieren der ihnen entgegengebrachten Anschuldigungen, misogyn oder rassistisch zu sein. Vielmehr ist die Ignoranz schon *vor* der Anschuldigung da, weil in mehreren Originals angedeutet wird, Weiße im Allgemeinen und weiße, heterosexuelle Männer im Speziellen setzten sich nicht oder nur unzureichend mit ihren Privilegien und globalen Unterdrückungsstrukturen auseinander.

In dem von Eminem teilproduzierten Originals-Film[184] Bodied taucht der weiße Berkeley-Student Adam in die Welt des Battle-Rap ein. In einer von PoCs dominierten Szene möchte er für seine Masterarbeit eine Recherche bezüglich

---

182 Das hier als ‚Partizipations-Repräsentations-Dilemma' bezeichnete Phänomen wird in der Kapitelzusammenfassung erneut und ausführlich vor dem Hintergrund aller Analyseerkenntnisse dieses Kapitels besprochen.

183 Vgl. Martín, Annette: What is White Ignorance?, in: The Philosophical Quarterly, 71/4 (2020), S. 864–885.

184 Der Film wurde nicht exklusiv für YouTube produziert. Erst ein Jahr nach der Veröffentlichung des Films sicherte sich YouTube die Distributionsrechte. Interessant ist hierbei, dass der Film dennoch als ‚YouTube Original' geführt wird, obwohl YouTube – im Unterschied zu anderen Originals-Produktionen – nicht an der eigentlichen Erstellung des Films beteiligt war. Anhand dieses Beispiels wird die im zweiten Kapitel dieser Arbeit beschriebene Tatsache deutlich, dass YouTube als Konzern nicht immer Einfluss auf die Inhaltsgestaltung der Produktionen ausübt.

‚der poetischen Funktion des N-Wortes im Battle-Rap‘[185] durchführen. Nachdem ihm zuerst unterstellt wird, eine Art ‚Blankoscheck‘ für den Gebrauch des Wortes unter dem Vorwand einer akademischen Leistung gewährt zu bekommen,[186] entdecken sowohl Adam als auch mehrere Teilnehmer der Battle-Rap-Szene, dass Adam ein großes Talent für das Rappen hat, sodass er daraufhin selbst beginnt, an einigen Wettbewerben teilzunehmen. In diesem Zusammenhang wird ihm unter anderem Kulturappropriation unterstellt, doch Adam weist hartnäckig darauf hin, dass alle seine Handlungen Teil einer wissenschaftlichen Arbeit seien.

Eine interessante Szene ereignet sich bei einer Party, auf der sich viele – überwiegend weiße – Studenten und Lehrkräfte der Berkeley-Universität treffen. Was als pejorativer Diskurs über Battle-Rap anfängt, endet schließlich in einer gegenseitigen Belehrung darüber, welche in diesem Kontext getätigten Aussagen rassistisch seien und welche nicht.[187] Bis auf eine Asiatin handelt es sich bei allen Diskussionsteilnehmern um weiße Menschen, die prätentiös ihr Weltbild und Formen von Rassismus gegenüber Afroamerikanern schildern. In dieser Szene wird auch erstmals eine Form der ‚weißen, männlichen Paranoia‘ (im Englischen gebräuchlicher, s. ‚white male paranoia‘[188]) mit Blick auf Adam ersichtlich: Bei einem kuriosen ‚Überbietungswettbewerb‘ mit Bezug auf Minderheitenmerkmale, auf Basis derer bestimmte Aussagen gerechtfertigt seien, fühlt die Figur Adam eine Art Entmachtung, da er als weißer, heterosexueller Mann als einziger Gesprächsteilnehmer nicht als unterdrückte Minderheit gilt und seine Aussagen daher kritischer aufgenommen werden als die der anderen. Die asiatische Gesprächsteilnehmerin argumentiert, dass Asiaten unterdrückte Minderheiten seien, die sich aufgrund dieser Tatsache nicht selbst rassistisch äußern könnten, sodass keine ihrer Aussagen über andere PoCs problematisch sei. Daraufhin entgegnet ein anderer Gesprächsteilnehmer, dass Asiaten keine ‚echten‘ PoCs seien, was die Gruppe wiederum als rassistisch deklariert. Daraufhin entgegnet der Angeschuldigte: „My inner proud black woman says ‚fuck all you bitches‘“,[189] wodurch sich die gesamte Situation vorerst entspannt. Auf diese Aussage hin kritisiert Adam, dass es rassistisch sei, wenn sich ein weißer Mann als schwarze Frau identifiziere. Erneut kippt die Stimmung abrupt und Adam wird der Homophobie und Ignoranz beschuldigt, da er sich nicht mit der ‚historischen Affinität zwi-

---

Allerdings hätte YouTube sich die exklusiven Rechte an dem Film nicht gesichert, wenn seine inhaltliche Ausrichtung nicht mit den Interessen des Konzerns übereinstimmen würde.

185 S. TC: 00:05:33.

186 S. TC: 00:06:55.

187 S. TC: 00:21:07.

188 Vgl. Sartelle, Joseph: Hollywood-Blockbuster: Träume und Katastrophen, in: Nowell-Smith, Geoffrey (Hg.): Geschichte des Internationalen Films, Stuttgart 2006, S. 469–480.

189 S. TC: 00:22:35.

schen schwuler und schwarzer Kultur' beschäftigt habe, durch die die vorhergehende Aussage gerechtfertigt sei. Mit dem die Szene abschließenden Satz: „Don't be such a fucking homophobe"[190] wird Adam sichtlich nachdenklich zurückgelassen und entwickelt zunehmende Unsicherheiten und Ängste bezüglich seiner Stellung in der Welt, die im Verlauf des Films in Aggressionen umschlagen. Außerhalb der Rap-Szene wird Adam aufgrund seiner rassistischen Äußerungen bei einem Rap-Battle als ‚White Supremacist' beschuldigt und es brechen Universitätsproteste aus.[191] Um die Protestierenden zu besänftigen, wird Adam sein Stipendium entzogen und er wird der Hochschule verwiesen, womit die Verlustängste und die Paranoia in Bezug auf seinen sozioökonomischen Status zur Realität werden.

„Im Gegensatz zu früheren Helden muß [sic!] der Protagonist der ‚White Male Paranoia' fast den gesamten Film über schlimme körperliche und psychologische Bestrafungen über sich ergehen lassen."[192] Was Sartelle im Hinblick auf das Hollywoodkino der 1980er Jahre unter dem Titel ‚der weiße Mann als Opfer' beschreibt, zeigt sich in postmoderner Form in Bodied, wobei die ‚Opferrolle' des weißen Mannes hier – im Unterschied zu vielen von Sartelle angeführten Hollywoodfilmen der 1980er Jahre – kritisch reflektiert und hinterfragt wird.

Die in Bodied geschilderten Ereignisse lassen sich auf unterschiedliche Weise interpretieren. Man kann den Film als Produktion auffassen, in der politische Korrektheit kritisiert und als Gefahr für die freie Meinungsäußerung angesehen wird. Wesentlich prominenter aber eröffnet der Film einen Interpretationsspielraum, in dem das Zentrum der Kritik an anderer Stelle verortet ist. Man muss hervorheben, dass Adam in mehreren Szenen von verschiedenen Figuren als Rassist bezeichnet wird, etwa wenn er die schwarze Dekanin für eine Krankenschwester hält,[193] da er intuitiv davon ausgeht, dass dieses Amt von einer weißen Person bekleidet werde. Ähnliches gilt für eine Szene, bei der er sich über die hohen Lebensstandards eines schwarzen Rap-Kollegen wundert[194] und davon ausgeht, dieser habe ein Gespür für gefährliche Situationen, weil er ‚die Straße kenne'.[195] Die aber womöglich entscheidendere Kritik an rassistischen Denkmustern im Allgemeinen und an weißer Ignoranz im Speziellen wird an Adams weißer Freundin sowie seinen (überwiegend weißen) Kommilitonen deutlich, die jeweils davon überzeugt sind, verlässliche Aussagen über Rassismus treffen zu können, ohne dabei selbst Opfer von Rassismus zu sein. Letztgenannte werden als Figuren inszeniert, die durch selbstgefällige Anspra-

190 S. TC: 00:22:57.
191 S. TC: 01:19:40.
192 Sartelle, Hollywood-Blockbuster, S. 475.
193 S. TC: 01:16:48.
194 S. TC: 01:05:00.
195 S. TC: 01:03:12.

chen und Anschuldigungen moralische Autorität für sich beanspruchen, während sie in ihrer ‚weißen Interaktionsblase' verharren und ihre bigotte Lebensweise nicht reflektieren: Adams Freundin ist beispielsweise stets darum bemüht, als politisch korrekt denkende, vegane, feministische und antirassistische Frau wahrgenommen zu werden, die sich um soziale Missstände in der Gesellschaft sorgt. Ihre tatsächlichen ‚Sorgen' treten jedoch zum Vorschein, als sie beim Anblick eines schwarzen Obdachlosen auf dem Campusgelände fragt, weshalb man ihn nicht entferne, da seine mangelnde Körperhygiene unangebracht sei.[196]

Eine bemerkenswerte Darstellung weißer Ignoranz findet man auch in der Karate-Serie COBRA KAI. Die nun zu besprechenden beiden Szenen des Serien-Nachfolgers von KARATE KID[197] sind wichtig für diese Analyse, weil mit ihnen die Differenz des Stellenwerts von politischer Korrektheit, den YouTube auf der einen und Hollywood auf der anderen Seite zu erkennen geben lässt beziehungsweise ließ,[198] betont wird. Der Protagonist LaRusso entschließt sich dazu, YouTube-Tutorials über Karatetechniken hochzuladen,[199] womit man auf ein weiteres Beispiel stößt, bei dem die Medienumgebung der Produktion selbstreflexiv erfasst wird. Als er sich jedoch die Kommentare zu seinem Video durchliest, in dem er in einem traditionellen, japonistischen Karate-Gi zu sehen ist, ist er geschockt über die Reaktionen: „Asian whitewashing? They are calling me Daniel LaRacist [in Anlehnung zu seinem Namen Daniel LaRusso] on here. Stereotypical music, that was Mr. Miyagis favourite song."[200]

In dieser Szene wird nahegelegt, Zuschauer auf YouTube verfügten über ein hohes Maß an Sensibilität im Hinblick auf rassistische Verhaltensweisen und Kulturappropriation. Bei dieser Szene ist es vor allem wichtig, den Bezug der Serie zu den KARATE KID-Filmen zu begreifen: Der Schauspieler Ralph Maccio, der Daniel LaRusso verkörpert, spielte die gleiche Figur schon als Jugendlicher in der ersten Hollywoodproduktion der Filmreihe aus dem Jahr 1984. Ähnlich verhält es sich mit seinem ewigen Kontrahenten Johnny Lawrence, der sowohl in der ursprünglichen Filmreihe als auch in COBRA KAI von William Zabka gespielt wird. Die Schauspieler sind dementsprechend mit ihren Figuren gealtert und verkörpern sie erneut.

Der Distributionskontext und das politische Klima haben sich seit 1984 jedoch massiv verändert: Anders als KARATE KID erscheint COBRA KAI nicht als analoge Filmreihe, sondern als Digitalartefakt auf einer Onlineplattform, was durch das intradie-

---

196 S. TC: 00:19:28.
197 KARATE KID, R.: diverse, USA 1984–1994.
198 Hierbei handelt es sich um eine Unterstellung bezüglich Hollywoods Haltung gegenüber politischer Korrektheit.
199 S. S2E3: TC: 00:02:08.
200 S. S2E3: TC: 00:05:54.

getische Erstellen von YouTube-Videos deutlich hervorgehoben wird. LaRusso und Lawrence tragen die gleiche Kleidung (Karate-Gis) wie schon im Jahr 1984. Anders als es seiner Zeit in den Hollywoodfilmen der Fall war, wird auf YouTube explizit auf den denkbaren Vorwurf der Kulturappropriation hingewiesen. Wie schon im letzten Beispiel erscheint eine konservative Lesart der Szene grundsätzlich möglich, nämlich dass die Rassismusvorwürfe gegen LaRusso symptomatisch für eine Zeit sind, in der Meinungs- und Ausdrucksfreiheit zunehmend eingeschränkt werden. Gleichzeitig ist aber auch eine andere Interpretation denkbar: YouTube hebt die weiße Ignoranz Hollywoods gegenüber kultureller Appropriation hervor, da die intradiegetischen Vorwürfe nicht an eine beliebige Figur, sondern explizit an die Figur gerichtet werden, die bereits in den Hollywoodfilmen einen Protagonisten darstellte und zudem von demselben Hollywoodschauspieler verkörpert wird. Gewissermaßen ‚nachträglich' wird so die mangelnde Sensibilität der Filmemacher der KARATE KID-Reihe in Bezug auf andere Kulturen moniert.

Letztgenannte Interpretation lässt sich in ähnlicher Form auch auf eine weitere Szene der gleichen Staffel anwenden, in der diesmal Lawrence im Fokus steht. Der in einer analogen Medienwelt aufgewachsene Lawrence wird als ein personifizierter Anachronismus dargestellt: Er weiß anscheinend nichts über digitale Technologie und über diverse gesellschaftspolitische Veränderungen der letzten Jahrzehnte. Es wirkt so, als habe die Figur Lawrence seit 1984 keine Veränderung durchlaufen, als sei sie in der Zeit stehengeblieben. Sein Karate-Schüler gibt ihm Nachhilfe in Bezug auf das Online-Dating,[201] womit sich die Lehrer-Schüler-Beziehung umkehrt, da der Schüler als Digital Native im Hinblick auf digitale Plattformen einen Wissensvorsprung für sich beanspruchen kann.[202]

Nachdem es Lawrence gelungen ist, Frauen über das Internet kennenzulernen, sieht man ihn, wie er unterschiedliche Verabredungen wahrnimmt. Hier wird abermals deutlich, dass Lawrence wie ein Zeitreisender aus den 1980er Jahren gänzlich verloren in der gegenwärtigen Zeit zu sein scheint.[203] Während eines Dates mit einer (links-)politisch engagierten Frau, die in mehrerlei Hinsicht gegen ‚Institutionen der Unterdrückung' kämpft,[204] wird auch Lawrences Unkenntnis,

---

201 S. S2E8: TC: 00:10:15.

202 Hierbei stößt man erneut auf ein Beispiel für die in Kapitel 8.1. besprochene inhaltliche Tendenz im Bereich der Darstellung von Jugendkultur in den YouTube Originals, bei der sich das Lehrer-Schüler-Verhältnis umkehrt.

203 Eine Frau interagiert beispielsweise mit ihrer Smart-Watch. Lawrence ist sich nicht der Tatsache bewusst, dass man E-Mails mittels einer Uhr lesen kann. Er versucht, seine vorgetäuschte Affinität für gegenwärtige Technologie zu demonstrieren, indem er angeberisch hervorhebt, ein Smartphone zu besitzen, ohne sich dabei der Tatsache bewusst zu sein, dass darin keine Besonderheit liegt. S. S2E8: TC: 00:12:50.

204 S. S2E8: TC: 00:13:05.

was gegenwärtige gesellschaftspolitisch brisante Themen angeht, ersichtlich: Lawrence kann nichts zu den Themen, die sein Date aufzählt, beitragen, bis er schließlich glaubt, eine Gemeinsamkeit zwischen ihnen beiden ausgemacht zu haben. Auf die Aussage der Frau hin, sie engagiere sich im Kampf gegen die systemische Verankerung des Patriachats in der Gesellschaft, antwortet Lawrence: „Oh yeah, totally systemic. I hate the Patriots, too."[205] Lawrence geht davon aus, dass sich sein Date auf das NFL-Footballteam ‚The New England Patriots' bezieht, wodurch seine Unkenntnis in Bezug auf linkspolitische Themen im Allgemeinen und Privilegierungen bestimmter Personengruppen im Speziellen aufgedeckt wird. Die Figur Lawrence ist ein ‚Importprodukt' aus dem Hollywood der 1980er Jahre, das über keinerlei Wissen zu Theorien über patriarchale Machtstrukturen verfügt. Dabei ist folgende Differenzierung essentiell: Lawrence ist keine Personifikation *von* Hollywood, Lawrence ist ein Produkt *aus* Hollywood, das von seiner politisch inkorrekten Medienumgebung geprägt ist. Diese Prägung wird innerhalb der neuen – von YouTube selbst als politisch korrekt darstellten – Medienumgebung auf YouTube offengelegt.

Die ‚Whitewashing-Vorwürfe' gegen LaRusso und die Bloßstellung von Lawrence verdeutlichen YouTubes Versuch, Hollywoods institutionelle Rahmenbedingungen und Hollywoods weiße Ignoranz im Hinblick auf Kulturappropriation sowie Blindheit gegenüber marginalisierten Gruppen zu demaskieren. Parallel dazu erzielt YouTube eine Profilierung der eigenen Werteordnung: Unabhängig davon, dass die Rezeption der besprochenen Szenen je nach persönlicher politischer Einstellung unterschiedlich ausfallen kann,[206] beabsichtigt YouTube anhand des Hinweises auf Verfehlungen anderer Medieninstitutionen, ein hohes Maß an Sensibilität und Reflexion im Hinblick auf Unterdrückungsstrukturen zu demonstrieren.

8.3.3 Die Darstellung von Hollywoods rassistischen Strukturen

Wurde im letzten Beispiel eine recht ungewöhnliche Form des medialen Transfers einer fiktiven Figur aus einer Medienumgebung in eine andere beschrieben, wobei die Paradigmen und Werteordnungen der originären Medienumgebung

---

205 S. S2E8: TC: 00:13:17.

206 Was von einigen als kulturelle Appropriation bezeichnet wird, interpretieren andere als kulturelle Affirmation (LaRussos Fall). Auch im Hinblick auf Lawrences Fall wird das streitbare Thema eröffnet, ob eine differenzierte Auseinandersetzung mit (identitätspolitischen) Themen eine Art ‚Bürgerpflicht' darstellt und ob man eine moralische Verfehlung daraus ableiten kann, unwissend im Hinblick auf Privilegien und Unterdrückungsstrukturen zu sein. Eine Positionierung bezüglich dieser Themen ist stark an persönliche politische Einstellungen gebunden, weshalb davon auszugehen ist, dass insbesondere die Rezeption der beiden besprochenen Szenen höchst unterschiedlich ausfällt.

kritisiert werden, beziehen sich die folgenden Beispiele auf konkrete Kritikpunkte an der Institution Hollywood, die im Zusammenhang mit YouTubes Eigenproduktionen deutlich werden.

In der Pilotfolge der Originals-Serie BROKE, in der drei Freunde nach Los Angeles ziehen und in jeder Episode unterschiedliche Probleme bewältigen müssen, spricht der afroamerikanische Schauspieler Mo bei einem Casting für einen Hollywoodfilm vor. Noch bevor er mit dem Vorsprechen beginnen kann, wird er von dem Kameramann unterbrochen, der das Casting filmt: „Actually, I'm gonna stop you there. Uhm, we ... I need to fix this lighting, Carl do you have it light, can we get a light in for him."[207] Der Casting-Direktor mischt sich ein: „Do we have any extra lights we can bring in?" Der Kameramann wiederholt sich abermals: „Can we get a light, can we, like uh.. few.. like two, three lights, can we get some lights, for this?" Anhand dieser nur wenige Sekunden andauernden Szene erfolgt eine scharfe Kritik an den Produktionsstandards Hollywoods. Wenngleich nicht explizit darauf hingewiesen wird, dass es sich bei dem Casting um einen Hollywoodfilm handelt, wird anhand der Stadt Los Angeles, in der die Serie spielt, schnell deutlich, um welche Filmindustrie es sich handelt. Richard Dyer beschreibt in seiner einflussreichen Publikation *White*[208] an mehreren Stellen, dass Lichtsetzungsstandards in Hollywood auf Basis der Hautfarbe weißer Schauspieler festgelegt werden. Der Filmtheoretiker und -kritiker Dixon hebt in einer Rezension von Dyers Publikation hervor:

> To mention but one among the many fine examples of the way in which Dyer illustrates his argument: There is a detailed examination of the ways in which film lighting in Hollywood and European films is geared entirely to presenting the best possible image of light-complexioned cast members at the expense of black actors. Dyer quotes Federico Fellini stating simply that „films are light" [...] and then demonstrates that for the entire history of the cinema, all standards of cinema lighting have been designed solely for Caucasian protagonists.[209]

In der beschriebenen Szene wird ebendiese Kritik an Hollywoods Lichtsetzungsstandards deutlich: Die Casting-Crew wählt bestimmte Lichtquellen aus, durch die weiße Menschen hinreichend ausgeleuchtet werden, während der Protagonist Mo in einer Einstellung, die scheinbar das Bild der intradiegetischen Casting-Kamera zeigt, unterbelichtet erscheint (Abbildung 95).

Durch die ständige Wiederholung des Wortes ‚light', das nicht nur ‚Licht', sondern auch ‚hell' bedeutet, wird dem sichtlich enttäuschten Protagonisten ständig ins Gedächtnis gerufen, dass seine Hautfarbe augenscheinlich nicht den Standards

207 S. S1E1: TC: 00:05:44. Alle weiteren Zitate aus dem Film folgenden unmittelbar auf diesen Timecode.

208 Vgl. Dyer, White.

209 Dixon, Wheeler Winston: Rezension zu: Dyer, Richard: White, in: Film Quarterley, 52/4 (1999), S. 62–63, S. 62.

Abbildung 95: Nahaufnahme einer Figur in Broke.

der Filmindustrie Hollywoods entspricht. Besonders hervorzuheben ist die letzte Aussage des Kameramannes: „Can we get some lights, for this?" Mit ‚this' bezieht er sich auf die Hautfarbe von Mo und auf die Tatsache, dass Mo aufgrund der Lichtsetzungsstandards Hollywoods als ‚anders' respektive nicht als Schauspieler, sondern als *schwarzer* Schauspieler wahrgenommen wird.

Dyer hat sich in verschiedenen Publikationen ebenfalls damit auseinandergesetzt und hält unter anderem fest: „This assumption that white people are just people, which is not far off saying that whites are people whereas other colours are something else, is endemic to white culture."[210] Dyer ist der Meinung, weißen Menschen werde eine Unsichtbarkeit[211] und ein ‚einfaches Menschsein' sowie die ‚Norm des Menschseins' zugeschrieben,[212] wohingegen PoCs auf Basis ihres Aussehens stets von weißen Menschen abgegrenzt würden. Der Protagonist Mo entspricht – nach Dyer – eben nicht dieser ‚Norm'. Binnen kurzem realisiert er, dass ein weißer Schauspieler für die Rolle vorgesehen ist, sodass man den vielfach ausgesprochenen Satz ‚can we get a light?' im übertragenen Sinne auch als Ellipse begreifen kann, bei der das Wort ‚actor' am Ende des Satzes ausgelassen wurde. Dass bei einer YouTube Originals-Serie, in der alle Hauptrollen von PoCs besetzt werden, derart direkt auf

210 Dyer, Matter of Whiteness, S. 10.

211 Dyer hält diese Position unter dem Label ‚The power of invisibility' fest. Vgl. Dyer, Matter of Whiteness, S. 10.

212 Vgl. Dyer, Matter of Whiteness, S. 10.

rassistische Strukturen in Hollywood angespielt wird, lässt YouTubes Selbstbild deutlich erkennen: Das junge Silicon Valley-Unternehmen demonstriert sein Verständnis dieser Strukturen und distanziert sich gleichzeitig von ihnen.

Eine nicht direkt auf Hollywood, sondern auf das westliche Showgeschäft im Allgemeinen bezogene Form der Kritik, bei der die strukturelle Bevorzugung von weißen Künstlern gegenüber PoCs im Zentrum steht, wird bei der Serie STEP UP: HIGHWATER ersichtlich. Die Protagonisten der Serie bereiten sich gegen Ende der zweiten Staffel auf eine große Musiktour des fiktiven Künstlers Sage Odom vor. Odom wird von einem Kamerateam begleitet, das Aufnahmen der Vorbereitungen zur Tour filmt. Ein Redakteur aus der Werbeindustrie stellt hierbei den Kreativdirektor des Teams dar. Er ist interessiert an einer langfristigen Zusammenarbeit mit Odom, der durch eine Kollaboration mit dem Redakteur und seiner Firma viel Geld verdienen kann. Der Redakteur ist auf der Suche nach einer Schülerin von Odom, die als Model für eine Werbekampagne und als ‚Gesicht' für die anstehende Tour geeignet ist. Schnell fällt sein Blick auf die Protagonistin Odalie,[213] die eine der wenigen weißen Tänzerinnen an der Schule ist, und die zudem was ihre Herkunft angeht gelogen[214] hat, um überhaupt an der Tanzschule angekommen zu werden.

Nachdem der Redakteur Odom darauf hingewiesen hat, dass Odalie in hohem Maße für die Kampagne geeignet sei, entschließt sich Odom, eine wichtige Position in der Tanzchoreografie, die bereits durch die Afroamerikanerin Poppy besetzt war, erneut als vakant zu deklarieren, wobei die Entscheidung, durch wen die Position endgültig besetzt wird, in einem Tanz-Wettbewerb zwischen Odalie und Poppy entschieden werden soll.[215] Sichtlich begeistert nutzt der Redakteur diese Ereignisse, um ein Narrativ um die weiße Odalie aufzubauen, bei dem sie sich als herausragende Tänzerin gegen zahlreiche Konkurrentinnen durchsetzt und trotz Verletzungen als ‚Kämpferin für ihren Traum' inszeniert wird. Schon vor dem eigentlichen Wettbewerb beeinflusst der Redakteur Odom, indem er darauf hinweist, dass Odalie die bessere Wahl wäre, wenn es darum ginge, möglichst hohe Einnahmen zu erzielen.[216] Gegenüber seiner Mitarbeiterin und Freundin Collette rechtfertigt Odom die Einflussnahme des Redakteurs: „Okay, they are gonna love a dance-off."[217] Daraufhin entgegnet sie ihm: „No, what they love is a white girl fighting off the ropes. They love Odalie."

213 S. S2E9: TC: 00:36:27.

214 Ihre Eltern sind sehr reich, was ein Ausschlusskriterium für die Aufnahme an *Highwater* darstellt, da die Schule gegründet wurde, um finanziell benachteiligten Jugendlichen eine gute Ausbildung zu ermöglichen.

215 S. S2E9: TC: 00:36:27.

216 S. S2E9: TC: 00:39:38.

217 S. S2E9: TC: 00:40:53.

Obwohl Poppy in dem Wettbewerb eine bessere Leistung zeigt, folgt Odom dem Wunsch des Redakteurs und entscheidet sich dafür, Odalie auszuwählen.[218] Nach dem ersten Tour-Auftritt stellt Poppy Odom zur Rede. Er gesteht ein, dass Poppy die bessere Tänzerin ist und rechtfertigt seine Entscheidung vor ihr: „But the suits [Produktionsteam und Werbeindustrie] are kind of lazy storytellers. And they decided to go with a white girl dancer, fish-out-of-water, recovers from injury [Odalie war zwischenzeitlich verletzt] it's just easier."[219] Poppy widerspricht ihm: „This is bullshit", worauf Odom ihr entgegnet: „True. I am not disagreeing with you. But that's America."

Mit dem Satz ‚Das ist Amerika' bezieht sich die Figur Odom auf strukturell verankerten Rassismus in den USA im Allgemeinen sowie auf die Privilegierung von Weißen im Speziellen. Abermals lässt sich Dyers Äußerung, das ‚Weißsein' werde als Norm für das ‚Menschsein' verstanden, wohingegen alle nicht-weißen Menschen als Abweichung von dieser Norm angesehen würden,[220] in Verbindung zu den hier beschriebenen Szenen setzen: Poppy wird aufgrund ihrer Hautfarbe von der Werbeindustrie als eine solche ‚Normabweichung' behandelt. Der als ‚offen' deklarierte Konkurrenzkampf zwischen Odalie und Poppy wird als Farce dargestellt, bei der weiße Privilegien stets vorab den Kampf entscheiden würden, da die Einhaltung der ‚weißen Norm' wichtiger sei als Arbeit, Fleiß und Talent von PoCs. Anhand der exemplarischen Schilderung dieser Handlungsverläufe in STEP UP: HIGHWATER wird erneut deutlich, dass YouTube bei einer Eigenproduktion strukturellen Rassismus und institutionalisierte Unterdrückungsformen prominent thematisiert, wobei man betonen muss, dass ein besonderer Fokus auf der Unterhaltungsindustrie der USA liegt. YouTube ist selbst ein Teil dieser Unterhaltungsindustrie. Durch das mehrfache Aufgreifen von Rassismus und Unterdrückungsstrukturen wird suggeriert, YouTube als Konzern setze sich mit diesen Themen auseinander und ignoriere sie nicht, wie es Hollywood (BROKE) und der US-amerikanischen Werbebranche (STEP UP: HIGHWATER) unterstellt wird.

8.4 Zusammenfassung der Inhaltsanalyse

In diesem Kapitel sind zahlreiche Film- und Serienbeispiele aus der Produktionsreihe der Originals besprochen worden und es zeigte sich, dass Jugendkultur, Digitalkultur und strukturell verankerter Rassismus vielfach inszeniert werden.

218 S. S2E9: TC: 00:44:35.

219 S. S2E10: TC: 00:42:58. Die weiteren zitierten Dialogpassagen folgen unmittelbar auf diesen Timecode.

220 Vgl. Dyer, Matter of Whiteness, S. 10.

Das Thema ‚Digitalkultur' ragt dabei besonders hervor. Hier stößt man insbesondere auf eine Konvergenzerscheinung zwischen Jugend- und Digitalkultur. Im Hinblick auf Inszenierungsformen von Unterdrückungsstrukturen und Rassismus lassen sich nicht so viele Originals-Beispiele anführen, wie es für den Bereich des Themenblocks ‚Digitalkultur' der Fall ist. Allerdings zeigt sich, dass nach der Einstellung von fiktionalen Produktionen im Jahr 2020 viele non-fiktionale Originals-Produktionen entstanden sind, durch die eine erhöhte Sichtbarkeit von PoCs auf YouTube im Allgemeinen und eine Vermittlung von afroamerikanischer und afrikanischer Kultur und Geschichte im Speziellen realisiert wurden.

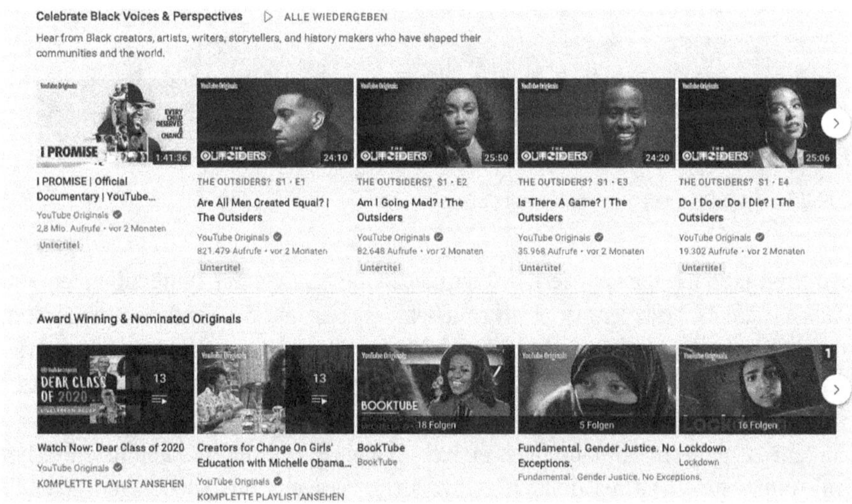

Abbildung 96: Originals-Thumbnails mit PoCs.

In Produktion wie Bear Whitness, Take Action, The Outsiders oder Black Renaissance, die auf der Startseite der YouTube Originals in einer Playlist namens ‚Celebrate Black Voices & Perspectives' festgehalten werden (Abbildung 96), demonstriert YouTube die vom Konzern ausgehende Unterstützung der Black Lives Matter-Bewegung. Abseits konkreter Produktionen wird auch im Hinblick auf das Interface der Startseite der YouTube Originals deutlich, dass die Sichtbarkeit von PoCs ein wichtiges Konzernanliegen ist, da sich auffallend viele Thumbnails einzelner Episoden durch Nahaufnahmen von PoCs konstituieren (Abbildungen 96 und 97).

In gewisser Weise kann man davon sprechen, dass die im Bereich der fiktionalen Originals-Produktionen begonnene Auseinandersetzung mit Rassismus, weißen Privilegien und allgemeinen Unterdrückungsstrukturen in intensivierter Form in den non-fiktionalen Originals fortgeführt wird. Da sich diese Studie auf die fiktiona-

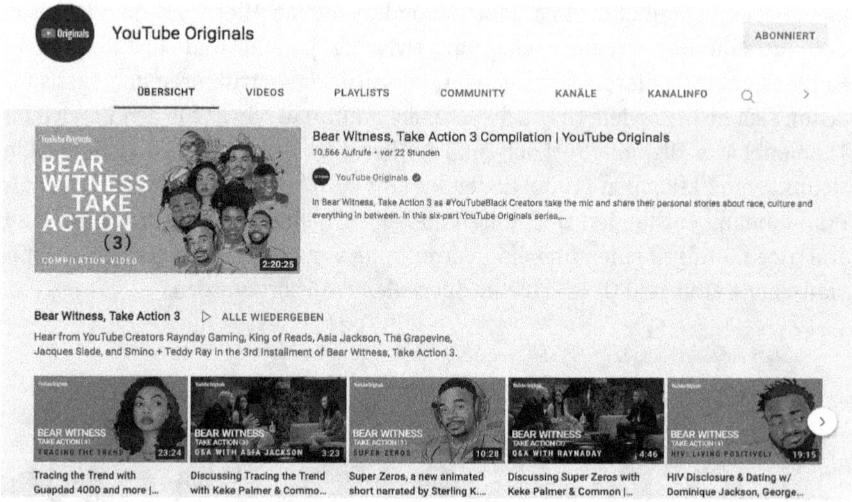

Abbildung 97: Originals-Thumbnails mit PoCs 2.

len Produktionen konzentriert, erfolgt hier keine Analyse der non-fiktionalen YouTube Originals. Trotzdem ist es abschließend wichtig, auf die Tendenz hinzuweisen, dass auch die Themen Digital- und Jugendkultur in vielen dokumentarischen Originals weiterhin bevorzugt behandelt werden. In Produktionen wie CREATE TOGETHER[221] oder DEAR CLASS OF 2020[222] wenden sich zahlreiche Prominente an Jugendliche, die im Jahr 2020 ihren Schulabschluss erreicht haben. Sie gratulieren den Jugendlichen auf unterschiedliche Art und Weise, wodurch versucht wird, diejenigen Jugendlichen zu ermutigen und zu würdigen, die unter den Beschränkungen der Corona-Pandemie gelitten haben. Anhand von non-fiktionalen Produktionen wie THE AGE OF A.I. oder MINDFIELD wird zudem YouTubes Fokussierung auf die Folgen der Digitalkultur und der zunehmenden Vernetzung zwischen Menschen und künstlicher Intelligenz ersichtlich.

Jugendkultur, Digitalkultur und die Unterdrückung von PoCs werden von YouTube auch in non-fiktionalen Originals-Produktionen weiterhin auffallend häufig aufgegriffen. Dies zu betonen ist wichtig, weil in allen anderen Analysekapiteln dieser Studie ein formalästhetischer und funktionaler Umbruch im Hinblick auf die YouTube Originals und YouTube Premium im Jahr 2020 festgehalten werden konnte, der sich sowohl im Bereich der Interfaceanordnungen (fünftes Kapitel) als auch in Bezug auf die Transparenz der Metadaten (sechstes Kapitel) als auch durch Filmgat-

221 CREATE TOGETHER, YouTube Premium, USA 2020.
222 DEAR CLASS OF 2020, YouTube Premium, USA 2020.

tungswechsel (siebtes Kapitel) auszeichnet. Durch die Abschaffung der Paywall und das Einstellen aller fiktionalen Produktionen markiert das Jahr 2020 das Ende der klassischen YouTube Red/Premium-Ära, die nur vier Jahre lang Bestand hatte. Anders als es für die anderen genannten Bereiche der Fall ist, bleiben die dominant verhandelten Themen in den YouTube Originals seit der Einführung der Eigenproduktionen bis dato unverändert. Das bedeutet, dass YouTubes Konzept der Außendarstellung seiner Interessen und Werte beibehalten wird, während die formalen Präsentationsformen (Interface, Metadatentransparenz, Filmgattung und -stil), durch die diese Werte jeweils veranschaulicht werden sollen, nachhaltigen Änderungen unterzogen wurden.

Mit Blick auf YouTubes ‚Wertesystem', ist es abschließend wichtig, auf einen bislang nur rudimentär skizzierten Aspekt der YouTube Originals einzugehen, den ich weiter oben als ‚Partizipations-Repräsentations-Dilemma' bezeichnet habe: Der Slogan ‚Broadcast Yourself' stellt sich für den Konzern YouTube insofern als Herausforderung dar, als die audiovisuelle Kultur der Plattform nur bedingt durch YouTube selbst geformt werden kann, da es die YouTuber sind – und nicht YouTube selbst –, die durch ihre Beiträge die Außenwirkung und Wahrnehmung der Plattform prägen. Als *passive* Distributionsplattform ist YouTube nicht in der Lage, die eigenen Konzerninteressen oder -werte zu garantieren. Das Problem des in ‚Broadcast Yourself' eingeschriebenen Partizipationsimpetus ist, dass auch ‚unerwünschte' Formen der Partizipation geduldet werden müssen, die den Konzernwerten nicht entsprechen. Eine große Motivation für die Erstellung von Eigenproduktionen – im Unterschied zu Fremdproduktionen – besteht darin, dass sich das Konzernprofil außenwirksam schärfen lässt. Um dieses Profil schärfen zu können und um beispielsweise eine größere Repräsentation bestimmter Themen oder Personengruppen zu erreichen, müssen wiederum Top-Down-Strukturen eingerichtet werden (Eigenproduktionen), die gegen die originäre Medienlogik der Plattform verstoßen.

Was das Thema Jugendkultur angeht, so ist eine frequentierte Darstellung von Jugendlichen und ihren Problemen der jungen Hauptzielgruppe auf YouTube geschuldet, der durch jugendliche Protagonisten zahlreiche Identifikationsfiguren angeboten werden sollen, was der Konsolidierung der Hauptzielgruppe dienlich ist. Zudem demonstriert YouTube, dass der Konzern als ‚junger' Medienkonzern insbesondere die Anliegen und Probleme junger Menschen erkennt und sich als ‚Verbündeter von Jugendlichen' zeigt. Dass die meisten erwachsenen Figuren entweder als Unterdrücker oder als inkompetente Akteure eingestuft werden, spricht dafür, dass sich YouTube im Hinblick auf (Macht-)Kämpfe zwischen Jugendlichen und Erwachsenen auf der Seite der Jugendlichen positioniert und sich kritisch gegenüber traditionellen Erziehungsmethoden und Wertevorstellungen von Erwachsenen äußert.

Noch klarer lässt sich YouTubes Werteprofil anhand der Themen Digitalkultur und Rassismus definieren: Gerade die auffallend kritische Eigenevaluation der Influencer-Kultur sowie die häufige Problematisierung von Abhängigkeiten, die durch Internetdienstleister entstünden, geben Hinweise darauf, dass YouTube beabsichtigt, sich als reflektierten Medienkonzern zu profilieren, der nicht nur die Chancen, sondern auch die Risiken der Digitalisierung erkennt. Das bedeutet nicht unbedingt, dass YouTube aktiv darum bemüht ist, diese Risiken tatsächlich zu minimieren. Das Selbstbild, das YouTube durch viele Eigenproduktionen von sich abgibt, konstituiert sich aber in hohem Maße durch ein hohes Bewusstsein für Risiken des digitalen Wandels. Gleichzeitig soll durch die zahlreichen Selbstreferenzen in den Originals ein Erkennungsmerkmal von YouTubes Eigenproduktionen kreiert werden, was insbesondere vor dem Hintergrund, dass sich die Originals in formaler Hinsicht nicht von anderen Kino- oder Streaming-Filmen und Streaming-Serien abgrenzen lassen, interessant ist. Durch die ostentative Gegenüberstellung der ‚alten' und ‚neuen' Medienindustrie betont YouTube in einigen Produktionen die mediale Differenz zwischen sich selbst und der Film- und Fernseh-industrie, wobei die filmische Realisierung dieser Gegenüberstellung oftmals im Stil des Continuity Systems erfolgt.

Ähnlich reflektiert wie im Hinblick auf die Gefahren der Digitalisierung geriert sich YouTube, wenn es um die Darstellung von Unterdrückungsstrukturen und Rassismus geht. Anhand mehrerer Beispiele zeigt sich, dass insbesondere die Thematisierung von strukturellem Rassismus in der westlichen Unterhaltungsindustrie ein Anliegen ist, wobei YouTube diesmal – anders als bei der Digitalkultur – weniger Selbstkritik äußert. Vielmehr wird Rassismus in anderen Medieninstitutionen betont, während YouTube durch ethnische Diversität in seinen Eigenproduktionen sowie durch Kampagnen wie ‚#YouTubeBlack' bemüht ist, als Alliierter von unterdrückten Gruppen wahrgenommen zu werden. Ob dies mit den tatsächlichen Konzerninteressen übereinstimmt, ist hier nicht von Relevanz und wird daher hier auch nicht weiter thematisiert.

Mit Blick auf die hier gewählten filmwissenschaftlichen Analysemethoden kann man abschließend festhalten, dass sie maßgeblich dazu beitragen, YouTubes beabsichtigte Außenwahrnehmung auch jenseits von Spendenaktionen, öffentlichen Konzernstatements oder Ähnlichem greifbar zu machen, wodurch die Signifikanz der Filmwissenschaft und ihrer Methoden bei der Erfassung gegenwärtiger gesellschaftlicher und/oder konzernpolitischer Phänomene verdeutlicht wird.

8.5 Die Sonderstellung der Originals in der gegenwärtigen Medienlandschaft

Nachdem in der Form- und Inhaltsanalyse der YouTube Originals Erkenntnisse in Bezug auf die Medienästhetik von YouTubes Eigenproduktionen gewonnen wurden, soll abschließend verdeutlicht werden, weshalb die erzielten Ergebnisse im Kontext gegenwärtiger Fernseh- und Streamingserien eine Besonderheit darstellen. Im siebten Kapitel wurde deutlich, dass viele fiktionale Originals in formaler Hinsicht um eine Verschleierung ihres Distributionskontextes bemüht sind, da starke Einflüsse des Continuity Systems erkennbar werden, die untypisch für das YouTubing sind. Die formalen Analysen von Originals-Serien wie ORIGIN, COBRA KAI, CHAMPAIGN ILL, LES EMMERDEURS oder THE THINNING zeigen, dass Einflüsse der dominanten Videoästhetik der meisten Fremdproduktionen auf YouTube bewusst negiert werden. Im achten Kapitel tut sich jedoch eine gegenläufige Tendenz auf: Beispiele wie 12 DEADLY DAYS, BAD INTERNET, ME AND MY GRANDMA, JINGLE BALLIN' oder BULLSPRIT verdeutlichen, dass viele Originals in thematischer Hinsicht um eine Offenlegung ihrer Medienumgebung bemüht sind. Um die medienästhetische Hybridität der YouTube Originals begreifen zu können, ist es wichtig, die Ergebnisse des siebten und achten Kapitels nicht isoliert voneinander, sondern in Kombination miteinander zu betrachten.

Thomas Kleins vorgeschlagene Dichotomie von ‚Hypermediacy-Webserien' und ‚Immediacy-Webserien'[223] ist in Anbetracht der Erkenntnisse der Form- und Inhaltsanalyse zu den Originals erneut von Interesse: „Für Serien, die sich wie ein digitaler Zwilling von Fernsehserien gerieren, würde sich [...] der Begriff der Immediacy anbieten, weil das Medium, in dem man eine Serie wahrnimmt, zum Verschwinden gebracht wird."[224] Die in der Formanalyse der Originals diskutierten Beispiele erfüllen ebendieses Merkmal, während viele in der Inhaltsanalyse besprochene Filme und Serien unter dem Label der ‚Hypermediacy' gefasst werden können: „Die Medialität (in diesem Fall des Internets) wird sichtbar gemacht. Man könnte auch sagen, dass es sich um selbstreflexive Webserien handelt."[225] Die YouTube Originals weisen also sowohl Merkmale der ‚Hyper-' als auch ‚Immediacy' auf. Diesbezüglich kann man festhalten, dass eine solche Hybridisierungstendenz auf anderen Streamingplattformen nicht in dem auf YouTube sichtbar werdenden Ausmaß festzustellen ist. Angesichts des Inhaltsangebots von YouTubes Konkurrenten Amazon, Netflix oder Disney + kann man sagen, dass keine derart ausgeprägten Formen der Hypermediacy erkennbar werden, da denkbare selbstreflexive Momente wie ‚Netflix-Serien innerhalb einer Netflix-Serie' seltener auftreten, als es für das ‚YouTubing innerhalb einer YouTube-Serie' der Fall ist.[226]

223 Vgl. Klein, Episode zur Webisode.

224 Klein, Episode zur Webisode, S. 121.

225 Klein, Episode zur Webisode, S. 121.

226 Da die Gesamtzahl der fiktionalen Netflix-Produktionen die der YouTube Originals bei Weitem übersteigt, lassen sich in absoluten Zahlen sicherlich mehr Beispiele für selbstreflexive Szenen in Netflix-Serien ausmachen. Im Verhältnis zum Gesamtvolumen der Produktionen (es gibt

Darüber hinaus zeigt sich anhand von analysierten Beispielen wie NEULAND, RYAN HANSEN SOLVES CRIMES ON TELEVISION, ESCAPE THE NIGHT oder SCARE PEWDIEPIE, dass nicht nur innerhalb der Produktionsreihe ‚YouTube Originals', sondern sogar bei einer einzelnen Produktion Hypermediacy- *und* Immediacy-Merkmale zusammen auftreten. Dies liegt zum Beispiel vor, wenn es eine Alternation von Kontinuitätsmontage im Querformat und Handkameraaufnahmen im Hochformat[227] (RYAN HANSEN SOLVES CRIMES ON TELEVISION) gibt oder wenn formale Anlehnungen an Fernsehformate erkennbar werden, die in Kombination mit ständigen Verweisen auf den Distributionsort ‚YouTube' präsentiert werden (NEULAND, ESCAPE THE NIGHT). Diese hybride Konstellation, bei der unterschiedliche medienästhetische Paradigmen aus verschiedenen Institutionen in einer Produktion vereint werden, ist ebenfalls charakteristisch für einige fiktionale YouTube Originals.

Diese Erkenntnis ist vor dem Hintergrund von Bolters und Grusins vielzitierter Publikation *Remediation*[228] von Interesse, aus der unter anderem auch die von Klein verwendeten Begriffe der ‚Hyper-' und ‚Immediacy' hervorgehen.[229] Morsch hält fest: „[...] die Autoren [bringen] ihr Verständnis der Austauschprozesse zwischen digitalen und analogen Medien und der Aneignung von ästhetischen Formen, Strukturen, Adressierungsweisen, Technologien und Verfahren des Films, des Fernsehens, der Malerlei, der Fotografie und anderer Medien durch computergestützte mediale Formen zum Ausdruck [...]."[230] Ebensolche Austauschprozesse zwischen analogen und digitalen Medien finden sich in Originals-Produktionen wie NEULAND: In dieser Serie stellt Hasselhoff eine Personifikation des ‚analogen Hollywoods' dar, während Laude als Repräsentant des ‚digitalen Silicon Valleys' inszeniert wird. Auch im Hinblick auf die – wie Morsch schreibt – ‚Aneignung von ästhetischen Formen' sind O-Ton-Aufnahmen in ESCAPE THE NIGHT oder RYAN HANSEN SOLVES CRIMES ON TELEVISION[231] Beispiele für Momente, in denen Darstellungsformen, die starke Assoziationen mit dem Fernsehen hervorrufen, in einem neuen digitalen Kontext präsentiert werden.

Die Appropriation dieser Darstellungsformen, durch die der Distributionsort der Originals verschleiert wird, findet interessanterweise parallel zu zahlreichen

lediglich ca. 70 fiktionale YouTube Originals-Produktionen) fällt der prozentuale Anteil an Hypermediacy-Serien und -Filmen auf YouTube jedoch zweifelsohne höher aus als der Anteil auf Netflix.

227 Diese Aufnahmen werden als Manifestation der Amateurvideokultur präsentiert.

228 Vgl. Bolter, Remediation.

229 Vgl. Bolter, Remediation, S. 21 ff. (‚transparent immediacy') u. S. 31 ff. (‚hypermediacy').

230 Morsch, Postkinematografie, S. 569.

231 In der zweiten Staffel treten diese Interviewsituationen auf, was dadurch angekündigt wird, dass eine Figur anmerkt, dass eine Änderung in Bezug auf die audiovisuelle Ästhetik der Serie wünschenswert wäre. S. S2E2: TC: 00:14:38.

Hinweisen auf ebendiesen Ort statt. Damit wird eine ästhetische Besonderheit der YouTube Originals identifizierbar, die sich sowohl in Verbindung zu Bolters und Grusins Remediatisierungstheorien als auch zu den von Jenkins postulierten Medienkonvergenzen[232] in digitalen Räumen setzen lässt. Die YouTube Originals sind ein junges Beispiel für eine Reihe von audiovisuellen Digitalartefakten, in denen sich das Potenzial von digitalen (Interaktions-)Räumen, unterschiedliche Medien und Medienästhetiken zu vereinen, widerspiegelt: In ihrer Gesamtheit ist die Plattform YouTube ein virtueller Raum, in dem Text, Bild, Musik, Film etc. zusammenfallen und in dem Medientypen aus unterschiedlichen Kontexten und Epochen auf Basis algorithmischer Entscheidungen nebeneinander angezeigt werden. Unangekündigt erscheinen so beispielsweise kurze Clips aus Fernsehsendungen neben Hollywoodfilmtrailern und Testimonialberichten zu Kosmetikprodukten. Es zirkulieren zahlreiche unterschiedliche Medienformate, die durch Digitalisierungstechniken alle in einem virtuellen Raum präsentiert werden können. Diese hybride Struktur von Medientypen und auch die Bezugnahme der ‚neuen' Medien auf die ‚alten' und vice versa,[233] die bereits in den frühen 2000er Jahren (*Remediation, Convergence Culture*) diskutiert wird, prägt die gegenwärtige digitale Medienlandschaft nach wie vor – und womöglich sogar stärker als je zuvor. Als genuine Digitalartefakte nehmen die YouTube Originals die auf der Plattform vorherrschende ästhetische Hybridität und Wechselwirkung von verschiedenen Medientypen auf und demonstrieren auf vielfältige Weise Ausdrucksformen von Remediatisierung im Internet.

232 Vgl. Jenkins, Convergence Culture.

233 Beispielsweise wenn YouTuber Teile von Fernsehserien oder Filmen in ihren Videos zeigen, um sie daraufhin in einem neuen Kontext zu diskutieren oder wenn Akteure aus Hollywood an ‚Internetchallenges' teilnehmen und ihre Social-Media-Aktivitäten erhöhen.

9 Zusammenfassung der Untersuchungsergebnisse und Ausblick

In diesem Kapitel werden die wesentlichen Erkenntnisse meiner Studien zusammengefasst. Darauf folgt eine abschließende Bewertung der audiovisuellen Kulturentwicklungen auf YouTube zwischen den Jahren 2016 und 2020, die durch YouTube Premium und die YouTube Originals in Kraft traten. Zudem werden einige nach dem Jahr 2020 durchgeführte inhaltliche Ausrichtungen von YouTube vor dem Hintergrund einer Prognose bezüglich weiterer zukünftig denkbarer inhaltspolitischer Kurswechsel auf YouTube besprochen.

Schließlich werden die Untersuchungsergebnisse im Kontext von derzeit häufig in Erscheinung tretenden medialen Konvergenzphänomenen betrachtet, die sich auch abseits der Plattform YouTube beschreiben lassen. YouTube Premium und die YouTube Originals werden hierbei als symptomatische Erscheinung in der gegenwärtigen digitalen Medienlandschaft begriffen, bei der Mediengroßkonzerne stets um Erweiterungen ihrer Angebote bemüht sind, durch die sich die originäre Medienlogik und funktionale Grundausrichtung der jeweiligen Plattform, die der Konzern betreibt, verändert.

9.1 Die Erkenntnisse im Überblick

Im ersten Kapitel wurde die zentrale Fragegestellung dieser Studie formuliert: Wie wirken sich YouTube Premium und die YouTube Originals auf YouTubes audiovisuelle Kultur aus? Bei der Aufarbeitung des Forschungsstands zu YouTube Premium und den Originals wurde ersichtlich, dass der Abonnementdienst und die Eigenproduktionen in wissenschaftlichen Arbeiten nur selten beschrieben und noch seltener im Hinblick auf einen speziellen Teilaspekt analysiert wurden.[1] Auch in dem Zeitraum, in dem diese Studie verfasst wurde (04.2019–03.2022), kommt es nur vereinzelt zu Beiträgen zu YouTube Premium und den YouTube Originals.[2] In diesem Zusammenhang fiel auf, dass die Filmästhetik der YouTube

1 Für Beispiele, in denen YouTube Red/Premium beiläufig erwähnt wird, vgl. Aguilera-Moyano, Broadcast Whatever. Vgl. auch Frühbrodt, Netzwerk der Profis. Vgl. auch Craig, Social Media Entertainment. Vgl. auch Cunningham, New Screen Ecology.

2 Es lässt sich ein im Jahr 2021 in Indien veröffentlichter Aufsatz nennen, in dem eine Analyse zur Nutzung und Zuschauerrezeption von YouTube Premium erfolgt. Diese siebenseitige statistische Erhebung stellt – meines Wissens nach – eine der bislang ausführlichsten Publikationen zu YouTube Premium dar. Vgl. Sridevi, R./S., Gowtham: A Comparative Study on YouTube Viewers

https://doi.org/10.1515/9783111145853-009

Originals meist ausgeblendet wird und dass – wenn überhaupt – eher der Abonnementdienst YouTube Premium thematisiert wird.[3] Angesichts der in dieser Hinsicht desolaten Forschungslage war und ist meine Studie bemüht, eine von vielen Lücken zu schließen. Dabei steht vor allem die Tatsache im Vordergrund, dass YouTube mit den Originals erstmals als aktiver Medienproduzent in Erscheinung tritt, wodurch die Videokultur der Plattform nicht länger nur durch YouTubes Nutzer geprägt wird. Dies führt zur Frage, inwiefern sich YouTubes Medienlogik und YouTubes Selbstverständnis verändern, da neben ‚Broadcast Yourself' auch ‚We Broadcast' als unausgesprochener Slogan auf YouTube in Erscheinung tritt. Die Emergenz von Top-Down-Strukturen auf derjenigen Plattform, die sich selbst stets als Antithese zu diesen Strukturen inszeniert(e), wird als essentieller Beeinflussungsfaktor der audiovisuellen Kultur auf YouTube angesehen.

Im zweiten Kapitel erfolgte eine Grundlagenbeschreibung von YouTube Premium und den YouTube Originals, um dem allgemeinen Mangel an Informationen bezüglich des Abonnementdienstes und den Eigenproduktionen entgegenzuwirken. In diesem Zusammenhang wurde die Entwicklungsgeschichte von YouTube Premium in Abgrenzung zu anderen Sparten auf YouTube aufgearbeitet, um wichtige historische Hintergründe zu YouTube Premium und der Besonderheit dieser Plattformerweiterung auf YouTube festzuhalten. Hierbei stand vor allem die Tatsache im Vordergrund, dass YouTube Premium gebührenpflichtig ist und dass durch Premium exklusive Teilbereiche auf YouTube eingeführt werden, sodass Barrierefreiheit auf YouTube entgegengewirkt wird und Nutzer in ‚Premium-' und ‚Standardnutzer' unterteilt werden. Eine ähnliche voranalytische Beschreibung wurde auch für die YouTube Originals durchgeführt. An dieser Stelle zeigte sich erstmals eine Besonderheit: Einige von YouTubes Eigenproduktionen haben einen fiktionalen Status. Für Medienplattformen wie Netflix, Amazon oder Disney + stellt die Produktion von fiktionalen Filmen und Serien keine Besonderheit dar. Für YouTube ist dies hingegen als audiovisuelles Neuland einzustufen, das mit der Produktion der YouTube Originals betreten wird. Eine tabellarische Übersicht zu allen fiktionalen Eigenproduktionen vermittelte wichtige Informationen zu dominant in Erscheinung tretenden Genres. Es zeigte sich unter anderem, dass ca. 50% aller fiktionalen Eigenproduktionen Komödien sind und dass ca. 10% der fiktionalen Originals

Perception Towards YouTube Premium and Non Premium Service, in: Utkal Historical Research Journal, 34/20 (2021), S. 72–78.

3 Eine Ausnahme stellt ein Aufsatz aus dem Jahr 2021 dar, in dem Distributionsstrategien der Originals-Serie COBRA KAI analysiert werden. Vgl. Vieira Barreto Silva, Marcel/Gonçalves da Silva, Leonardo: Broadcast Ourselves: Estratégias de Produção e Distribuição de *Cobra Kai* (YouTube Premium), in: Ação Midiática, 21 (2021), S. 36–59. Der Aufsatz ist nur auf Portugiesisch veröffentlicht worden.

dem Subgenre des Highschoolfilm zugeschrieben werden können, was einen auffallend hohen Anteil am Gesamtvolumen der Produktionsreihe ausmacht.

Eine weitere zentrale Erkenntnis des zweiten Kapitels wurde bei der Erörterung von YouTubes inhaltspolitischen Maßnahmen im Jahr 2020 deutlich, die sowohl einen signifikanten Einfluss auf YouTube Premium als auch auf die YouTube Originals hatten. Die bis zum Jahr 2020 bestehende Paywall, die das kostenpflichtige Premium-Angebot von YouTubes sonstigen Inhalten separierte, wurde abgeschafft. Darüber hinaus werden seit 2020 keine fiktionalen Produktionen mehr in Auftrag gegeben. Wie im weiteren Verlauf der Studie in unterschiedlichen Analysen aufgezeigt wurde, stellt diese im Jahr 2020 getroffene Entscheidung eine inhaltspolitische Kurswende dar, bei der die starke Abweichung vom originären Selbstbild der Plattform zwischen 2016 und 2020 korrigiert wird, indem eine erneute Hinwendung zu plattformnativen Inhalten und Darstellungsformen erfolgt.

Der Grund, weshalb die zwischenzeitliche Produktion von fiktionalen Inhalten auf YouTube entscheidend für die audiovisuelle Kulturgeschichte der Plattform ist, wurde im dritten Kapitel erläutert. Ein Großteil aller Forschungsbeiträge zu YouTube beschäftigt sich mit non-fiktionalen Formaten, die seit den Ursprüngen der Plattform auf ihr dominieren.[4] Es ließ sich jedoch ein Bereich der YouTube-Forschung anführen, der sich zumindest partiell mit fiktiven Inhalten auf YouTube auseinandersetzt. Hierbei handelt es sich um die Webserienforschung, bei der das Phänomen serieller Internetformate, die nicht selten von Amateuren erstellt und unter anderem auf YouTube hochgeladen werden, diskutiert wird. Ebendiese Form der Serialität wurde im dritten Kapitel vor dem Hintergrund von YouTubes fiktionalen Eigenproduktionen diskutiert. Es wurde deutlich, dass in einigen Publikationen zu Webserien Fiktionalität als Webserien-Merkmal genannt wird,[5] womit sich eine Parallele zu den YouTube Originals herstellen lässt.[6] Im Hinblick auf Webserien-Analysen sticht ein Beispiel besonders heraus: Überspitzt formuliert könnte man sagen, dass man in den späten 2000er und frühen 2010er Jahre kaum eine Publikation über Webserien auf YouTube ausfindig machen kann, in der nicht auf das Phänomen von lonelygirl15 aufmerksam gemacht wird.[7] Ein möglicher Grund für die Popularität von Analysen zu lonelygirl15

4 Vgl. Hillrichs, Early YouTube. Vgl. auch: Burgess, Participatory Culture.

5 Vgl. Kuhn, Struktur von Webserien.

6 Wenngleich im dritten Kapitel auch aufgezeigt wird, wie problematisch eine Definitionsgrundlage für Webserien ist, lässt sich nicht ausblenden, dass sich viele in der Medienwissenschaft analysierte Webserien-Beispiele durch das Merkmal der Fiktionalität auszeichnen.

7 Es lassen sich dutzende Beispiele nennen, in denen lonelygirl15 mehrfach erwähnt wird. Für drei Beispiele von Publikationen, die in unterschiedlichen Zeiträumen entstanden sind und die sich intensiv mit den Produktionshintergründen auseinandersetzen, vgl. Burgess, Entrepreneurial Vlogger. Vgl auch. Kuhn, YouTube als Loopingbahn. Vgl. auch Hillrichs, Early YouTube.

ist, dass es sich um eine fiktionale Produktion handelt, die ihre Fiktionalität zunächst verschleierte, um in einer Medienumgebung reüssieren zu können, die sich maßgeblich durch non-fiktionale Videos auszeichnet.[8] Implizit wird in vielen wissenschaftlichen Beiträgen zu lonelygirl15 auch auf das unausgeglichene Verhältnis zwischen fiktionalen und non-fiktionalen Beiträgen auf YouTube hingewiesen.[9] Eben dieser spezielle Bereich der YouTube-Forschung, der sich mit Fiktionalität auf der Plattform auseinandersetzt, erhält durch YouTube Originals-Produktionen neue Perspektiven und vor allem audiovisuelle Kulturartefakte, die – wie lonelygirl15 in den 2000er Jahren – wie ein Fremdkörper in ihrer Medienumgebung anmuten.

Ferner wurde im dritten Kapitel herausgearbeitet, dass auch die Star-Struktur in den YouTube Originals ein neuartiges Kulturphänomen auf YouTube darstellt. Anhand mehrerer Beispiele wurde aufgezeigt, dass Hollywood- und YouTube-Stars in YouTubes Eigenproduktionen auftreten, womit Konvergenzerscheinungen zwischen Hollywood und dem Silicon Valley auf der Ebene der mitwirkenden Akteure herausgestellt werden, die sich in dieser Konstellation vor der Einführung der Originals nicht auf YouTube manifestierten.

Im vierten Kapitel erfolgte eine Auseinandersetzung mit dem Thema Partizipationskultur.[10] Da insbesondere die Plattform YouTube häufig im Zusammenhang mit sog. demokratischen Medien, barrierefreier Teilnahme und Bottom-Up-Strukturen genannt wird,[11] ist es vor dem Hintergrund des Aufkommens von Top-Down-Strukturen (YouTube Originals) und Separationselementen in Form von Paywalls (YouTube Premium) wichtig, YouTubes Abonnementdienst und die Eigenproduktionen als Erscheinungen einzustufen, die nicht mit YouTubes originärer Medienlogik vereinbar sind. Der in ‚Broadcast Yourself' enthaltene Aufruf zur Partizipation bleibt bei den YouTube Originals zwangsläufig aus, da Gatekeeping-Instanzen regulieren, wer an einer Eigenproduktion teilnehmen kann. Es wurde gezeigt, dass es auch vor dem Aufkommen der YouTube Originals zahlreiche Publikationen gibt, in denen das Demokratieversprechen und die Proklamation der Gleichberechtigung aller Teilnehmer auf YouTube im Kontext der Influencer-Kultur kritisiert und teilweise dekonstruiert werden.[12] Die

---

8 Hierbei muss man betonen, dass auch einige der zitierten Autoren ähnliche Überlegungen anstreben.

9 Hinzu kommt, dass die Serie ein großer Erfolg auf YouTube war, was man ansonsten nur über wenige Webserien auf der Plattform sagen kann. Nach dem Hype um lonelygirl15 lassen sich nur noch vereinzelt wissenschaftlichen Arbeiten zu Fiktionalität auf YouTube nennen, was zweifelsohne in Verbindung zu der Tatsache steht, dass es kaum fiktive Inhalte auf YouTube gibt.

10 Vgl. Jenkins, Textual Poachers.

11 Vgl. Jenkins, Convergence Culture. Vgl. auch Jenkins, Spreadable Media. Vgl. auch Burgess, Participatory Culture. Vgl. auch Craig, Social Media Entertainment.

12 Vgl. Bladow, Influencer Marketing. Vgl. auch Frühbrodt, Netzwerk der Profis. Vgl. auch Weingart, Star Studies.

Medienproduktion von Influencern auf YouTube wird mitunter als Hybrid aus ‚Grassroots-' und ‚Konzern-Kreativität' begriffen, da sich im Zusammenhang mit ihrer Arbeitsweise sowohl Bottom-Up- als auch Top-Down-Strukturen feststellen lassen.[13]

Im vierten Kapitel wurde herausgestellt, dass Influencer – und Mega-Influencer auf YouTube im Besonderen – nicht im Kontext von Grassroots-Bewegungen verortet werden können. Darüber hinaus ergab sich, dass der Star-Status der partizipierenden YouTuber mit der Teilnahme an einer YouTube Originals-Produktion gewissermaßen nobilitiert wird: Stellen sie und ihre Arbeit auf YouTube Gegenentwürfe zum klassischen (Film-)Stardom dar, wird ihr künstlerisches Schaffen durch das Spielen fiktiver Figuren in einer Großproduktion erweitert. Durch diesen partiellen Lagerwechsel in den Bereich des klassischen Stardoms distanzieren sich die teilnehmenden Akteure durch das Mitwirken an den YouTube Originals weiter vom Grassroots-Status, sodass nun neben nicht-barrierefreien und antipartizipativen Elementen durch YouTube Premium auch die Starkultur der Plattform einer Veränderung unterzogen wurde.

Im fünften Kapitel führte ich eine Interfaceanalyse der Startseite der YouTube Originals durch, die eine Konkurrenzerklärung an Streaming-Anbieter wie Netflix aufdeckte, da YouTube bis zum Jahr 2020 eine exklusive Originals-Startseite betrieb, auf die man lediglich zugreifen konnte, sofern man Premium-Abonnent war. Hier ist ein Bereich berührt, der nicht mit dem Partizipations- und Transparenzimpetus der Plattform vereinbar ist. Wie im ersten Teil der Interfaceanalyse hervorgehoben wurde, wies diese exklusive Startseite in visueller und funktionaler Hinsicht frappierende Ähnlichkeiten zu Netflix' Startseite auf. An mehreren Stellen konnte verdeutlicht werden, dass YouTube mit dieser Startseite auf grafische Anordnungsmuster verzichtete, die auf der Hauptseite der Plattform seit Jahren dominieren. Hierbei ist insbesondere das Ausbleiben der Thumbnails zu nennen, die auf YouTubes exklusiver Originals-Startseite durch Filmplakat-Vorschaubilder ersetzt wurden. In der Entscheidung, ein ‚YouTube-natives' Element durch ein für die Plattform fremdes Element zu ersetzen, das man einerseits mit Streaming-Anbietern[14] und andererseits mit der Kinoindustrie und Hollywood assoziiert, manifestiert sich YouTubes Abkehr von seinen audiovisuellen Wurzeln. Heben Autoren wie Richter noch in den späten 2010er Jahren Unterschiede im Hinblick auf Oberflächenanordnungen auf YouTube und Netflix hervor,[15] kann man auf Basis der im fünften Kapitel durchgeführten Analyse festhalten, dass YouTube zumindest zeitweise für sein Premium-Angebot eine Darstellungsform wählte, die sich gezielt an Netflix' Startseiten-Ästhetik orien-

13 Vgl. Craig, Social Media Entertainment.

14 Auch Netflix nutzt Filmplakat-Vorschaubilder, um seine Filme und Serien anzuzeigen.

15 Vgl. Richter, Fernsehen – Netflix – YouTube.

tierte, was in Bezug auf wissenschaftliche Diskussionen zu Parallelen und Differenzen unterschiedlicher Internetplattformen sowie gegenseitiger Appropriationsabsichten eine wichtige Erkenntnis darstellt.

Die exklusive Startseite der Originals wurde im Jahr 2020 abgeschafft. Seitdem werden alle Eigenproduktionen über ‚gewöhnliche' YouTube-Kanäle distribuiert. Dazu gesellen sich die Rückkehr der Thumbnails, die Nutzung von Playlists zur Kategorisierung von Serienepisoden sowie viele weitere plattformnative Präsentationsformen. Darüber hinaus wird eine dezentrale Angebotsstruktur erkennbar, da viele Originals-Produktionen auch auf den Kanälen derjenigen YouTuber hochgeladen werden, die in diesen Produktionen mitwirken. In manchen Fällen werden auch eigene YouTube-Kanäle für eine bestimmte Serie erstellt.[16] Diese erneute Hinwendung zu ursprünglichen Darstellungsformen ist symptomatisch für den ab 2020 einsetzenden inhaltspolitischen und formalästhetischen Kurswechsel, durch den YouTube eine Abkehr von seinem Exkurs hin zu medialen Darstellungsformen anderer Streaming-Anbieter zu erkennen gibt. Die intransparente und weitgehend antipartizipatorische[17] erste Startseite der Originals wurde zugunsten einer klassischen Einbettung auf YouTube verworfen, womit eine Rückkehr zum originären Selbstbild und -anspruch auf Interfaceebene visuell demonstriert wird.

Eine ähnliche Tendenz zeigte sich auch im sechsten Kapitel, in dem die Sichtbarkeit von Metadaten der YouTube Originals analysiert wurde: Bis zum Jahr 2020 wurden viele der auf YouTube (in der Regel) einsehbaren Metadaten wie ‚Aufrufe', ‚Likes', ‚Kommentare' etc. bei Originals-Produktionen verborgen. Dies gilt sowohl für die exklusive Startseite der YouTube Originals als auch für die reguläre Videoansicht auf dem Kanal der YouTube Originals. Eine Besonderheit ist hierbei, dass einige der gängigen Metadaten für die offen zugängliche Pilotfolge einer Originals-Serie angezeigt werden, während für alle hinter der Paywall befindlichen Inhalte eine nur eingeschränkte Einsehbarkeit der Metadaten vorliegt, wobei die speziellen Einschränkungen beziehungsweise Verbergungen je nach Produktion unterschiedlich ausfallen. Erneut werden starke Parallelen zu Streaming-Diensten wie Netflix, Amazon Prime oder Disney + ersichtlich, da diese Anbieter ebenfalls Metadaten, die Aufschluss über die Resonanz bezüglich einer Produktion geben, unter Verschluss halten. Der inkonsequente Umgang (manche Daten sind einsehbar, andere werden verborgen) im Hinblick auf eine einheitliche Metadatenpolitik lässt sich als Manifestation des Zusammenpralls zweier Medienlogiken begreifen, die aufgrund ihrer Verschiedenheit nicht konvergieren können: YouTube definiert sich mit YouTube

---

16 Dies trifft beispielsweise auf COBRA KAI oder ORIGIN zu.

17 Viele Interaktionsmöglichkeiten für Zuschauer, wie das Verfassen von Kommentaren, blieben auf die exklusiven Originals-Startseite aus.

Premium als Streaming-Anbieter, der – wie seine Konkurrenten – essentielle Metadaten nicht preisgibt, um der Öffentlichkeit und seiner Konkurrenz keinen Überblick über das allgemeine Erfolgsniveau der eigenen Produktionen zu gewähren. Im Unterschied zu Netflix, Amazon und anderen wird YouTube aber mit der Problematik konfrontiert, dass die angesprochene Metadatenverbergung nicht vereinbar mit dem (Selbst-)Anspruch der medialen Offenheit und Transparenz ist. Insbesondere das Ausbleiben von Interaktionsmöglichkeiten in Form von Zuschauerkommentaren geht mit einer Abnahme der Partizipationsmöglichkeiten auf YouTube einher, da diese Form der Anschlusskommunikation seit den Anfängen der Plattform als essentielles Merkmal der Kultur der Plattform gilt.

Wie schon im Bereich des Interfaces zeigt sich auch im Hinblick auf die Metadatenpolitik ein Paradigmenwechsel, der ab dem Jahr 2020 in Kraft tritt. Mit der Abschaffung der Paywall für alle ab dem Jahr 2020 produzieren Originals wird der Exklusivitätsanspruch der Originals gemindert und die Partizipation in Form von Likes und Kommentaren wird in vielen Fällen wieder sichtbar gemacht. YouTube riskiert damit, dass auch negative Resonanzen oder Kritiken öffentlich einsehbar sind, jedoch nimmt der Konzern dieses Risiko bis dato in Kauf, um den Eindruck der Privilegierung der Eigenproduktionen zu vermeiden und um eine Rückkehr zu Transparenzprinzipien und Anschlusskommunikation an die Eigenproduktionen zu ermöglichen. Durch die Interface- und Metadatenanalyse wurde die Unentschlossenheit des Konzerns deutlich, sich in Bezug auf Präsentationsformen seiner Eigenproduktionen festzulegen. Innerhalb weniger Jahre änderte YouTube seine Positionierung im Hinblick auf den Stellenwert von Exklusivität und abgeschlossenen Plattformbereichen drastisch und vermittelt so einen schwankenden Umgang mit Transparenzprinzipien.[18]

Im siebten Kapitel erstellte ich eine Formanalyse der fiktionalen YouTube Originals, bei der produktionsübergreifende formalästhetische Tendenzen festgehalten wurden. Die wichtigste Erkenntnis aus diesem Kapitel ist, dass sich die meisten fiktionalen YouTube Originals in formaler Hinsicht nicht von gegenwärtigen Kino- oder Streaming-Filmen sowie -serien abgrenzen lassen. Dieses Ergebnis ist vor allem vor dem Hintergrund von ästhetischen Traditionslinien auf YouTube interessant, da formale Bezüge an Fremdproduktionen auf YouTube selten auftreten. Die in diesem Kapitel durchgeführte Montageanalyse der YouTube Originals zeigte, dass Hollywood und der Streaming-Industrie Konkurrenz gemacht wird – diesmal

18 Vgl. Craig, Social Media Entertainment, S. 59. Craig und Cunningham gehen auf verschiedene Strategien von YouTube ein, um Anbietern wie Netflix den Konkurrenzkampf zu erklären. Dabei wird auch angemerkt, dass es des Öfteren zu raschen Verwerfungen von Funktionen und Inhalten auf YouTube kommt. Mit der Interface- und Metadatenanalyse werden konkrete Beispiele für die von den Autoren beschriebene Inhalts- und Darstellungspolitik von YouTube genannt.

im Aufgreifen von Inszenierungsformen wie der Kontinuitätsmontage, die mit dem klassischen Film im Allgemeinen sowie mit Hollywood im Speziellen assoziiert wird.[19] Dabei imitiert YouTube jedoch nicht einen Hollywoodstil der 1950er oder 1960er Jahre, bei dem das Continuity System besonders präsent war. Vielmehr wird eine Melange aus klassischen Continuity-Mustern und Post-Continuity-Strukturen, bei denen der Einhaltung der Kontinuitätsregeln keine entscheidende Rolle mehr zukommt,[20] ersichtlich, die für den gegenwärtigen Mainstream-Digitalfilm oftmals konstitutiv ist. Damit geht eine Distanzierung vom traditionellen ‚YouTube-Look' einher, der sich in vielerlei Hinsicht von Kontinuitätsprinzipien unterscheidet.

Zu ähnlichen Ergebnissen gelangte ich im zweiten Teil der Formanalyse, in dem die Mise en Scène zahlreicher fiktionaler Originals-Produktionen untersucht wurde. Durch die Analyse der Mise en Scène in YouTubes Eigenproduktionen wird vor allem die Differenz zu Produktionsstandards in YouTubes Fremdproduktionen ersichtlich: Während man bei erstgenannten auf Filmerstellungsstandards stößt, die nur durch Arbeitsteilung und aufwändige Vorarbeiten erzielt werden können, liegt für den Großteil letztgenannter eine allgemeine Knappheit[21] (der Geldmittel) vor, wegen der bestimmte filmische Realisationen nicht möglich sind. Wenngleich man auch bei finanzstarken YouTube-Stars im Besonderen und Influencern im Allgemeinen nicht von einer solchen Knappheit sprechen kann, findet sich in ihren Videos oftmals eine ‚fingierte Knappheit' wieder, die Zuschauersympathien fördern soll, sodass es bis heute nur selten zu YouTubern kommt, die für ihre Videodrehs auf ein professionelles Studio zurückgreifen. Auch wenn die YouTube Originals in der Regel weniger kostenintensive Produktionen darstellen als die meisten Hollywoodfilme, trifft für sie eine solche Knappheit in Bezug auf Arbeitskräfte und Kapital nicht zu. Darüber hinaus fällt auf, dass eine Knappheit der Geldmittel auch nicht vorgetäuscht wird. Stattdessen distanziert sich YouTube durch die Wahl der Mise en Scène in seinen Eigenproduktionen deutlich von gängigen Standards im Bereich der Fremdproduktionen, sodass formale Bezüge auf die Videoästhetik in Fremdproduktionen lediglich in Form visueller Pointen stattfinden, die auf Basis intradiegetischer Handlungsverläufe oder thematischer Leitmotive erfolgen.

Die Einstellung fiktionaler Produktionen im Jahr 2020 weist – wie schon im fünften und sechsten Kapitel herausgestellt – abermals auf eine (audiovisuelle) Kurskorrektur hin, die sich diesmal nicht im Bereich des Interfaces oder der Me-

19 Vgl. Bordwell, Classical Hollywood Cinema. Vgl. auch Bordwell, Film Art. Vgl. auch Elsaesser, Filmtheorie.

20 Vgl. Shaviro, Post-Continuity.

21 Hierbei handelt es sich um einen Schlüsselbegriff in Hillrichs' Dissertation (‚scarcity'). Vgl. Hillrichs, Early YouTube.

tadatentransparenz, sondern als Filmgattungswechsel zu erkennen gibt. Fiktionale Filme waren und sind das Hauptprodukt aus Hollywood. YouTubes Kultur wird hingegen hauptsächlich durch non-fiktive Inhalte geprägt, sodass fiktionale Filme und Serien Plattformtraditionen nicht fortführen, sondern mit diesen brechen. Diesem Traditionsbruch wird seit 2020 wiederum durch Eigenproduktionen entgegengewirkt, in denen zwar immer noch hohe Produktionsstandards erkennbar sind, die aber – und das ist das entscheidende Merkmal – non-fiktional sind, sodass in dieser Hinsicht eine Rückbesinnung auf YouTubes kulturelle Wurzeln ersichtlich wird.

Im achten Kapitel, der Inhaltsanalyse der Originals, wurde anhand von dominant in Erscheinung tretenden Themen und Handlungsverläufen das von YouTube zum Ausdruck gebrachte Selbstbild des Konzerns erörtert. Zunächst erfolgte eine Untersuchung der Darstellung von Jugendkultur in den YouTube Originals, die in vielen Produktionen zentral verhandelt wird. Diese Feststellung ist insbesondere vor dem Hintergrund der gegenwärtigen Fernseh- und Streaming-Landschaft interessant, da YouTube wie kaum ein anderer Unterhaltungsanbieter seine Affinität zu Jugendlichen und Jugendkultur demonstriert. Wichtig zu nennen sind in diesem Zusammenhang die Inszenierungsformen von moralischer Autorität und digitaler Kompetenz auf der einen Seite, die meist Jugendlichen zugeschrieben werden, sowie pädagogische Inkompetenz und Machtmissbrauch auf der anderen Seite, die im Zusammenhang mit erwachsenen Figuren auffallen. YouTube suggeriert in seinen Eigenproduktionen ein hohes Verständnis für Probleme von Jugendlichen, solidarisiert sich mit seiner Hauptzielgruppe und etabliert seine Eigenproduktionen nicht zuletzt als Ansprache-Medium, um auf (typische) Adoleszenzprobleme aufmerksam zu machen. In diesem Kontext ist auf ein Motiv hinzuweisen, bei dem eine Revolution gegen die von Erwachsenen dominierte Welt durch digitale Technologie im Allgemeinen und Smartphones als Teil der Jugendkultur[22] im Besonderen ermöglicht wird. Virtuelle Räume werden in vielen YouTube Originals als ‚Gegenwelten'[23] gestaltet, wobei diesen Gegenwelten das subversive Potenzial zugeschrieben wird, die (Macht-)Strukturen des realen Raums aufbrechen zu können.

Die intradiegetische Nutzung von digitaler Technologie und Darstellungen des YouTubings finden sich in vielen Eigenproduktionen auch abseits des Schulkontextes. Im zweiten Analyseabschnitt des achten Kapitels wurde anhand mehrerer Beispiele verdeutlicht, dass eine (selbst-)kritische Auseinandersetzung mit Gefahren erfolgt, die von digitalen Medien ausgehen. Bemerkenswert an dieser Kritik ist, dass nicht nur auf Unternehmen wie Tinder, Uber oder Amazon eingegangen wird,

22 Vgl. Holfelder, Handyfilme.
23 Vgl. Gebhardt, Jugendkultur.

sondern dass vielmehr auch Google (YouTubes Mutterkonzern) und YouTube selbst wegen ihres hohen Einflusses auf die Gesellschaft kritisiert werden. Nicht weniger interessant ist die in den Originals vielfach geäußerte Kritik an YouTubes Starsystem, da intradiegetische – und meist fiktive – YouTube-Influencer stets als aufmerksamkeitssüchtige, arrogante und geldgierige Akteure inszeniert werden. Grundsätzlich lässt sich die starke Auseinandersetzung mit Onlinemedien als Affinitätsbeweis zu digitalen Kulturen begreifen. Dass hierbei jedoch keine naive Affirmation der Digitalkultur erfolgt, lässt Rückschlüsse auf das von YouTube zum Ausdruck gebrachte Selbstbild zu: Der Konzern attestiert nicht nur seiner Hauptzielgruppe den Status des Digital Native, sondern profiliert sich in seinen Eigenproduktionen selbst als Medienproduzent, der aufgrund seiner digitalen Nativität (Silicon Valley-Unternehmen) Prozesse in virtuelle und Beeinflussungsfaktoren aus virtuellen Räumen nicht nur erkennen kann, sondern sie insbesondere vor dem Hintergrund der eigenen Machtstellung im gegenwärtigen Mediensystem kritisch evaluiert. Es ist evident, dass diese (Selbst-)Kritik nicht gleichbedeutend mit aktiven Maßnahmen für ein ‚Digital Wellbeing' ist und dass ein Eingestehen etwaiger Missstände diese nicht behebt. Grundsätzlich dürfte YouTubes Eigenevaluation eine eher oberflächliche Form der Kritik sein. Die meisten Vorwürfe, die gegen digitale Medien und Influencer erhoben werden, unterscheiden sich nur unwesentlich von auch sonst oftmals angeführten Kritikpunkten, wenn etwa Folgen der Digitalisierung oder Aspekte des Jugendschutzes im Internet in Elternratgebern oder Talkshows thematisiert werden.

Entscheidend für die Analyse ist das postulierte Selbstbild des Konzerns, der sich selbst als reflektierter Akteur innerhalb einer digitalen Medienlandschaft beschreibt und mahnend auf Gefahren im Internet hinweist. Neben der Eigenevaluation wird durch häufige Verweise auf die Plattform YouTube und das YouTubing als Tätigkeit auch ein Hinweis auf die Medienumgebung gegeben, in der die Originals eingebettet sind.[24] Auf inhaltlicher Ebene soll so ein Erkennungsmerkmal der Originals kreiert werden, durch das YouTubes Eigenproduktionen von Filmen und Serien anderer Medieninstitutionen abgegrenzt werden können. Daran lässt sich eine interessante Erkenntnis in Bezug auf Darstellungen von Fernsehformaten anschließen: In einigen Originals-Produktionen werden non-fiktionale Fernsehformate in fiktionalisierter Form remediatisiert. Die spezielle Medienästhetik des jeweiligen Fernsehformats wird daraufhin entweder desavouiert oder ausgewählten medialen Eigenschaften von YouTube gegenübergestellt. Durch einen intradiegetischen Zusammenprall der ‚alten' und ‚neuen' Unterhaltungsindustrie[25] werden

24 Ebendiese Hinweise auf die eigene Medienumgebung konstatiert Kuhn im Hinblick auf Webserien-Genres. Vgl. Kuhn, Struktur von Webserien.

25 Nünning und Rupp beschreiben bereits im Jahr 2011 eine Tendenz, bei der ein ‚Dialog alter und neuer Medien' im Bereich diverser Internetgenres erkennbar sei. Einen solchen ‚Dialog' –

mediale Differenzen zwischen YouTube und anderen Medieninstitutionen in besonderer Weise hervorgehoben, wobei dem Fernsehen mitunter attestiert wird, ein Relikt vergangener Epochen zu sein.[26]

Seitenhiebe gegen Hollywood und die westliche Medienindustrie wurden auch im dritten Analyseabschnitt ersichtlich, in dem Darstellungsformen von Rassismus erörtert werden. In mehreren YouTube Originals werden rassistische Strukturen im westlichen Showgeschäft und die (weiße) Ignoranz[27] von Gatekeeping-Institutionen thematisiert, wobei auffällt, dass YouTubes diesmal keine Selbstkritik übt, sondern die angesprochenen Strukturen bei anderen Medieninstitutionen (Hollywood,[28] Werbeindustrie) verortet. Insbesondere die Attacken auf YouTubes südkalifornischen Nachbarn Hollywood lassen sich als YouTubes Beitrag zu den ‚#OscarsSoWhite-Protesten'[29] und den durch sie zum Ausdruck gebrachten Forderungen nach höherer Repräsentation und Würdigung nicht-weißer Künstler begreifen. YouTube selbst lässt mittels mehrerer Eigenproduktionen eine Solidarisierungsbekundung mit der ‚#BlackLivesMatter-Bewegung' erkennen, indem einerseits auf eine hohe Repräsentation von schwarzen Schauspielern in den Eigenproduktionen geachtet wird. Andererseits wird Rassismus gegenüber Afroamerikanern im Speziellen und PoCs im Allgemeinen in mehreren Produktionen prominent zum Thema gemacht. In diesem Zusammenhang konnte gezeigt werden, dass diese thematischen Tendenzen mit der Einstellung der fiktionalen Eigenproduktionen nicht rückläufig sind, sondern gerade bei non-fiktionalen Eigenproduktionen verstärkt beobachtet werden können. Neben YouTubes postulierter Affinität zu Jugend- und Digitalkultur kann man auch eine Alliiertenbekundung an strukturell diskriminierte Personengruppen konstatieren. YouTube schärft durch seine Eigenproduktionen sein (politisches) Konzernprofil und zeichnet ein Selbstbild, das YouTube als modernes, reflektiertes und linksliberales Medienunternehmen darstellt.

Meine Analyse versucht nicht, dieses Selbstbild zu affirmieren oder zu dekonstruieren. Aus medientheoretischer Sicht ist vielmehr entscheidend, wie dieses Selbstbild kreiert wird: Als passive Mediendistributionsplattform kann YouTube sein Konzernprofil nicht schärfen und seine inhaltspolitischen Interessen nicht ver-

---

um ihre Wortwahl aufzugreifen – findet man auch ca. ein Jahrzehnt nach der Veröffentlichung ihres Beitrags in den YouTube Originals vor. Vgl. Nünning, Genres im Internet, S. 8.

26 Insbesondere diese Tendenz der Remediatisierung von Fernsehformaten bei einer gleichzeitigen Betonung der eigenen Medialität ist vor dem Hintergrund von Bolters und Grusins Studie *Remediation* von Interesse, vgl. Bolter, Remediation. Die von den Autoren festgehaltenen Theorien zu ‚hypermediacy' und ‚transparent immediacy' verlieren nicht an Aktualität, worauf im letzten Unterkapitel erneut eingegangen wird.

27 Vgl. Martín, White Ignorance.

28 Vgl. Dyer, White. Vgl. auch: Dyer, Matter of Whiteness. Vgl. auch Dixon, White.

29 Chattoo, Oscars So White.

mitteln, da die audiovisuelle Kultur der Plattform durch Nutzer mit unterschiedlichen Interessen und Ansichten geformt wird. Als aktiver Medienproduzent kann YouTube hingegen zum Ausdruck bringen, welche (politischen) Positionen der Konzern vertritt beziehungsweise vorgibt zu vertreten. Die Annahme einer Rolle als aktiver Medienproduzent kollidiert wiederum mit YouTubes ursprünglichem Selbstbild, bei dem sich die Plattform als Sprachrohr für Bottom-Up- und Grassroots-Kreativität (‚Broadcast Yourself') geriert, da YouTube mit den Originals Top-Down-Strukturen und Unternehmens-Kreativität[30] einführt. Ich möchte hier von einem ‚Partizipations-Repräsentations-Dilemma' sprechen, womit gemeint ist, dass sich YouTube einerseits als Paradebeispiel für Partizipationskultur und Meinungsdemokratisierung versteht, aber andererseits die Repräsentation und Gewichtung bestimmter Themen und Personengruppen, die Rückschlüsse auf die Konzernhaltung zulassen, nicht durch ‚Broadcast Yourself' (Bottom-Up), sondern nur mit ‚We Broadcast' (Top-Down) erreicht. Das YouTube der 2020er Jahre wird demnach durch zwei unterschiedliche Distributionsmodelle und Medienlogiken geprägt, die auf einer Plattform koexistieren.

9.2 Die Ergebnisse im Kontext der Forschungsfrage

Um auf die in der Einleitung formulierte Frage zurückzukehren, wie YouTubes audiovisuelle Kultur durch die Emergenz von YouTube Premium und den YouTube Originals beeinflusst wird, können abschließend mehrere Aspekte genannt werden. Wenngleich keine Hinweise dafür vorliegen, dass YouTubes Fremdproduktionen in den letzten Jahren in stilistischer Hinsicht von den Eigenproduktionen beeinflusst wurden und man den Originals ebenso wenig eine Popularität zuschreiben kann, die sich mit der Beliebtheit von Inhalten einiger YouTube-Stars messen lässt, steht außer Frage, dass YouTubes Wechselspiel bestehend aus einer Abkehr von und einer erneuten Hinwendung zu plattformnativen Elementen und Formaten als wichtige audiovisuelle Kulturentwicklung zu verstehen ist, durch die neue medienwissenschaftliche Perspektiven auf die Plattform eröffnet werden.

Mit der ab 2016 in Erscheinung tretenden Paywall und Top-Down-Inhalten wird YouTubes bisheriges Plattform-Selbstbild, das sich seit den Anfängen der Plattform durch Transparenz, mediale Offenheit und Bottom-Up-Strukturen auszeichnet, in kritischer Weise herausgefordert. Aufgrund der im Bereich des Interfaces

30 Bei Jenkins ist ‚corporate creativity' eine Art Gegenbegriff zu ‚grassroots creativity'. Vgl. Jenkins, Convergence Culture. Vgl. auch Jenkins, Spreadable Media.

(s. fünftes Kapitel) und der Metadaten (s. sechstes Kapitel) erkennbar werdenden Konkurrenzabsicht gegenüber Streaming-Anbietern treten neue ästhetische und funktionale Standards auf den Plan, die neben YouTubes traditionellen Inhalten und der Einbettung dieser Inhalte auf der Plattform koexistieren. Aufgrund der markanten ästhetischen Differenz zwischen Fremd- und Eigenproduktionen (s. siebtes Kapitel) ist es angebracht, von einem ‚alternativen YouTube'[31] zu sprechen, das zwar im gleichen virtuellen Raum abrufbar ist, das aber zahlreiche Privilegierungen gegenüber der Anordnung von Fremdproduktionen für sich beanspruchen kann. Im Unterschied zur Top-Down-Unterhaltung auf YouTube, die beispielsweise auf Kanälen von Fernsehsendern oder Filmproduktionsfirmen veröffentlicht wird, wurden den Originals zeitweilig exklusive, abonnementpflichtige virtuelle Räume zugewiesen (s. fünftes Kapitel), die über prominent platzierte Verlinkungselemente auf YouTubes Hauptseite angewählt werden konnten (s. zweites Kapitel). Unabhängig davon, in welchem Ausmaß die YouTube Originals reüssieren und wie viele Zuschauer YouTube Premium abonnieren, erfolgt eine audiovisuelle Kulturentwicklung der Plattform bereits durch die partielle Neuausrichtung von einer passiven Distributionsplattform hin zu einem aktiven Medienproduzenten.

An dieser Stelle ist auf die Differenz zwischen Sparten wie ‚YouTube Filme und Shows' und den YouTube Originals hinzuweisen, da YouTube mit dem erstgenannten Bereich Produktionen anderer verleiht, aber nicht selbst in kreativer Hinsicht involviert ist. Im Zusammenhang mit den Originals werden aber Produktion und Distribution von YouTube geplant und koordiniert, sodass man von einem vertikalen Integrationsprinzip sprechen kann. Mit Blick auf andere Medieninstitutionen sind solche Organisationsformen nicht ungewöhnlich,[32] mit YouTubes Slogan ‚Broadcast Yourself' und dem ihm inhärenten Partizipationsversprechen (s. viertes Kapitel) ist dieses Prinzip jedoch nicht vereinbar. Nicht zuletzt aufgrund der aggressiven Eigenwerbung für YouTube Premium und die YouTube Originals wird die Privilegierung von YouTubes Inhaltsangeboten von einigen Grassroots-Akteuren kritisch bewertet (s. sechstes Kapitel).

Durch YouTubes aktive Medienproduzentenrolle verschiebt sich die Außenwahrnehmung des Konzerns: Gab es bereits vor der Einführung der gebührenpflichtigen Angebote und der Eigenproduktionen Kritik an YouTubes Demokratieversprechen, exponiert sich YouTube durch seine Top-Down-Inhalte – stärker noch als vormals – als Großkonzern mit (monetären) Eigeninteressen, der nicht länger nur ein ‚Sprachrohr für andere', sondern auch für sich selbst ist. Diese Erkenntnis, die insbesondere

31 Craig und Cunningham sprechen an mehreren Stellen bewusst nicht von ‚YouTube', sondern von ‚YouTubes' (Plural). Vgl. Craig, Social Media Entertainment.

32 Vgl. Schatz, Thomas: Der Siegeszug des Studiosystems, in: Nowell-Smith, Geoffrey (Hg.): Geschichte des Internationalen Films, Stuttgart 2006, S. 204–215.

anhand des achten Kapitels zum Vorschein kommt, ist für YouTubes audiovisuelle Kultur der späten 2010er und frühen 2020er Jahre von zentraler Bedeutung, da (gesellschaftspolitische) Konzerninteressen beziehungsweise die intendierte Außenwahrnehmung dieser Interessen durch YouTubes Eigenproduktionen zum Ausdruck gebracht werden können. Dass viele dieser Eigenproduktionen bis zum Jahr 2020 fiktional sind und formale Anlehnungen an den klassischen Film zu erkennen geben (s. siebtes Kapitel), ist ebenfalls als kulturelles Neuland für YouTube einzustufen, das lediglich rudimentär von Webserienmachern auf der Plattform erschlossen wurde (s. drittes Kapitel). Fiktionalität und Einflüsse des Continuity Systems in YouTubes Eigenproduktionen lassen sich als audiovisuelle Antagonisten zu den bewusst inszenierten spatiotemporalen Diskontinuitäten (Jumpcut als häufigste Montageform) sowie den Authentizitäts- und Spontanitätsansprüchen der meisten Fremdproduktionen auslegen und als signifikante Kulturerweiterung auf YouTube begreifen.

Dass diese audiovisuellen Antagonisten wiederum seit dem Jahr 2020 ausbleiben beziehungsweise dass YouTube seit diesem Jahr ausschließlich non-fiktionale Eigenproduktionen veröffentlicht, die zudem offen zugänglich sind (s. fünftes Kapitel) und sich durch Metadatentransparenz (s. sechstes Kapitel) auszeichnen, lässt sich als Manifestation von YouTubes experimentellem Umgang mit unterschiedlichen Darstellungsformen begreifen. Aufgrund der markanten formalästhetischen Zäsur im Jahr 2020 macht sich ein ‚Trial-and-Error-Ansatz' bemerkbar, durch den hybride Geschäftsmodelle und ephemere ästhetische Paradigmen für das YouTube der späten 2010er und frühen 2020er Jahre zu signifikanten Plattformmerkmalen avancieren.[33] Die Gegenpole der Top-Down- und Bottom-Up-Strukturen, die seit den Anfängen von YouTube die audiovisuelle Kultur der Plattform prägen, erfahren durch YouTubes aktive Produzentenrolle ein zusätzliches Spannungsverhältnis. Hierbei wird die Intensität dieser Spannung von YouTube selbst reguliert, indem entweder mediale Appropriationsversuche erkennbar werden, bei denen Top-Down-Strukturen von Hollywood oder anderen Streaming-Anbietern übernommen werden (s. viertes, fünftes, sechstes, siebtes Kapitel) oder indem YouTube seine Affinität zu plattformnativen Inhalten und Starkulturen postuliert (s. achtes Kapitel).

9.3 Prognose zu zukünftigen Kulturentwicklungen auf YouTube

Es steht außer Frage, dass das angesprochene Spannungsverhältnis von Top-Down- und Bottom-Up-Elementen durch YouTube Premium und die YouTube Originals in-

33 Vgl. Craig, Social Media Entertainment, S. 59.

tensiviert wird. Aufgrund der Tatsache, dass nach einem vierjährigen Bestehen ein radikaler Umbruch mit Blick auf den Abonnementdienst und die Eigenproduktionen erfolgte, drängt sich die Frage auf, ob YouTubes Rolle als aktiver Medienproduzent ebenso kurzlebig sein wird wie die fiktionalen Filme und Serien und die Premium-Paywall. Es erscheint mir wahrscheinlich, dass non-fiktionale YouTube Originals auch in den kommenden Jahren weiterhin produziert werden. YouTube kann – wie im achten Kapitel gezeigt – sein Konzernprofil effektiv schärfen und seine gesellschaftspolitische Haltung durch seine aktive Rolle als Medienproduzent manifestieren. Das ist nicht möglich, wenn YouTube lediglich eine passive Distributor-Rolle für andere zukommt. Es erscheint mir zudem wahrscheinlich, dass die im achten Kapitel angesprochene Themenwahl auch in den nächsten Jahren weitgehend beibehalten wird, beziehungsweise dass sich YouTube weiterhin als junger Medienkonzern mit einer Affinität zu Jugendkultur, als reflektiert im Umgang mit Gefahren im Bereich der digitalen Technologie und als linksliberaler Alliierter von strukturell unterdrückten Personengruppen profilieren wird. In Anbetracht der im Vergleich zu vielen YouTubern geringen Upload-Frequenz der Originals ist aber davon auszugehen, dass YouTubes Eigenproduktionen zukünftig weniger als Konkurrenz zu anderen Streaming-Anbietern, sondern eher als gelegentlich in Erscheinung tretende audiovisuelle Manifestation gesellschaftspolitischer Konzernansichten zu verstehen sind.

Womöglich steht die Abkehr vom direkten Konfrontationskurs auf Anbieter wie Netflix auch im Zusammenhang mit einer neuen sichtbar werdenden Konkurrenzerklärung gegenüber der Onlineplattform TikTok: Seit dem Jahr 2021 lässt sich auf YouTube verstärkt beobachten, dass eine andere Art des YouTubings auf der Plattform Einzug hält, für die intensiv geworben wird. Hierbei handelt es sich um die ‚YouTube Shorts', die sich dadurch auszeichnen, dass man sie spontan und direkt über die YouTube-App aufnehmen und hochladen kann. Zudem zeichnen sich die Shorts durch ein Hochbildformat und eine kurze maximale Laufzeit von einer Minute aus.[34] Durch die kurze Maximallänge und das Hochbildformat sowie die In-App-Erstellungsmöglichkeit werden zahlreiche mediale Eigenschaften der Plattform TikTok, die zu Beginn der 2020er Jahre einen enormen Beliebtheitszuwachs für sich verbuchen konnte, auf YouTube integriert. Konträr zu den Top-Down-Inhalten, die mit YouTube Premium und den YouTube Originals auf der Plattform gestärkt werden, wird durch die Shorts versucht, neue Bottom-Up-Strukturen auf YouTube einzuführen, da die medialen Rahmenbedingungen der Shorts Nutzer motivieren sollen, spontan aufgenommene Handyclips zu veröf-

34 S. https://support.google.com/youtube/answer/10059070?hl=de (zuletzt abgerufen am 01.11.2022).

fentlichen, an die keine Professionalitätsanspruche gestellt werden, da sie beispielsweise nicht mit externen Schnittprogrammen bearbeitet werden müssen.

In diesem Zusammenhang ist es interessant zu beobachten, dass der Originals-Button, der auf YouTubes Startseite für einige Jahre prominent installiert war, nicht mehr existiert.[35] Stattdessen wurde ein ‚Shorts-Button' eingerichtet, über den man zu Kurzvideos im Hochbildformat gelangen kann. Abbildung 12 (s. S. 40) und 98 zeigen jeweils eine Ansicht der Startseite von YouTubes Handy-App.

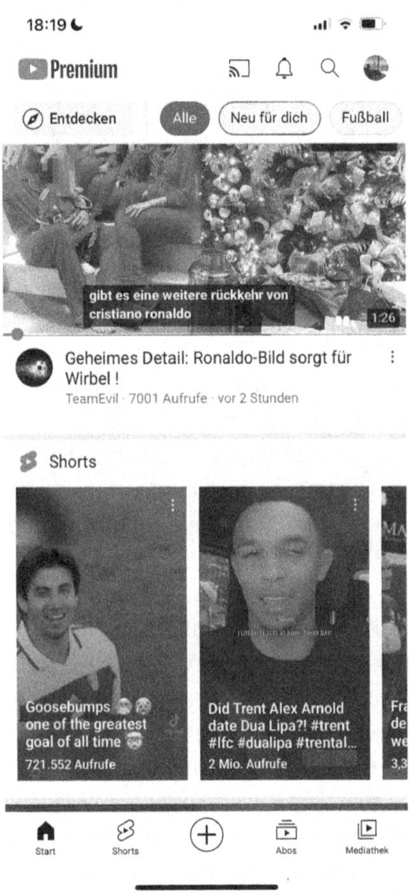

Abbildung 98: YouTube Shorts-Verlinkungen in Handy-App.

35 Stand Februar 2022. Die Beobachtung bezieht sich auf die YouTube-App.

Abbildung 12 wurde im März 2020 erstellt und gibt die Buttons ‚Music App' und ‚Originals' zu erkennen. Diese in Verbindung zu YouTube Premium stehenden Verlinkungselemente sind in der im Dezember 2021 erstellten Abbildung 98 nicht mehr vorhanden. An die Stelle des ‚Entdecken-Buttons', der in Abbildung 12 das zweite Interaktionselement von links am unteren Bildrand darstellt, tritt im Jahr 2021 der ‚Shorts-Button', während der ‚Entdecken-Button' an die Stelle verlagert wurde, an der vormals der ‚Originals-Button' platziert war. Zudem wird anhand von Abbildung 98 erkennbar, dass mehrere vertikale Shorts-Videos horizontal aneinandergereiht auf der Startseite integriert werden, die sich zeigen, sobald man herunterscrollt. Anhand dieser kurzen Gegenüberstellung der Interfaces von YouTubes mobilen Startseiten aus dem Jahr 2020 und 2021 wird ersichtlich, dass man von einer wortwörtlichen *Verdrängung* der Originals sprechen kann. Gleichzeitig wird durch die prominent platzierten Shorts und ihre Verlinkungselemente deutlich, dass YouTubes nächste Konkurrenzerklärung an TikTok gerichtet ist.

9.4 Abschließende Überlegungen zu YouTubes Inhaltserweiterungen

YouTube reagiert mit den Shorts später als andere Plattformen auf den internationalen Erfolg von TikTok, da zum Beispiel Instagram bereits viele Monate vor der Onlineschaltung der YouTube Shorts mit den ‚Instagram Reels' ein Pendant zu TikTok auf Instagram einführte. Wenn man YouTube mediale Appropriationsabsichten attestiert, muss man stets bedenken, dass ähnliche Phänomene auch auf anderen Internetplattformen begegnen.

Auf YouTube werden durch YouTube TV (Konkurrenz zum Fernsehen), YouTube Filme und Shows (Konkurrenz zum Filmverleih), YouTube Premium & die YouTube Originals (Konkurrenz zu Streaming-Anbietern), YouTube Live (Konkurrenz zu Twitch), die YouTube Stories (Konkurrenz zu Instagram und Facebook) und die YouTube Shorts (Konkurrenz zu TikTok) zwar besonders viele mediale Eigenschaften und Funktionen erkennbar, die erst auf YouTube eingeführt wurden, nachdem sie in anderen medialen Kontexten reüssieren konnten. Allerdings lassen sich ähnliche Tendenzen ebenso auf Internetplattformen wie Facebook, Instagram oder TikTok beschreiben. Um nur ein paar Beispiele zu nennen, erfolgt durch den ‚Marketplace' auf Facebook eine Konkurrenzerklärung an Ebay und Amazon und mit der Videosparte auf Facebook wird ein Pendant zu YouTube geschaffen. Ähnlich verhält es sich mit der zum Facebook-Konzern gehörenden Plattform Instagram: Neben den bereits angesprochenen Reels, durch die man eine Abwanderung von Hochformat-Videomachern zu verhindern sucht, besteht durch die Sparte ‚IG-TV' mittlerweile auch ein Langvideoformat auf Instagram, das als Konkurrenzerklärung an YouTube zu begreifen ist. Selbst auf der noch jungen Plattform TikTok wird durch die Anhebung der maximalen Videolänge im Jahr 2021 versucht, neue kreative Freiräume für Videomacher zu schaffen, die bei 15-, 30- oder 60-sekündigen Videos nicht bestehen. Auf diese Weise soll verhindert werden, dass Videomacher auf TikTok auf ‚Langversionen' ihrer Inhalte auf anderen Plattformen wie YouTube hinweisen und so Zuschauerabwanderungen begünstigen.

Es ließen sich zahlreiche weitere Beispiele dieser Art anführen. Der entscheidende Punkt ist, dass die in dieser Studie besprochenen Phänomene auf YouTube nicht als ‚Singularität', sondern als gängiges Symptom in der gegenwärtigen Medienlandschaft zu begreifen sind, die sich in ähnlicher Form auch für andere Plattformen beschreiben lassen. Man kann beobachten, dass mehrere (soziale) Internetplattformen darum bemüht zu sein scheinen, eine Art ‚Superplattform' darzustellen, die den Besuch von und Medienkonsum auf Konkurrenzplattformen obsolet machen, da viele Konkurrenzangebote bereits übernommen wurden. Gerade vor dem Hintergrund von Jenkins' Medienkonvergenz-[36] und Bolters und Grusins Remediatisierungstheorien[37] sind diese gegenwärtigen Erscheinungen bemerkenswert, da ihre Theorien bereits zu Beginn der 2000er Jahre veröffentlicht wurden, aber keineswegs an Aktualität verloren haben. Im Gegenteil kann man von einer zunehmenden Beschleunigung im Hinblick auf Medienkonvergenzen und Formen der Remediatisierung sprechen, die sich auf vielen Internetplattformen zeigt.

In diesem Zusammenhang ist vor allem auf die Anpassungsgeschwindigkeit von Konzernen wie YouTube oder Facebook hinzuweisen: Aufgrund der Tatsache, dass Remediatisierungen im Zuge eines postfordistischen Digitalkapitalismus erfolgen, der sich – größtenteils losgelöst von physischen Hindernissen – im virtuellen Raum schneller als im realen Raum ausdehnen und anpassen kann und in dem zunehmend Programmierungen anstatt Menschen pausenlos ‚arbeiten' können, gestaltet sich die wissenschaftliche Erfassung ‚neuer' Medienphänomene, deren ‚Neuheit' einerseits immer hinterfragt werden muss und die sich andererseits binnen kurzem als ephemere Erscheinung entpuppen können, aufgrund der Akzeleration im Bereich der Restrukturierung und Remediatisierung von Angeboten und Darstellungsformen auf der jeweiligen Plattform als zunehmend komplexe Aufgabe. Insbesondere die Plattform YouTube hält die medienwissenschaftliche Forschung aufgrund der zahlreichen inhaltlichen und funktionalen Neuausrichtungen weiterhin in Atem und stellt Jahr für Jahr eindrucksvoll die Komplexität, Vielfältigkeit und Wandelbarkeit ihrer audiovisuellen Kultur unter Beweis.

36 Vgl. Jenkins, Convergence Culture.

37 Vgl. Bolter, Remediation.

Abbildungen

https://doi.org/10.1515/9783111145853-010

Literatur

Alexander, Julia: YouTube Premium Is Changing Because It Has To, in: The Verge, (2018), abrufbar unter: https://www.theverge.com/2018/11/29/18116154/youtube-premium-free-ads-subscription-red (zuletzt abgerufen am 01. 11.2022).
Andrejevic, Mark: Exploiting YouTube: Contradictions of User-Generated Labor, in: Snickars, Pelle/ Vonderau, Patrick (Hg.): The YouTube Reader, Stockholm 2009, S. 406–423.
Arendt, Hannah: Macht und Gewalt, München 2008.
Aufenanger, Stefan: Digitale Medien und Bewegung – Kontexte einer medialen Jugendkultur, in: Theis, Christian et al. (Hg.): Bewegte Freizeiten als Referenzen institutioneller Bildung, Baden-Baden 2020, S. 15–26.
Badstübner-Kizik, Camilla: Die Text-Bild-Kombination Filmplakat, in: Grimberg, Martin/Kaszynski, Stefan (Hg.): Convivium. Germanistisches Jahrbuch Polen, Lodz 2013, S. 55–84.
Balfanz, Dirk: Rhetorische Situation und Neue Medien, in: Scheuermann, Arne/Vidal, Francesca (Hg.): Handbuch Medienrhetorik, Berlin 2017, S. 85–106.
Bazin, André: What Is Cinema? Volume II (engl. Übersetzung von Hugh Gray), Berkeley/Los Angeles 2005.
Bennett, Jane: Vibrant Matter: A Political Ecology of Things, Durham 2010.
Black, Rebecca: Online Fan Fiction, Global Identities, and Imagination, in: Research in the Teaching of English, 43/4 (2009), S. 397–425.
Bladow, Laura: Worth the Click: Why Greater FTC Enforcement Is Needed to Curtail Deceptive Practices in Influencer Marketing, in: William & Mary Law Review, 59/3 (2018), S. 1124–1164.
Blanchet, Robert: Quality TV: Eine kurze Einführung in die Geschichte und Ästhetik neuer amerikanischer Fernsehserien, in: Blanchet, Robert et al.(Hg.): Serielle Formen: Von den frühen Film-Serials zu aktuellen Quality-TV- und Online-Serien, Marburg 2011, S. 37–70.
Bleicher, Joan Kristin: YouTube als Supermedium im Spiegel der Forschung, in Schumacher, Julia
Boorstin, Daniel: The Image. A Guide to Pseudo-Events in America, New York 1971.
Bordwell, David: Intensified Continuity: Visual Style in Contemporary American Film, in: Film Quarterly 55/3 (2002), S. 16–28.
Bordwell, David/Staiger, Janet/Thompson, Kristin: The Classical Hollywood Cinema. Film Style and Mode of Production to 1960, New York 1985.
Bordwell, David/Thompson, Kristin: Film Art. An Introduction, Reading/Boston 1979.
Bordwell, David/Thompson, Kristin: Film Art. An Introduction, New York 2020.
Borsos, Stefan: Nach dem ‚Quality TV': Anatomie und Kritik eines Diskurses, in: MEDIENwissenschaft. Rezensionen. Reviews, 1 (2017), S. 8–25.
Bourdaa, Melanie: This Is Not Marketing. This Is HBO: Branding HBO With Transmedia Storytelling, in: Networking Knowlegde, 7/1 (2014), S. 18–25.
Bourdieu, Pierre: The Forms of Capital, in: Richardson, John (Hg.): Handbook of Theory and Research for the Sociology of Education, New York 1986, S. 241–258.
Boyle, Karen: #MeToo, Weinstein and Feminism, Cham 2019.
Brassat, Wolfgang/Kohle, Hubertus: Der kulturwissenschaftlich-ikonologische Ansatz, in: Brassat, Wolfgang/Kohle, Hubertus (Hg.): Methoden-Reader Kunstgeschichte. Texte zur Methodik und Geschichte der Kunstwissenschaft, Köln 2009.
Breitenbach, Patrick: Memes. Das Web als kultureller Nährboden, in: Stiegler, Christian/Breitenbach, Patrick/Zorbach, Thomas (Hg.): New Media Culture: Mediale Phänomene der Netzkultur, Bielefeld 2015, S. 29–49.

https://doi.org/10.1515/9783111145853-011

Burch, Noël: To the Distant Observer: Form and Meaning in the Japanese Cinema, Berkeley 1979.
Burgess, Jean/Green, Joshua: The Entrepreneurial Vlogger: Participatory Culture Beyond the Professional-Amateur Divide, in: Snickars, Pelle/Vonderau, Patrick (Hg.): The YouTube Reader, Stockholm 2009, S. 89–107.
Burgess, Jean/Green, Joshua: YouTube. Online Video and Participatory Culture, Cambridge 2009.
Burgess, Jean/Green, Joshua: YouTube. Online Video and Participatory Culture, Cambridge 2018.
Cassirer, Ernst: Form und Technik, in: Orth, Ernst Wolfgang et al. (Hg.): Symbol, Technik, Sprache. Aufsätze aus den Jahren 1927–1933, Hamburg 1985, S. 39–89.
Chandler, Daniel/Munday, Rod: Influencer, in: Oxford Dictionary of Media and Communication, New York 2020, S. 230.
Chandler, Daniel/Munday, Rod: Participatory Culture, in: Oxford Dictionary of Media and Communication, New York 2020, S. 350.
Chattoo, Caty Borum: Oscars So White: Gender, Racial, and Ethnic Diversity and Social Issues in U.S. Documentary Films (2008–2017), in: Mass Communication and Society, 21/3 (2018), S. 368–394.
Constine, Josh: YouTube Will Completely Remove Videos of Creators Who Don't Sign Its Red Subscription Deal, in: Tech Crunch, (2015), abrufbar unter: https://techcrunch.com/2015/10/21/an-offer-creators-cant-refuse/ (zuletzt abgerufen am 01. 11.2022).
Craig, David, Cunningham, Stuart: Social Media Entertainment. The New Intersection of Hollywood and Silicon Valley, New York 2019.
Craig, David/Cunningham, Stuart/Silver, Jon: YouTube, Multichannel Networks and the Accelerated Evolution of the New Screen Ecology, in: Convergence, 22/4 (2016), S. 376–391.
Christian, Aymar Jean: Open TV: Innovation Beyond Hollywood and the Rise of Web Television, New York 2018.
Christiansen, Per: YouTube – Der Knock Out für das Urheberrecht, in: Schumacher, Julia Stuhlmann, Andreas (Hg.): Videoportale: Broadcast Yourself? Versprechen und Enttäuschung, Hamburg 2011, S. 85–101.
De Aguilera-Moyano, Miguel/Castro Higueras, Antonio/Pérez-Rufí, José-Patricio: Between Broadcast Yourself and Broadcast Whatever: YouTube's Homepage as a Synthesis of Its Business Strategy, in: El profesional de la informacion, 28/2 (2018), S. 1–13, abrufbar online unter: http://www.elprofesionaldelainformacion.com/contenidos/2019/mar/15.pdf (zuletzt abgerufen am 01. 11.2022).
Deahl, Dani: YouTube Music and YouTube Premium Officially Launch in US, Canada, UK and Other Countries, in: The Verge (2018), abrufbar unter: https://www.theverge.com/2018/6/18/17475122/youtube-music-premium-launch-us-canada-uk (zuletzt abgerufen am 01. 11.2022).
Dibbets, Karel: Die Einführung des Tons, in: Nowell-Smith, Geoffrey (Hg.): Geschichte des internationalen Films, Stuttgart 2006, S. 197–203.
Diederichs, Helmut/Lenz, Felix (Hg.): Jenseits der Einstellung. Schriften zur Filmtheorie, Frankfurt 2006.
Dirscherl, Hans-Christian: YouTube testet: Zahl der Dislikes wird nicht mehr angezeigt, in: PC-Welt (2021), abrufbar unter: https://www.pcwelt.de/news/Youtube-testet-Zahl-der-Dislikes-wird-nicht-mehr-angezeigt-11004971.html (zuletzt abgerufen am 01. 11.2022).
Distelmeyer, Jan: Machtzeichen. Anordnungen des Computers, Berlin 2017.
Dixon, Wheeler Winston : Rezension zu: Dyer, Richard: White, in: Film Quarterley, 52/4 (1999), S. 62–63.
Döring, Nicola: Professionalisierung und Kommerzialisierung auf YouTube, in: Jugend – Medien – Kommerzialisierung, 4 (2014), S. 24–31.

Domsch, Sebastian: Freiheit oder Erzählung – oder beides? Zu Konzepten von Erzählung und Spielerfreiheit im Computerspiel, in: Nünning, Ansgar et al. (Hg.): Narrative Genres im Internet. Theoretische Bezugsrahmen, Mediengattungstypologie und Funktionen, Trier 2012, S. 195–207.

Dougherty, Conor/Steel, Emily: YouTube Introduces YouTube Red, a Subscription Service, in: New York Times, (2015), abrufbar unter: https://www.nytimes.com/2015/10/22/technology/youtube-introduces-youtube-red-a-subscription-service.html (zuletzt abgerufen am 01. 11.2022).

Düring, Kerstin Maria: YouTube als Plattform für Gentrifizierungsgegner, in: Schumacher, Julia/Stuhlmann, Andreas (Hg.): Videoportale: Broadcast Yourself? Versprechen und Enttäuschung, Hamburg 2011, S. 171–184.

Dyer, Richard: The Matter of Whiteness, in: Rothenberg, Paula S. (Hg.): White Privilege: essential readings on the other side of racism, New York 2005, S. 9–14.

Dyer, Richard: White, London/New York 1997.

Eble, Michael: Medienmarken im Social Web. Wettbewerbsstrategien und Leistungsindikatoren von Online-Medien aus medienökonomischer Perspektive, Münster 2013.

Ehrenburg, Ilja: Die Traumfabrik. Chronik des Films, Berlin 1931.

Eisenstein, Sergej: Über die Reinheit der Filmsprache, in: Diederichs, Helmut H./Lenz, Felix (Hg.): Jenseits der Einstellung. Schriften zur Filmtheorie, Frankfurt 2006, S. 134–144.

Elder, Robert: Where YouTube Red Stands After a Year, in: Business Insider, (2017), abrufbar unter: https://www.businessinsider.com/heres-where-youtube-red-stands-after-one-year-2017-1?r=DE&IR=T (zuletzt abgerufen am 01. 11.2022).

Elsaesser, Thomas: Constructive Instability or: The Life of Things As the Cinema's Afterlife?, in: Lovink, Geert/Niederer, Sabine (Hg.): Video Vortex Reader: Responses to YouTube. Amsterdam 2008, S. 13–31.

Elsaesser, Thomas/Hagener, Malte: Filmtheorie zur Einführung, Hamburg 2011.

Erickson, Mary P.: Old Strategies in the New Paradigm: Web Series and Corporate Control, in: Nichols, Randy/Martinez, Gabriela (Hg.): Political Economy of Media Industries: Global Transformations and Challenges, London 2019, S. 110–126.

Evangelista, Benny: YouTube Red Is Dead: Google Renames and Raises Prices on Streaming Services, in: San Francisco Chronicle, (2018), abrufbar unter: https://www.sfchronicle.com/business/article/YouTube-Red-is-dead-Google-renames-and-hikes-12922393.php (zuletzt abgerufen am 01. 11.2022).

Falschini Lerner, Giovanna: Cybermoms and Postfeminism in Italian Web Series, in: gender/sexuality/italy, 5 (2018), S. 142–159.

Fossati, Giovanna: YouTube as a Mirror Maze, in: Snickars, Pelle/Vonderau, Patrick (Hg.): The YouTube Reader, Stockholm 2009, S. 458–465.

Foucault, Michel: Analytik der Macht, Frankfurt 2005.

Foucault, Michel: Dispositive der Macht: Über Sexualität, Wissen und Wahrheit, Berlin 2008.

Foucault, Michel: Überwachen und Strafen: Die Geburt des Gefängnisses, Frankfurt 1993.

Fricke, Harald: Potenzierung, in: Fricke, Harald (Hg.): Reallexion der deutschen Literaturwissenschaft Band II, Berlin 2007, S. 144–147.

Frizzoni, Brigitte: Zwischen Trash-TV und Quality-TV. Wertediskurse zu serieller Unterhaltung, in: Kelleter, Frank (Hg.): Populäre Serialität: Narration – Evolution – Distinktion. Zum Seriellen Erzählen seit dem 19. Jahrhundert, Bielefeld 2012, S. 339–351.

Frobenius, Maximiliane: The Pragmatics of Monologue: Interaction in Video Blogs (zugl. Saarbrücken, Univ. Diss.), Saarbrücken 2014.

Fröhlich, Vincent: Der Cliffhanger und die serielle Narration. Analyse einer transmedialen Erzähltechnik, Bielefeld 2015.

Frühbrodt, Lutz/Floren, Annette: Unboxing YouTube. Im Netzwerk der Profis und Profiteure, Frankfurt am Main 2019.

Galanova, Olga: Vom inhaltlichen Ernst zum formalen Scherz: Wandlungsprozesse massenmedialer Nachrichten im Internet, in: Nünning, Ansgar et al. (Hg.): Narrative Genres im Internet. Theoretische Bezugsrahmen, Mediengattungstypologie und Funktionen, Trier 2012, S. 351–368.

Garrido, Rocío/Zaptsi, Anna: Archetypes, Me Too, Time's Up and the Representation of Diverse Women on TV, in: Comunicar, 69/29 (2021), S. 22–32.

Gebhardt, Winfried: Jugendkultur, Jugendsubkultur, Jugendszene. Zur Soziologie juveniler Vergemeinschaftung, in: Altenburg, Detlef/Bayreuther, Rainer (Hg.): Musik und kulturelle Identität. Band 1: Öffentliche Vorträge, Roundtables und Symposien A, Kassel 2012, S. 490–498.

Giannini, Erin: Selling Across the Spectrum: The Multiplatform Brand Flows of *Heroes*, in: Networking Knowlegde, 7/1 (2014), S. 26–40.

Giltrow, Janet/Stein, Dieter: Genres in the Internet: Innovation, Evolution, and Genre Theory, in: Giltrow, Janet/Stein, Dieter (Hg.): Genres in the Internet: Issues in the theory of genre, Amsterdam/Philadelphia 2009, S. 1–25.

Gombrich, Ernst: Aby Warburg. Eine intellektuelle Biografie, Frankfurt 1981.

Grabau, Christian/Rieger-Ladich, Markus: Schule als Disziplinierungs- und Machtraum. Eine Foucault-Lektüre, in: Hagedorn, Jörg (Hg.): Jugend, Schule und Identität. Selbstwerdung und Identitätskonstruktion im Kontext Schule, Wiesbaden 2014, S. 63–79.

Greenberg, Julia: With Its New Original Series, YouTube Asks: ‚What Netflix?', in: Wired, (2016), abrufbar unter: http://www.wired.com/2016/02/youtube-red-originals-netflix/ (zuletzt abgerufen am 01. 11.2022).

Hadas, Leora: Authorship and Authenticity in the Transmedia Brand: The Case of Marvel's Agents of S.H.I.E.L.D., in: Networking Knowlegde, 7/1 (2014), S. 7–17.

Hagelmoser, Rebecca: *Business Narrative* 2.0: Selbstdarstellung auf Firmenwebsites, in: Nünning, Ansgar et al. (Hg.): Narrative Genres im Internet. Theoretische Bezugsrahmen, Mediengattungstypologie und Funktionen, Trier 2012, S. 277–293.

Hagener, Malte/Kammerer, Dietmar: Theoretische Aspekte der Montage, der filmischen Verfahren und Techniken, in: Groß, Bernhard/Morsch, Thomas (Hg.): Handbuch Filmtheorie, Wiesbaden 2021, S. 479–496.

Hartmann, Britta/Wulff, Hans J.: Neoformalismus, Kognitivismus, Historische Poetik des Kinos, in: Felix, Jürgen (Hg.): Moderne Film Theorie, Mainz 2007, S. 191–216.

Hediger, Vinzenz: YouTube and the Aesthetics of Political Accountability, in: Snickars, Pelle/Vonderau, Patrick (Hg.): The YouTube Reader, Stockholm 2009, S. 252–265.

Heidt, Renate: Erwin Panofsky. Kunsttheorie und Einzelwerk, Köln/Wien 1977.

Heins, Markus: Die Produktplatzierung auf Videoportalen – eine medienrechtliche Untersuchung, (zugl. Köln, Masterarbeit), Köln 2016.

Helmbold, Detlef: Mehr Kunst als Werbung: Das DDR-Filmplakat 1945–1990, Berlin 2018.

Henne, Jan/Kuhn, Markus: Die deutsche Webserien-Landschaft: eine Übersicht, in: Wulff, Hans J. et al. (Hg.): Medienwissenschaft. Berichte und Papiere 127 (2011). Online abrufbar unter: http://berichte.derwulff.de/0127_13.pdf (zuletzt abgerufen am 01. 11.2022).

Hillrichs, Rainer: Poetics of Early YouTube: Production, Performance, Success (zugl. Bonn Univ. Diss), Bonn 2016.

Hitzler, Ronald/Leichner, Annika: Fandom, in: Brittnacher, Richard/May, Markus (Hg.): Phantastik. Ein interdisziplinäres Handbuch, Stuttgart 2013, S. 263–267.

Holfelder, Ute/Ritter, Christian: Handyfilme als Jugendkultur, Köln 2017.

Holland, Margaret: How YouTube Developed Into a Successful Platform for User-Generated Content, in: Elon journal of undergraduate research in communications, 7/1 (2016), S. 52–99.
Jaakonmäki, Roope/Müller, Oliver et al.: The Impact of Content, Context, and Creator on User Engagement in Social Media Marketing, in: HICSS, 50 (2017), S. 1152–1160.
Jenkins, Henry: Convergence Culture. Where Old and New Media Collide, New York 2008 (1. Auflage 2006).
Jenkins, Henry: Textual Poachers. Television Fans & Participatory Culture, New York 1992.
Jenkins, Henry: Transmedia Storytelling. Die Herrschaft des Mutterschiffes, in: Stiegler, Christian/Breitenbach, Patrick/Zorbach, Thomas (Hg.): New Media Culture: Mediale Phänomene der Netzkultur, Bielefeld 2015, S. 237–256.
Jenkins, Henry/Ford, Sam/Green, Joshua: Spreadable Media. Creating Value and Meaning in a Networked Culture, New York 2013.
Jenkins, Henry/Shresthova, Sangita et al.: By Any Media Necessary: The New Youth Activism, Connected Youth and Digital Futures, New York 2016.
Johnson, Steven: Interface Culture. Wie neue Technologien Kreativität und Kommunikation verändern, Stuttgart 1999.
Kapp, Ernst: Grundlinien einer Philosophie der Technik. Zur Entstehungsgeschichte der Cultur aus neuen Gesichtspunkten, Braunschweig 1877.
Keane, Sean: YouTube Making Future Exclusive Content Free With Ads From 2020, in: CNET, (2018), abrufbar unter: https://www.cnet.com/news/youtube-reportedly-making-future-exclusive-content-free-with-ads-from-2020/ (zuletzt abgerufen am 01.11.2022).
Keating, Lauren: Here's The Reason Behind The YouTube Red Name, in: Tech Times, (2015), abrufbar unter: https://www.techtimes.com/articles/98589/20151022/here-s-reason-behind-youtube-red-name.htm (zuletzt abgerufen am 01. 11.2022).
Kessler, Frank/Schäfer, Mirko Tobias: Navigating YouTube: Constituting a Hybrid Information Management System, in: Snickars, Pelle/Vonderau, Patrick (Hg.): The YouTube Reader, Stockholm 2009, S. 275–291.
King, Ashley: YouTube Premium and YouTube Music Add 13 More Countries to Reach 63 Total – But Adoption Remains Weak, in: Digital Music News, (2019), abrufbar unter: https://www.digitalmusicnews.com/2019/07/18/youtube-premium-music-countries/ (zuletzt abgerufen am 01.11.2022).
Kittler, Friedrich: Grammophon. Film. Typewriter, Berlin 1986.
Klein, Thomas: Von der Episode zur Webisode. Serialität und mediale Differenz, in: Renner, Karl N./von Hoff, Dagmar/Krings, Matthias (Hg.): Medien. Erzählen. Gesellschaft. Transmediales Erzählen im Zeitalter der Medienkonvergenz, Berlin/Boston 2013, S. 118–138.
Klemm, Michael: World Wide Web: Politische Kommunikation online gestalten, in: Scheuermann, Arne/Vidal,Francesca (Hg.): Handbuch Medienrhetorik, Berlin 2017, S. 525–544.
Klippel, Heike: Feministische Filmtheorie, in: Felix, Jürgen (Hg.): Moderne Filmtheorie, Mainz 2007, S. 168–185.
Klippel, Heike: Feministische Filmtheorie und Genderforschung, in: Groß, Bernhard/Morsch,Thomas (Hg.): Handbuch Filmtheorie, Wiesbaden 2021, S. 101–118.
Knapp, Lore: Christoph Schlingensiefs Blog: Multimediale Autofiktion im Künstlerblog, in: Nünning, Ansgar et al. (Hg.): Narrative Genres im Internet. Theoretische Bezugsrahmen, Mediengattungstypologie und Funktionen, Trier 2012, S. 117–132.
Kuhn, Axel: *World of Warcraft*: Transmediale Spielwelten im Genrediskurs, in: Nünning, Ansgar et al. (Hg.): Narrative Genres im Internet. Theoretische Bezugsrahmen, Mediengattungstypologie und Funktionen, Trier 2012, S. 209–223.

Kuhn, Markus: Filmnarratologie. Ein erzähltheoretisches Analysemodell (zugl. Univ. Diss. Hamburg), Berlin 2013.

Kuhn, Markus: Medienreflexives filmisches Erzählen im Internet: Die Webserie PIETSHOW, in: Rabbit Eye. Zeitschrift für Filmforschung, 1 (2010), S. 19–40.

Kuhn, Markus: Web Series Between User-Generated Aesthetics and Self-Reflexive Narration: On the Diversification of Audiovisual Narration on the Internet, in: Alber, Jan/Hansen, Per Krogh (Hg.): Beyond Classical Narration. Transmedial and Unnatural Challenges, Berlin 2014, S. 137–160.

Kuhn, Markus: YouTube als Loopingbahn: *lonelygirl15* als Phänomen und Symptom der Erfolgsinitiation von YouTube, in: Schumacher, Julia/Stuhlmann,Andreas (Hg.): Videoportale: Broadcast Yourself? Versprechen und Enttäuschung. Hamburger Hefte zur Medienkultur 12, Hamburg 2011, S. 119–136.

Kuhn, Markus: Zwischen Kunst, Kommerz und Lokalkolorit: Der Einfluss der Medienumgebung auf die narrative Struktur von Webserien und Ansätze zu einer Klassifizierung, in: Nünning, Ansgar et al. (Hg.): Narrative Genres im Internet. Theoretische Bezugsrahmen, Mediengattungstypologie und Funktionen, Trier 2012, S. 51–92.

Kuyucu, Mihalis: The Transformation of Traditional TV to YouTube With Social Media and Its Reflections in Turkey, in: Archives of Business Research, 7/1 (2019), S. 190–202.

Lano, Carolin: Was war YouTube? Plädoyer für die historiografische Plattformforschung, in: MEDIENwissenschaft, 1 (2020), S. 8–27.

Lehmann, Ann-Sophie: Bügeln, Töpfern, Zeichnen, oder: How to YouTube. Videos kreativer Praxis als Vermittlung und Performanz impliziten Wissens, in: Schumacher, Julia/Stuhlmann,Andreas (Hg.): Videoportale: Broadcast Yourself? Versprechen und Enttäuschung, Hamburg 2011, S. 137–151.

Leitner, Sabrina: Product-Placement auf YouTube. Auswirkungen auf das Kaufverhalten von Jugendlichen, (zugl. Offenburg Masterarbeit), Offenburg 2016.

Lewanczik, Niklas: Keine Dislike-Anzahl bei YouTube: Videoplattform testet neue Designs, in: onlinemarketing.de (2021), abrufbar unter: https://onlinemarketing.de/social-media-marketing/keine-dislike-anzahl-youtube-test (zuletzt abgerufen am 01.11.2022).

Lilkendey, Martin: 100 Jahre Musikvideo. Eine Genregeschichte vom frühen Kino bis YouTube (zugl. Univ. Diss. Koblenz), Bielefeld 2017.

Lobato, Ramón: Netflix Nations. The Geography of Digital Distribution, New York 2019.

Lobato, Ramón: The Cultural Logic of Digital Intermediaries: YouTube Multichannel Networks, in: Convergence, 22/4 (2016), S. 348–360.

Logan, Elliott: ‚Quality Television' as a Critical Obstacle: Explanation and Aesthetics in Television Studies, in: Screen, 57/2 (2016), S. 144–162.

Lohvink, Geert: Das halbwegs Soziale. Eine Kritik der Vernetzungskultur, Bielefeld 2012.

Lorrah, Jean: The Vulcan Academy Murders, New York 1984.

Lucke, Renate: Digitale Erlebnisräume. Der Fall Sarrazin auf YouTube und Vimeo (zugl. Univ. Diss. Bayreuth), Göttingen 2017.

Lüdeker, Gerhard Jens: Identität als virtuelles Selbstverwirklichungsprogramm: Zu den autobiografischen Konstruktionen auf Facebook, in: Nünning, Ansgar et al. (Hg.): Narrative Genres im Internet. Theoretische Bezugsrahmen, Mediengattungstypologie und Funktionen, Trier 2012, S. 133–150.

Lundemo, Trond: In the Kingdom of Shadows: Cinematic Movement and Its Digital Ghost, in: Snickars, Pelle/Vonderau, Patrick (Hg.): The YouTube Reader, Stockholm 2009, S. 314–329.

Martín, Annette: What Is White Ignorance?, in: The Philosophical Quarterly, 71/4 (2020), S. 864–885.

McLuhan, Marshall: Understanding Media. The Extentions of Man, New York 1964.

Meyer, Jonas Ivo: Narrative Selbstdarstellung in sozialen Netzwerken: Das mediale, interaktive und dynamische Potenzial eines neuen Mediengenres, in: Nünning, Ansgar et al. (Hg.): Narrative Genres im Internet. Theoretische Bezugsrahmen, Mediengattungstypologie und Funktionen, Trier 2012, S. 151–170.

Mitroff, Sarah/Martin,Taylor: Everything You Need to Know About YouTube Red, in: CNET, (2017), abrufbar unter: https://www.cnet.com/how-to/youtube-red-details/ (zuletzt abgerufen am 01.11.2022).

Mittel, Jason: Narrative Komplexität im amerikanischen Gegenwartsfernsehen, in: Kelleter, Frank (Hg.): Populäre Serialität: Narration – Evolution – Distinktion. Zum Seriellen Erzählen seit dem 19. Jahrhundert, Bielefeld 2012, S. 97–122.

Monaco, James: Film verstehen. Kunst, Technik, Sprache, Geschichte und Theorie des Films und der Neuen Medien, Hamburg 2012.

Morsch, Thomas: Digitales Kino, Postkinematografie und Post-Continuity, in: Groß, Bernhard/Morsch, Thomas (Hg.): Handbuch Filmtheorie, Wiesbaden 2021, S. 567–585.

Müller, Eggo: Where Quality Matters: Discourses on the Art of Making a YouTube Video, in: Snickars, Pelle/Vonderau, Patrick (Hg.): The YouTube Reader, Stockholm 2009, S. 126–139.

Mulvey, Laura: Visual Pleasure and Narrative Cinema, in: Screen, 16/3 (1975), S. 6–18.

Nagler, Daniel: YouTube und seine Jugendkultur, in: Medienimpulse, 55/4 (2017), S. 2–41.

Naschert, Guido: Referenz, in: Müller, Jan-Dirk (Hg.): Reallexion der deutschen Literaturwissenschaft Band III, Berlin 2007, S. 239–241.

Newton, Casey: YouTube Announces Plans for a Subscription Music Service, in: The Verge, (2014), abrufbar unter: https://www.theverge.com/2014/11/12/7201969/youtube-music-key-new-subscription-service (zuletzt abgerufen am 01. 11.2022).

Nünning, Ansgar/Rupp, Jan: ‚The Internet's New Storytellers': Merkmale, Typologien und Funktionen narrativer Genres im Internet aus gattungstheoretischer, narratologischer und medienkulturwissenschaftlicher Sicht, in: Nünning, Ansgar et al. (Hg.): Narrative Genres im Internet. Theoretische Bezugsrahmen, Mediengattungstypologie und Funktionen, Trier 2012, S. 3–50.

Panofsky, Erwin: Sinn und Deutung in der bildenden Kunst, Köln 1975.

Peters, Kathrin/Seier, Andrea: Home Dance: Mediacy and Aesthetics of the Self on YouTube, in: Snickars, Pelle/Vonderau,Patrick (Hg.): The YouTube Reader, Stockholm 2009, S. 187–203.

Popper, Ben: Red Dawn. An Inside Look at YouTube's New Ad-Free Subscription Service, in: The Verge, (2015), abrufbar unter: https://www.theverge.com/2015/10/21/9566973/youtube-red-ad-free-offline-paid-subscription-service (zuletzt abgerufen am 01. 11.2022).

Popper, Ben: YouTube Will Block Videos From Artists Who Don't Sign Up for Its Paid Streaming Service, in: The Verge, (2014), abrufbar unter: https://www.theverge.com/2014/6/17/5817408/youtube-reportedly-block-videos-indie-artists (zuletzt abgerufen am 01.11.2022).

Preece, Jenny: Sociability and Usability in Online Communities: Determining and Measuring Success, in: Behavior and Information Technology Journal, 20/5 (2001), S. 347–356.

Prelinger, Rick: The Appearance of Archives, in: Snickars, Pelle/Vonderau,Patrick (Hg.): The YouTube Reader, Stockholm 2009, S. 268–274.

Puschmann, Cornelius/Heyd,Teresa: #narrative: Formen des persönlichen Erzählens bei Twitter, in: Nünning, Ansgar et al. (Hg.): Narrative Genres im Internet. Theoretische Bezugsrahmen, Mediengattungstypologie und Funktionen, Trier 2012, S. 171–191.

Quakernack, Stefanie: (Re-)framing *Testimonio* on YouTube: Multimodal Performances of Dispossession in Digital Narratives of Undocumented Youth, (zugl. Bielefeld, Univ. Diss.), Bielefeld 2016.

Rath-Wiggins, Linda: Wahlspots im Social Web. Eine medienwissenschaftliche Analyse der visuellen Wahlkampfkommunikation auf YouTube während der Bundestagswahl 2009 (zugl. Bonn Univ. Diss), Bonn 2017.

Ray, Robert B.: A Certain Tendency of the Hollywood Cinema, 1930–1980, Princeton 1985.

Ray, Robert B.: How a Film Theory Got Lost and Other Mysteries in Cultural Studies, Bloomington 2001.

Reichert, Ramón: Amateure im Netz. Selbstmanagement und Wissenstechnik im Web 2.0, Bielefeld 2008.

Richter, Christian: Fernsehen – Netflix – YouTube. Zur Fernsehhaftigkeit von On-Demand-Angeboten (zugl. Potsdam Univ. Diss.), Bielefeld 2020.

Rudolph, Dominik: YouTube und Fernsehen: Konkurrenz oder Ergänzung? Eine mehrstufige, vergleichende Analyse aus Nutzersicht unter besonderer Berücksichtigung der Digital Natives, Reihe Rezeptionsforschung, 34 (zugl. Münster, Univ. Diss.), Baden-Baden 2014.

Ryan, Marie-Laure: Introduction, in: Ryan, Marie-Laure (Hg.): Narrative across Media. The Languages of Storytelling, Lincoln 2004, S. 1–40.

Ryan, Marie-Laure: Will New Media Produce New Narratives?, in: Ryan, Marie-Laure (Hg.): Narrative across Media. The Languages of Storytelling, Lincoln 2004, S. 337–359.

Sartelle, Joseph: Hollywood-Blockbuster: Träume und Katastrophen, in: Nowell-Smith, Geoffrey (Hg.): Geschichte des Internationalen Films, Stuttgart 2006, S. 469–480.

Savov, Vlad: YouTube Announces YouTube Music and YouTube Premium, in: The Verge, (2018), abrufbar unter: https://www.theverge.com/2018/5/17/17364056/youtube-music-premium-google-launch (zuletzt abgerufen am 01. 11.2022).

Schatz, Thomas: Der Siegeszug des Studiosystems, in: Nowell-Smith, Geoffrey (Hg.): Geschichte des Internationalen Films, Stuttgart 2006, S. 204–215.

Schlicker, Alexander: Autor. TV-Serie. Medienwandel. (De-)Figuration serieller Autorschaft, (zugl. München Univ. Diss.), Marburg 2016.

Schröter, Jens: On the Logic of the Digital Archive, in: Snickars, Pelle/Vonderau, Patrick (Hg.): The YouTube Reader, Stockholm 2009, S. 330–346.

Schumacher, Julia/Stuhlmann, Andreas (Hg.): Videoportale: Broadcast Yourself? Versprechen und Enttäuschung, Hamburg 2011.

Schweinitz, Jörg: Film und Stereotyp. Eine Herausforderung für das Kino und die Filmtheorie. Zur Geschichte eines Mediendiskurses, Berlin 2006.

Schwier, Jürgen/Fritsch, Oliver: Fankultur und Medienpraxis, in: Fußball, Fans und das Internet, Baltmannsweiler 2003, S. 33–46.

Scott, Marc: YouTube Red Is Here, and It Breaks the Video-on-Demand Mould, in: The Conversation, (2016), abrufbar unter: http://theconversation.com/youtube-red-is-here-and-it-breaks-the-video-on-demand-mould-59656 (zuletzt abgerufen am 01.11.2022).

Shaviro, Steven: Post-Cinematic Affect, Winchester 2010.

Shaviro, Steven: Post-Continuity: An Introduction, in: Denson, Shane/Leyda, Julia (Hg.): Post Cinema. Theorizing 21st-Century Film, Sussex 2016, S. 51–64.

Siles, Ignacio/Espinoza-Rojas, Johan/Naranjo, Adrián/Tristan, Maria Fernanda: The Mutual Domestication of Users and Algorithmic Recommendations on Netflix, in: Communication, Culture & Critique, (2019), S. 1–20.

Singleton, Micah: YouTube Premium and Music Now Have More Than 20M Subscribers, in: billboard, (2020), abrufbar unter: https://www.billboard.com/articles/business/digital-and-mobile/8550124/youtube-premium-music-20-million-subscribers (zuletzt abgerufen am 01. 11.2022).

Snickars, Pelle: The Archival Cloud, in: Snickars, Pelle/Vonderau, Patrick (Hg.): The YouTube Reader, Stockholm 2009, S. 292–313.

Snickars, Pelle/Vonderau, Patrick: Introduction, in: Snickars, Pelle/Vonderau, Patrick (Hg.): The YouTube Reader, Stockholm 2009, S. 9–21.

Spangler, Todd: YouTube Launches ‚Music Key' Subscription Service With More Than 30 Million Songs, in: Variety, (2014), abrufbar unter: https://variety.com/2014/digital/news/youtube-launches-music-key-subscription-service-with-more-than-30-million-songs-1201354498/ (zuletzt abgerufen am 01.11.2022).

Spangler, Todd: YouTube Red Unveiled: Ad-Free Streaming Service Priced Same As Netflix, in: Variety, (2015), abrufbar unter: https://variety.com/2015/digital/news/youtube-red-launches-ad-free-svod-netflix-1201623219/ (zuletzt abgerufen am 01.11.2022).

Spangler, Todd: YouTube Tops 20 Million Paying Subscribers, YouTube TV Has Over 2 Million Customers, in: Variety, (2020), abrufbar unter: https://variety.com/2020/digital/news/youtube-tops-20-million-paying-subscribers-youtube-tv-has-over-2-million-customers-1203491228/ (zuletzt abgerufen am 01.11.2022).

Sridevi, R./S., Gowtham: A Comparative Study on YouTube Viewers Perception Towards YouTube Premium and Non Premium Service, in: Utkal Historical Research Journal, 34/20 (2021), S. 72–78.

Statt, Nick: YouTube Red Buys Its First Big TV Series, in: The Verge, (2016), abrufbar unter: https://www.theverge.com/2016/6/23/12020774/youtube-red-google-original-tv-series-step-up-lionsgate (zuletzt abgerufen am 01.11.2022).

Stiegler, Bernard: The Carnival of the New Screen: From Hegemony to Isonomy, in: Snickars, Pelle/Vonderau, Patrick (Hg.): The YouTube Reader, Stockholm 2009, S. 40–59.

Stiegler, Christian: Digitale Medientheorien, in: Stiegler, Christian/Breitenbach, Patrick/Zorbach, Thomas (Hg.): New Media Culture: Mediale Phänomene der Netzkultur, Bielefeld 2015, S. 11–28.

Stork, Matthias: Chaos Cinema [Parts 1 and 2]: The Decline and Fall of Action Filmmaking, in : Press Play (2011).

Strangelove, Michael: Post-TV: Piracy, Cord-Cutting, and the Future of Television, Toronto 2015.

Sucher, Bernd/Seeßlen,Georg (Hg.): Postkinematografie. Der Film im digitalen Zeitalter, Berlin 2013.

Taylor, Staci: ‚It's the Wild West Out There.': Can Web Series Destabilise Traditional Notions of Script Development?, Vortrag bei: ASPERA Annual Conference 2015: ‚What's This Space? Screen Practice, Audiences and Education for the Future Decade', (2015).

Tubbs, Floyd/Clawson,Robert: Stahlhelm. Evolution of the German steel helmet, Kent 2000.

Turner, Graeme: Ordinary People and the Media: The Demotic Turn, London 2010.

Uricchio, William: The Future of a Medium Once Known as Television, in: Snickars, Pelle/Vonderau, Patrick (Hg.): The YouTube Reader, Stockholm 2009, S. 24–39.

Van Dijk, José: The Culture of Connectivity: A Critical History of Social Media, Oxford 2013.

Vieira Barreto Silva, Marcel/Gonçalves da Silva, Leonardo: Broadcast Ourselves: Estratégias de Produção e Distribuição de *Cobra Kai* (YouTube Premium), in: Ação Midiática, 21 (2021), S. 36–59.

Wakabayashi, Daisuke: YouTube Is a Big Business. Just How Big Is Anyone's Guess, in: New York Times, (2019), abrufbar unter: https://www.nytimes.com/2019/07/24/technology/youtube-financial-disclosure-google.html (zuletzt abgerufen am 01.11.2022).

Waxman, Olivia: It's Been 10 Years Since You Were Named TIME's Person of the Year, in: TIME, (2016), abrufbar unter: https://time.com/4586842/person-of-the-year-2006-2016/ (zuletzt abgerufen am 01. 11.2022).

Weber, Nikola Valeska: Broadcast (Stock-)Footage. Überlegungen zum Archiv-Charakter von YouTube, in: Schumacher, Julia/Stuhlmann, Andreas (Hg.): Videoportale: Broadcast Yourself? Versprechen und Enttäuschung, Hamburg 2011, S. 43–57.

Weingart, Brigitte: Star Studies, in: Groß, Bernhard/Morsch,Thomas (Hg.): Handbuch Filmtheorie, Wiesbaden 2021, S. 589–609.

Weitbrecht, Christine: Partizipative Kultur. Implikationen für Gesellschaft, Politik und Medien, in: Stiegler, Christian/Breitenbach,Patrick/Zorbach, Thomas (Hg.): New Media Culture: Mediale Phänomene der Netzkultur, Bielefeld 2015, S. 107–124.

Weitbrecht, Christine/Zorbach, Thomas: Ultra-Fandom. Mediale Implikationen des Fan-Daseins, in: Stiegler, Christian/Breitenbach, Patrick/Zorbach, Thomas (Hg.): New Media Culture: Mediale Phänomene der Netzkultur, Bielefeld 2015, S. 195–215.

Wohl, Lea: „Kommt, lasst uns alle Juden sein!" Jüdische Gegen-Bilder und antisemitische Kommentare auf YouTube, in: Schumacher, Julia/Stuhlmann, Andreas (Hg.): Videoportale: Broadcast Yourself? Versprechen und Enttäuschung, Hamburg 2011, S. 185–195.

Filme und Serien

A Heist with Markiplier, YouTube Premium, USA 2019.
Alexander IRL, R.: K. Asher Levin, USA 2017.
American Beauty, R.: Sam Mendes, USA 1997.
American Pie, R.: diverse, USA 1999–2020.
Ariana Grande: Dangerous Woman Diaries, YouTube Premium, USA 2018.
Außer Atem, R.: Jean-Luc Godard, Frankreich 1960.
Bad Internet, YouTube Premium, USA 2016.
Bear Whitness, Take Action, YouTube Premium, USA 2020–.
Between two Ferns, Funny or Die, USA 2008–.
Black Mirror, Channel 4, Vereinigtes Königreich 2011–2019.
Black Renaissance, YouTube Premium, USA 2021.
Blade Runner, R.: Ridley Scott, USA 1982.
Bodied, R.: Joseph Kahn, USA 2017.
BookTube, YouTube Premium, USA 2019–.
Bravas, YouTube Premium, Dominikanische Republik/USA 2020.
Breaking Bad, AMC, USA 2008–2013.
Broke, YouTube Premium, USA 2016.
Bullsprit, YouTube Premium, Deutschland 2018.
Buster Saves Christmas YouTube Premium, USA 2021.
Celebrity Substitue, YouTube Premium, USA 2020–.
Champaign Ill, YouTube Premium, USA 2018.
Cobra Kai, YouTube Premium, USA 2018–.
Cocktail für eine Leiche, R.: Alfred Hitchcock, USA 1948.
Could You Survive the Movies? YouTube Premium, USA 2018–.
Create Together, YouTube Premium, USA 2020.
Dallas & Robo, YouTube Premium, USA 2018–.
Dance Camp, R.: Amber Templemore-Finlayson, Katie Ellwood, USA 2016.
DanTDM Creates a Big Scene, YouTube Premium, USA 2017.
Das Literarische Quartett, ZDF, Deutschland 1988– (teilweise unterbrochen).
Dear Class of 2020, YouTube Premium, USA 2020.
Demi Lovato: Simply Complicated, R.: Hannah Lux Davis, USA 2017.
Desperate Housewifes, ABC, USA 2004–2012.
Die Snobs – Sie können auch ohne Dich, ZDFneo, Deutschland 2010.
Die Tribute von Panem, R.: diverse, USA 2012–.
Don't Look Up, R.: Adam McKay, USA 2021.
Do You Want to See a Dead Body?, YouTube Premium, USA 2017.
Episcode, episcode.de, Deutschland 2010.
Escape the Night, YouTube Premium, USA 2016–2019.
Foursome, YouTube Premium, USA 2016–2018.
Frauentausch, RTL II, Deutschland 2003–.
Fruit Ninja Frenzy Force, YouTube Premium, USA 2017.
Game of Thrones, HBO, USA 2011–2019.
Ghostmates, R.: Jack Henry Robbins, USA 2016.
Good Game, YouTube Premium, USA 2017.

https://doi.org/10.1515/9783111145853-012

Grey Zone Agency, Inc., YouTube Premium, Japan 2020.
Groom, YouTube Premium, Frankreich 2018–2020.
Growing with Lottie Dottie, YouTube Premium, USA 2021–.
House of Cards, Netflix, USA 2013–2018.
Hyperlinked, R.: Kimmy Gatewood, Amelia French, USA 2017.
Ich bin ein Star – holt mich hier raus!, RTL, Deutschland 2004–.
Idolish7 Vibrato, YouTube Premium, Japan 2019.
Impulse, YouTube Premium, USA 2018–2019.
I'm Poppy, YouTube Premium, USA 2018.
Instant Influencer, YouTube Premium, USA 2020–.
Iron Man, R.: Jon Favreau, USA 2008.
James Bond, R.: diverse, Vereinigtes Königreich u. A. 1962–.
Jingle Ballin', R.: Jamie McCelland, Pete Marquis, USA 2016.
Justin Bieber: Seasons, YouTube Premium, USA 2020.
Karate Kid, R.: diverse, USA 1984–1994.
Katy Perry: Will You Be My Witness, YouTube Premium, USA 2017.
King of the Dancehall, R.: Nick Cannon, USA 2016.
Kings of Atlantis, YouTube Premium, USA 2017–.
Lazer Team, R.: Daniel Fabelo, Matt Hullum, USA 2016.
Lazer Team 2, R.: Daniel Fabelo, Matt Hullum, USA 2017.
LeFloid VS The World, YouTube Premium, Deutschland u. A. 2018–.
Les Emmerdeurs, YouTube Premium, Frankreich 2018.
Lifeline, YouTube Premium, USA 2017.
Life in a Day 2020, R.: Kevin Mcdonald, USA u. A. 2021.
Liza on Demand, YouTube Premium, USA 2018–2021.
Lockdown, YouTube Premium, USA 2020.
Long Distance, YouTube Premium, USA 2017.
Maluma: Lo Que Era, Lo Que Soy, Lo Que Seré, R.: Jessy Terrero, Kolumbien u. A. 2019.
Me and My Grandma, YouTube Premium, USA 2017.
Mindfield, YouTube Premium, USA 2017–.
Misson Impossible, R.: diverse, USA 1996–.
Mortal Glitch, YouTube Premium, Ecuador 2020.
Museo, R.: Alonso Ruizpalacios, Mexiko 2018.
Neuland, YouTube Premium, Deutschland 2018.
Nicht noch ein Teenie-Film, R.: Joel Gallen, USA 2001.
Obsolete, YouTube Premium, Japan 2019.
Ohne Limit, R.: Neil Burger, USA 2011.
Origin, YouTube Premium, USA 2018.
Overthinking with Kat & June, YouTube Premium, USA 2018.
Paranormal Action Squad, YouTube Premium, USA 2016.
Pietshow, R.: Manuel Meimberg, Deutschland 2008.
Pinkfong Wonderstar, YouTube Premium, USA 2020–2021.
Rhett and Link's Buddy System, YouTube Premium, USA 2016–2017.
Ryan Hansen Solves Crimes on Television, YouTube Premium, USA 2017–2019.
Scare PewDiePie, YouTube Premium, USA 2016.
Sex Education, Netflix, Vereinigtes Königreich 2019–.
Sherlock Holmes, R.: Guy Ritchie, USA 2009.

SHERWOOD, YouTube Premium, USA 2019–.
SIDESWIPED, YouTube Premium, USA 2018.
SING IT!, YouTube Premium, USA 2016.
SINGLE BY 30, YouTube Premium, USA 2016.
SOBREVIVÍ, YouTube Premium, Mexiko 2018.
SPONGEBOB SCHWAMMKOPF, Nickelodeon, USA 1999–.
STALKING VAMPIRE, YouTube Premium, Japan 2018.
STAR TREK, R.: diverse, USA 1966– (zeitweise unterbrochen).
STAR WARS, R.: diverse, USA 1977–2019 (bezieht sich auf Original-, Sequel- und Prequeltrilogie).
STEP UP: HIGHWATER, YouTube Premium, USA 2018–2019.
SUPA STRIKAS: ROOKIE SEASON, YouTube Premium, Südafrika 2021.
SUPERBAD, R.: Greg Mottola, USA 2007.
SUPER SEMA, YouTube Premium, Kenia 2021.
THE AGE OF A.I., YouTube Premium, USA 2019.
THE FAKE SHOW, YouTube Premium, Japan 2018–2019.
THE GUAVA JUICE SHOW, YouTube Premium, USA 2021.
THE KEYS OF CHRISTMAS, R.: Dave Meyers, USA 2016.
THE OUTSIDERS, YouTube Premium, USA 2021–.
THE THINNING, R.: Michael J. Gallagher, USA 2016.
THE THINNING: NEW WORLD ORDER, R.: Michael J. Gallagher, USA 2018.
THE WALKING DEAD, AMC, USA 2010–.
THIS IS EVERYTHING: GIGI GORGEOUS, R: BARBARA KOPPLE, USA 2017.
TOP MANAGEMENT, YouTube Premium, Südkorea 2018.
TWO AND A HALF MEN, CBS, USA 2003–2015.
VIPER CLUB, R.: Maryam Keshavarz, USA 2019.
WAYNE, YouTube Premium, USA 2019.
WEB THERAPY, L/Studio, USA 2008–2014.
WEEKEND, R.: Jean-Luc Godard, Frankreich 1967.
WEIRD CITY, YouTube Premium, USA 2019.
WE LOVE YOU, R.: Huck Botko, USA 2016.
WER DIE NACHTIGALL STÖRT, R.: Robert Mulligan, USA 1962.
YOUTH & CONSEQUENCES, YouTube Premium, USA 2018.
ZODIAC. DIE SPUR DES KILLERS, R.: David Fincher, USA 2007.
ZURÜCK IN DIE ZUKUNFT, R.: Robert Zemeckis, USA 1985.
12 DEADLY DAYS, YouTube Premium, USA 2016.
1917, R.: Sam Mendes, USA 2019.

YouTube-Videos

Cobra Kai Ep 1 – „Verwahrlostes As“ – die Karate Kid-Saga geht weiter, https://www.youtube.com/watch?v=_rB36UGoP4Y&list=PLxm–8AYWEDelTYpYi2zulMEw-0T-M5IH&index=1 (zuletzt abgerufen am 01.11.2022).

Das Interview mit Angela Merkel, https://www.youtube.com/watch?v=5OemiOryt3c&t=514s (zuletzt abgerufen am 01.11.2022).

Die Zerstörung der CDU, https://www.youtube.com/watch?v=4Y1lZQsyuSQ&t=203s (zuletzt abgerufen am 01.11.2022).

Die Zerstörung der Presse, https://www.youtube.com/watch?v=hkncijUZGKA (zuletzt abgerufen am 01.11.2022).

Fluggäste, die jeder kennt, https://www.youtube.com/watch?v=0RLNTkVTpfQ (zuletzt abgerufen am 01.11.2022).

How YouTube Red Money is Split Among Creators (and other Q&A), https://www.youtube.com/watch?v=2hLSB-xg07Q (zuletzt abgerufen am 01.11.2022).

Kollegah der Boss (Der offizielle Film) Part 2/4, https://www.youtube.com/watch?v=a9tvC8eYdDw (zuletzt abgerufen am 01.11.2022).

LeFloid, Neuland, Bullsprit – deutsche ‚YouTube Originals‘ starten, https://www.youtube.com/watch?v=KdVOImsHqz0&t=39s (zuletzt abgerufen am 01.11.2022).

Me at the Zoo, https://www.youtube.com/results?search_query=me+at+the+zoo (zuletzt abgerufen am 01.11.2022).

President Barack Obama: Between two Ferns with Zach Galifianakis, https://www.youtube.com/watch?v=UnW3xkHxIEQ (zuletzt abgerufen am 01.11.2022).

With You – Chris Brown Cover – Justin Singing, https://www.youtube.com/watch?v=eQOFRZ1wNLw (zuletzt abgerufen am 01.11.2022).

https://doi.org/10.1515/9783111145853-013

Onlineseiten

Gesetzgebungsverfahren für Influencer:
https://www.bmj.de/SharedDocs/Gesetzgebungsverfahren/DE/Regelungsvorschlag_Influencer.html (zuletzt abgerufen am 01.11.2022).
Informationen zu YouTube Shorts:
https://support.google.com/youtube/answer/10059070?hl=de (zuletzt abgerufen am 01.11.2022).
Meme Affenpuppe und YouTube Premium:
https://knowyourmeme.com/photos/2000523-awkward-look-monkey-puppet (zuletzt abgerufen am 01.11.2022).
Meme Affenpuppe 2 und YouTube Premium:
https://fr.memedroid.com/memes/detail/2943419/YouTube-Premium (zuletzt abgerufen am 01.11.2022).
Meme Kevin Spacey und YouTube Premium:
https://ahseeit.com/?qa=28946/youtube-premium-wish-videos-kept-playing-when-you-closed-meme (zuletzt abgerufen am 01.11.2022).
Meme Mr. Krabs und YouTube Premium:
https://ahseeit.com/?qa=30192/youtube-wanna-try-youtube-premium-everyone-meme (zuletzt abgerufen am 01.11.2022).
Urteil zur Kennzeichnungspflicht von Werbeinhalten:
https://www.bundesgerichtshof.de/SharedDocs/Pressemitteilungen/DE/2021/2021170.html (zuletzt abgerufen am 01.11.2022).
Wikipedia-Artikel zu allen Originals:
https://en.wikipedia.org/wiki/List_of_YouTube_Premium_original_programming (zuletzt abgerufen am 01.11.2022).
YouTube-Kanal ABC:
https://www.youtube.com/user/ABCNetwork/about (zuletzt abgerufen am 01.11.2022).
YouTube-Kanal AMC:
https://www.youtube.com/user/amc/about (zuletzt abgerufen am 01.11.2022).
YouTube-Kanal Ben Shapiro:
https://www.youtube.com/c/BenShapiro (zuletzt abgerufen am 01.11.2022).
YouTube-Kanal CBS:
https://www.youtube.com/user/CBS/about (zuletzt abgerufen am 01.11.2022).
YouTube-Kanal Cobra Kai:
https://www.youtube.com/watch?v=_rB36UGoP4Y (zuletzt abgerufen am 01.11.2022).
YouTube-Kanal Eva Gutowski:
https://www.youtube.com/user/mylifeaseva/featured (zuletzt abgerufen am 01.11.2022).
YouTube-Kanal Felix Kjellberg:
https://www.youtube.com/channel/UC-lHJZR3Gqxm24_Vd_AJ5Yw (zuletzt abgerufen am 01.11.2022).
YouTube-Kanal HBO:
https://www.youtube.com/user/HBO/about (zuletzt abgerufen am 01.11.2022).
YouTube-Kanal Joe Rogan:
https://www.youtube.com/c/joerogan (zuletzt abgerufen am 01.11.2022).
YouTube-Kanal Jordan Peterson:
https://www.youtube.com/c/JordanPetersonVideos (zuletzt abgerufen am 01.11.2022).
YouTube-Kanal *Ost Boys*:

https://doi.org/10.1515/9783111145853-014

https://www.youtube.com/channel/UCklhmrUB8l3pezNK2mm3N3g (zuletzt abgerufen am 01.11.2022).
YouTube-Kanal Sony Pictures:
https://www.youtube.com/user/SonyPictures/about (zuletzt abgerufen am 01.11.2022).
YouTube-Kanal *Star Wars Theory*:
https://www.youtube.com/c/StarWarsTheory (zuletzt abgerufen am 01.11.2022).
YouTube-Kanal YouTubeBlack:
https://www.youtube.com/hashtag/youtubeblack (zuletzt abgerufen am 01.11.2022).
YouTube-Kanal YouTube Originals:
https://www.youtube.com/channel/UCqVDpXKLmKeBU_yyt_QkItQ (zuletzt abgerufen am 01.11.2022).
YouTube Premium Informationsseite:
https://www.youtube.com/premium (zuletzt abgerufen am 01.11.2022).

Personenregister

https://doi.org/10.1515/9783111145853-015

www.ingramcontent.com/pod-product-compliance
Lightning Source LLC
LaVergne TN
LVHW010645300926
849161LV00005B/1039